LES
GRANDES USINES

DE
TURGAN

---×---

ÉDITION NOUVELLE REVUE ET COLLATIONNÉE

PAR

J. PICHOT

Ancien Élève de l'École polytechnique, Censeur des études au Lycée Condorcet, Lauréat de l'Institut
Chevalier de la Légion d'honneur, Officier de l'Instruction publique

ET PAR

P. GRANGIER

Ancien Élève de l'École polytechnique

PARIS

LIBRAIRIE D'ÉDUCATION A. HATIER

33, Quai des Grands-Augustins

—

1888

LES GOBELINS

I

Louis XIV était un grand roi, qui faisait de grandes choses et quand il les avait accomplies ou seulement décidées, il en assurait le souvenir en ordonnant de belles médailles. Ces médailles, reproduites par d'habiles graveurs en estampes parfaites, réunies en superbes in-folios, merveilles de typographie et de reliure, forment un livre magnifique, où l'on retrouve aujourd'hui non-seulement l'histoire du règne, mais encore la pensée intime du souverain. S'il faisait frapper une médaille à la *Bataille de Lens*, à la *Conquête de la Franche-Comté*, à la *Prise de Besançon*, à *Soixante mille matelots levés et entretenus*, il en ordonnait d'autres, et de non moins belles, à la *Paix de l'Église*, au *Roy accessible à tous ses sujets*, au *Roy se condamnant lui-même dans sa propre cause*. Il en ordonnait aussi quand il fondait un de ces établissements si admirablement conçus et si vigoureusement constitués qu'ils ont résisté à l'incapacité et à la négligence qui les ont si souvent régis depuis deux siècles. Une médaille aux *Invalides*, à l'*Académie d'architecture*, au *Roy protecteur de l'Académie française*, aux *Manufactures*, etc., etc., etc. C'est cette dernière que nous avons prise pour exergue de notre livre, c'est

sous le patronage du roi *Parens artium*, le vrai père de l'industrie française, que nous mettons ce travail destiné à raconter
nos gloires industrielles comme d'autres racontent nos gloires
militaires. Aussi commencerons-nous par les Gobelins, une de ces
fondations de Louis XIV dont le temps et l'incurie n'ont pu
détruire la grandeur.

Parmi les usines françaises les plus célèbres à l'étranger, la
Manufacture nationale des Gobelins doit être mise au premier
rang : la réputation européenne de ses tapisseries s'est conservée
depuis son fondateur, et les jours d'entrée aux Gobelins amènent
au faubourg Saint-Marceau une foule d'Anglais, d'Allemands et
de Russes qui viennent voir la grande galerie d'exposition et surtout les ateliers où se travaillent ces précieux tissus. Nous nous
rappelons encore avec quel empressement on se portait au salon
des Gobelins et de Sèvres aux expositions universelles de Londres
et de Paris : on se pressait pour admirer les envois de nos manufactures. Nous examinerons plus tard si cette admiration traditionnelle a toujours été méritée. Exposons d'abord le plus rapidement possible la topographie et l'histoire de la manufacture.

Il existe à Paris un quartier presque complétement ignoré,
dont le nom seul est pour les habitants des autres parties de
la ville la personnification de la misère et de l'insalubrité. Ce
quartier, situé sur la rive gauche de la Seine, au sud-est de la
ville, se trouve à peu près limité par le quai d'Austerlitz, la rue
Saint-Jacques, le Panthéon, les rues des Postes et de Lourcine, et
enfin par le boulevard de l'Hôpital : c'est le faubourg Saint-
Marceau, dont les deux artères principales sont la rue Saint-Victor
et la rue Mouffetard.

Toute la partie comprise entre la rue Saint-Jacques et l'hôpital
de la Pitié est en effet un amas de ruelles étroites et sombres,
habitées par une population qui offre le triste spectacle de la misère trop souvent unie au vice et à l'ivrognerie; mais, si l'on a le
courage de traverser les rues qui entourent la place Maubert, de
gravir la rue de la Montagne-Sainte-Geneviève si célèbre au moyen

La Savonnerie. (Tiré du cabinet de M. Amédée Berger.)

âge, de redescendre la rue Mouffetard, en la suivant jusqu'à la barrière d'Italie, et de faire ensuite quelques pas sur le boulevard intérieur, on se trouve brusquement en face du point de vue le plus curieux et le plus inattendu. — Devant les yeux s'enfonce une petite vallée dont le centre est sillonné par les deux bras de la Bièvre, rivière étroite, mais assez profonde et stagnante, renfermée dans un canal de pierre; au premier plan s'étendent de vertes prairies qui servent d'étendoirs aux blanchisseries riveraines; à droite et à gauche, sur les pentes de la vallée, d'immenses jardins entourent d'anciennes maisons de plaisance converties en usines de toute sorte, mais surtout en tanneries, dont les hauts séchoirs à persiennes offrent l'aspect le plus pittoresque; puis l'Observatoire avec sa terrasse couverte de constructions étranges, le dôme du Val-de-Grâce, le Panthéon, que l'on voit jusqu'à sa base entre l'aiguille de Sainte-Geneviève et la tour carrée de l'église Saint-Jacques; au loin, le haut des tours Notre-Dame; à droite, la butte

aux Cailles et ses moulins, et enfin les Gobelins, prolongeant leurs
jardins entre les deux bras de la rivière et leurs bâtiments entre
la Bièvre et la rue Mouffetard. Si nous avons conduit nos lecteurs aux Gobelins par le petit pont de pierres séculaires qui
donne sur la Bièvre, et non par la grande entrée qui forme un
hémicycle monumental dans la rue Mouffetard, c'est que l'histoire
de la manufacture est intimement liée à celle du cours d'eau qui,
pendant quelque temps, s'appela même rivière des Gobelins.

Une vieille tradition, peut-être fondée sur la vérité, attribuait
aux eaux de la Bièvre des qualités précieuses pour la teinture en
écarlate ; on ne peut plus se rendre compte, aujourd'hui, de
l'exactitude de cette croyance ; car les eaux de la rivière, enfer-
mées par des écluses, renouvelées seulement de quinzaine en
quinzaine, sont maintenant considérées comme un fléau à cause
des miasmes qu'elles dégagent, surtout l'été, et sont remplacées,
dans les ateliers de teinture, par celles de la Seine ou d'un puits
situé dans le terrain de l'usine. Quoi qu'il en soit, cette tradition
avait amené sur les rives de la Bièvre, presque en face d'un vieux
château dont il reste quelques ruines sous le nom de maison de
la Reine Blanche, une famille de teinturiers de Reims, dont le chef,
Jean Gobelin, devint peu à peu fort riche et acquit de grands terrains sur le bord de la Bièvre.

Jean Gobelin et son fils Philibert habitèrent les bords de la Bièvre
pendant la fin du quinzième siècle et au commencement du seizième, comme le prouve ce passage de Rabelais : « Et c'est celluy
ruisseau qui de présent passe à Saint-Victor auquel Gobelin tainct
l'escarlatte... » Mais ils arrivèrent bientôt à une telle fortune que
leurs successeurs renoncèrent peu à peu à la profession de leur
famille, achetèrent des lettres de noblesse et s'allièrent à la magis-
trature. On retrouve, en effet, en 1651, un Antoine Gobelin, devenu
marquis de Brinvilliers, épousant Marie-Marguerite d'Aubrai, fille
du lieutenant civil de Paris, et qui devait, plus tard, acquérir une
si triste célébrité.

Quand les Gobelins quittèrent leur usine, ils la cédèrent aux sieurs Canaye, qui joignirent à la teinturerie de leurs prédécesseurs une manufacture de tapisserie de haute lisse, qu'ils montèrent avec l'aide d'ouvriers flamands commandés par un nommé Jans. Puis vint Gluck le Hollandais. Enfin Colbert acquit d'un nommé Leleu, conseiller au parlement, l'hôtel proprement dit des Gobelins, tandis que la famille Gluck, unie à une autre famille nommée Julienne, continuait, dans des bâtiments adjacents, l'exploitation d'une teinturerie qui dura jusqu'au commencement de ce siècle.

Avant de raconter l'établissement définitif de la *Manufacture royale des meubles de la couronne* (car c'est sous ce titre et dans ce but que Louis XIV créa les Gobelins), exposons rapidement l'état de l'industrie de la tapisserie en France.

On croit généralement que l'art de travailler les tapis et tapisseries vient de l'Orient, le nom même de la plus ancienne corporation en serait une preuve; nous trouvons, en effet, dans le *Registre des métiers d'Étienne Boileau*, l'énoncé suivant:

« *Des tapisseries de tapiz sarrazinois.*

» Quiconques veut estres tapicier de tapiz sarrazinois à Paris, estre le puet franchement, pour tant qu'il euvre aus us et aus coustumes del mestiers, que tel sont :

» Nus tapiciers de tapiz sarrazinois ne puet ne ne doit avoir que I apprentiz tant seulement, si ce ne sont ses enfants nez de léaul mariage, et li enfant sa femme tant seulement nez de loi au mariage.....

» Nule fame ne puet ne ne doit estre aprise au mestier devant dit pour le mestier, qui est trop greveus.

» Nus ne puet ne ne doit ouvrer de nuiz; car la lumière de la nuiz n'est pas souffisans à ouvrer de leur mestier..... »

Bien d'autres ouvriers nommés haut-lissiers, vinrent partager les priviléges et les statuts de la corporation des *sarrazinois*, mais ce ne fut pas sans contestation, comme le prévôt Pierre le Jumeau le dit en 1302 :

» Après ce, discort feu meu entre les tapiciers sarrazinois devant diz d'une part, t une autre manière de tapiciers que l'on appelle *ouvriers en la haute-lice*, d'autre

La grande Cour de l'hôtel Royal des Gobelins, ou les habiles hommes qui y sont établis pour les Manufactures des meubles de la Couronne, font élever un Mai à Monsieur Le Brun, 1er peintre du Roy.

LA GRANDE COUR DES GOBELINS. (Tiré du cabinet de M. Amédée Berger.)

part, sur ce que les mestres des tapiciers sarrazinois disoient et maintenoient contre les ouvriers en la haute-lice, que ils ne pooient ne ne devoient ouvrer en la ville de Paris jusques à ce qu'ils fussent jurez et serementez, aussi comme ils sont de tenir et garder tous les poinz de l'ordenance dudit mestrier, etc. »

Jusqu'à François Ier, les tapisseries et les tapis furent fabriqués par l'industrie privée; les haute-lissiers, les sarrazinois et les couverturiers-nostrés développèrent leur art à l'abri des privilèges que les rois et les prévôts des marchands leur accordèrent aussi étendus que possible; mais ce furent surtout les Flamands et les Italiens qui perfectionnèrent cet art, si important à cette époque, où les papiers de tenture n'existaient pas encore.

François Ier réunit les plus habiles tapissiers qu'il put trouver soit en France, soit dans les deux pays où cette industrie florissait, et les établit à Fontainebleau sous la direction du surintendant des bâtiments royaux et de Salomon de Herbaines, tapissier du roi. Ces artistes, pour lesquels on prodiguait la soie, l'or, l'argent filés, firent, d'après les dessins du Primatice, d'admirables et riches tentures : le roi, à qui la France doit une si grande prospérité artistique, ne borna pas ses encouragements à ses tapissiers royaux, et acheta, soit à Paris, soit en Flandre, les plus belles pièces qu'on eût faites jusqu'alors. Il détermina ainsi une incroyable activité dans toutes les manufactures de tapisseries. Henri II, tout en maintenant sa maison de Fontainebleau dirigée par Philibert de Lorme, en créa une nouvelle dans l'hôpital de la Trinité.

Les guerres civiles et religieuses des règnes suivants furent fatales aux établissements royaux comme à l'industrie privée. Au milieu des troubles continuels de la Ligue, les successeurs de Henri II ne purent consacrer à des travaux d'art le peu d'argent qu'ils pouvaient recouvrer, et que la solde de leurs troupes absorbait complétement. Lorsque la paix eut ramené le calme et la tranquillité, vers l'an 1600, Henri IV voulut rétablir en France des usines de toute sorte pour la fabrication des meubles et ornements de ses palais; il rencontra dans Sully une opposition que la

misère générale semblait justifier, mais il passa outre en disant
à son ministre :

« Je ne sais pas quelle fantaisie vous a pris de vouloir, comme   n me l'a dit,
vous opposer à ce que je veux établir pour mon contentement particulier, l'embel-
lissement et enrichissement de mon royaume, et pour oster l'oysiveté de parmy
mes peuples. »

Il installa ses tapissiers Laurent et Dubourg dans une maison
du faubourg Saint-Antoine laissée vacante par le départ des
jésuites expulsés de France : au retour de ces derniers, on trans-
féra les ateliers dans les galeries du Louvre, et là fut organisée une
réunion de maîtres ès-arts en toutes choses, peintres, sculpteurs, graveurs en pierres précieuses, horlogers, tapissiers, etc.
Cependant les tapissiers haute-lissiers restèrent peu de temps
au Louvre ; réunis à deux cents ouvriers flamands venus sur
l'ordre du roi, ils furent établis d'abord dans les ruines du palais des Tournelles, puis dans un hôtel de la rue de Varennes.
Henri IV leur accordait, pour les encourager, les priviléges les
plus étendus ; mais Sully ne les payait qu'à la dernière extrémité, comme le prouve la lettre suivante :

Lettre de Henri IV à Sully (1607).

« Mon amy, vous avez assez de fois veu les poursuites que les tapissiers flamans
ont faites pour estre satisfaits de ce qui leur avait esté promis pour leur établissement en ce royaume : de quoy ayant, par une dernière fois, traité en la présence
de vous et de M. le garde des sceaux, je me résolus enfin de leur faire bailler cent
mille livres ; mais ils sont toujours sur leurs premières plaintes s'ils n'en sont payez.
C'est pourquoy je vous fais ce mot pour vous dire que j'ay un extrême désir de les
conserver, et pour que cela despend du tout du payement de ladite somme, vous
les en ferez incontinent dresser, en sorte qu'ils n'ayent plus de sujet de retourner à
moy ; car autrement, je considère bien qu'ils ne pourraient pas subsister, et que,
par leur ruine, je perdrais tout ce que j'ay fait jusques à maintenant pour les attirer ici et les y conserver. Faites-les donc payer, puisque c'est ma volonté, et sur
ce, Dieu vous ait, mon amy, en sa sainte et digne garde.

» Ce quinzième mars, à Chantilly.

HENRY. »

Visite de Louis XIV aux Gobelins. (Tiré du cabinet des estampes, à la Bibliothèque nationale.)

Le roi voulait affranchir la France du tribut qu'elle payait à l'étranger pour l'introduction de toute tapisserie, étoffe d'or ou de soie ; il le voulait, non-seulement pour empêcher le numéraire de sortir du pays, mais encore pour donner de l'ouvrage à une foule de gens qui avaient pris forcément, pendant les derniers troubles, des habitudes de vagabondage et d'oisiveté.

Sa mort prématurée l'empêcha d'accomplir ses utiles projets ; son fils Louis XIII, quoique fondateur de la maison de la Savonnerie, laissa tomber peu à peu en décadence les établissements de son prédécesseur, et les longues guerres de la minorité de Louis XIV les ruinèrent presque entièrement.

Aussi lorsque ce prince voulut, lui aussi, rétablir le commerce en France, comme il le dit lui-même dans le préambule des lettres patentes constituant la manufacture de Beauvais :

« Comme l'un des plus considérables ouvrages de la paix qu'il a plu à Dieu nous donner, est celui du rétablissement de toute sorte de commerce en ce royaume, et de le mettre en état de se passer de recourir aux étrangers, pour les choses nécessaires à l'usage et à la commodité de nos sujets. . . . . »

il fut obligé de faire venir de Flandre et des Pays-Bas un grand nombre d'ouvriers et de maîtres.

Sous l'énergique volonté du roi et grâce à l'habile activité de Colbert, en quelques années toutes les manufactures royales ou particulières reprirent une existence nouvelle, et leur prospérité dépassa de beaucoup celle de leurs meilleurs jours : Lebrun, premier peintre du roi, dirigeait l'établissement de la Savonnerie, situé à Chaillot, et dans lequel Philippe Lourdet faisait travailler les enfants tirés des hôpitaux ; Hinart recevait le privilége de la manufacture de Beauvais ; les usines particulières de Felletin et d'Aubusson devaient à la libéralité du roi un peintre et un teinturier entretenus à ses frais.

Enfin, Louis XIV voulut donner aux artisans de son royaume l'exemple d'une usine modèle, où l'activité saurait se joindre au talent, non pour écraser l'industrie privée par une concurrence disproportionnée, mais pour la stimuler et la diriger dans les travaux : il créa donc les Gobelins.

Les considérants et quelques articles de l'édit qui régularise cette fondation sont assez curieux pour être reproduits ici : ils prouvent l'intérêt que le roi mettait à cette création.

« ... L'affection que nous avons pour rendre le commerce et les manufactures florissantes dans notre royaume nous a fait donner nos premiers soins, après la conclusion de la paix générale, pour les rétablir et pour rendre les establissements plus immuables en leur fixant un lieu commode et certain ; nous aurions fait acquérir de nos deniers l'hostel des Gobelins et plusieurs maisons adjacentes, fait rechercher les peintres de la plus grande réputation, des tapissiers, des sculpteurs, orphèvres, ébénistes et autres ouvriers plus habiles, en toutes sortes d'arts et mestiers, que nous y aurions logés, donné des appartements à chacun d'eux et accordé des privilèges et advantages ; mais d'autant que ces ouvriers augmentent chaque jour, que les ouvriers les plus excellents dans toutes sortes de manufactures, conviés par les grâces que nous leur faisons, y viennent donner des marques de leur industrie, et que leurs ouvrages qui s'y font surpassent notablement en art et en beauté ce qui vient de plus exquis des pays estrangers, aussi nous avons estimé qu'il estoit nécessaire, pour l'affermissement de ces establissements de leur donner une forme constante et perpétuelle, et les pouvoirs d'un réglement convenable à cet effet.

» A ces cause et autres considérations, à ce nous mouvans, de l'advis de nostre conseil d'État, qui a vu l'édit du mois de janvier 1607 et autres déclarations et réglements rendus en conséquence et de nostre certaine science, pleine puissance et authorité royale, nous avons dict, statué et ordonné, disons, statuons et ordonnons ainsi qu'il en suit :

» C'est à sçavoir que la manufacture des tapisseries et autres ouvrages demeurera establie dans l'hostel appelé des Gobelins, maisons et lieux et dépendances à nous appartenant, sur la principale porte duquel hostel sera posé un marbre au-dessus de nos armes, dans lequel sera inscript : *Manufacture royalle des meubles de la couronne.*

» Seront, les manufactures et deppendance d'icelles, régies et administrées par les ordres de nostre amé et féal conseiller ordinaire en nos conseils, le sieur Colbert, surintendant de nos bâtiments et manufactures de France et ses successeurs en ladite charge.

» La conduite particulière des manufactures appartiendra au sieur Le Brun, nostre premier peintre, soubs le titre de directeur, suivant les lettres que nous luy ayons accordées le 8 mars 1663, etc., etc...

» Le surintendant de nos bastiments et le directeur soubs luy tiendront la manufacture remplie de bons peintres, maistres tapissiers de haute lisse, orphèvres, fondeurs, graveurs, lapidaires, menuisiers en ébène et en bois, teinturiers et autres bons ouvriers, en toutes sortes d'arts et métiers qui sont establis, et que le surintendant de nos bastiments tiendra nécessaire d'y establir...

» Les ouvriers employés dans lesdites manufactures se retireront dans les maisons les plus proches de l'hostel des Gobelins, et affin qu'ils y puissent estre, eux et leurs familles, en toute liberté, voulons et nous plaist que douze maisons dans lesquelles ils seront demeurant soient exemptes de tout logement des officiers et soldats de nos gardes françaises et suisses, et de tous autres logements de gens de guerre, et, à cet effet, voulons qu'il soit expédié par le secrétaire de nos commandements, ayant le département de la guerre, des sauvegardes, sur les certificats dudit sieur surintendant de nos bastiments...

» Sera loisible au directeur des manufactures de faire dresser, en des lieux propres, des brasseries de bierre, pour l'usage des ouvriers, sans qu'il en puisse estre empêché par les brasseurs de bierre, ny tenu de payer aucuns droits.

» Et, au moyen de ce que dessus, nous avons faict et faisons très-expresses inhibitions et deffenses à tous marchands et autres personnes, de quelque qualité et condition qu'elles soient, d'achepter ny faire venir des pays estrangers des tapisseries, sous peine d'être confisquées, etc., etc.

» Donnons en mandement à nos amés et féaux conseillers les gens tenant nostre cour de parlement, à Paris, les gens de nos comptes et cour des aydes audict lieu, que ces présentes ils les fassent publier, enregistrer, etc., etc., et afin que ce soit chose ferme et stable à toujours, nous avons fait mettre notre scel à cesdites présentes, données à Paris, au mois de novembre 1667, et de nostre règne le vingt-cinq.

» *Signé* LOUIS.

» Par le roy,
» DE GUÉNÉGAUD. »

Louis XIV préludait ainsi à ces constructions splendides, à ces utiles travaux, à cette merveilleuse impulsion donnée à l'industrie et aux arts de la France, et l'affranchissant d'abord du reste de l'Europe, dont elle était tributaire, il la rendit bientôt assez prospère pour imposer aux autres nations son goût, ses modes et ses produits de luxe.

Comme on peut le voir par la teneur même de l'édit, ce n'était pas seulement une fabrique de tapisserie que Louis XIV

créait aux Gobelins, c'était un vaste atelier où l'on composait
et exécutait tout ce qui constitue un ameublement. Deux cent
cinquante maîtres tapissiers tissaient les riches tentures dont
le premier peintre du roi ou ses élèves avaient donné les
modèles, et dont l'habile Jacques Kercoven avait teint les
laines ou la soie. Des sculpteurs sur métaux et des orfévres
fondaient et ciselaient le bronze en torchères, en candélabres,
en appliques, dont les dessins concordaient avec ceux des
tentures; des ébénistes sculptaient, tournaient et doraient le
bois des meubles. Des Florentins, dirigés par Ferdinand de
Megliorini, assemblaient le marbre, l'agate, le lapis, pour composer ces mosaïques précieuses ornées d'oiseaux, de fleurs et
de fruits que l'on admire encore aujourd'hui sur les tables de
tous les palais du temps de Louis XIV. Enfin, il n'y avait pas
jusqu'aux serrures des portes et aux ferrures des fenêtres qui
ne fussent des chefs-d'œuvre d'exécution, faits d'après les dessins
de l'universel Lebrun, qui semblait se multiplier pour suffire à
tout. Aussi quelle activité et surtout quel ensemble régnait dans
l'ancien hôtel des Gobelins !

Rien ne peut donner une meilleure idée de la manufacture à
cette époque, qu'une vieille gravure représentant une cour pleine
de carrosses sculptés et dorés, de gens qui se hâtent, disposant
tous les ornements d'une fête, tandis que d'autres élèvent un mât
surmonté des armes du roi couronnées de fleurs : un air de vie
et de bonheur anime tout ce monde, et sur une large banderole
déployée dans un coin du ciel, on lit :

« *La grande cour de l'Hôtel royal des Gobelins, où les habiles
hommes qui y sont établis pour les manufactures des meubles de la
couronne font élever un mai à Monsieur Lebrun, premier peintre
du Roy.* »

II

La direction de Lebrun, qui dura depuis 1663 jusqu'en 1690, année de sa mort, fut une ère de prospérité pour les Gobelins. Il fit exécuter, dans les ateliers de tapisserie, des tableaux composés par lui pour ètre copiés en laine : *Les batailles d'Alexandre; l'Histoire de Louis XIV, les Éléments, les Douze mois de l'année, une histoire de Moyse, etc.* La plupart de ces pièces étaient chargées d'ornements en or. Il ne se borna pas à la reproduction de ses propres œuvres, il fit créer de beaux modèles par Van der Meulen, Yvart, Boëls, Baptiste, Anguier, etc., entre autres une série de châteaux royaux encadrés dans de splendides ornements, entourés de beaux paysages, et animés de chasses, de marches et de ballets du *Roy;* car à cette époque d'absolutisme intelligent, le *Roy* était le commencement et la fin de toutes choses. Les sculptures, les mosaïques, les ciselures représentaient toujours, en réalité ou en allégories, le *Roy.* Les œuvres des brodeurs en soie ou en or retraçaient sa vie ou son chiffre; les artistes en tapis eux-mèmes trouvaient toujours un moyen ingénieux de rappeler dans leurs œuvres, les goûts, les idées, les fantaisies du Maître.

Mais le Maître était reconnaissant et payait largement non-

sculement en argent, mais en grâces et en faveurs de toute
sorte. Il donnait à Lebrun l'emplacement et l'argent nécessaire
pour se faire construire une maison à Versailles, l'encourageait
par de riches et fréquentes gratifications ; enfin, dit *le Mercure
de France* :

> « La réputation de le Brun augmentant de jour en jour, tant en France que parmi
> les estrangers, le roy lui envoya son portrait entouré de diamants, dont il y en a
> un d'un fort grand prix, et lui donna peu de temps après des lettres de noblesse et
> des armes qui sont un soleil en champ d'argent et une fleur de lys en champ d'azur,
> avec un timbre de face. »

Des comptes de cette époque patiemment recueillis et classés
par M. Lacordaire, directeur actuel de la manufacture, constatent
la pluie d'or que Louis XIV répandit sur la *Manufacture royale
des meubles de la couronne.*

En 1690, Lebrun mourut ; Mignard lui succéda comme premier
peintre du roi et comme directeur des Gobelins : on lui adjoignit La Chapelle-Bessé, architecte et contrôleur des bâtiments
du roi au département de Paris.

Les premières années furent fécondes : on établit une école
de dessin dirigée par Tuby, Coysevox et Sébastien Leclerc, on
commença des travaux importants ; les revers qui frappèrent
le grand roi, vers la fin de son glorieux règne, le forcèrent
de réserver ses ressources pour la défense du pays. Ce dut
être pour Louis XIV une douloureuse nécessité de congédier
la plupart des ouvriers qu'il avait eu tant de peine à réunir
et à former ; mais l'ennemi avait envahi le territoire de la France,
la question d'art et de luxe devenait peu de chose en présence
des dangers du pays. Les merveilles créées par les orfévres de
Launay, Villers et Ballin, furent portées à la Monnaie, on appela
aux armes les plus jeunes tapissiers, on fut forcé de remercier
une partie des plus habiles.

La paix, enfin rétablie, permit de rendre quelque activité
aux Gobelins ; mais à partir de ce moment, la *Manufacture*

royale des meubles de la couronne perdit peu à peu son caractère, et tendit à devenir seulement une manufacture de tapisseries et de tapis. Les peintres, les sculpteurs, les orfévres et les mosaïstes disparurent peu à peu ; ce ne fut plus une école d'arts et métiers de luxe comme sous Lebrun ; et l'on finit par se borner à copier des tableaux, quelques-uns faits spécialement pour servir de modèles de tapisserie, les autres choisis à cause de leur sujet. Les principales pièces exécutées depuis cette époque jusqu'à la fin du règne de Louis XVI sont :

Les quatre Saisons, d'après Mignard ; — l'histoire d'Esther et celle de Jason et de Médée, toutes deux en sept pièces, d'après de Troy ; — plusieurs scènes du Nouveau Testament, d'après Jouvenet ; — les copies des tableaux du Vatican, d'après Boullongne ; — les douze Mois, d'après Lucas de Leyde ; — l'histoire de Moïse, d'après le Poussin ; — une suite de portières à fond d'or et de soie, d'après Boullongne, Baptiste Monoyer, de Fontenay, Audran et autres ; — huit scènes du Nouveau Testament, d'après Restout ; — l'histoire de Marc-Antoine et de Cléopâtre, en trois pièces, d'après Natoire ; — une suite de tableaux allégoriques pour la chancellerie, d'après Coypel, Restout et autres ; — huit sujets des Indes, d'après Desportes et autres ; — les chasses de Louis XV, en quatre tableaux, d'après Oudry ; — vingt et un sujets du roman de Don Quichotte, par Ch. Coypel ; — une suite de sujets mythologiques et de pastorales, par Boucher ; — le siége de Calais, la prise de Paris, d'après Barthélemy ; — plusieurs sujets de l'histoire de Henri IV, d'après Vincent et le Barbier ; — la continence de Bayard, d'après du Rameau ; — l'assassinat de l'amiral Coligny, d'après Suvée ; — la mort de Léonard de Vinci, d'après Ménageot ; — le triomphe d'Amphitrite, d'après Taraval.

Ces tentures étaient faites, la plupart du temps, sans destination propre. Une fois terminées, le roi les donnait en présent, soit aux autres monarques, soit à ceux de ses sujets auxquels il voulait témoigner son estime et sa satisfaction ; d'autres fois même il en faisait don au clergé pour les ornements du culte, quand le sujet permettait cet usage. La tapisserie d'Esther, et celle de Jason et de Médée, données au roi d'Angleterre, sont encore au château de Windsor. En 1685, Louis XIV avait donné au roi de Siam de superbes tapis de la Savonnerie, destinés primitivement à la galerie d'Apollon au Louvre.

Sa Majesté czarienne (*sic*) fut très-favorisée : elle reçut, en 1708, une tenture laine et soie, sujet des Indes, en huit pièces, valant 27,810 livres; et de plus, en 1717, quatre autres pièces, représentant *la Magdeleine chez le pharisien, la Pêche miraculeuse, les Vendeurs chassés du Temple* et *la Résurrection de Lazare,* ainsi qu'une *Teste du Christ* et une *Espagnolette*, le tout du prix de 46,131 livres. *Les Quatre éléments* furent donnés au nonce du pape en 1719. Le duc de Lorraine reçut, en 1730, une superbe tenture enrichie d'or, exécutée, d'après Raphaël, sur des sujets mythologiques. Enfin, 1736, on fit au roi de Prusse le magnifique cadeau de 87,512 livres de tapisseries.

Parmi les personnages de considération qui reçurent de ces présents royaux, on trouve cinq chanceliers, car l'usage s'était établi de donner à ces hauts dignitaires, à leur installation, une tapisserie allégorique. Ainsi, M. Voisin en reçut une en 1716, d'Argenson en 1721, d'Armenonville en 1723, Chauvelin et d'Aguesseau en 1730. On exécutait aussi, sur commande, des tentures pour de riches particuliers; en 1763, on vendit pour environ 76,000 livres de tapisseries, et, plus tard, le prince de Condé, le duc de Northumberland et d'autres riches Anglais firent un noble usage de leur fortune, en l'employant à ce luxe princier.

Pendant ce temps, la Savonnerie, comme les Gobelins, suivaient le goût et partageaient le style de l'époque à laquelle ils appartenaient, et l'œuvre de Louis XIV était déjà profondément modifiée lorsque les luttes politiques de la fin du siècle dernier vinrent mettre en question l'existence même de ces admirables créations. On ne considéra plus les Gobelins, la Savonnerie, Sèvres, comme des établissements d'utilité publique fondés pour résister à l'importation des produits étrangers et pour donner à l'industrie nationale privée des exemples et des modèles, qui la mettaient à même non-seulement d'empêcher de sortir de la

France l'argent du pays, mais encore d'y attirer le numéraire des nations rivales; on n'y vit plus que des établissements de luxe inutile dont on ne comprenait pas la portée au point de vue des relations de commerce extérieur. Déjà, le 17 août 1790, Marat écrivait dans *l'Ami du peuple* : « On n'a nulle idée chez l'étranger d'établissements relatifs aux beaux-arts, ou plutôt de manufactures à la charge de l'État; l'honneur de cette invention était réservé à la France. Telles sont, dans le nombre, les manufactures de Sèvres et des Gobelins : la première coûte au public plus de deux cent mille francs annuellement, pour quelques services de porcelaine dont le roi fait présent aux ambassadeurs; la dernière coûte cent mille écus annuellement, on ne sait trop pourquoi, si ce n'est pour enrichir les fripons et les intrigants... »

Puis vinrent ces jours mauvais pour les arts où l'on osa porter la main sur les chefs-d'œuvre du passé, sous le prétexte qu'ils renfermaient les emblèmes rappelant l'ancienne forme de gouvernement. Un directeur des Gobelins, nommé Belle, demanda au ministre de l'intérieur, dans les attributions duquel on avait classé les manufactures autrefois royales, l'autorisation de brûler publiquement, en grande cérémonie, d'admirables pièces de tapisserie coupables de représenter « des fleurs de lis, des chiffres et des armes ci-devant de France. » Aux destructeurs par zèle succédèrent les destructeurs méthodiques, et il fut nommé un jury *des arts* composé de Prudhon, Ducreux, Percier, architecte; Bitaubé, homme de lettres; Moette, Legouvé, homme de lettres; Monvel, acteur et homme de lettres; Vincent, peintre d'histoire; Belle, directeur des Gobelins; Duvivier, directeur de la Savonnerie.

Ce jury *des arts* eut le courage de consigner dans un procès-verbal des considérants assez curieux pour que nous en reproduisions quelques-uns :

« *Le Siège de Calais*, par Barthélemy; sujet regardé comme contraire aux idées républicaines, le pardon accordé aux bourgeois de Calais ne leur étant octroyé que par un tyran, pardon qui ne lui est arraché que par les larmes et les supplications d'une reine et du fils d'un despote; rejeté. En conséquence, la tapisserie sera arrêtée dans son exécution. »

« *Héliodore chassé du Temple*, copie de Raphaël, par Noël Nallé; sujet consacran**t** les idées de l'erreur et du fanatisme; d'ailleurs, copie très-défectueuse d'un superbe original, et, conséquemment, à rejeter. La tapisserie sera discontinuée. »

« *La Robe empoisonnée*, par de Troy; rejeté comme présentant un sujet contraire aux mœurs républicaines; mais la tapisserie, étant presque achevée, sera terminée avec la suppression des deux diadèmes qui sont sur la tête de Créuse et de son père. »

« *Jason domptant les taureaux*, par de Troy. Le sujet est rejeté comme contraire aux idées républicaines. La tapisserie étant faite à moitié, sera terminée à la longueur de quatorze pieds, un peu au delà de la figure de Jason, déjà faite, et, par ce moyen, elle offrira un ensemble sans présenter les personnages de Médée et du roi son père, qui blesseraient les yeux d'un républicain. »

« *Méléagre entouré de sa famille, qui le supplie de prendre les armes pour repousser les ennemis prêts à se rendre maîtres de la ville de Calydon*; tableau dont le sujet ne paraît pas compatible avec les idées républicaines relativement au sentiment qui dirige Méléagre, lequel est sur le point de sacrifier sa patrie à l'esprit de vengeance dont il est animé, et qui, près de voir son palais réduit en cendres, se rend moins à l'amour de son pays qu'à son intérêt personnel. Conséquemment, tableau à rejeter. »

« *Mathias tuant des impies*, par Lépicié; sujet fanatique, tableau rejeté. »

« *Cléopâtre au tombeau de Marc-Antoine*, par Ménageot; sujet rejeté comme immoral. »

« *Polyxène arrachée des bras de sa mère*, par Ménageot; sujet à rejeter d'après les personnages qu'il retrace et les idées qu'il rappelle. »

Quant à la Savonnerie, ce fut encore pis : on proscrivit tous les modèles, sauf deux tapis de fleurs. D'un autre côté, le jury commanda immédiatement la reproduction de toutes les allégories et de tous les sujets républicains, tels que les deux tableaux de David représentant la mort de Marat et celle de Lepelletier; mais il défendit expressément, quant au tapis « ..... de mêler des figures humaines qu'il serait révoltant de fouler aux pieds dans un gouvernement où l'homme est rappelé à sa dignité, ne comprenant, toutefois, dans cette acception, aucune espèce de chimères, telles que centaures, tritons et autres monstres. »

Depuis ce moment jusquà la réunion des manufactures nationales à la couronne impériale, l'existence des ouvriers des Gobelins qui ne voulurent pas quitter leur profession ne fut qu'une longue souffrance. Ils envoyèrent au ministre de l'intérieur pétitions sur pétitions, où ils exposaient leur position malheureuse. Le comité de salut public leur accorda une livre de pain et une demi-livre de viande par personne et par jour ; mais au bout d'un an on ne continua même pas la distribution de ce faible secours.

La manufacture, qui, sous Louis XIV, comptait près de trois cents ouvriers tapissiers, ne pouvait, en 1797, donner que quarante-six signatures de la pétition suivante :

« Citoyen ministre, nous venons de nouveau vous exposer notre misère ; la trésorerie nationale n'effectue aucun des payements que vous ordonnancez à notre profit ; sur cent trente-cinq jours de salaire qui nous sont dus, nous n'avons reçu qu'un à-compte de *cinq jours* ; sans pain, sans vêtements, sans crédit, il nous est impossible d'exister ; nous sommes au désespoir ; nous vous prions de nous donner les moyens d'exister ailleurs, si vous ne pouvez nous faire exister ici. »

A laquelle il fut répondu :

« Que le ministre n'a aucun moyen dont il puisse faire usage auprès de la trésorerie nationale pour accélérer le payement de ce qui est dû aux ouvriers... »

L'administration consulaire essaya de relever les tapissiers en rétablissant les apprentis supprimés pendant les derniers temps ; elle rétablit aussi un directeur des teintures, et sut préparer ainsi la période impériale, qui rappela par son activité celle de Louis XIV. Pendant cette époque on chercha à faire des tentures et des tapis pour une place désignée d'avance. La Savonnerie, dont les ouvriers avaient été doublés, exécuta rapidement divers tapis. Il n'en fut pas de même des Gobelins,

qui ne purent terminer avant la Restauration les magnifiques
tentures représentant des scènes intéressantes et glorieuses de
la vie de Napoléon Ier. Ce fut une grande perte, car la plupart
étaient parfaitement exécutées, comme on peut en juger par
divers fragments exposés aux Gobelins, *la Reddition de Vienne*
entre autres, qui est un chef-d'œuvre de coloris et de conservation. Sans aller aussi loin que la république, la royauté
laissa inachevées ces tapisseries, qu'elle ne brûla pas, mais
qu'elle fit démonter et mettre de côté. Il était réservé au gouvernement actuel de comprendre que la gloire de la France
n'a pas à compter avec les passions des partis, et qu'on peut
mettre dans le même musée les fleurs de lis de Fontenoy et
les aigles d'Austerlitz.

La Restauration, à son tour, fit exécuter l'histoire de saint
Louis, de François Ier et d'Henri IV ; un Pierre le Grand co-
lossal, conduisant une barque au milieu d'une tempête, d'après
le tableau de M. Steuben, dont on fit présent à l'empereur de
Russie. On tissa aussi un grand nombre de bannières pour les
églises et de tableaux de religion, parmi lesquels on remarque
la Sainte Famille d'après Raphaël, et la bannière de sainte
Geneviève d'après Guérin. Ces travaux furent exécutés sous la
direction de M. le baron des Rotours, qui resta directeur jusqu'en 1833, époque à laquelle M. Lavocat le remplaça.

On s'occupa beaucoup des Gobelins pendant le règne du dernier roi ; on y fit quelques travaux heureux, entre autres la
copie de quelques Rubens et du *Massacre des mameluks* par
H. Vernet ; cette dernière tenture fut donnée à la reine d'Angleterre. Jusqu'à cette époque, le choix des modèles, chose si
importante pour la reproduction en tapisserie, avait été assez
bien dirigé. On recherchait, en effet, les pages des grands
maîtres dont les couleurs vives et harmonieuses permettaient
aux laines de développer leurs teintes si fraîches et si brillantes, ou bien on se servait de modèles faits exprès et dans
lesquels on n'avait employé que des tons simples qui con-

LES GOBELINS. — Atelier de teinture.

viennent à ce genre de travail. Puis, quant au choix du sujet
même, c'étaient ou des allégories rentrant dans l'ornement
pur, ou la reproductiou de scènes militaires, et de céré-
monies rappelant les hauts faits d'un souverain ou d'une
époque.

Jusqu'à Louis XVI, on suivait presque toujours un plan déterminé pour exécuter une série de pièces : chaque sujet formait
un ensemble de tapisseries de largeur et de hauteur variables
qui pouvaient s'accommoder aux divers appartements qu'elles
décoraient tour à tour : quelquefois on avait composé le même
sujet sur deux dimensions, ainsi François Ier avait fait faire le
grand Scipion et le *petit Scipion* pour des appartements d'échelle
différente; mais à partir de la fin du dix-septième siècle, on se
mit à reproduire à peu près au hasard un modèle qui plaisait,
sans créer un ensemble de tentures. Les tapis de la Savonnerie,
au contraire, avaient presque toujours une place fixée d'avance,
et trouvaient leur emploi aussitôt après leur achèvement. L'administration du dernier règne voulut faire pour le salon de
famille, aux Tuileries, une tenture représentant les vues des
principales résidences royales. Ce travail, si l'on en peut juger
par le médaillon qui forme aujourd'hui le centre d'une vaste
tenture exposée aux Gobelins, ne fut pas heureux. En effet,
la tapisserie se prête peu à la reproduction des dessins d'architecture pure, comme la vue du quai du Louvre en pierres de
taille grises, à arêtes sèches et déterminées, attristée par un
bateau à vapeur noir et blanc, et, comme premier plan, les
barres de fer qui servent de support au tablier du pont des
Arts. Certes, ce n'était pas la peine de former de si excellents
ouvriers et de faire faire aux teintures de si grands progrès pour
employer ouvriers et laines à de pareils travaux.

Louis-Philippe avait voulu imiter Louis XIV, qui, lui aussi,
avait fait représenter des châteaux et de l'architecture, mais
toujours mêlée avec une profusion de verdures, de personnages, d'animaux et d'ornements de toute sorte : l'idée était

bonne, mais elle fut mal rendue, non par les tapissiers, mais par le peintre chargé de composer les modèles.

Depuis ce temps, on s'entêta à vouloir faire reproduire par la tapisserie ce qu'elle ne peut exécuter que comme tour de force ou comme étude. Aussi, en 1850, lors de la discussion qui eut lieu à l'assemblée nationale législative, lorsqu'un représentant, par imitation du passé, vint proposer de supprimer purement et simplement les manufactures nationales des Gobelins, de Beauvais et de Sèvres, ce fut avec raison qu'il insista sur la fausse direction donnée au choix des modèles.

M. de Luynes, tout en avouant la justesse de ces reproches, fit comprendre qu'il ne fallait pas rendre la manufacture elle-même responsable des fautes de la direction supérieure, et fit ressortir d'une manière si claire les avantages de la conservation des manufactures alors nationales, que l'amendement fut rejeté. On établit un conseil dont la composition semblait d'abord promettre un meilleur choix de modèles; mais, en fait de tapisserie, les fautes passées ont des conséquences de longue durée, et les premières années de l'administration actuelle eurent à les subir. Un grand nombre de pièces commencées d'après de mauvaises copies des œuvres les plus tristes et les plus mornes que l'on pût trouver ont été achevées avec des efforts inouïs : on avait été chercher, comme pour une gageure, et au grand chagrin des exécutants eux-mêmes, les toiles et les fresques les plus ternes et les plus austères, pour les donner à reproduire aux habiles artistes tapissiers des Gobelins, qui les copièrent consciencieusement, gris pour gris, brun pour brun, et les terminèrent, après avoir cherché et trouvé d'ingénieux procédés qui feraient envie à des artistes chinois, de façon à sauver par le velouté de l'exécution la sécheresse de leurs lugubres modèles.

LES GOBELINS. — La Bièvre.

Aujourd'hui la manufacture des Gobelins se compose de trois parties bien distinctes; l'atelier de teinture, l'atelier de tapisserie, et l'atelier des tapis, réunis sous la direction de M. Lacordaire, auteur d'une remarquable monographie à laquelle nous avons largement puisé pour le long historique que nous venons de faire sur le passé de la manufacture.

L'atelier de teinture est, incontestablement, la première teinturerie du monde, non par la quantité de ses produits, qui dépassent à peine quinze cents kilogrammes de laine par an, y compris la fourniture de Beauvais, mais par la perfection et la multiplicité de ses opérations. Il a pour directeur, depuis 1824, M. Chevreul, membre de l'Institut, dont les travaux importants ont rendu tant de services à l'industrie française, et pour sous-directeur M. Decaux, nommé en 1843.

L'atelier est simple; il se compose d'un séchoir, d'une grande pièce où sont les chaudières à mordants et à teinture, et d'un couloir souterrain servant d'accès aux sept fourneaux qui font bouillir les liquides colorants. Sous les fenêtres passe la Bièvre, grise, opaque, infecte, traînant lentement entre deux quais de pierre, ses eaux visqueuses chargées de tous les résidus des usines d'amont. Elle amenait autrefois les teinturiers sur ses bords ; aujourd'hui, elle les ferait fuir, et la Seine l'a remplacée avantageusement, même pour le lavage des laines après la teinture. Les riverains demandent qu'on la couvre d'une voûte pour la cacher comme un vil égout.

Il en est de la réputation de la Bièvre comme d'un autre préjugé qui attirait jadis aux directeurs des Gobelins des lettres dans le genre de celles-ci :

« *Je suis las de la vie et je suis disposé, pour en finir avec elle, à me soumettre au régime imposé aux teinturiers des Gobelins.* Pour vous donner une idée des services que je suis en état de rendre à l'établissement, je dois vous dire que *je puis boire par jour vingt bouteilles de vin sans perdre la raison.* Si vous voulez me prendre à l'essai, vous jugerez tout à votre aise de ma capacité. »

Le malheureux avait pris au sérieux une plaisanterie du temps de Rabelais ; un autre, non moins convaincu, écrivait, en 1823, à M. des Rotours, alors directeur :

« J'ai entendu dire, plusieurs fois, que l'on admettait dans la maison dont vous avez la direction des personnes condamnées à des peines graves, afin qu'étant nourries avec des aliments irritants, elles procurent plus sûrement l'..... pour les écarlates que l'on y fabrique.

« *Me trouvant malheureusement, condamné à la peine capitale, je désirerais terminer ma carrière dans votre maison ;* veuillez donc, monsieur, avoir la bonté de m'instruire s'il est vrai que l'on y admette *ces sortes de condamnés,* et quelle serait la marche à suivre pour y entrer. »

Ces procédés sauvages ont pu être employés dans d'autres pays et à d'autres époques, mais nous pouvons affirmer que nous avons visité les Gobelins de fond en comble, et que nous n'y avons vu aucun condamné à mort occupé à produire de l'écarlate.

Voici à peu près les opérations de l'atelier de teinture : Les laines viennent du comté de Kent et se filent à Nonancourt, dans le département de l'Eure. Choisies et visitées avec le plus grand soin par la maison Vulliamy, elles sont classées à leur arrivée aux Gobelins : floches et brillantes pour la Savonnerie et Beauvais, un peu plus fines et montées sur trois bouts tordus en cordonnet pour les tapisseries. Quand elles ont été examinées par M. Perrey, actuellement chef de l'atelier, on les soumet à un dégraissage calculé suivant les couleurs qu'elles doivent recevoir.

Passées au lait de chaux, au sous-carbonate de soude, ou bien simplement au son, elles ont plus ou moins d'amour pour telle ou telle teinture, suivant leur provenance et la nature du liquide dégraisseur. L'opération du dégraissage doit être surveillée avec vigilance, surtout dans le bain de sous-carbonate de soude dont la température ne doit pas s'élever au-dessus de quatre-vingts degrés, sous peine de désagréger la laine.

Les écheveaux, passés sur de longs bâtons appelés lisoirs, sont ensuite plongés dans une des chaudières carrées en cuivre rouge qui renferment le mordant plus ou moins aluné ou tartrique, suivant les teintures, et qui bout à gros bouillons; de là, ils sont soumis au bain coloré.

La teinture des Gobelins n'a aucun rapport avec les établissements du commerce qui produisent, les uns, une seule couleur, comme les usines à teinture bleue ou à teinture noire, les autres, des couleurs variées, mais limitées de ton, dont on peut confier l'exécution à des ouvriers plus ou moins habiles, tandis que pour produire non-seulement la multitude de nuances, mais encore les vingt ou trente tons de chaque nuance exigés par la fabrication de la manufacture, il faut de véritables artistes teinturiers. Aux Gobelins, on s'attache à produire des couleurs de grand teint, c'est-à-dire persistantes ; la difficulté est donc bien plus grande que dans la plupart des industries privées, où l'on recherche seulement l'éclat. C'est surtout pour les tons clairs qu'il est important de ne pas faire fausse route : un grand nombre de belles pièces du commencement du dix-neuvième siècle se perdent peu à peu par la décomposition de certaines teintes qui ont totalement tourné au brun, tandis que les autres se décoloraient tout à fait :

le travail de trois ou quatre ans d'un artiste est ainsi rendu inutile par une négligence ou un maladroit essai du teinturier. Depuis M. Chevreul, ce danger n'existe plus, et les derniers chefs-d'œuvre dureront, sans perdre de leur valeur, autant que peut durer une matière organique.

Chaque teinte, aux Gobelins, a sa gamme, c'est-à-dire ses vingt–quatre tons environ, se dégradant de l'intense au plus pâle ; ainsi du rouge au rose blanc, du gris foncé de l'ardoise au gris clair de la nacre ; rien n'est plus charmant à voir que ces vingt-quatre écheveaux placés à côté les uns des autres, de manière à donner l'aspect de la gamme. La dégradation d'un écheveau au suivant est insensible pour toute personne qui n'est pas du métier, et cependant le teinturier les distingue non-seulement hors du bain coloré et séchés, mais encore tout mouillés et trempés dans la chaudière.

Voici comment l'opération se conduit quand la couleur est simple : on charge le bain à l'intense de la gamme cherchée ; le teinturier ayant placé sur ses bâtons les écheveaux qu'il destine au ton le plus élevé, les plonge dans le bain, les regarde, les soulève, les accroche à des montants situés à sa main droite, les replonge dans la chaudière, examine, apprécie la durée du temps pendant lequel il les laisse baigner ou sécher ; quand il les juge au point désiré, il les retire et les étend, quitte à les retremper plus tard.

« Pendant ce temps, le bain va en s'affaiblissant de plus en plus ; on le ravive s'il se décolore trop vite, puis, peu à peu, le liquide étant de moins en moins chargé, on arrive à des tons si pâles, que le vingt-quatrième rapproché du premier a l'air tout blanc. C'est dans l'exécution de ces derniers numéros qu'il faut un œil sûr et une main exercée ; la laine doit être solidement et profondément teinte, et cependant le ton doit avoir la pâleur voulue ; la teinture, arrivée à ce degré de perfection, est véritablement un art qui peut à peine se transmettre et qui demande une grande intelligence et de longues études spéciales.

Les opérations que nous venons d'indiquer sont modifiées souvent dans la pratique : au lieu de teindre d'abord les tons intenses, on commence par les tons moyens, on continue par les tons clairs, et s'ils ne réussissent pas aussi purement qu'on le désire, les écheveaux de laine ne sont pas perdus, on les joint à ceux que l'on destine aux tons intenses, qui sont alors exécutés en dernier. Il faut aussi faire grande attention aux matières étrangères contenues dans toute matière tinctoriale et qui saliraient le bain pour les tons clairs ; il est donc important de le purifier et de le renouveler pendant le cours de l'opération. Quand la couleur à obtenir est un composé, comme les verts, les bruns, et d'autres nuances, il faut surveiller encore plus attentivement le bain, et savoir remettre au besoin la couleur la plus rapidement absorbée. Le blanc est simplement de la laine pure bien dégraissée et passée au soufre.

Ces opérations se font aux Gobelins sur une petite échelle, plutôt dans un laboratoire que dans un atelier ; aussi chaque chaudière a son fourneau séparé. La manufacture n'a qu'un petit générateur de vapeur nécessaire pour quelques manipulations accessoires destinées à fixer certaines couleurs.

Il nous est impossible de quitter l'atelier de teinture sans mentionner les beaux travaux de M. Chevreul, travaux dont nous parlerons sommairement aujourd'hui, mais sur lesquels nous nous étendrons, quand nous traiterons la fabrication des papiers peints. M. Chevreul s'est attaché depuis longtemps à étudier les phénomènes physiques et chimiques des couleurs, et de ses laborieuses études il est résulté d'abord une classification, puis une loi, loi indispensable à connaître dans tous ses détails par toutes les personnes qui s'occupent de peinture : c'est la loi du contraste des couleurs, simultané et successif.

La classification est établie sur l'image prismatique qui donne les couleurs simples, fractions d'un rayon de lumière blanche. Si l'on étale circulairement cette image prismatique sur une table ronde, si on la subdivise en 72 nuances, de façon qu'il y en

ait 23 entre le rouge et le jaune, 23 entre le jaune et le bleu,
et 23 entre le bleu et le rouge, et si l'on subdivise ensuite chacune de ces nuances en 20 parties se dégradant, du noir qui
est à la circonférence au blanc qui occupe le centre du cercle,
on aura 20 tons par nuance : ce qui a fait 1,440 tons pour le
premier cercle chromatique composé de tons francs sans mélange
de noir. Chaque ensemble des 20 tons d'une nuance forme une
gamme. Si l'on ternit uniformément tous les tons de ce cercle
avec du gris normal (c'est-à-dire le gris du noir qui représente
une ombre dépourvue de couleur), on aura un second cercle
dont les gammes seront ternies à 1/10 de noir, on en construira
un troisième à 2/10, un quatrième de même, etc., jusqu'au
dixième, où tous les tons seront notablement obscurcis puisqu'ils seront à 9/10 de noir. En ajoutant aux 14,400 tons ainsi
produits les 20 tons de la gamme de gris normal, on aura 14,420
tons pour l'ensemble de la construction chromatique.

Grâce à cette classification, on peut indiquer, noter exactement
une couleur quelconque. Il serait donc possible à un voyageur
qui aurait emporté son album chromatique au delà de l'Océan, de
décrire exactement une fleur, un métal, un vêtement ou tout
autre objet coloré en disant, par exemple, de la fleur du gre-
nadier : elle est le rouge orangé du premier cercle, ton 10 ; ce
qui serait moins poétique, mais plus facile à retrouver que rouge
éclatant, éblouissant, ou tout autre superlatif.

Notre glorieux pantalon garance répond à la couleur rouge,
gamme 3, ton 12, terni à 3/10 de noir.

L'écarlate employé dans d'autres uniformes, qu'il soit teint à
Berlin, aux Gobelins ou à Sedan, se rapporte exactement au
troisième rouge du premier cercle chromatique, tons 10 et 11.

Ces travaux, qui paraissent de pure théorie au premier abord,
ont eu immédiatement leurs conséquences pratiques : on a exécuté les gammes avec de la laine ; le cercle chromatique n'a plus
été une simple démonstration de physique, et il existe aux
Gobelins, composé d'écheveaux colorés. Pour obtenir ces cou-

leurs, cés nuances et ces tons, il a fallu faire de nombreuses recherches qui ont conduit à donner des types parfaitement déterminés. Les études de M. Chevreul ont donc créé une science de la teinture et de la fabrication des couleurs qui, jusque-là, avaient été dans le vague le plus complet. Il est évident, cependant, qu'il en est de ces formules comme de presque toutes les sciences humaines, c'est qu'elles n'ont qu'un absolu relatif, et qu'il reste encore un champ bien vaste réservé au hasard, au travail du savant, ou à l'habileté de main de l'ouvrier.

La loi du contraste agit de plusieurs manières différentes, mais elle agit constamment ; ainsi placez plusieurs bandes de gris à côté les unes des autres, à la condition que chaque bande sera située entre un ton plus foncé et un ton plus clair, et vous aurez immédiatement l'aspect d'une cannelure, la partie juxtaposée au ton plus foncé paraissant plus claire et réciproquement. Pour bien constater que ce n'est qu'une simple illusion d'optique, il faut isoler chaque tranche de gris en couvrant ses deux voisines avec du papier blanc. On voit alors que la cannelure disparaît. Les peintres qui représentent des colonnes cannelées le savent bien ; ils n'ont qu'à ajouter sur le fond gris la zone blanche, qui fait immédiatement paraître noire toute la partie grise adjacente.

Si la loi des contrastes se fait sentir entre les divers tons d'une même couleur, son action est encore bien plus apparente entre deux couleurs différentes, ainsi qu'on peut s'en convaincre par l'expérience suivante, facile à répéter :

Dans une feuille de papier mat non glacé et coloré en gris clair, découpez un ornement quelconque, rosace, palme, etc., appliquez-le au milieu d'une feuille de papier blanc.

Faites au milieu d'une autre feuille de papier blanc une ouverture correspondant entièrement aux contours de l'ornement, de façon que, posée sur la première feuille, elle laisse paraître la rosace grise. Découpez ensuite dans la même feuille de papier gris six rosaces pareilles, et appliquez-les au milieu de six feuilles de papier mat des couleurs suivantes : violet, bleu, vert, jaune, orange, rouge. Placez sur une table bien éclairée la feuille de papier blanc sur laquelle se trouve la rosace grise. Placez à côté, et successivement vos papiers colorés, le phénomène suivant se produira :

Tandis que le gris placé sur la feuille blanche vous paraîtra seulement un peu plus foncé, la rosace grise identique placée au milieu du violet prendra un reflet jaune très-sensible, sur le bleu une teinte orangée, sur le vert une teinte rose, sur le jaune une teinte lilas, sur l'orange une teinte bleuâtre, et sur le rouge une teinte verte. Pour constater l'illusion, il faut placer sur un des papiers colorés la feuille de papier blanc dans laquelle on a fait une ouverture, et immédiatement le gris retourne à sa valeur réelle, et n'a plus de teintes colorées. Ces expériences sont très-faciles à faire, et donneraient à toutes les personnes qui emploient, sous quelque forme que ce soit, les matières colorantes ou colorées, la raison d'une foule d'effets dont elles ne peuvent se rendre compte autrement.

M. Chevreul a fait aussi de longues et intéressantes recherches sur le mélange des couleurs matérielles. Tout le monde sait que les couleurs sont produites par la décomposition de la lumière blanche, mais ce que l'on sait moins, c'est que tous les rayons colorés réunis reforment du blanc. Ainsi, construisez un toton dont la surface supérieure représentera le prisme étalé circulairement, et faites-le tourner rapidement, il paraîtra blanc. Si vous peignez sur la surface supérieure d'un autre toton du violet et du jaune seulement, vous aurez un effet grisâtre, de même du rouge et du vert, de même du bleu et de l'orange. Les couleurs qui produisent cet effet deux à deux sont dites *complémentaires*, l'une à l'égard de l'autre.

En se servant de la propriété des couleurs complémentaires de se détruire l'une l'autre pour former des gris plus ou moins foncés, la teinturerie des Gobelins est arrivée à créer des couleurs rabattues bon teint, tandis qu'autrefois on les ternissait avec une composition appelée *rabat*, qui, sauf la gomme, ressemble à de l'encre, et se décompose assez rapidement à l'air. Il faut, au con-traire, quand on veut des teintes pures éviter avec le plus grand soin les complémentaires qui les terniraient, les éviter non-seule-ment dans l'opération de la teinture, mais dans l'emploi des laines teintes. Ainsi, un tapissier qui mêlerait intimement un fil bleu violet avec un fil jaune orangé, ferait un vert grisâtre et non un vert franc.

Les laines, une fois teintes, lavées et séchées, passent aux ma-gasins des tapisseries et des tapis, ou s'en vont à Beauvais avec les soies très-employées dans cet établissement, et qui sont teintes aussi à l'atelier des Gobelins. On les range dans de vastes armoires où elles se conservent intactes pendant plusieurs années. Quand on veut les employer, on les roule en pelotes rondes et serrées, puis, au moyen d'un mécanisme ingénieux et simple, on les dresse sur des broches que l'artiste tapissier choisit pour composer sa boîte, comme un peintre dresse sa palette.

L'atelier de tapisseries est depuis 1828 sous la direction de M. Laforest, artiste tapissier de père en fils, dont le nom est attaché à toutes les belles pièces exécutées pendant la Restaura-tion. Il a sous ses ordres M. Gilbert, artiste très-habile, adjoint depuis 1858, comme chef d'atelier de deuxième classe, deux sous-chefs, trente-cinq artistes tapissiers et quatre élèves.

Le travail se fait dans de vastes ateliers très-aérés et bien éclairés, en se servant de métiers dits à *haute lisse*, dont nous trou-vons l'exacte description dans la notice de M. Lacordaire :

Les métiers de tapisserie ont de quatre à sept mètres de longueur, ils se com-posent d'une paire de forts cylindres en bois de chêne ou de sapin, dits *ensouples*, disposés horizontalement, dans le même plan vertical, à quelque distance (de 2ᵐ, 50 à 3ᵐ, d'axe en axe) l'un de l'autre, et supportés par de doubles montants en bois de chêne appelés *cotrets*. Les ensouples sont munies, à chacune de leurs extrémités,

d'une frette dentée, en fer, et d'un tourillon ; elles s'engagent par ces tourillons dans
des coussinets en bois, et y tournent librement, quand cela est nécessaire. Ces coussinets sont mobiles (c'est en général le coussinet supérieur) dans l'intérieur des
cotrets, au moyen de rainures dans lesquelles ils glissent. La chaîne du tissu des
tapisseries et des tapis se fixe sur les ensouples, dans une situation parfaitement
verticale, tous les fils ou brins exactement à la même distance l'un de l'autre, et de
plus avec une division, de dix en dix, ou même tout à fait arbitraire, par un fil
autrement coloré que les autres, quand il s'agit des tapis; chaque fil de la chaîne a
été préalablement arrêté sur une tringle en bois, dite *le verdillon*, et ce dernier, logé
dans une rainure creusée dans toute la longueur des ensouples.

Quand on veut tendre la chaîne, enrouler ou dérouler des parties de tapisserie,
on fait tourner les ensouples au moyen de leviers de fer, ou même en bois, qui s'engagent dans des trous pratiqués à cet effet, à chacune de leurs extrémités. La portion de tissu fabriquée s'enroule sur l'ensouple inférieure, en amenant et développant de l'ensouple supérieure une nouvelle portion de chaîne et ainsi, partie par
partie, jusqu'à ce que la pièce en cours de fabrication soit terminée. Le dernier
degré de tension est donné par une vis de pression en fer qui, logée dans le vide
des cotrets, et placée entre les deux coussinets, fait monter ou descendre à volonté
celui qui est mobile, en s'appuyant sur le coussinet fixe, ou sur une traverse. Les
ensouples demeurent fixes au moyen de valets en fer, ou déclics, engagés dans les
frettes dentées de leurs extrémités.

Les fils de chaîne sont tendus verticalement, parallèles les uns
aux autres et dans un même plan. Ils sont passés alternativement
sur un bâton dit de *croisure*, remplacé maintenant presque partout par un tube en verre de la grosseur du pouce environ. Les
fils qui se trouvent placés du côté du tapissier sont dits fils
d'arrière, ceux qui sont tendus à la partie antérieure du métier
s'appellent fils *d'avant*. Les fils d'arrière peuvent être tirés en
avant par des ficelles appelées *lisses* qui les relient à une perche
mobile située en dehors du métier et au-dessous *du bâton de
croisure*.

L'artiste est placé derrière le métier, tournant le dos à son modèle ; il fait d'abord une sorte de calque générale où il indique
sur les fils de chaîne des points de repère assez éloignés, de
façon à retrouver l'ensemble. Il reporte d'une façon plus détaillée une partie très-limitée de son modèle et l'indique sur la

chaîne au moyen de points noirs pour les tons foncés et de points rouges pour les tons clairs. Il prend alors une *broche* pointue sur laquelle se trouvent enroulés les fils de laine dont il a choisi la couleur et le ton après les avoir étudiés sur la toile qu'il copie ; il passe cette broche entre les fils d'avant et les fils d'arrière ; il tire ces derniers en avant au moyen de lisses, repasse la broche de gauche à droite et passe ensuite le fil de trame avec la pointe de la broche. Cette passée, qui est ordinairement de dix fils, cinq devant, cinq derrière, s'appelle *duite*. Quand elle est terminée on l'abat avec une sorte de fort peigne d'ivoire, dont les dents glissant entre les fils de chaîne, serrent la trame de façon à cacher ces fils.

C'est au moyen de ces duites disposées en hachures que le tapissier peint sur sa chaîne, un peu comme le mosaïste peint avec ses cubes colorés ; seulement ici ce sont des lignes. Après une longue suite d'essais, Deyrolle, chef tapissier de basse lisse, préconisa et finit par pratiquer exclusivement à tout autre un procédé de hachure à deux tons. Parallèlement à chacune des hachures, on en conduit une autre d'une nuance calculée de manière à soutenir le ton de la première couleur : cette méthode, appliquée d'abord à la basse lisse, importée dans l'atelier de haute lisse, en 1820, par M. Gilbert, est maintenant universellement employée ; on est arrivé même à des hachures à trois nuances.

On peut ainsi, par le travail, avec des laines de grand teint, produire des tons rabattus, qui, par la teinture, seraient décomposés plus tard, ou n'auraient eu qu'une coloration insuffisante. Ainsi, pour prendre les extrêmes, un travail fait avec des hachures noires et blanches, donnera, à distance, un gris absolument solide, tandis que le gris en teinture serait moins bon teint et ne donnerait pas les mêmes effets de transparence.

Les tapisseries terminées depuis quelques années ont montré d'une façon évidente la perfection de cette méthode; on peut en voir la preuve dans le portrait de Louis XIV, d'après Rigaud,

exposé dans la galerie des Gobelins : aucune pièce, depuis la création de la manufacture, ne peut se comparer à cette page admirable, véritable chef-d'œuvre; il est vrai que, par extraordinaire, cette fois, on avait parfaitement choisi le modèle, et

on avait bien voulu confier le tableau original lui-même à
l'artiste chargé de le copier. Le grand roi est en costume
de cérémonie, manteau bleu bordé d'hermine, culotte blanche,
et bas de soie blancs arrêtés par une jarretière brodée, le plus
merveilleux trompe-l'œil que nous ayons jamais vu. Ce portrait a été exécuté par M. Collin en quatre ans; il appartient à la
manufacture.

Un autre chef-d'œuvre qui montre bien ce que peut produire le talent des artistes tapissiers actuels, est l'imitation de

LES GOBELINS. — Tapisseries.

l'*Assomption* du Titien, d'après une assez bonne copie faite par
M. Serrur à Venise, où se trouve l'original. — Cette immense
page n'est pas exposée faute de local suffisant à contenir les
sept mètres de hauteur qu'elle mesure Développée sur le plancher de la grande salle d'exposition, elle présente l'aspect le
plus saisissant. La figure de la Vierge se détache vivante sur un
fond lumineux d'un éclat divin ; les deux images du Père et du
Fils l'attendent dans les cieux, des groupes d'anges l'accompagnent, et sur la terre, les apôtres regardent s'élever vers l'empy-
rée la mère du Sauveur des hommes. Nous avons été surtout
frappé de la parfaite exécution du groupe d'anges situé à droite
de la Vierge : l'effet est incomparablement préférable à celui de
la copie de M. Serrur, quelque bonne qu'elle soit. Le vernis
dont on est forcé d'enduire la peinture à l'huile finissant toujours par jaunir inégalement, l'éclat des tapisseries tissées aujourd'hui avec des laines convenablement teintes et distribuées
par le procédé à double hachure, se maintiendra plus longtemps, et conservera cette apparence veloutée, quoique transparente, qui rappelle l'effet pulvérulent des ailes de papillon. Les
Gobelins peuvent attendre avec confiance la première exposition
universelle : avec leur *Assomption*, ils sont sûrs de la première
place.

Malheureusement aucune grande pièce n'est aujourd'hui sur le
métier, et les artistes tapissiers sont en grande partie occupés,
en ce moment, à terminer une série de vingt-huit portraits d'artistes et de souverains destinés à la galerie d'Apollon, au Louvre.
Un grand nombre sont déjà en place, on peut juger de l'effet
produit ; parmi ceux qui se terminent en ce moment, nous ne
pouvons passer sous silence une magnifique tête du Poussin,
admirablement exécutée en un an par M. Marie Gilbert.

Un essai assez heureux, qui se continue encore aujourd'hui,
est la reproduction, sur une plus grande échelle, des gracieuses
pages de Boucher. Nous ne parlerons qu'avec mesure de plusieurs imitations des portraits de S. M. l'empereur Napoléon III

et de S. M. l'impératrice Eugénie ; ces portraits ont les qualités et les défauts de Winterhalter, d'après lequel ils sont copiés. Celui de l'impératrice, heureusement composé, donne un ensemble assez harmonieux; celui de l'empereur manque de style.

L'atelier de tapis est conduit par M. Legrand; il occupe deux sous-chefs, trente-sept artistes et quatre élèves.

Leur travail diffère entièrement de celui des tapissiers. Le tissu qu'ils produisent est un velours, dont la chaîne est en laine, et la trame en fils de chanvre extrêmement solides. Les fils de laine qui forment le velours sont arrêtés par un double nœud sur deux fils d'une chaîne tendue verticalement, comme dans le métier de haute lisse. Ils pendent du côté de l'artiste travaillant à l'endroit, qui les tond avec grand soin au moyen de ciseaux à double brisure. Dans les grands tapis cette tonte laisse un centimètre de hauteur à la laine ; les devants de foyer sont plus ras. C'est après la tonte que le tapissier juge de son travail : il a produit une sorte de mosaïque dont les particules colorées sont des brins de laine à section infiniment petite. La surface parfaitement plane qui résulte de la dernière opération donne donc des teintes presque aussi fondues qu'une peinture. Aux tapis, l'artiste a devant lui, un peu au-dessus de ses yeux, son modèle qu'il a préalablement étudié pour remplir la boîte à broches qui lui sert de palette. Il a eu soin, en tendant sa chaîne, de la composer de neuf fils blancs pour un fil coloré ; en tirant horizontalement une suite de lignes noires distantes chacune de vingt-cinq millimètres, il produit un petit carré correspondant à un point de son modèle. Ce carré est couvert par soixante-dix nœuds, répondant chacun à un brin de velours composé de six fils colorés, mélangés au moment de la mise en broche. Il faut donc à l'artiste en tapis, non-seulement une grande habitude, mais encore une grande science théorique des couleurs qui peuvent se marier ensemble de manière à donner un effet éclatant ou éteint.

L'exposition de la Savonnerie, à la manufacture, n'est pas nombreuses; toutes les compositions exécutées ont été employées presque immédiatement dans les palais impériaux, il s'y trouve cependant deux médaillons pour meubles fort jolis : un immense tapis de neuf mètres de long, imité d'un tapis du temps de Henri IV, à ce que l'on croit, ne peut être déroulé faute de place; il représente des ornements divers sur fond brun avec une bordure imitant de larges pierres précieuses enchâssées dans de l'or.

Il y a maintenant sur les métiers un grand tapis de sept metres de long sur six de large, et huit ou dix devants de foyer destinés au palais de Saint-Cloud. Ces tapis, qui sont presque tous fond blanc, sont d'une disposition agréable, surtout celui sur le milieu duquel se trouvent deux colombes. Il nous a semblé cependant qu'on y abuse un peu trop des tons mauve et lilas tendre, nous comprenons très-bien qu'on veuille éviter de ressembler aux tapis trop criards du commerce, mais il faut prendre garde à force de vouloir être *distingué*, de ne plus être élégant et de devenir fade.

Un dernier atelier annexe, dit de *rentraiture* ou *rentrayure*, occupe un maître rentrayeur, deux ouvriers et deux ouvrières; on y réunit habilement les pièces de tapis ou de tapisseries faites séparément, on y raccommode les parties déchirées ou altérées, si bien qu'il faut une grande habitude pour retrouver la trace de la reprise.

Une école d'apprentis tapissiers, fondée en 1848, contient maintenant vingt-deux élèves, qui passent aux ateliers après cinq, six, ou même sept ans d'études; quelques-uns se font remarquer par une aptitude singulière. L'école de teinture fondée en 1804, et qui aurait une si grande utilité pour les progrès de cet art, a été supprimée en 1816. Quelques élèves attachés au laboratoire, par autorisation ministérielle, peuvent seuls en suivre les opérations. M. Chevreul fait bien tous les ans un cours de chimie appliquée à la teinture; mais en chimie industrielle, la théorie ne va guère sans la manipulation, et le cours n'a pas les résultats féconds qu'il pourrait avoir, fait par un tel professeur. Une école gratuite de dessin, recevant non-seulement les personnes de la maison, mais encore des élèves externes, donne les meilleurs résultats, et a fourni souvent, cette année encore, des lauréats à l'école des Beaux-Arts. C'est une institution digne d'encouragements. L'influence de ces études élevées de dessin est immense dans l'industrie : les ameublements, les étoffes, les tentures, les bijoux, toutes les productions de luxe, et même du simple confortable, doivent leurs formes, leur agencement, leur *style* enfin au talent des dessinateurs industriels, qui ne peuvent avoir le goût délicat, le crayon pur, s'ils n'ont pas été dès l'enfance frappés des beautés de l'art antique, source de toute élégance et de toute noblesse. On sait quels services rend aux arts appliqués l'école de dessin de la rue de l'Ecole-de-Médecine.

Outre leur destination spéciale de manufacture de tapis et de tapisseries, les Gobelins pourraient, avec la moindre impulsion, et sans nécessiter de nouvelles dépenses, devenir d'abord une pépinière d'artistes teinturiers, qui se répandraient ensuite dans les établissements privés ; en outre, une sorte d'école de goût, qui ne serait pas inutile aujourd'hui, et qui conserverait à la France la suprématie traditionnelle qu'elle exerce sur tous les arts de luxe. Quant à l'avenir de la manufacture, il nous intéresse trop pour ne pas lui consacrer quelques lignes avant de terminer cette étude, plus longue que nous ne l'avions prévu et cependant si rapide, de notre plus vieille gloire industrielle.

Nous avons entendu bien des opinions contraires émises par des personnes compétentes ; bien des questions ont été soulevées et résolues dans un sens ou dans l'autre. Les uns sont d'avis que l'on doit maintenir la méthode actuelle de travail avec ses sages et habiles lenteurs ; les autres, que l'on doit au contraire chercher à appliquer, autant que possible, les meilleurs procédés inventés de nos jours par la mécanique pour simplifier le travail manuel rendre l'exécution plus rapide et abaisser, par conséquent, le prix de revient de chaque pièce. Les premiers pensent que l'on doit chercher, le plus possible, à reproduire ce que la peinture a de plus difficile à imiter, pour maintenir la distance qui sépare les productions des Gobelins et celles du commerce ; les seconds, que l'on doit au contraire abandonner toute idée de faire des *tableaux*, et se borner à tisser de splendides tentures ornées d'arabesques et de fleurs, enrichies de métaux précieux, destinés à égayer la vue sans prétention à la grande peinture.

Il me semble qu'on pourrait prendre un moyen terme entre ces deux exagérations : il est bon, il est nécessaire à l'existence même de la manufacture de rester par sa perfection hors de concours avec les produits du commerce, et cela lui sera toujours facile, malgré les efforts, quelquefois heureux, de plusieurs tapissiers, MM. Planchon, de Neuilly, Mourceaux, de Paris, etc., qui n'ont pu et ne peuvent encore produire des tentures à personnages, tout en exécutant de bonnes tapisseries d'ornement.

Il nous semble aussi qu'elle pourrait, maintenant qu'elle a fait ses preuves, renoncer aux sujets sévères ; elle devrait tenir un peu plus compte de la structure même du tissu de la tapisserie, dont la surface cannelée ne peut rendre ni une ligne droide ni un cercle, dont les lumières ont toujours un peu d'ombre, et les ombres un peu de lumière, et demander qu'on fît créer pour elle par un peintre qui connaîtrait ses exigences, des modèles spéciaux ; ces modèles ne seraient pas seulement des peintures d'ornement pur, mais le talent de l'artiste saurait y offrir aux yeux de belles allégories à personnages, aux tons riches, et surtout de *grand teint* de beaux paysages, rappelant, en les dépassant de tout le progrès accompli, les belles verdures d'autrefois si riantes et si gaies ; puis, pour les petits appartements, de gracieuses pages où l'imagination pourrait se laisser aller à des fantaisies heureuses. N'y a-t-il donc plus de Rubens, de Titien, de Veronèse, dont les compositions pourraient guider les peintre contemporains ? N'y a-t-il pas à *la Maison du Bois*, à la Haye, l'admirable *Oranje-Zaal*, décorée depuis la coupole jusqu'à la plinthe de splendides allégories de Jordaens et de Rubens, dont l'ensemble dicterait une merveilleuse tenture ? Et le Louvre !... Mais surtout pourquoi ne fait-on pas faire des modèles à Baudry, Daubigny, Baron, Couture, Glaize, Nanteuil, Lapierre, Leleux, Appert, Doré, Saint-Jean, Philippe, Rousseau, Leys, Maclise, et d'autres faciles pinceaux qui sauraient éviter la sécheresse tout en maintenant l'élégance et la précision du contour ? Il faudrait enfin être de son temps et montrer que les enfants valent les pères.

Il y a là une question plus élevée qu'on ne pense : il s'agit d'une suprématie nationale à conserver. Grâce aux merveilleux produits des Gobelins de Sèvres et de Beauvais, la France a su prouver à l'Europe qu'elle la domine par ses arts industriels, comme elle la maintient par ses armes : cette persuasion vaut des centaines de millions au commerce français. Mais qu'on y prenne garde : les nations rivales, à force de travail et de sacrifices, sont à la veille de nous atteindre et de nous dépasser. Sans un vigoureux effort, nous serons bientôt, pour les arts de luxe, au-dessous de l'Angleterre dont on a tant médit.

Depuis que ces lignes ont été écrites, l'exposition internationale de 1862 est venue malheureusement fortifier encore l'opinion que nous émettions en 1860. Le courageux rapport de M. Mérimée, au nom d'une commission nommée par le jury français, signale en ces termes l'état d'infériorité relative d'une de nos industries artistiques :

« Depuis l'exposition universelle de 1851, et même depuis celle de 1855, des progrès immenses ont eu lieu dans toute l'Europe, et bien que nous ne soyons pas demeurés stationnaires, nous ne pouvons nous dissimuler que l'avance que nous avions prise a diminué, qu'elle tend même à s'effacer. Au milieu des succès obtenus par nos fabricants, c'est un devoir pour nous de leur rappeler qu'une défaite est possible, qu'elle serait même à prévoir dans un avenir peu éloigné si, dès à présent, ils ne

faisaient pas tous leurs efforts pour conserver une supériorité
qu'on ne garde qu'à la condition de se perfectionner sans cesse. »

L'Union centrale des beaux arts appliqués à l'industrie vient,
comme le demandait l'honorable rapporteur, d'ouvrir une série
de cours spéciaux faits par des hommes éminents. Ce n'est pas
encore l'école de South-Kensington, mais c'est le commencement
du mouvement, et nous pouvons espérer que les hommes courageux formant le comité directeur de la Société n'en resteront pas
là et conduiront leur œuvre utile à ses dernières limites. Puisque ce n'est plus de l'État que vient l'initiative artistique, il faut
qu'une grande école nationale se fonde sous le patronage
de souscriptions privées. Ce ne sont pas seulement des cours,
mais des ateliers qu'il faut; c'est un musée de modèles, ce sont
des récompenses pour encourager les efforts; mais ce qu'il faut
surtout, et ce que le public seul peut donner, ce sont des commandes.

PARIS. TYP. E. PLON ET Cⁱᵉ.

LA MANUFACTURE DE PIANOS

DE

MM. PLEYEL, WOLFF ET Cⁱᵉ

Nous avons encore affaire aujourd'hui à l'un des maudits du siècle. Que d'objections sérieuses se sont élevées contre l'usage du piano, que de colères et que de plaisanteries ne s'est-il pas attiré ! Et cependant le piano, comme le tabac, s'est répandu et se répand avec une force croissante que rien n'a pu arrêter. On le retrouve au pied des Cordilières, sur les bords de l'Oural, dans les savanes, dans les steppes, — partout où il y a des Européens et surtout une Européenne, le voyageur qui s'approche d'un établissement est agacé ou ravi par le son d'un piano

Le piano mérite pourtant la plupart des reproches dont on l'accable. — D'abord il est systématiquement faux, étant basé sur le tempérament; il est encombrant au plus haut degré, et il est si facile d'en jouer mal, que dans la plupart des villes, villes d'eaux surtout, il retentit depuis l'aurore jusque bien avant dans la nuit. — Depuis que les restaurants de soupers en ont établi dans leurs cabinets particuliers, je suis sûr qu'il n'y a pas une minute où, dans Paris, au moins *un* piano ne vibre. — Quand la dernière fille en goguette a cessé de taper sur les marteaux éclopés du Café Anglais, la petite future élève du Conservatoire se lève pour commencer ses gammes.

Mais il n'enfle pas les joues comme le cor ou la flûte, il n'allonge pas les lèvres comme la clarinette, il ne dévie pas l'épaule comme le violon, il n'arque pas les jambes comme la contrebasse; il est d'un transport difficile, mais on le retrouve partout ; et puis c'est un meuble meublant qui, pour une femme, est une sorte de certificat de bonne éducation. Il est faux systématiquement, c'est vrai, mais ce défaut est si habilement corrigé par les efforts des facteurs habiles qui le fabriquent, la convention est si généralement acceptée, qu'il vaut encore mieux le piano, tout faux qu'il est, qu'un violon imparfaitement joué. — Contrairement à tous les autres instruments qui sont absolus et qui ne sont agréables que dans les mains d'un artiste éminent, d'une organisation musicale sûre, le piano tolère la médiocrité. Pouvant rendre dix sons à la fois, il donne en même temps le chant et l'harmonie, c'est là, selon nous, la vraie cause de son succès.— Et puis, de si merveilleux pianistes, Liszt, Kalkbrenner, Chopin, l'ont sacré : ils lui ont fait rendre les plus beaux effets de l'orchestration. — De si grands compositeurs, Meyerbeer, Rossini, Verdi, lui ont confié les premières inspirations de leurs chefs-d'œuvre! C'est accompagnés par le piano que Rubini, Lablache, Alboni ont pu essayer les effets de leur voix. N'est-il pas enfin l'ami, le compagnon de la femme, qui préfère aux plaisirs extérieurs du monde, la lecture des partitions favorites des maîtres ?— Mais que de difficultés, que de soins pour fabriquer même le plus mauvais de ces pianos, si nombreux, qu'on estimait, en 1855, la valeur annuel de leur production à soixante-quinze millions de francs, dont vingt-sept millions pour l'Angleterre, seize millions pour l'Allemagne, dix millions pour la France ; somme énorme, qui, cette année, malgré les guerres et les malaises politiques et commerciaux, ne doit pas avoir diminué. Sur ce chiffre de dix millions au moins donné par la France, la maison Pleyel-Wolff et Cie, dont nous allons décrire les établissements, fournit environ un cinquième de la production.

Mais avant de parcourir ses chantiers et ses ateliers en décrivant cette industrie si intéressante et si compliquée — il nous faut le plus rapidement et le plus clairement possible raconter ce que c'est qu'un piano, et comment on est arrivé peu à peu à cet assemblage de bois et de métal, d'ivoire et de peau qui forme l'instrument universel de notre époque.

Le piano est un instrument à cordes, mises en vibration par la percussion. Ces cordes sont plus ou moins nombreuses, suivant le nombre d'octaves que renferme le piano. — Elles sont plus ou moins grosses, plus ou moins longues, plus ou moins tendues, plus ou moins denses, suivant le degré d'unité qu'on désire en obtenir.

Sans avoir fait un cours complet d'acoustique, tout le monde sait qu'à densité et à tension égales, si les deux parties d'une corde sont entre elles comme 1 est à 1, elles donnent ce qu'on appelle l'unisson, c'est-à-dire qu'elles vibrent absolument d'une façon identique; si elles sont comme 2 est à 1 elles donnent l'octave, comme 1 à 5 la quinte, comme 4 à 3 la quarte, comme 5 à 4 la tierce majeure, comme 6 à 5 la tierce mineure, comme 24 à 25 la tierce mineure. Selon Boëce, ce fut Pythagore qui, en se servant du monocorde, mesura ainsi géométriquement les proportions des sons.

En faisant varier la tension, la grosseur et la densité des cordes, on peut produire les mêmes effets, suivant des formules exactes, que par leur allongement. — C'est sur la connaissance de ces propriétés des cordes qu'est basé l'art du fabricant de piano. — Il doit y joindre la connaissance parfaite de la sonorité et de la résistance des différents bois, car les cordes d'un piano ne sont pas libres comme celles d'une harpe, elles sont fixées dans une boîte qui participe à l'intensité et à la qualité du son.

Aucun produit de l'intelligence et de l'adresse manuelle de l'homme n'a donné lieu à plus d'inventions, de remaniements et de perfectionnements que le piano. — Tous les jours encore s'exécutent de nombreux essais, le plus souvent renouvelés d'anciennes tentatives, et pour la plupart infructueux, l'instrument étant arrivé aujourd'hui à son plus haut degré de perfection, au moins théorique. Mais que de tâtonnements ont amené cet état satisfaisant

Nous ne pouvons donner ici les deux cents pages consacrées par l'Encyclopédie à ce sujet; nous le regrettons, car on pourrait y suivre jusqu'à 1765 les progrès partiels qui ont amené les résultats d'ensemble acquis aujourd'hui. — Il y a d'abord le monocorde, le clavicorde, le claquebois, la harpe à clavier; puis toutes les variétés d'épinette, l'épinette à sautereaux emplumés, l'épinette avec archet, l'épinette à marteaux de bois dur, l'épinette en crescendo, l'épinette verticale; puis les clavecins, clavecin à âme, clavecin brisé, clavecin vertical, clavicithérium, clavecins en peau de buffle, et enfin le forté-piano ou clavecin à marteau. — Nous nous contenterons de rassembler ici quelques extraits dans lesquels on pourra suivre la marche de l'intelligence humaine dans la création du piano :

« *Clavicorde*. — Cet instrument tire son origine du monocorde, et probablement le nom de clavicorde qu'on lui donne n'est que ce premier, corrompu. La preuve que ce clavicorde tire son origine du monocorde, c'est qu'on avait des monocordes où, au lieu de transporter le chevalet, il y avait des sautereaux à chaque division ; de plus, les premiers clavicordes n'avaient qu'une seule et même corde pour tous les tons qui n'entraient pas dans le même accord, et alors l'harmonie était fort bornée ; ils n'avaient d'autres feintes que le *si* bémol dans chaque octave, et en tout seulement vingt touches.

Ordinairement les tons graves du clavicorde ont un son de chaudron, et les aigus n'en ont point du tout ; ce qui provient du trop ou trop peu de longueur des cordes : le clavicorde ne peut guère avoir que tout au plus trois octaves dont le son soit agréable.

Cet instrument vaut beaucoup mieux, pour les commençants, que le clavecin : 1° parce qu'il est plus aisé à toucher ; 2° parce que, comme il est capable de *piano*, de *forte*, et même de tenue quand on sait bien le ménager, on peut s'accoutumer à donner de l'expression à son jeu. Un célèbre musicien allemand, nommé *Bach*, présentement directeur de la musique de Hambourg, ne juge d'un joueur de clavecin qu'après l'avoir entendu toucher du clavicorde. »

« *Claquebois*. — C'est un instrument de percussion et à touches ; c'est une espèce d'épinette qui a été en usage chez les Flamands. Elle est composée de dix-sept bâtons, qui donnent l'étendue des tons compris dans une dix-septième ; le bâton le plus à gauche est cinq fois plus long que celui qui est le plus à droite, parce que les sons qu'ils rendent sont entre eux comme 5 à 1. Ces bâtons parallèles sont élevés et fixés au-dessus d'une boîte carrée, beaucoup plus longue que haute ; ils ont chacun leur touche ou marche : cette marche est une espèce de maillet à tête ronde par un bout, et à manche ou palette plate ; le mécanisme par lequel ils se meuvent, ne diffère pas du mécanisme des claviers d'épinette ou du clavecin.

On applique le doigt sur la palette de la touche ou marche ; la tête lève et va frapper un des bâtons. Les bâtons sont de hêtre, ou de tel autre bois qu'on veut, résonnant par lui-même, ou durci au feu. L'harmonie de cet instrument ne serait peut-être pas désagréable, si on substituait des verges de métaux aux bâtons. »

« *Manicorde*. — Le *manicorde* ou *manicordion*, est un instrument de musique en forme d'épinette.

Le manicorde est plus ancien que le clavecin et l'épinette, comme le témoigne Scaliger, qui ne lui donne au reste que trente-cinq cordes.

On présume que les Allemands en sont les inventeurs.

Il diffère de l'épinette, en ce qu'au lieu de sautereau armé d'une pointe de cuir ou de plume, le sautereau du manicorde est armé à son extrémité, 1° d'un morceau de cuivre ; 2° d'une petite pointe qui peut soulever un morceau d'étoffe, qui appuie sur la corde.

Lorsque l'on baisse la touche, le marteau de cuivre frappe la corde dans l'instant que l'étoffe est soulevée.

Il est visible que le morceau d'étoffe doit arrêter la vibration dès que la touche reprend la situation naturelle.

Le manicorde a quarante-neuf ou cinquante touches ou marches, et soixante-dix cordes qui portent sur cinq chevalets, dont le premier est le plus haut; les autres vont en diminuant. Il y a quelques rangs de cordes à l'unisson, parce qu'il y en a plus que de touches.

On y pratique plusieurs petites mortaises, pour faire passer les sautereaux armés de leurs petits crampons d'airain qui touchent et haussent les cordes, au lieu de la plume de corbeau qu'ont ceux des clavecins et des épinettes. Mais ce qui le distingue encore plus, c'est que ses cordes sont couvertes, depuis le clavier jusqu'aux mortaises, de morceaux de drap qui rendent le son plus doux, et l'étouffent tellement qu'on ne le peut entendre de loin.

Quelques personnes l'appellent, pour cette raison, *épinette sourde*; et c'est ce qui fait qu'il est particulièrement en usage dans les couvents de religieuses, où on s'en sert, par préférence, pour apprendre à jouer du clavecin, dans la crainte de troubler le silence du dortoir.

Les doigts, en frappant les touches avec plus ou moins de violence, procurent le *forte* ou le *piano* : mais le manicorde ne doit pas être réuni avec d'autres instruments dans un concert; il n'a pas assez de force pour se faire entendre, et il exige qu'on frappe sur la touche, au lieu que dans l'épinette, il suffit de l'abaisser.

Dans la page 114 de l'ouvrage de *l'Harmonie universelle*, le père Mersenne donne le plan d'un manicorde de quatre octaves ordinaires. »

« *Épinette.* — L'épinette est une sorte de petit clavecin. Il y en a en forme parallélogramme, et d'autres, qu'on appelle *à l'italienne*, ont à peu près la figure de clavecin; il y en a qui sonnent l'octave, d'autres, la quarte ou la quinte au-dessus du clavecin ; du reste, c'est la même facture et la même mécanique.

Les épinettes n'ont qu'une seule corde sur chaque touche, et qu'un seul rang de sautereaux.

L'on ignore le nom de l'inventeur de l'épinette ou clavecin ordinaire; l'on ne sait, ni le temps, ni le lieu, où l'on a imaginé cet instrument. Il y a deux cents ans que l'épinette n'avait que cinq pieds de long sur vingt-cinq pouces de large, elle contenait environ trente touches; elle commençait au *fa* quarte du prestant, et finissait à l'*ut*, octave de la clé de *sol*.

La mécanique des touches était à peu près semblable à celle d'aujourd'hui, excepté qu'au lieu de plume, le sautereau était armé d'un morceau de cuir à peu près de la même manière que le pratique aujourd'hui M. de Laine, maître de vielle, et M. Paschal, facteur de clavecin, tous deux résidant à Paris. Les sautereaux des anciens clavecins n'étaient point étoffés, de sorte que les sons se confondaient; les cordes étaient de boyau, par conséquent les sons étaient doux, moux; l'humidité et la sécheresse désaccordaient chaque jour l'instrument. On trouve encore quelques-uns de ces vieux clavecins dans Paris, et dans les grandes villes des Pays-Bas et de l'Allemagne.

Les épinettes ordinaires ont six pieds de long et deux pieds et demi de large; elles sont composées de deux claviers : le supérieur a un sautereau sur chaque touche, le clavier inférieur porte deux sautereaux à chaque touche : l'un fait mouvoir une corde à l'unisson, et l'autre fait mouvoir une corde à l'octave.

On pourrait y ajouter, sans beaucoup de dépense, un quatrième sautereau rapproché du chevalet; ce sautereau procurerait à la corde le son de la harpe.

On pourrait encore, sans frais, y appliquer une petite règle qui glisserait dans une coulisse; cette règle serait armée de peau de buffle, pour empêcher en partie la vibration de la corde et lui faire rendre un son de luth.

Les meilleurs facteurs d'épinettes ordinaires ont été les Rukers, résidant à Anvers, qui vivaient sur la fin du siècle dernier, et Jean Denis, de Paris; mais depuis la mort de Rukers,

Grande cour.

Chantier.

on a fait quelques changements avantageux à leurs épinettes.
1º L'on a donné plus d'étendue à leurs claviers, qui n'avaient que
trois octaves et demie; ils commençaient à *fa*, octave au-dessous
de la clef de *fa*, et finissaient à l'*ut*, douzième au-dessus de la
clé de *sol*; l'on a ajouté une octave aux basses, et une quarte
aux tons supérieurs, en conservant le même diapason et la même
forme; on y a ajouté outre cela les machines suffisantes pour
imiter le luth et la harpe; quelques personnes y ont joint un
petit orgue, ce qui centuple l'agrément.

Il y a environ cent ans qu'au lieu de cordes de boyaux, l'on
mit dans l'épinette des cordes de fer et de cuivre; l'on arma les
sautereaux de plumes et d'étoffe, pour arrêter la vibration de la
corde: cette heureuse découverte a été depuis pratiquée dans
toutes les épinettes. »

« *Épinette perpendiculaire.* — Dans le livre intitulé *l'Harmonie
universelle, contenant la théorie, la pratique de la musique et la
composition de toutes sortes d'instruments*, par F. Marin Mersenne
de l'ordre des Minimes, à Paris, chez Cramoisy, 1636, gros in-
folio avec figures, l'auteur donne le plan d'une épinette, dont le
corps sonore et les cordes sont perpendiculaires. Cet instrument
était pour lors en usage en Italie. Cette épinette commençait au
sol au-dessus de la clé de *fa*, et finissait à *sol* à l'octave de la clé
de *sol*; par conséquent elle n'avait que deux octaves.

Le père Mersenne dit que cet instrument avait le son très-doux,
les sautereaux étaient emplumés, et coulaient horizontalement
pour heurter la corde. Le vice de cet instrument était, que l'on
n'avait pas encore pour lors inventé l'art d'arrêter les vibrations
de la corde par un morceau d'étoffe; les sons se confondaient:
mais aujourd'hui cette épinette, ou ce petit clavecin, n'aurait plus
le même inconvénient, et il aurait l'avantage de n'occuper
presque point de place dans les appartements, parce que le corps
sonore serait plaqué contre le mur.

J'observe en passant que le plan de cet instrument engagea
M. Berger, musicien de Grenoble, à ajouter un clavier à une

harpe ordinaire ; mais le nommé *Frique*, ouvrier allemand, qui travaillait pour le sieur Berger à Paris en 1765, vola et emporta toute la mécanique et les plans de cet instrument qui était destiné pour M. de la Reynière, fermier général. »

« *Clavecins singuliers.* — A Catane, en Sicile, un prêtre napolitain a inventé plusieurs clavecins singuliers. Dans l'un, les sautereaux viennent marteler la corde avec tant de vivacité, qu'ils lui font rendre un son aussi fort, aussi brillant que le pincement de la plume, sans en avoir le glapissement, et laissent au musicien la facilité du *forté-piano*, par le plus ou moins de force à battre sur la touche.

Ce clavecin est susceptible de plusieurs jeux ; il y en a pareillement un de harpe qui est parfait. Il a encore l'avantage, en fatiguant moins la corde, de ne lui faire presque jamais perdre son accord.

Dans un autre, une invention non moins heureuse, c'est de pouvoir, par l'augmentation ou la soustraction d'une hausse, de baisser, hausser ou changer le ton de tout le diapason à la fois, et ôter ainsi tout le désavantage de cet instrument qui est de contraindre les voix de chanter à son ton. L'auteur a déjà poussé la perfection de cette invention jusqu'à quatre demi-tons ; et cet habile prêtre irait encore plus loin, s'il était aidé de quelques facteurs aussi adroits qu'il est ingénieux et inventif. »

« *Clavecin en peau de buffle, inventés par M. Paschal.* — M. Trouflant, chanoine et célèbre organiste de l'église de Nevers, a adressé aux auteurs du *Journal de musique,* en 1773, la lettre suivante, qui fera connaître le mérite des *clavecins en peau de buffle,* inventés par M. Paschal Taskin, facteur de clavecins de la cour, et garde des instruments de musique de la chambre du roi :

« Le clavecin tenant un des premiers rangs parmi les instruments, les moyens qu'il fournit de réunir toutes les parties d'un concert, de former des groupes harmoniques, d'offrir au compositeur, dans un petit espace, toutes les formes possibles de l'harmonie et de la mélodie, le rendront toujours cher aux vrais musiciens.

» Malgré les ressources inépuisables qu'il offre au génie, on ne peut cependant disconvenir que l'égalité de ses sons ne soit un défaut très-réel.

» Cet instrument, très-simple dans son origine, et composé d'abord d'un seul clavier ainsi que nos épinettes, conserva, pendant plusieurs siècles, à peu près la même simplicité.

» On imagina ensuite de doubler les sautereaux de chaque touche, pour varier un peu les sons.

» C'est à cette époque que le premier germe du goût se développa en faveur de notre instrument. Les facteurs imaginèrent ensuite de placer deux claviers, dont le supérieur faisait parler un seul rang de sautereaux, et l'inférieur les faisait jouer tous les deux.

» Par ce moyen, on opérait le fort et le doux ; mais ce fort et ce doux étaient toujours les mêmes, et il n'y avait point de gradation de l'un à l'autre.

» On inventa dans la suite mille autres moyens d'amplifier, de décorer, d'améliorer les clavecins ; mais jamais on ne toucha au but qu'on aurait dû se proposer, de graduer les sons comme la nature et le goût l'inspirent à une oreille délicate et à une âme sensible.

» Les facteurs ne furent pas les derniers à s'apercevoir de cette imperfection, mais ils préférèrent le sommeil de l'usage à l'activité du génie, et ne cherchèrent point à perfectionner ce bel instrument, ni à le mettre en état d'exécuter le *forte*, *piano*, *amoroso*, *gustoso*, *staccato*, *etc.*, et toutes les autres gradations qui figurent avec tant de charmes dans la musique moderne.

» Il était réservé à M. Paschal Taskin de porter ses vues plus loin et de triompher des obstacles qui avaient pu arrêter ses prédécesseurs. Livré à de fréquentes méditations, cet artiste, aussi ingénieux que modeste, se détermina à faire l'essai de toutes sortes de corps pour en tirer des sons agréables.

» Ce fut en 1768 qu'il obtint de la répétition de ses expériences le succès qu'il en espérait.

» Parmi les trois rangs de sautereaux ordinaires au clavecin, il en choisit un dans lequel il substitua aux plumes de corbeau des morceaux de peau de buffle qu'il introduisit dans les languettes de la même manière à peu près que les plumes.

Chariot portant les billes à la scie.

» De l'effet de cette peau sur la corde de l'instrument, il résulte des sons veloutés et délicieux : on enfle ces sons à volonté en appuyant plus ou moins fort sur le clavier ; par ce moyen, on obtient des sons nourris, moelleux, suaves, ou plutôt voluptueux pour l'oreille la plus épicurienne. Désire-t-on des sons passionnés, tendres, mourants? le buffle obéit à l'impression du doigt, il ne pince plus, mais il caresse la corde ; le tact enfin, le tact seul du claveciniste suffit pour opérer alternativement et sans changer ni de clavier ni de registres ces vicissitudes charmantes. »

Depuis les tailles jusqu'à l'extrémité des basses, les clavecins en peau de buffle imitent parfaitement les sons des basses du prestant de l'orgue, et depuis les tailles jusqu'à l'extrémité des dessus, ceux de la flûte traversière.

Quant à leur durée, ce qu'on en peut dire de plus précis, c'est que le premier clavecin en buffles ayant été fait en 1768 pour M. Hébert, trésorier général de la marine, il a conservé pendant cinq ans au moins et probablement beaucoup davantage la même égalité de force et d'élasticité propres à la peau de buffle : avantage très-intéressant pour les amateurs qui étaient dégoûtés du clavecin par le prompt dépérissement des plumes. »

« *Forté-piano*, ou *clavecin à marteau*. — Ce clavecin a été inventé, il y a environ vingt-cinq ans, à Freybourg en Saxe, par M. Silbermann.

De la Saxe l'invention a pénétré à Londres, d'où viennent presque tous ceux qui se vendent en France. Les facteurs de Paris en font aussi d'excellents.

Ce clavecin, dont l'extérieur est tout en bois de noyer, le plus propre et le plus luisant, a la forme d'un carré oblong ; ayant environ quatre pieds et demi de longueur, vingt pouces de largeur et huit d'épaisseur.

Il est posé sur un pied ou sur une table, dont il peut se déta cher ; ce qui le rend d'un transport facile.

Le forté-piano est arrangé de sorte que chaque touche fait lever une espèce de marteau de carton couvert de peau, qui frappe contre deux cordes unissonnes, ou contre une seule, si l'on veut.

Cet instrument est construit d'ailleurs dans les principes du clavecin ordinaire.

Il a cet avantage que l'appui du doigt plus fort ou plus faible, détermine la force ou la faiblesse du son. Il se prête par conséquent à l'expression, et comme au sentiment du claveciniste.

Le *forté-piano* est agréable à entendre, surtout dans des morceaux d'une harmonie pathétique, et lorsqu'il est ménagé avec goût par un habile musicien; mais outre les reproches qui lui sont faits par plusieurs maîtres, entre autres par M. Trouflant, organiste de Nevers, on l'accuse d'être pénible à jouer, à cause de la pesanteur du marteau qui fatigue les doigts, et qui même peut rendre la main lourde avec le temps.

Cependant, l'on voit la plupart des maîtres s'attacher de préférence à cet instrument pour leurs compositions de musique, parce qu'il leur donne des effets plus marqués que le clavecin. »

L'histoire du piano ne commence donc guère qu'à Godefroy Silbermann, quoique plusieurs personnes la fassent remonter jusqu'à Schrœder, qui vivait en 1717. Silbermann établit une fabrique en 1745, et à partir de ce moment le piano gagna peu à peu l'avantage sur le clavecin, grâce à Hein, d'Augsbourg, et à Zump, de Londres, qui envoyaient en France leurs petits instruments encore très-chers. — Sébastien Erard fit en 1777, le premier piano construit en France. C'était un petit parallélogramme oblong, monté de deux cordes sur chaque note; l'étendue de son clavecin était de cinq octaves. En 1790, Sébastien, aidé de son frère Philippe, ajouta une troisième corde et augmenta ainsi la sonorité. En 1796, il fit les premiers pianos en forme de clavecin, dit pianos à queue, et qui, malgré la place qu'ils réclament, sont restés les pianos de concert.

Ignace Pleyel fonda, en 1807, l'établissement qui, à partir de 1824, devait devenir, sous la direction de Camille Pleyel, son fils, une des plus importantes maisons du monde. Camille Pleyel, après avoir fait de nombreux essais de modification dans les différentes parties de l'instrument, s'arrêta à l'échappement simple sans interposition de mécanisme, et concentra toutes ses études sur l'amélioration des différentes parties constituant le piano. — Il recherche avant tout la perfection dans la fabrication, perfection trop négligée en France, et qui donnait aux facteurs anglais et allemands une grande supériorité dans les

pays étrangers. — Aussi la maison Pleyel a-t-elle vu accroître
prodigieusement le chiffre de ses exportations. Le savant rapporteur de l'Exposition de 1856, peu suspect cependant de par-
tialité pour cet établissement, constate cette exportation et en
donne les causes.

Scie à grume.

« Il est juste de dire, écrit M. Fétis, qu'un des plus grands
progrès de la facture moderne des pianos consiste précisément
dans la solidité de l'accord de ces instruments, signe certain
d'une bonne construction. Les instruments fabriqués dans les
grandes maisons de Paris et de Londres sont souvent transpor-

tés à des distances considérables, par toutes les voies de communication, sans que leur accord soit altéré. A cet égard, la grande maison de Paris Pleyel et Cⁱᵉ se distingue d'une manière particulière. Ses instruments s'exportent dans les contrées les plus

La raboteuse verticale.

rointaines et les moins abordables de l'intérieur des terres dans les deux Amériques et dans l'Australie ; plusieurs mois se passent depuis l'instant du départ jusqu'à l'arrivée ; renversées dans tous les sens, les caisses subissent des chocs de tout genre ; néanmoins, lorsque les pianos sont déballés, leur accord est le même qu'au moment du départ : qualité précieuse dans des pays où il n'existe pas d'accordeurs.

Les diverses parties qui composent un piano sont si différentes et emploient des corps si dissemblables (bois, fer, cuivre, argent, ivoire, peau, feutre, drap), qu'il s'est établi un certain nombre d'industries spéciales, qui préparent, chacune de leur côté, les différentes pièces entrant dans sa fabrication. MM. Rohden, Schwaud, Barbier et d'autres encore préparent des mécaniques, des chevilles, des garnitures de toute sorte. La plupart des facteurs les achètent séparément, pour les assembler ensuite de manière à en former un instrument vendu naturellement à bas prix. Tous les pianos à bon marché, surtout ceux destinés à la location, sont faits de cette manière. Cette division du travail, excellente pour arriver au bon marché, est loin de donner la perfection dans les produits; car toutes ces pièces s'adaptent plus ou moins bien : les bois surtout, employés sans choix et sans discernement par des ébénistes non facteurs, travaillent et jouent de manière à donner, au bout d'un certain temps, les plus déplorables résultats.

Les maisons comme la maison Pleyel-Wolff font tout elles-mêmes, sous une inspiration générale, et peuvent ainsi seulement obtenir une sorte de perfection unie à un bon marché relatif. Pénétré de cette vérité que la caisse est pour beaucoup dans la sonorité et la solidité de l'instrument, M. Wolff, au prix d'énormes sacrifices d'argent et de temps, a su se créer un chantier d'une valeur d'achat de plus de huit cent mille francs et des approvisionnements de bois, débités, classés et préparés pour la mise en œuvre successive de dix-huit cents pianos par an.

Quelques chiffres donneront une idée de l'importance de ces approvisionnements.

Les magasins et séchoirs, tenus avec un ordre admirable, mais nécessaire, renferment 23,500 sommiers, fortes pièces de hêtre qui doivent en grande partie supporter la tension des cordes ; pièces difficiles à sécher, à cause de leur forte épaisseur ;

Environ 300,000 pièces diverses de chêne;

90,000 de hêtre;

60,000 de sapin;

25,000 de tilleul;

60,000 d'acajou;

130,000 de palissandre.

Les autres bois, tels que poirier, cormier, cèdre et faux cèdre en même proportion.

Tous ces bois sont préparés et conservés dans de vastes ateliers, situés rue Marcadet, au flanc Est de la butte Rochechouart ateliers qui occupent une étendue de plus de quatre arpents.

Les bois sont, la plupart, achetés en arbres entiers dans les lieux mêmes de production; ils subissent en grume et à l'air libre un premier séchage, puis ils sont débités en blocs et en fortes planches, suivant leur essence, et empilés (toujours à l'air libre).

Comme nous l'avons indiqué dans le dessin occupant la page 284, ces piles restent là des mois et des années à se dilater par l'humidité et se contracter par la sécheresse, jusqu'à ce qu'on ait jugé que les évolutions ordinaires du bois jeune sont accomplies et qu'on peut commencer sur lui une nouvelle série de préparations. Les bois étrangers très-précieux destinés au placage sont seuls couverts de paillassons, pour les garantir des effets désastreux que causeraient sur eux les alternatives trop brusques de pluie et de soleil.

Les bois dont le séjour à l'air a été reconnu suffisamment long sont examinés avec soin, rejetés impitoyablement s'ils laissent apercevoir la moindre tare, et, s'ils sont déclarés parfaits, livrés à une série de scies circulaires fort ingénieuses, qui les découpent en morceaux d'une dimension et d'un modèle déterminés. Ces morceaux, classés et étiquetés, vont attendre dans de vastes séchoirs fermés que le temps soit venu de leur donner la dernière façon.

Le chêne est employé dans la construction des *côtés, oreilles,*

patins, portes du haut et du bas, *semelles, doublage* de la partie
inférieure du piano.

Cette essence représente la construction générale. Etant bien
choisi, il possède presque toutes les qualités : force, élasticité,
il est bien de fil, liant et doux; les planchettes qui restent,
débris du découpage de ces pièces, servent à faire des placages
destinés à recouvrir toutes les parties qui demandent à être
contre-plaquées (excepté les sommiers). C'est encore avec du
chêne que l'on construit les grands *cintres* et grandes *masses*

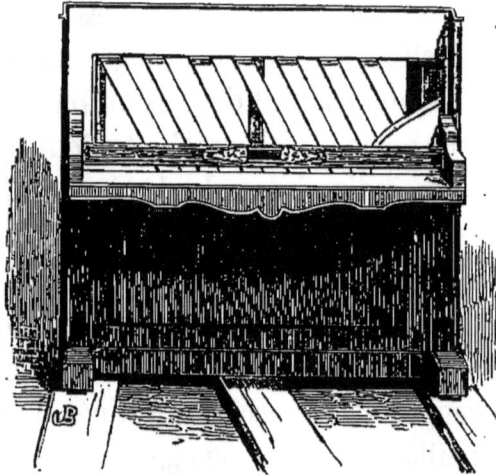

Caisse de piano demi-oblique.

des pianos à queue ; ces pièces sont formées de plusieurs
épaisseurs afin d'offrir la flexibilité convenable au moment où les
presses à vis leur donnent la forme sur les cales.

Le sapin représente la résistance au tirage des cordes. Avec ce
bois, on construit les montants du châssis du barrage, et différentes
doublures et épaisseurs que les ouvriers ont l'habitude de nommer répaississements. Le sapin des tables est une espèce particulière qui vient de Suisse, du Vorarlberg ou de la Muotte thal;
il est nommé l'*epicea,* dont nous avons dans une livraison précédente indiqué les qualités élastiques.

Aux deux extrémités des montants se trouvent les sommiers du haut et du bas; dans celui du haut sont insérées les *chevilles;* sur celui du bas est fixée l'équerre en fer dans laquelle viennent s'attacher les cordes sur les *pointes d'attache.* (Nous parlons en ce moment du piano droits.) Ces deux sommiers sont en hêtre : ce bois, plus dur que le chêne, est moins tranquille, et offre, en conséquence, moins de sécurité pour la construction des parties qui doivent conserver entre elles un rapport de mesure irréprochable; sa dureté, en revanche, permet de lui confier des insertions solides, ce qui l'a fait choisir pour la construction des sommiers.

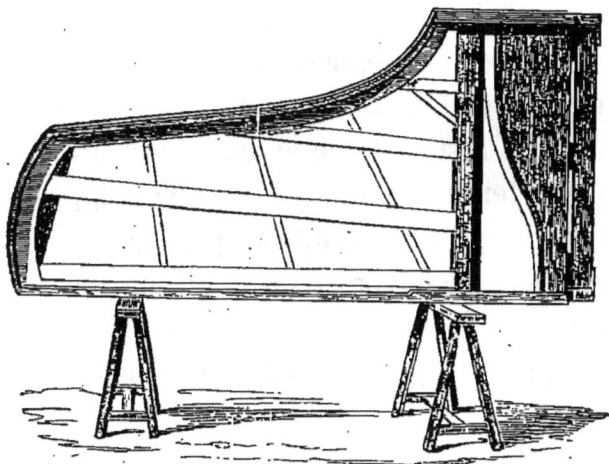

Caisse de piano à queue.

Le tilleul sert à faire le clavier; il a peu de fil et se prête, en conséquence, au sciage champtourné nécessité par la forme des touches; les parties moins pures de ce bois, c'est-à-dire celles qui sont un peu roulées, servent à faire le noyau de certains massifs qui sont recouverts de bois des îles, tels que les *consoles,* etc...

Le cormier est très-dur, il convient pour les manches de *marteau,* doublures de chevalets, *sillets, taquets,* et toutes les parties qui doivent supporter la pression des cordes, et résister à l'écrasement produit par leur pression. Quant au chevalet lui-même, il·est généralement en hêtre; on peut le faire en noyer ou en érable; il faut en tous cas un bois très-dur, car le chevalet devant recevoir les pointes et contre-pointes entre lesquelles passent les cordes, est destiné à être percé de 320 à 380 trous environ, et, il est relativement très-étroit.

Le poirier est moins dur que le cormier, doux, liant : susceptible le recevoir un assez beau poli, on en fait beaucoup de pièces de mécaniques telles que les *noix*, dont le centre est garni en casimir, *échappement*, bascule, fourche, etc., etc. Quant à l'angle rentrant de la noix contre lequel vient buter l'échappement, il s'appelle le nez de la noix, et est garni en peau. Ces différentes pièces peuvent également s'exécuter en bon acajou de Saint-Domingue. Une fois le premier choix prélevé sur une partie de poirier, le reste est débité en épaisseurs convenables et est donné à la teinture pour faire ce qu'on appelle généralement le *bois noir*, qui sert ensuite au placage.

L'érable, l'alisier, le noyer, le fresne sont encore employés pour un certain nombre de petites pièces dont l'importance est très-secondaires, sauf, cependant, l'érable pour les têtes de marteaux.

Le palissandre est destiné au placage. Cependant on l'emploie massif aux emboîtures des caisses. Les placages de la maison Wolff ont un millimètre, soit 13 feuilles au pouce.

L'emploi de ce bois est très-dispendieux, car lorsqu'on débite un madrier, il tombe plus de sciure que l'on n'obtient de placage. Quelques parties de la mécanique reçoivent aussi à titre d'ornementation un peu de palissandre. Ainsi, les têtes d'étouffoirs, blocs des claviers, etc.

L'acajou a le même emploi que le palissandre, avec cette différence toutefois que certains acajous conviennent parfaitement à la fabrication des mécaniques.

Outre des *noix*, *fourches*, etc., qui peuvent se faire en acajou, il y a certaines barres de soutien qui s'accommodent parfaitement ment de ce bois: il va sans dire que les acajous du plus beau

dessin sont exclusivement réservés au placage dont, le prix est
très-élevé. Les beaux acajous se vendent 5, 10, 15 et jusqu'à
20 fr. la feuille.

Le cèdre et le faux cèdre sont surtout destinés à donner les
barres et tringles de la mécanique, qui demandent un bois bien
droit, de fil et ne se tourmentant pas ; de plus, les fabricants
croient avec raison que l'odeur du cèdre éloigne les insectes
très-friands de garnitures en lainage. Ce préservatif n'est cependant pas suffisant ; il n'en est qu'un qui soit efficace, c'est le
mouvement : aussi un piano régulièrement travaillé par son propriétaire n'a rien à redouter des insectes.

Nous n'entrerons pas dans le détail descriptif de tous les instruments qui découpent et façonnent les bois pour leur donner
leur forme définitive ; — nous dirons seulement qu'ils sont ingénieux et bien tenus ; leur mise en mouvement exige une machine
motrice de soixante chevaux. — Deux machines-outils méritent
une mention particulière : ce sont les raboteuses verticales,
absolument semblables au tour en l'air que nous avons signalé
chez Derosne et Cail ; les planchettes de bois que l'on veut aplanir
sont fixées sur une roue pleine en fonte qui tourne avec rapidité
et rencontrent le burin d'un outil marchant régulièrement au
moyen d'une vis. Cet outil serait vraiment parfait s'il n'était pas
dangereux. De temps en temps une plaque de bois s'échappe de
la roue, fait fronde et va frapper le mur avec une violence
de sinistre augure. Nous engageons beaucoup M. Wolff à trouver
une disposition ingénieuse qui puisse arrêter la course de ces
projectiles.

L'autre machine-outil, dont nous avons reproduit le travail
par la gravure (page 296), est une superbe scie-Perrin à lame,
continue, qui sert à faire ces jolies broderies et découpages en
bois ou cuivre qui ornent l'intérieur de l'instrument. — Cette scie
a l'inconvénient de ne pouvoir faire de découpages intérieurs ; on
les exécute en évidant l'intérieur de la feuillure avec un foret
mû par un ressort, et qui sort ou rentre d'une table de fonte.

Ateliers de tableurs.

A l'étage supérieur, qui domine les scieries, se tournent et se façonnent toutes les petites pièces de bois qui entrent dans la composition du mécanisme intérieur du piano, tels que manches du marteau, échappement, noix, etc. — Une sorte de filière,

Scie-Perrin.

à laquelle on peut adapter des ouvertures plus ou moins grandes, arrondit en les rabotant des baguettes découpées ensuite de longueur par de petites scies circulaires.

Un peu plus loin se trouve l'atelier où se façonnent les pièces en cuivre dont la plus importante est le peigne, forte barre de laiton dans laquelle une ingénieuse machine entaille une dentelure régulière. Ce peigne réuni avec une forte pièce de bois et un autre peigne en sens inverse sert à constituer dans la mécanique du piano droit les deux arêtes de la barre de marteau.

On y prépare aussi les agrafes, par où passent les cordes, les taquets qui, posés obliquement, servent de sillets pour les limiter en les coudant, les pointes d'attaches, et une foule de petites pièces, qui pourraient être aussi bien exécutées en fer ou en acier; mais comme elles se voient quand l'instrument est terminé on les fait en cuivre par coquetterie d'abord, et de plus parce qu'elles seraient susceptibles de se rouiller. En descendant des ateliers du premier étage, on voit, rangées le long des ateliers du rez-de-chaussée, les planches de chêne destinées à former les *masses* des pianos à queue, sont fléchies et fixées de manière à prendre la courbure qu'elles doivent conserver.

Les ateliers de serrurerie, qu'on a eu la précaution d'éloigner des ateliers de montage et d'accordage, sont situés de l'autre côté de la rue Rochechouart; ils préparent les *équerres* des pianos droits et les *girafes* des pianos à queue, pièces en fer qui reçoivent les pointes où s'attachent les cordes, les barres qui maintiennent l'ossature des pianos à queue et des pianos droits. On y prépare également toutes les autres petites pièces de cuivre et de métal qui attachent et relient entre elles les différents morceaux de bois de la caisse et du mécanisme.

Les ouvriers chargés de l'assemblage de la caisse, qui se termine en entier rue Marcadet et reçoit rue Rochechouart son mécanisme et ses cordes, ont donc sous la main et toutes prêtes es pièces qui leur sont nécessaires, et assemblent un piano comme les mosaïstes font une fleur, ou plutôt comme nos compositeurs mettent en forme une page. — Une fois la caisse assemblée, placage compris, mais non vernie, on l'envoie aux ateliers de la rue Rochechouart.

Là on commence par la garnir de sa table d'harmonie et des chevalets, grand et petit, qui mettent en relation les cordes avec la lame vibrante. — Dans les pianos droits, la table d'harmonie ne tient pas toute l'étendue de l'instrument, elle est continuée par une autre planche non-vibrante nommée coin; — dans les pianos à queue, au contraire, la table ferme entièrement la caisse; elle est renforcée par de petites barres en bois, sans lesquelles sa disposition parfaitement plane ne pourrait se maintenir. Pendant que l'on pose la table, on fait, dans les sommiers, au moyen d'un porte-foret à archet et de vilbrequins particuliers, les trous qui doivent recevoir d'un côté les pointes d'attache, de l'autre les taquets obliques servant de sillets pour couder la corde; — puis les agrafes par l'ouverture desquelles elle passe, puis les chevilles, autour desquelles elles s'enroulent.

Dans les pianinos, les taquets séparés sont remplacés par un sillet d'un seul morceau et garni de pointes. — Dans les pianos à queue, il n'y a de taquets que pour les cordes basses, les hautes sont coudées par une grosse pièce de cuivre échancrée, nommée *bloc*. Une forte lame de fer coudée, nommé girafe, sert d'insertion aux attaches des cordes et relient tout l'instrument.—Dans toutes les formes de pianos, de fortes barres de fer soutiennent et renforcent les barres de bois qui séparent les sommiers.

Quand la table est vernie et que toutes les pièces préparées pour l'attache des cordes sont solidement fixées, on livre la caisse au monteur de cordes qui a tout près, derrière lui, son assortiment.

Les cordes ne sont pas françaises; on ne file pas encore ici le fer avec assez de précision et de régularité pour pouvoir détrôner les fabriques de Webster, de Birmingham et de Muller de Vienne. C'est donc de l'acier anglais et allemand qui fait les cordes hautes de nos pianos français; les cordes basses sont renforcées d'un fil de cuivre tréfilé à Paris, depuis le numéro 5 jusqu'au 40.

Cette addition de cuivre a pour but de grossir le volume de la corde, pour remplacer, par ce volume, l'allongement dans l'équation qui détermine le nombre de vibrations, c'est-à-dire la hauteur du son. — M. Wolff, qui continue ses travaux sur les vi-

brations des cordes, essaye, en ce moment, du fil d'aluminium,
plus léger que le cuivre, qui permettrait encore de grossir ou
d'allonger certaines cordes du médium, et donnerait plus de force
au son. — L'addition du trait de cuivre aux cordes d'acier se fait
rue Rochechouart dans un atelier spécial. Ce travail consiste à
enrouler autour des cordes d'acier de différents numéros des fils
de cuivre que l'on appelle traits ; ils sont destinés à surcharger

Assemblage des caisses.

la corde, et par conséquent à rendre le son plus grave puisqu'ils
ralentissent les vibrations ; le diamètre du trait doit être calculé
de telle manière que la tension des cordes aille en croissant jusqu'à l'extrême basse et qu'il n'y ait pas de versant entre la première corde filée et la dernière corde d'acier. La maison Pleyel-
Wolff possède plusieurs trous à filer qui, sous le rapport de leur
perfection, peuvent défier toute comparaison.

Les cordes une fois posées et réglées par la main fortement gantée du monteur, au moyen de la rotation des chevilles retenues dans le bois par une sorte de pas de vis légèrement indiqué, on livre le piano aux finisseurs, qui y fixent le clavier dressé sur son châssis, muni de ses touches recouvertes d'ivoire et basculant sur leur balancier, et la mécanique composée de sa barre de marteaux, ivoire, fourches, étouffoirs, contre-touches, etc.

Fabrication de marteaux.

Toutes les pièces du clavier et de la mécanique ont été collées, enveloppées de peau, de feutre, de drap, de molleton, de tiretaine, et enfin assemblées dans les ateliers de la rue Rochechouart.

Nous n'entrerons pas ici dans la description complète et minutieuse de cette mécanique, si compliquée, quoique basée sur des moyens très-rationnels qui en assurent la solidité. — Nous dirons seulement que la maison Pleyel-Wolff, comme l'impor-

tante maison Broadwood de Londres, n'a pas voulu adopter l'é-
chappement double qui maintient le marteau toujours en batterie,
mais a conservé l'échappement simple, qui met le marteau et par
conséquent la corde en rappport plus direct avec le doigt du
pianiste.

Nous dirons aussi que toutes les pièces en sont établies et
réunies avec le plus grand soin, que les *touches* basculent parfaitement sur les pointes qui les soulèvent, que les garnitures de
la *noix*, de *l'attrape-marteau*, de la lame de *l'étouffoir*, de la
tête du marteau, sont choisies dans des étoffes spéciales et judi-
cieusement combinées avec la peau de daim, et même de vache
dans les marteaux de pianos à queue, qui ont cinq épaisseurs de
peaux et de feutre autour de leur tête. — Que les échappements
sont frottés de plombagine pour que le glissement s'opère sans
frottement sur le nez de la noix. — Tout, enfin, est calculé
combiné, réglé de manière à donner le meilleur résultat. Le
piano, une fois terminé, est confié à des artistes qui en examinent attentivement toutes les pièces une à une.

Il est ensuite garni de ses pieds, puis verni, muni de ses pédales et de ses bronzes et livré à l'acheteur, qui, presque toujours, l'a commandé d'avance.

M. Wolff, qui travaille sans cesse, ne s'est pas contenté de maintenir et de perfectionner la fabrication des pianos de l'ami Pleyel,
mais il a créé un instrument qu'il nomme pédalier, décrit et
appréciée ainsi par M. Niedermeyer :

« Si le nombre des organistes habiles a toujours été très-li-
mité, cela tient surtout à la difficulté de se procurer un instrument sur lequel on puisse s'exercer. On trouve rarement un
orgue ailleurs que dans les églises, et là, les exigences du culte
ne permettent guère de s'en servir pour l'étude. L'organiste
est donc, dans la plupart des cas, forcé de travailler sur un piano,
et il s'y résigne d'autant plus volontiers qu'une opinion trop généralement répandue a fait en quelque sorte de *pianiste* le sy-
nonyme d'*organiste;* et pourtant entre les deux instruments *il*

n'y a qu'un seul point de ressemblance, plus apparent que réel, le CLAVIER. La manière d'attaquer la touche, le doigter, le genre de musique, tout diffère : bien plus, les pédales, cette grande ressources de l'organiste, manquent au piano. Ce n'est cependant que par un long travail qu'on peut s'en rendre maître et avoir ainsi à sa disposition ces magnifiques jeux de 32 pieds qu'elles seules mettent en action, et qui produisent les sons les plus graves que l'oreille puisse percevoir. La difficulté de cette étude consiste surtout dans un doigter particulier et fort compliqué que l'obligation de lier les sons, même dans les passages rapides, a fait imaginer. Déjà, bien avant l'invention du piano, on avait essayé d'adapter un système de pédales au clavecin. Cette invention a, plus tard, été reprise, perfectionnée et appliquée au piano par l'un de nos plus habiles facteurs. Toutefois il s'est borné à emprunter à l'instrument même ses marteaux et ses cordes mis en mouvement par les pieds au lieu de l'être par les doigts. Ce système, qui a l'avantage de rendre à la main gauche sa liberté, n'ajoute guère à la puissance de l'instrument. C'est la pédale *tirasse* de l'orgue appliquée au piano. »

« Un musicien distingué, M. Auguste Wolff, chef de la maison Pleyel, Wolff et Cᵉ, vient, à son tour, de créer un pédalier tout à fait indépendant, ayant ses cordes et ses marteaux aussi bien que son mécanisme particulier. Cet instrument n'est pas volumineux et peut être introduit dans les plus modestes appartements. C'est une espèce d'armoire adossée à un mur ; l'exécutant s'assied sur un banc fixé sur le devant, qui s'élève ou s'abaisse à volonté ; les pédales se trouvent sous ses pieds, et il place devant lui un piano quelconque, droit, carré ou à queue. La hauteur du buffet, qui permet de donner aux cordes une longueur et une grosseur inusitées, et la largeur de la table d'harmonie relativement fort grande pour un instrument qui ne contient que deux octaves et demie, prêtent au son une beauté et une puissance tout à fait particulière. Dans les meilleurs pianos à queue la dernière octave, et surtout la dernière quinte, donnent des notes aussi peu

agréables que peu distinctes. Dans le *pédalier* de M. Auguste
Wolff, le dernier ut est aussi pur et aussi plein que celui des
meilleurs tuyaux de flûte de 16 pieds. Ainsi que dans l'orgue, où
l'on ajoute toujours un jeu de 8 pieds à un jeu de 16 pieds, M. Auguste Wolff, pour tempérer la gravité des grosses cordes de son
instrument, a eu l'heureuse idée d'y joindre des cordes plus fines
et plus courtes qui produisent en même temps l'octave supérieure. La vibration des sons se prolonge avec une plénitude remarquable. Ce bel instrument a encore l'avantage d'être d'un
prix peu élevé; aussi nous paraît-il destiné à rendre de très-
grands services. Désormais l'organiste, sans sortir de chez lui
pourra étudier les morceaux d'orgue les plus compliqués : le
pianiste pourra se familiariser avec les nombreux chefs-d'œuvre
des grands maîtres écrits avec pédale obligée, et les compositeurs trouveront pour la musique de piano des ressources nouvelles dans cet instrument qui, nous le croyons, est appelé à
devenir le complément de tout piano à queue. »

M. Wolff, plus modeste, dit que son pédalier n'est pas un
instrument, mais seulement un complément pour les études
musicales sérieuses.

FIN DE LA MANUFACTURE DE PIANOS

PÉPINIÈRES D'ANDRÉ LEROY

A

ANGERS

———

La fabrication des arbres d'agrément ou d'utilité est devenue, depuis vingt ans, une industrie considérable.

Aux environs de Paris, à Metz, à Orléans et surtout à
Angers, existent de véritables manufactures d'arbres et d'arbustes que les chemins de fer transportent ensuite tout venus
sur les divers points de l'Empire et que des vaisseaux vont
conduire jusqu'au bout du monde. L'art de faire naître, d'élever,
de rendre mobiles, de conduire et de replanter avec succès les
jeunes plantes et même les arbres à l'état adulte, est maintenant une science lucrative qui s'accroît de jour en jour. Plusieurs causes semblent avoir donné naissance à cet état de choses,
dont la nouveauté est plutôt apparente que réelle. Ce n'est pas
d'aujourd'hui, en effet, que les hommes, et surtout les Gaulois,
se mettent à aimer les jardins. Ce goût, qui remonte probablement aux regrets du paradis terrestre, a laissé de nombreuses traces dans l'histoire ancienne : les jardins de Ba-
bylone et ceux de Salomon sont célèbres ; les Grecs, les
Romains, les Arabes et les Maures d'Espagne aimaient à ras-

sembler, soit des arbres à fruit, soit des plantes, soit des arbres d'ornement. L'histoire a gardé le nom du proconsul qui rapporta d'Asie le cerisier, l'abricotier et le prunier. La Gaule elle-même,, d'après Pline, fournissait aux Romains une sorte de nèfle et, d'après Columelle, la plus grosse pêche (a). Les historiens latins sont remplis de descriptions sur les fruits de la Gaule. L'empereur Julien, qui habita Lutèce comme gouverneur des Gaules, célèbre la bonté des vignes et la perfection des figues des Parisiens, « qui, dit-il, couvraient l'hiver leurs arbres avec de la paille de froment. » Mais cette supériorité horticole des Gaulois disparut sous l'invasion des Barbares du Nord; aussi l'évêque Fortunat écrit-il en vers à sa mère et à ses sœurs « qu'il leur envoie des *châtaignes* dans un panier tressé de sa main et des prunes sauvages que lui-même il a cueillies dans la forêt. » On voit les jardins reparaître dès que la guerre laisse quelque repos aux peuples et aux souverains. Ultrogothe, femme de Childebert, roi de Paris, avait dans cette ville un jardin où l'on voyait des vignes et des arbres fruitiers plantés par le monarque lui-même. Charlemagne, dans ses Capitulaires, daignait s'occuper de ses potagers et de ses vergers; il désigne les espèces de pommes qu'il désire sous le nom de *gozmaringa, dulcia, geroldinya, crevedella, spirauca, acriores, primitiva.* Le jardin du Louvre était un verger avec une pièce de vignes, et en 1160 Louis le Jeune donna au curé de Saint-Nicolas six muids de vin sur sa vendange. Sous la troisième race et surtout après les guerres d'Italie, le goût et la science du jardinage se perfectionnèrent peu à peu. Du Bellay, évêque du Mans, fit venir des pays étrangers des arbres et des plantes de toutes sortes, les premiers citronniers et orangers furent introduits. Le

(a) En cueillant les pêches, mettez dans des corbeilles *ces fruits que la Perse barbare nous avait envoyés* armés, à ce qu'on raconte, des poisons de leur patrie, mais qui ont perdu aujourd'hui l'habitude de nuire. Les plus petits sont appelés PERSICA, *du nom de leur patrie même,* et ils se hâtent de mûrir chez nous plus tôt encore que chez eux; *les plus gros mûrissent dans la Gaule, au même temps;* ceux de l'Asie sont tardifs, ils ne viennent qu'aux froids. (COLUM. lib. x, chap. 1.)

médecin Bélon reçut de Henri II le brevet d'une pension de 600 livres pour les importations utiles qu'il avait faites ; — Il est vrai de dire qu'il n'en fut jamais payé ; enfin, sous Louis XIV et par l'impulsion de Colbert, qu'on retrouve partout où l'on signale une innovation utile pour la France, l'art des jardins s'accrut encore. Il se fit en jardinage non-seulement des choses utiles, mais même des choses étranges qui indiquent une perfection dépassée. Un jardinier d'Orléans présenta à Louis XIV un arbre auquel il avait fait produire quarante sortes de fruits différents. L'art des espaliers suivit le goût des charmilles ; après Boyceau de la Baraudière, Arnauld d'Andilly, retiré à Port-Royal, appliqua utilement les arbres le long des murs ; aussi dit-il : « Nous ne sommes plus obligés d'aller en Touraine pour le bon-chrétien, en Bourgogne pour l'amadotte, en Poitou pour le portail, en Anjou pour le Saint-Lésin. »

On alla plus loin, on couvrit le mur aux espaliers d'un petit toit garni de tringles de fer sur lesquelles glissaient des rideaux de grosse toile. Louis XIV, grand amateur d'orangers (a), eut pour jardiniers

(a) « Louis XIV aimoit particulièrement ce bel arbre, le premier de nos jardins sans contredit par sa forme élégante, par sa verdure agréable, son parfum, ses fleurs et ses fruits. On compte encore aujourd'hui, parmi les curiosités de Versailles, la magnifique orangerie qu'il y fit bâtir pour les conserver l'hiver, et qui, construite sur les dessins de Mansart, formoit une galerie de 80 toises de long sur 38 pieds de large, avec deux autres galeries en retour d'équerre, chacune de 60 toises. Au printemps, quand la saison, devenue plus douce, permettoit d'exposer à l'air ces arbres délicats, on les plaçoit dans des charmilles basses, de roses, de chèvrefeuilles, de jasmin, lesquelles, cachant les caisses et ne laissant paroître que l'arbre avec sa tête fleurie, offroient aux yeux le spectacle ravissant d'une forêt enchantée. Toutes les fois que le monarque donnoit dans ses jardins de ces fêtes brillantes qui, chez l'étranger, rendirent son règne presque aussi célèbre que ses conquêtes, les ordonnateurs, pour lui faire leur cour, employoient toujours les orangers dans la décoration des portiques, des salles de verdure et des autres embellissements pareils. Un des principaux ornements de la grande galerie de Versailles étoit des orangers : chaque entre-deux de fenêtre en avoit quatre, garnis chacun de leur caisse d'argent avec une base du même métal. Il y en avoit autant dans la salle du billard. Enfin le monarque en faisoit placer jusque dans ses appartements ; et ses jardiniers, pour satisfaire son goût sur cet objet, avoient même trouvé le secret d'en avoir en fleur toute l'année. Ils choisissoient pour cela quelques pieds d'orangers qu'ils laissoient dessécher faute d'arrosement. Quand les feuilles étoient tombées, on ranimoit les arbres par un traitement particulier. Bientôt ils poussoient des feuilles nouvelles et des fleurs, et alors on les portoit chez le prince. Ils ne s'agissoit plus, pour 'ui en fournir de pareils toute l'année, que d'employer de quinze en quinze jours les mêmes procédés sur d'autres.

« De grands seigneurs, des particuliers riches, adoptèrent dans leurs jardins la sorte de magnificence qui décoroit ceux de Versailles. *Nous fûmes à Clagny*, dit madame de Sévigné, année 1675 ; *c'est le palais d'Armide. Le bâtiment s'élève à vue d'œil, les jardins sont faits. Vous connoissez la manière de Le Nostre. Il a laissé un petit bois sombre qui fait fort bien. Il a un bois entier d'orangers dans de grandes caisses ; on s'y promène ; ce sont des allées où l'on est à l'ombre ; et, pour cacher les caisses, il y a, des deux côtés, des palissades à hauteur, toute*

en chef Dufresmy, Le Nôtre, et surtout le fameux la Quintinye, qui sut créer dans un marais fangeux le magnifique potager de Versailles. Un nommé Girardot, chevalier de Saint-Louis et ancien mousquetaire, complétement ruiné et ne possédant plus rien que quelques arpents à Bagnolet, trouva le moyen de se faire douze mille *livres* de rente en créant dans trois arpents et demi 77 jardins admirablement machinés contre les gelées blanches et contre le soleil. Il est vrai que lui et ses garçons passaient les nuits à veiller et à regarder si l'eau de ses vases se couvrait d'une légère pellicule de glace, car il n'y avait pas alors de thermomètres. Il fut imité par les hortillons de Montreuil. Louis XV dépassa encore Louis XIV dans son goût pour l'agriculture; il cultivait à Trianon un jardin qu'il remplissait de plantes rares venues d'Angleterre, de Hollande et de toutes les parties du monde. Ce fut sous ce règne qu'on inventa les serres chaudes. Primitivement, la magnifique orangerie n'était pas chauffée, et l'on considérait comme une *magnificence* la sollicitude de l'électeur palatin d'Heidelberg qui, l'hiver, construisait en bois, sur son allée d'orangers garnie de châssis vitrés, une vaste galerie qu'il chauffait par des poêles *à la façon d'Allemagne.* — On enlevait cette galerie l'été et on la replaçait en automne. Les grands seigneurs imitaient en cela les souverains, par ostentation et par gourmandise. Les amateurs de fruit peuvent voir dans la Quintinye, Champier, Liébaut, les énumérations de toutes les espèces de pommes, de poires, de prunes, d'abricots, de pêches, etc., sans compter les fruits dont on ne parle plus aujourd'hui, comme les cormes, les cornouilles, les azeroles, etc. ; et ce n'était pas seulement les fruits des environs de Paris qui paraissaient sur les tables, on faisait venir le muscat de Languedoc, à dos de mulet, dans

---

fleuries, de tubéreuses, de roses, de jasmins, d'œillets. C'est assurément la plus belle, la plus surprenante et la plus enchantée nouveauté qui se puisse imaginer.

« D'autres, dans les fêtes qu'ils donnoient, admirent, comme le monarque, le bel arbre dont nous parlons. La même Sévigné (année 1679), parlant du mariage de mademoiselle de Louvois, fait le 24 novembre, dit : *On avoit fait revenir le printemps ; tout étoit plein d'orangers fleuris et de fleurs dans des caisses.* A une autre fête donnée le 9 février 1680 à l'hôtel de Condé, elle dépeint de même *un théâtre bâti par les fées, des enfoncements, des orangers tout chargés de fleurs et de fruits, des festons, des perspectives, etc.* » (*Legrand d'Aussy.*)

Cour d'entrée.

des boîtes garnies de son, et la Touraine envoyait ses prunes dans des boîtes ouatées portées par des chevaux. La Quintinyc avait inventé une hotte à plusieurs étages, s'ouvrant à deux battants et se fermant à clef, dans laquelle il envoyait à dos d'hommes, à Louis XIV, partout où il se trouvait, les figues qu'il préférait. Les particuliers imitèrent les grands seigneurs, et tout bourgeois un peu aisé eut son jardin hors des murs de la ville ; mais le développement de l'horticulture demande du temps, de la sécurité, plus que toute chose, la transmission de la propriété. — Et depuis bientôt quatre-vingts années, le temps et la sécurité semblent manquer à la nation française ; aussi l'horticulture s'en est-elle ressentie. A l'exception des maisons religieuses chez lesquelles elle est de tradition, et de certains producteurs qui cultivent par spéculation, cette douce et féconde manie semblait-elle être le partage des officiers en non-activité, et des petits commerçants retirés auxquels la jeunesse et le monde prodiguaient la raillerie. Mais depuis quelque temps une sécurité relative, un bien-être plus grand se sont répandus, des fortunes souvent démesurées à leur nouveau propriétaire se sont brusquement créées, et alors ceux qui n'ont pas voulu aller chercher quelques vieux vergers là où il s'en trouvait encore, ou qui ont voulu des parcs tout venus du jour au lendemain, au milieu des terres labourées de la Brie, ont demandé à tout prix aux pépiniéristes des quenouilles donnant *du fruit dans l'année*, des arbres donnant de l'ombre très-vite et de la verdure en tout temps. Les conifères, les magnolias, camellias, araucarias, rhodoracés, furent alors les bienvenus et acquirent des prix plus que rémunérateurs. Comme on avait créé des gares de chemins de fer, on créa des jardins d'hiver.

Heureux furent les pépiniéristes qui depuis longtemps étaient prêts. M. André Leroy fut de ce nombre. Son intelligence d'abord, l'admirable situation de ses pépinières ensuite, avaient favorisé le développement de ses plantations, et il pouvait fournir également l'agréable et l'utile.

Si du cap Orlegal jusqu'à l'embouchure de la Loire on tire

une ligne droite et si on la prolonge à l'intérieur de la France, on voit que toute la région qui se trouve au sud de cette ligne peut cultiver la vigne, et que dans tout le pays à l'ouest et au nord-ouest, le raisin mûrit rarement tandis que la pomme et la poire y sont excellentes. Angers se trouve un peu au sud de cette ligne, et par conséquent sur la ligne de démarcation des deux climats : l'air y est doux, profitant de l'humidité chaude de la mer, sans avoir à craindre la violence des vents ; la température y est à peu près constante et absolument *tempérée*. Le sol y est perméable, meuble, noirâtre, et par conséquent retient facilement les rayons du soleil ; les habitants participent de la mansuétude ambiante.

Aussi favorisée sous le triple rapport du sol, du climat et de la population, Angers a donc dû posséder de tout temps quelques pépinières. La tradition non-seulement nous l'apprend, mais encore les habitudes et les besoins de ses habitants nous le certifient. On y aime, on y a toujours aimé les arbres, les fleurs, et surtout les fruits. Toutefois, pour y rencontrer un essai sérieux d'établissement de pépiniériste proprement dit, il faut remonter jusqu'au début du xviiie siècle ; et c'est le bisaïeul de M. André Leroy, Pierre Leroy, qui le tenta. Ses efforts cependant demeurèrent presque stériles, puisqu'en 1780 c'était à peine s'il cultivait 2 hectares. Vingt ans plus tard, lorsque le père de M. André Leroy se trouva possesseur de cette pépinière, elle n'avait en rien progressé. Il en était encore ainsi en 1808, et il ne s'agissait guère alors de jardins et de vergers. De 1808 à 1820, gérée par Mme veuve Leroy et par un de ses vieux jardiniers, le nommé Macé, dit Printemps, type de dévouement et de loyauté, elle commença à progresser ; mais ce fut en 1820 qu'on la vit prendre un plus grand développement, entre les mains de son jeune et nouveau propriétaire, et qu'elle atteignit assez rapidement un notable chiffre d'affaires, qui désormais allait grossir chaque année.

Les premières pépinières ne contenaient que des arbres forestiers et d'alignement. Les espèces fruitières venaient d'Orléans, qui à cette époque en expédiait déjà de nombreuses variétés, et comptait plusieurs grands établissements.

Lorsqu'en 1820 M. André Leroy fut appelé, malgré ses dix-neuf ans, à prendre la direction des travaux et des affaires de sa maison, ses pépinières se développaient sur 4 hectares, dont une moitié contenait des arbres fruitiers, et l'autre des conifères communs et beaucoup d'espèces forestières. Voulant donner un prompt écoulement à ces produits, le jeune

Wellingtonia.

horticulteur parcourut les villes voisines, y noua de nombreuses relations et ne tarda pas à voir ses efforts couronnés par le succès. Arbres, plantes, tout se vendit rapidement; et comme la beauté de leur végétation, comme le choix des essences, des variétés, comme la rectitude de leur nomenclature était fort remar-

Abris de Verdure.

quable pour l'époque, les commandes abondèrent, et dix ans plus tard, en 1830, au lieu de ses 4 hectares, il en possédait 15 environ, et le chiffre total de ses collections pouvait alors se répartir ainsi :

Arbres d'ornement (espèces et variétés), 250; conifères, 60; arbustes à fleurs, 400; arbres fruitiers, 360.

Trente ouvriers suffisaient encore à cette époque pour la bonne exécution des travaux; mais il allait bientôt falloir en employer le double, car les procédés de culture et de multiplication se développaient journellement et devenaient, par leur nouveauté, une des causes qui contribuaient le plus efficacement à accroître le renom de M. André Leroy. Il visitait les grands établissements où l'horticulture florissait en Europe; il en étudiait l'organisation, les produits; et quand il parvenait à surprendre tous les moyens de reproduction, d'acclimatation qu'on essayait souvent de lui dissimuler, il s'empressait aussitôt de révéler le secret, afin que le pays en profitât largement.

De tels efforts, coïncidant avec la paix dont on put jouir sous le dernier règne, doublèrent en dix ans les richesses, les revenus de l'établissement. En 1840, on cultivait 75 hectares, et les collections atteignaient :

Arbres d'ornement (espèces et variétés), 400; conifères, 150; arbustes à fleurs, 668; arbres fruitiers, 670.

Le personnel, qui nécessairement avait dû suivre ce mouvement progressif, montait à 50 jardiniers, dirigés par 6 contre-maîtres. En 1847, ce n'était plus 75 hectares, mais 108; aux 50 ouvriers de 1840, on avait dû en ajouter 100 autres. M. Leroy dut alors renoncer à dessiner parcs et jardins, et, à son grand regret, car il aimait cette partie tout artistique de sa profession, il laissa là les plans et les crayons, les bois et les futaies, les parterres, les pelouses, les prairies, les pièces d'eau, les labyrinthes. — Il avait tracé et planté 1,200 parcs et jardins.

Au moment même où la maison André Leroy se plaçait à la

tête de l'horticulture française, et dotait pour ainsi dire la ville d'Angers d'une industrie nouvelle, la révolution de 1848 éclata Il jeta alors les yeux sur l'Amérique, qui tirait presque exclusivement ses arbres à fruit et ses arbustes d'ornement de l'Angleterre. Certain, en fournissant directement les Américains, de leur livrer à moitié meilleur marché que les Anglais, qui généralement, s'approvisionnaient en France pour revendre ensuite aux Etats-Unis, il fit, sans hésiter, tous les sacrifices, toutes les avances de nature à amener la parfaite réalisation de ce grand projet, et obtint du ministre des affaires étrangères des lettres de recommandation pour nos consuls de l'Amérique du Nord. M. André Leroy les confia à M. Baptiste Desportes, jeune homme qu'il avait pris enfant, et dont il avait fait plus tard le chef de sa comptabilité. Dès les premières années qui suivirent ce voyage, la maison André Leroy envoya en effet aux Etats-Unis plus de 1,000 caisses de plants et d'arbres de toute espèce, et les commandes abondèrent tellement, qu'il lui fallut fonder une succursale à New York. Là on recevait les demandes des Américains, puis les caisses venant d'Angers, et l'on réexpédiait dans l'intérieur des terres, lorsque besoin était, soit par canaux, soit par chemin de fer, les marchandises qu'elles renfermaient (a).

Cette nouvelle branche d'exportation acquit une extrême importance; à ce point, qu'en 1859 M. André Leroy ne dirigea pas moins de 1,500 caisses d'arbres, pesant environ 600,000 kilogrammes, sur l'Amérique.

L'année qui précéda la guerre civile, on envoya dans ce pays :

Poiriers pyramide, 140,000; Plants de pommier paradis, 300,000; Jeunes plants de poirier franc, de semis, 1,000,000; Plants de cognassier, 800,000; Plants variés d'arbres résineux, 600,000; Plants de diverses essences, 1,000,000; Arbres de fantaisie et autres, 150,000.

Les pépinières de M. André Leroy s'étendent aujourd'hui (1863) sur 168 hectares, dont 100 hectares de terrains argilo-sableux,

(a) Une caisse d'un mètre cube contient 5 à 6,000 plants de semis, ou bien 300 poiriers en pyramide, pèse, prête à partir, 3 à 400 kilogrammes, et exige 25 francs de frais de toute sorte. Les expéditions se font, jusqu'au Havre, par le chemin de fer, et de cette ville à New York, par navire à voile, pour les arbres à feuilles caduques, et par steamer pour ceux à feuilles persistantes. Le fret varie de 2 à 4 dollars le mètre cube (le dollar vaut 5 francs, terme moyen);

53 d'argilo-calcaires, 13 de terrains légers ou sableux, et 2 hectares de terre de bruyère : différentes natures de sol qui sont
indispensables pour établir une culture générale basée sur les
besoins des végétaux. De ces 168 hectares, 110 sont consacrés
uniquement aux arbres fruitiers, et les 58 autres aux arbres d'ornement, aux arbustes, aux plantes de toute sorte. Une aussi
grande étendue de terrain, une culture aussi variée, exige nécessairement de nombreux bras, d'intelligents et continuels travaux ;
et quoiqu'il y ait annuellement 300 ouvriers dirigés par 26 contre-
maîtres pour les accomplir, c'est à peine s'ils peuvent suffire à
leur tâche quotidienne. Tout contre-maître a sa spécialité. Ainsi,
les arbres fruitiers en occupent 6 : l'un soigne les fruits à pépin,
l'autre ceux à noyau, un troisième ceux en baies, etc., etc.
Les arbres d'ornement, eux, n'en ont que 4 qui leur soient for-
mellement attachés ; les 16 autres dirigent les arbres d'alignement, à feuilles persistantes, les terres de bruyère, les semis, les
graines, etc., etc. En dehors de ces 26 contre-maîtres, il en est
un, et ce n'est pas le moins surchargé, qui est affecté à la culture des rosiers. Il règne sur plus de 150,000 sujets de toute
espèce, couvrant une étendue de 3 hectares; tous les ans 800 francs
sont ajoutés à son budget pour accroître ses collections, classées
avec un soin parfait, et peuplées de sujets de toute forme : haute
tige, basse tige, francs de pied, et de toute provenance et de tout
âge. — Les contre-maîtres sont responsables du choix des arbres,
de l'identité des espèces, des variétés, et la moindre erreur com-
mise se traduit immédiatement par le solde, porté à leur compte,
de la dépense, faible ou forte, qu'a nécessitée leur manque d'attention.

Les 168 hectares de pépinières possédés actuellement par
M. André Leroy ne sont pas d'un seul tenant; ils forment différents enclos peu distants les uns des autres, d'un large et

----

et souvent même les arbres ainsi envoyés d'Angers ont pu parvenir à New York, emballage et
port compris, à raison de 10 francs les 100 kilogrammes ; ce qui, pour les poiriers, par exemple,
n'augmentait que de 15 à 20 centimes le coût de chacun d'eux, pris à la pépinière.

facile accès. Celui de la maison même contient 12 hectares, est entouré de murs, et sert aux cultures des arbres de prix et des arbustes à fleurs. C'est dans son enceinte qu'ont été plantées, organisées presque en partie les collections fruitières, et que se fait la multiplication des végétaux précieux. Deux serres pour le bouturage et le greffage y occupent une surface d'au moins 1,000 mètres carrés; des châssis pour garantir les jeunes plantes s'étendent sur 2,600 autres mètres; puis viennent les brise-vents, charmantes lignes de thuyas, de lauriers, de genévriers, de cyprès, courant parallèlement, et qui, taillées en charmilles, abritent derrière leurs rameaux toujours verts les arbustes à feuilles persistantes. Protégés par ces brise-vents, c'est là, sur une superficie de plus de 6,000 mètres, et dans des pots couverts de sable, que passent l'hiver, sans nul danger, oliviers, arbres à thé (dont certains sont assez forts pour donner plusieurs kilogrammes de feuilles), escalonias, ceanothus, viburnums, caroubiers, camellias, lentisques, jujubiers, chênes du Mexique, du Népaul; enfin tous les végétaux de l'Algérie, de l'Espagne, du Portugal, de l'Italie, de la Chine, du Japon, de l'Himalaya et autres régions méridionales. Mais comme les vents d'ouest pourraient faire peut-être quelque victime parmi les délicats produits défendus ainsi contre le froid, une fort belle avenue de chênes pyramidaux de 12 mètres de hauteur paralyse ces vents et ajoute encore à la beauté, à la décoration de ce magnifique jardin.

Les plantes que M. André Leroy a réussi à acclimater en Anjou sont disposées, comme école d'étude, sur des lignes offrant jusqu'à 800 mètres de longueur; elles se développent également dans l'enclos attenant à sa maison, et l'on y peut compter :

Arbres d'alignement et d'ornement (espèces et variétés), 960 ; arbustes à feuilles persistantes, 600 ; arbustes à feuilles caduques, 710 ; conifères, 400 ; arbustes de terre de bruyère, 400 ; plantes sarmenteuses ou grimpantes, 180.

D'autres collections formées d'éléments nouveaux se préparent sans cesse.

Quant aux écoles fruitières, elles sont parallèles aux écoles des arbustes d'ornement. On y compte :

Poiriers (espèces et variétés), 1,050 ; pommiers, 600 ; pruniers, 120 ; cerisiers, 130 ; pêchers, 120 ; abricotiers, 40 ; amandiers, 25 ; châtaigniers, 30 ; cognassiers, 10 ; figuiers, 60 ; néfliers, 8 ; mûriers, 6 ; noyers 10 ; noisetiers, 30 ; cornouillers, 15 ; oliviers, 6 ; framboisiers, 30 ; Fraisiers, 150 ; épine-vinette, 40 ; vignes (raisin de table), 300 ; vignes (raisin à vin), 50.

Parmi ces espèces fruitières, si nombreuses et si variées, il en est une certaine quantité qui ne sont pas mises dans le commerce ; car M. André Leroy ne s'attache qu'à la culture des fruits dont il a reconnu lui-même les excellentes qualités. Et tous les ans même il fait vérifier par ses contre-maîtres, à l'aide de son *Catalogue général,* la valeur réelle de toutes ces collections. Ce sont les arbres desdites écoles qui servent de type et de porte-greffes pour la multiplication en grand.

Les deux tiers ou 100 hectares environ des pépinières sont dans la commune d'Angers, sous les murs de la ville ; l'allée principale, qui les coupe au milieu, a plus de 2 kilomètres de longueur. Vers le milieu de l'enclos s'élève le charmant logis gothique d'Epluchard, maison de plaisance du roi René. On ne pourrait donner le nombre exact des arbres et des sujets que renferment de telles pépinières. Approximativement cependant on trouve pour les espèces rares et de haut choix :

Magnolias, 30 à 40,000 ; Camellias en pleine terre, 40 à 50,000 ; Wellingtonias (de 30 centimètres à 4 mètres), 10 à 12,000 ; Cèdres deodara, 20 à 25,000 ; Rhododendrums (en 200 variétés), 80 à 100,000 ; Azalées d'Amérique, 8 à 10,000 ; Araucaria imbricata, 60 à 80,000, etc., etc.

Et quand on pense que cet *araucaria,* cette plante, la plus bizarre et l'une des plus laides peut-être de toute la création, se vend facilement à un prix fort élevé !

A la suite de ces prodigieuses quantités de plantes précieuses, nous devons observer que tous les végétaux dits d'ornement se multiplient par centaines de milliers chez M. André Leroy, et que les arbres à feuilles persistantes s'y trouvent surtout en abondance, y font le sujet d'une culture spéciale, très-variée, et y sont d'une extrême beauté, eu égard au sol, au climat de l'Anjou.

C'est aussi à la douce température dont jouit la ville d'Angers, et aux qualités exceptionnelles de ses terrains, que sont dus certains spécimens d'une valeur inestimable, dont les jardins de cet horticulteur sont enrichis (a) : plantés depuis de longues années déjà, ces merveilleux spécimens donnent d'excellentes, d'abondantes graines qui servent à la reproduction de jeunes sujets dans une pépinière spéciale, dont le sol, approprié avec un soin extrême aux besoins des différentes natures de racines de ces semis, n'a pas moins de 6 hectares, et contient en moyenne 40 à 50 millions de plants, variant, pour l'âge, d'un an à trois ans.

Quant au chiffre total qu'il convient d'affecter aux espèces fruitières, il peut être, sans exagération, porté à 2 millions d'arbres greffés, de tout âge et de toute grandeur.

Les envois d'arbres ont lieu surtout pendant huit mois, d'octobre à la fin de mai, et nécessitent une main-d'œuvre supplémentaire et des dépenses qu'il est curieux d'énumérer ici : 150 hommes déplantent les arbres dans les pépinières, 100 y remplissent les vides ainsi faits, tandis que 50 autres sont occupés à emballer dans la cour de la maison, de la pointe du jour à la dernière heure de la soirée, avec les minutieuses précautions indispensables en cas pareil, les milliers de plants, d'arbres et d'arbustes que leur apportent 6 charretiers attachés à l'établissement pour cette besogne et pour le transport des terres

---

(a) Ainsi, par exemple, pour la famille des conifères, arbres bien rares encore, on y voit : un Wellingtonia de 6 mètres de hauteur, dont le tronc mesure 1 mètre 30 centimètres de circonférence ; — un Abies cephalonica, haut de 7 à 8 mètres, et si fourni de branches qu'elles forment une pyramide ayant 12 mètres de base ; — un Taxodium sempervirens, s'élevant à plus de 15 mètres ; — un Cupressus torulosa, de 10 mètres ; — des Cèdres deodara de même grandeur, présentant, au tronc, une circonférence d'au moins 80 centimètres ; — un Cupressus macrocarpa atteignant 6 mètres, et ne le cédant en rien, pour la grosseur, aux cèdres deodara ; — un Pinus australis, de 6 mètres ; — un Cuninghamia sinensis, de 8 mètres de hauteur, de 70 centimètres de circonférence ; — un Juniperus excelsa, de 4 mètres 60 centimètres ; — un vieux Cèdre deodara, de greffe, ayant 1 mètre de circonférence ; — un Thuya gigantea, justifiant bien son nom, puisqu'il a plus de 3 mètres d'élévation ; — un Cèdre de l'Atlas, haut de 8 mètres, et si touffu, que sa pyramide possède à la base un diamètre d'au moins 6 mètres ; — un Marronnier d'Inde, à fleurs doubles, atteignant une hauteur de 12 mètres, et porté par un tronc de 1 mètre 30 centimètres de circonférence ; — enfin, car il faut bien passer sous silence un grand nombre de tous ces introuvables arbres, enfin citons, pour terminer cette curieuse nomenclature, des Camellias à fleurs doubles, développant des touffes de 4 mètres de hauteur sur 3 mètres de largeur ; — et un Sterculia, haut de 8 mètres et doué d'un tronc de 80 centimètres de circonférence.

et engrais pendant l'été. Voici à peu près ce que coûtent ces emballages :

Caisses, 15,000 fr.; paille, 3,000 fr.; foin d'emballage, 2,000 fr.; mousse, 2,500 fr.; osier, 3,000 fr.; ficelle, 2,500 fr.; paniers, 10,000 fr.; perches, 1,000 fr.

Dépenses auxquelles il faut joindre encore les suivantes :

Pots à fleurs, 7,000 fr.; étiquettes en bois, 2,000 fr.; adresses en bois, 1,000 fr.; terre de bruyère, 3,000 fr.; fumier, 10,000 fr.

Quant au transport de toutes ces caisses, de tous ces colis à la gare d'Angers, il s'opère par les camionneurs du chemin de fer, à raison de 15 centimes les 100 kilogrammes, et 8 à 12 camions sortent journellement du chantier d'emballage, emportant chacun près de 2,000 kilogrammes. Chaque soir, c'est donc ainsi un poids minimum de 16 à 24,000 kilogrammes qui a été enlevé de l'établissement pour être confié aux voies ferrées. Si nous avons donné tant de chiffres dans le cours de cette étude, c'est qu'ils sont une preuve éloquente d'un mouvement industriel encore peu connu. — Mais ce n'est pas cette richesse commerciale seule qui fait la gloire de M. André Leroy; le catalogue raisonné qu'il publie depuis 1855 et qu'il augmente chaque année, est un véritable traité d'horticulture et de silviculture; aussi la croix de la Légion d'honneur qu'il reçut l'année même de cette publication récompensait-elle autant le savant botaniste que l'habile manufacturier.

FIN DES PÉPINIÈRES D'ANDRÉ LEROY

FILATURE DE SOIE

DE M. LOUIS BLANCHON

A SAINT–JULIEN SAINT–ALBAN (Ardèche)

———

Lorsqu'après avoir quitté la vallée de la Loire et traversé les montagnes du Forez, on redescend vers le Rhône, le climat, le sol, la végétation, changent brusquement, et en arrivant près de Bourg-Argental, on commence à voir les premiers mûriers. A mesure que l'on descend au fleuve, ils deviennent de plus en plus nombreux; après Annonay, célèbre par la beauté de ses cocons blancs, on commence à ne plus s'étonner de voir cet arbre nouveau pour l'habitant du Nord, et lorsqu'après être arrivé à Andance, on suit la rive droite du Rhône, les mûriers deviennent aussi et même plus communs que les pommiers en Normandie. De quelque côté que l'on tourne les yeux, les mûriers forment le premier plan de cet admirable paysage qui commence à Givors et se termine à Avignon. On se trouve au centre de la sériciculture rançaise.

Au moment où nous traversâmes les plaines si fertiles qui séparent Andance de Tournon, une partie des mûriers étaient couverts de feuilles d'un vert foncé; les autres, rognés et taillés, montraient au bout de leurs branches la trace de mutilations récentes.

Nulle part on ne les arrachait, comme on en avait répandu le bruit, et leur belle végétation semblait un démenti à la crise malheureusement si vraie qui frappe, depuis quelques années, nos départements séricicoles.

Plus loin, le sol change de nature, et la vigne, plantée dans le roc concassé, remplaçait le mûrier. Après avoir dépassé Saint-Peray, Beauchastel et la Voulte, dont les hauts fourneaux avancent sur le Rhône leurs tours d'un rouge sanglant, nous remontions la petite rivière de l'Ouvèze et nous arrivions à la filature de Saint-Julien, belle construction en pierres de taille de deux couleurs, grises et blanches, dont l'architecture élégante et gaie diffère sensiblement du style industriel ordinairement morne, régulier et souvent d'une lourde tristesse. Une jolie grille laisse voir un bassin avec jet d'eau entourés de massifs de verdure et d'une belle pelouse au milieu de la cour principale.

Les bâtiments, dont le corps central est percé d'un portique à arcades, sont élevés au milieu d'un parc aussi soigné que le parc Monceaux et de la plus belle végétation; clos de murs et de grilles qui alternent, ce parc donne à l'établissement l'apparence d'un grand cottage plutôt que d'une filature. Aux heures de repas et de récréation, cet aspect change un peu, car les nombreuses ouvrières de la fabrique ont le droit de s'y promener, et lui donnent une vive animation. Une extrême propreté, contrastant avec les habitations assez misérables des pays environnants, donne la première impression que l'on éprouve en entrant.

Cette usine a déjà quarante ans d'existence, mais elle n'est pas arrivée du premier coup à sa condition actuelle; aujourd'hui de l'avis de tout le monde, elle présente le plus haut point de perfection auquel atteint la filature de la soie. M. Louis Blanchon, son fondateur, choisit l'emplacement sur la rivière de l'Ouvèze, dans une vallée alors sans aucune industrie. Après avoir débuté dans un atelier de moulinage pour l'ouvraison des soies, où il se fit remarquer par son intelligence et son activité, il fut chargé de la direction de son atelier, obtint bientôt des produits supérieurs, plus abondants, sans augmentation de frais. Il s'associa d'abord avec l'un de ses frères et, de concert avec lui, créa deux usines de filature et de moulinage et finit, en 1825, par construire à Saint–Julien-Saint-Alban une première filature de quarante bassines avec tous ses accessoires et un moulinage proportionné.

La réputation de ses produits attira les imitateurs, et bientôt la vallée, autrefois déserte, ne compta pas moins de dix–sept usines sur la distance de quatorze kilomètres, qui séparent Privas du Rhône. On utilisa ainsi les eaux de l'Ouvèze, de manière que dans tout son parcours il n'y eut pas, pour ainsi dire, un mètre de chute de perdu.

On avait d'abord attribué les succès de M. Louis Blanchon presque entièrement à la qualité des eaux de l'Ouvèze, mais on vit bientôt qu'il fallait autre chose pour réussir dans cette fabrication difficile : chacun rivalisa de zèle, et sous l'impulsion donnée par M. Louis Blanchon, les soies de France se perfectionnèrent assez pour dépasser en valeur les soies de Piémont si estimées à la fin du siècle dernier. De 1840 à 1850, M. Blanchon suivit les progrès obtenus dans son industrie, et ne craignant pas de démolir plusieurs fois son usine pour la mettre au niveau des découvertes nouvelles, il finit par construire l'établissement actuel qui comprend cent bassines, les ateliers annexes nécessités par leur service et un moulinage suffisant pour ouvrer les produits de deux cents bassines.

Le mouvement est donné par trois roues hydrauliques en bois avec augets en tôle de fer d'un diamètre de cinq mètres et demi. Elles développent une force de douze chevaux vapeur, très-suffisante aux opérations de la filature et du moulinage, dont les outils légers et délicats ne demandent pas la puissance motrice exigée par les lourds appareils de fonte et d'acier des filatures de laine et de coton. Les roues hydrauliques sont doublées par une machine à vapeur alimentée au moyen des chaudières qui fournissent aussi la vapeur destinée à chauffer l'eau des bassines.

Les cocons arrivent à l'usine à l'état frais et tels que vient de les terminer le bombyx, — la soie sort complétement ouvrée et prête, sauf teinture, à être livrée au tissage. Nous allons successivement parcourir les différentes opérations que nécessite cette transformation.

L'achat des cocons se fait dans les premiers jours du mois de juin. Les filateurs confient cette mission à des commissionnaires établis dans chaque localité, qui traitent directement avec les éducateurs et se chargent de recevoir les cocons pour les expédier aux usines. Ces achats se font absolument au comptant et forment l'argent libre et vivant pour nos départements du Midi. On comprend alors quel doit être le malaise des populations lorsque cette ressource leur manque comme cette année.

Depuis quelques années ces achats offrent beaucoup de difficultés, en raison des différentes races de cocons d'une valeur différente élevées partout dans les magnaneries, contrairement à ce qui avait lieu autrefois, où chaque localité se distinguait par une qualité de cocons qui lui était propre et dont la valeur était classée.

La maladie qui a atteint les vers à soie, sur la nature de laquelle on n'a pas encore bien pu se rendre un compte exact, a fait son apparition en Europe il y a une dizaine d'années. Les races de cocons à brins fins, celles qui donnent les plus jolies soies et qui étaient les plus répandues en France, se trouvant les plus délicates, ont été les premières à disparaître. On a eu recours aux races étrangères, et celles d'Andrinople d'abord, de Bukarest et de Nouka ensuite, ont donné successivement de bons résultats; mais après avoir trompé les espérances fondées sur elles, ces graines ont fini par amener à des récoltes nulles au bout de deux à trois années au plus. Cette année, les graines de Portugal sont à peu près les seules des anciennes races européennes qui aient donné quelque produit, et il est probable que l'année prochaine elles cesseront complétement d'exister.

Tout l'espoir des sériciculteurs est aujourd'hui dans les graines du Japon, donnant de petits cocons blancs et verts, et dont les vers producteurs paraissent d'une robusticité à toute épreuve.

Cette année déjà il a été importé une quantité considérable de ces graines, qui arrivent collées sur des cartons, et on peut estimer que leur produit a fourni à lui seul les deux tiers de la production totale, qui dépasse à peine le quart d'une récolte moyenne ordinaire. La Société d'acclimatation, d'accord avec le gouvernement, a favorisé cette importation (a). Il est à craindre que des spéculateurs peu scrupuleux trompent les éducateurs en leur vendant, précieusement conservés, des cartons qui portaient

(a) Nous trouvons à ce sujet d'intéressan détails dans une lettre de Ningpo, écrite par M. Simon consul de France, au ministre des affaires étrangères et reproduite par le bulletin de la Société d'acclimatation :

« Je viens de lire dans quelques journaux italiens, que la récolte de soie, provenant des graines du Japon, importées en Europe cette année, n'avait pas partout donné les résultats auxquels on s'était attendu, et que, par exemple, dans beaucoup de localités il avait fallu 16, 17, et jusqu'à 18 kilogrammes de cocons pour 1 de soie. L'opinion s'émeut bien vite en Europe, et l'on a vite fait de brûler ce qu'on adorait la veille, qu'il y a lieu de craindre que ces plaintes ne causent un découragement fatal à la plus riche de nos productions et à la plus belle de nos industries.

» Je me hâte d'ajouter que le mal serait d'autant plus regrettable, que les faits rapportés par les journaux italiens ne doivent point faire condamner les races japonaises, et qu'ils sont tout au plus imputables, selon moi et quelques autres personnes compétentes, à quelques causes que l'on peut indiquer et éviter : 1° jusqu'à l'année dernière, les Japonais ne produisaient que la quantité de graines qui leur était nécessaire, puisqu'ils ne devaient, ni ne pouvaient en vendre, et à l'époque de l'année dernière où notre ministre au Japon obtint du gouvernement local qu'il en autorisât la vente, la première et la deuxième récoltes étaient déjà faites et *il n'y en aurait pas eu pour la vente*, si la troisième récolte qui se faisait en ce moment n'avait pas donné aux Japonais la possibilité de satisfaire aux nouvelles demandes, très-fortes relativement à celles auxquelles ils avaient satisfait jusque-là en cachette. On n'a donc pu avoir, pour la plus grande partie, que des graines de la race *trivoltini*, et encore n'était-elle que de la troisième récolte. Quant à la première, les Japonais ont bien soin de la garder pour eux, d'autant plus que l'on se contentait de celle qu'ils offraient; 2° il est plus que probable que les Japonais n'auront mis à l'éclosion que les cocons les plus faibles, les moins garnis de soie, c'est-à-dire les chrysalides les moins robustes.

» On éviterait ces causes d'insuccès : 1° en arrivant au Japon pendant la première éducation, on serait du moins sûr de n'avoir que des graines de première récolte; 2° en obtenant du gouvernement japonais qu'il autorisât un ou deux Européens réellement compétents à surveiller le choix des cocons mis à l'éclosion, et la préparation de la graine. Ce serait d'autant plus nécessaire, que les Japonais vont maintenant fabriquer des graines pour l'exportation. Les graineurs pourraient faire venir des cocons vivants de l'intérieur, et préparer leurs graines à Yokohama sous la surveillance *toujours indispensable* d'un agent du gouvernement français. Les graines seraient mises en boîtes en sa présence, et scellées par lui.

» Ce que je viens de dire des races japonaises peut s'appliquer aux races chinoises. Elles ont rendu cette année 1 kilogr. de soie pour 14 kilogr. de cocons, et cependant les cocons étaient réputés faibles. En outre, elles ne sont pas malades. D'où vient donc qu'elles ont l'air de dégénérer quand on les transporte en Europe? Pour moi, tant que je pourrai douter qu'elles ont été tirées de deux ou trois localités d'où les Chinois les tirent pour eux-mêmes, ainsi que je l'ai dit dans une lettre en date du 5 décembre 1861, tant que je pourrai douter de la loyauté de ceux qui ont préparé la graine, je ne pourrai considérer comme sans appel l'opinion qui règne aujourd'hui sur les races chinoises. Il est d'ailleurs, en Chine, des contrées aussi différentes de celles où ces graines ont été prises jusqu'ici que le Japon lui-même l'est de la Chine; ainsi, par exemple, le Se-tchuen, le nord du Chantong, le nord du Honan, d'où l'on n'en a pas encore eu.

» En terminant cette lettre, je crois pouvoir annoncer à Votre Excellence le prochain envoi de graines de vers à soie, race jaune du Se-tchuen et du Kouy-tcheou, que j'attends incessamment, ainsi que des graines de la petite espèce sauvage des vers à soie du mûrier dont j'ai parlé pour la première fois dans une note lue à la Société, dans la séance du 28 février 1862. J'espère que ce nouvel envoi, fait en temps opportun, arrivera en bon état. »

l'estampille de la société, et sur lesquels on a fait grainer des papillons indigènes

Le prix des cocons dépend de leurs qualités, suivant qu'ils sont d'un brin plus ou moins grossier et qu'ils doivent rendre plus ou moins de soie ; c'est cette appréciation à première vue, qui constitue la plus grande difficulté de l'achat.

Le prix moyen des meilleures qualités, qui était autrefois de 4 et 5 francs le kilogramme, s'est élevé cette année jusqu'à 8 fr. 50 cent. et 9 francs; et encore peut-on ajouter qu'il y a entre les cours d'aujourd'hui et ceux d'autrefois une différence de valeur en moins comme qualité de plus de 1 franc par kilogramme.

Dès leur réception à l'usine, les cocons sont étouffés afin d'empêcher les chrysalides d'éclore. On les met dans des paniers en bois de châtaignier appelés cavaignes, et qui ont un mètre vingt centimètres de longueur, sur quarante centimètres de largeur, et de dix à douze centimètres de profondeur; ils contiennent chacun de 3 à 4 kilogrammes de cocons. Ces paniers sont ensuite placés, au nombre de neuf, sous une cloche en cuivre dans laquelle on introduit un jet de vapeur.

L'appareil se compose de deux cloches qui montent et descendent alternativement, permettant de faire le service de l'une pendant que la vapeur agit dans l'autre. La durée de l'opération dépend de la tension de la vapeur ; il faut, autant que possible, ne prolonger le séjour des cocons que juste le temps nécessaire pour amener l'asphyxie. Une minute suffit ordinairement.

Aussitôt que la cloche est levée, les cavaignes sont sorties et exposées à l'air; après quoi des ouvrières enlèvent soigneusement les cocons qui sont tachés, les faibles et les plus défectueux. On les porte ensuite sur les étendages, grandes claies en roseaux supportées par des étagères, sur lesquelles on les étend par couche de vingt à trente centimètres d'épaisseur.

Les cocons restent ainsi jusqu'à ce qu'ils soient complétement secs, résultat qui n'est complet qu'au bout de deux à trois mois, pendant lesquels on les tourne tous les deux jours, autant pour faire prendre l'air à ceux de dessous que pour faire la chasse aux *artes* ou mites, petits insectes très-friands des chrysalides, qu'ils atteignent en perçant le cocon, auquel ils enlèvent ainsi toute sa valeur : le cocon percé ne pouvant plus se dévider.

Quand le cocon est sec, il a perdu les deux tiers de son poids.

Les vastes salles où sont dressés les étendages s'appellent co-connières. C'est là où l'on vient chercher les cocons pour les porter à la filature ; mais avant de les livrer à la fileuse on leur fait subir une opération très-importante, celle du triage. On en lève d'abord tous les *doubles*.

Ces cocons sont produits par la réunion de plusieurs vers, qui ont fait ensemble une enveloppe commune et qui ont enchevêtré leurs bouts de manière à en rendre le dévidage très-difficile. Ils sont vendus à des industriels qui en ont la spécialité et qui font des soies d'un grand débouché en Orient, à Tunis et au Maroc, pour la fabrication des tissus particuliers à ces contrées.

On trie ensuite avec beaucoup d'attention les différentes qualités de brins. On met ensemble tous ceux de même force, et on fait plusieurs choix, suivant le degré de valeur des soies que l'on veut produire.

Les ateliers de filature sont installés au premier étage dans de grandes salles très-hautes de plafond et très-bien éclairées : deux larges rangées de tables séparées par des passages portent cent bassines dirigées chacune par une ouvrière. L'appareil de la filature se compose (a) d'une table en fonte et maçonnerie d'en-

(a) Pour mettre le lecteur à même de comparer ce qui se fait aujourd'hui, avec les moyens employés il y a cent ans, nous reproduisons, page 93, le fac-simile d'une gravure ancienne représentant les procédés usités alors pour la filature de soie et dont voici l'explication d'après Roland de la Platière :

« Qu'on se représente actuellement une fille assise devant une bassine de cuivre de forme elliptique, de quinze à vingt pouces de diamètre, sur cinq ou six de profondeur, remplie d'eau, soutenue et cimentée, à hauteur d'appui, sur un fourneau allumé, lorsque l'eau est presque bouillante, la ti-reuse y jette une ou deux poignées de cocons bien débourrés ; elle les agite fortement avec les pointes coupées en brosse d'un balai de bouleau ; l'eau, la chaleur et cette agitation démêlent le bout des brins de soie des cocons ; l'ouvrière les recueille, les divise en deux portions égales qu'elle passe entre les guides, puis, qu'elle croise l'une sur l'autre quinze ou dix-huit fois pour les soies les plus fines, et à plus grands nombre de fois à proportion de leurs grosseurs ; et qu'elle redivise pour les passer dans le *va-et-vient*, et les porter sur le dévidoir.

» La machine ou tour de Piémont, qu'on appelle *chevalet* et un châssis composé de quatre piliers de bois, qui, joints ensemble par des traverses, forment un carré long de trois pieds quatre pouces

viron quatre-vingts centimètres de hauteur, supportant un platelage en cuivre jaune, au milieu duquel sont les bassines,
également en cuivre, où se dévident les cocons, et de supports

ou environ, sur environ deux pieds et demi de largeur. Dans le haut de ce châssis, et entre les deux piliers, est placé l'aspe ou dévidoir, composé de quatre ailes, dont le diamètre est de deux pieds ou environ, y compris le diamètre de son arbre ou axe; dans le bas et au côté opposé, aussi entre les deux piliers, est la lame du bois ou le *va-et-vient*.

» A l'un des bouts de l'arbre qui passe dans le pilier du côté droit, est attachée la manivelle de la tourneuse, et à l'autre bout un pignon horizontal de vingt-deux dents.

» Celui des deux piliers entre lesquels est le *va-et-vient*, est attaché d'un bout par un excentrique; l'autre bout du *va-et-vient* est passé dans une coulisse; l'intervalle qui est entre les deux roues ci-dessus, est rempli par une pièce de bois arrondie, à chacune des extrémités de laquelle est une roue de champ, dont l'une, qui a vingt-cinq dents, s'applique et s'engrène sur le pignon de l'aspe; et l'autre, qui n'en a que vingt-deux, sur la roue du *va-et-vient*. La tourneuse met le rouage en mouvement, en tournant avec la main la manivelle du dévidoir à l'arbre duquel est attaché le pignon, qui est le principe des deux mouvements corélatifs de l'aspe et du *va-et-vient*. Ces deux mouvements sont mesurés de façon qu'auparavant qu'ils puissent recommencer au même point d'où ils sont partis, l'aspe doit faire huit cent soixante-quinze tours.

» Le fameux règlement de Piémont, donné *ad hoc* au mois d'avril 1724, exige indispensablement dans la structure des tours à filer ou dévider la *soie*, ce nombre de roues et de dents.

» Les chevalets seront pourvus de leurs jeux nécessaires pour opérer les croisements susdits;
» chaque jeu aura, savoir, le pignon vingt-cinq dents, la grosse roue vingt-cinq, l'étoile de l'aspe
» et la petite roue vingt-deux chacune : et il faudra maintenir toujours cet ordre; il sera d'un
» bon service. »

» Cette loi est le fruit des recherches et *des* découvertes des plus habiles manufacturiers et artistes de Piémont. Il en résulte deux choses; la première, qui n'est point contestée, que la *soie* qui se porte sur l'aspe doit continuellement se croiser; et la seconde, que ces croisements continuels ne peuvent être opérés par un mouvement simple, mais bien par un mouvement double et composé de deux jeux tels qu'ils sont prescrits par cette ordonnance.

» L'on sent déjà au premier coup d'œil que ce rouage établit. d'un côté, l'identité continue de chaque mouvement de *l'aspe* et du *va-et-vient* en soi-même, une dent ne pouvant passer devant l'autre, et d'un autre côté, la correspondance et la réciprocité entre ces deux mouvements. On va les particulariser et en expliquer les propriétés.

» *Vignette.* — *Atelier du tirage de la soie : action de la tirer des cocons.* A,'fille qui tire la soie et qui conduit les opérations du tirage. Elle fournit de nouveaux brins de cocons à mesure qu'il y en a d'épuisés par le dévidage. Comme les brins de soie de chaque cocon sont constamment, plus fins vers la fin que vers le commencement, si un fil de soie doit être composé de deux brins, et que la tireuse voie qu'il y ait quatre ou cinq cocons qui tendent à leur fin, elle augmente son fil de deux autres brins, sans attendre que les précédents soient entièrement achevés. La grosseur de deux brins de cocons, auxquels il ne reste que la douzième partie à dévider, est à peu près égale à celle d'un brin pris vers le commencement du dévidage: auprès d'elle, en *a*, est un vase rempli d'eau froide, dans lequel elle plonge les doigts pour les rafraîchir. B, celle qui tourne l'aspe ou le dévidoir sur lequel se forment les écheveaux. CCC, pieds qui soutiennent le châssis ou carré long de quatre pieds environ, sur environ deux pieds et demi; de deux pieds et demi de haut sur le derrière, et de deux pieds seulement du côté de la tireuse de soie. EEEE, piliers que les Piémontois nomment *fantine*, dont deux soutiennent l'aspe ou dévidoir, et les deux autres l'épée ou *va-et-vient*, sur lequel sont plantés en *a* les deux guides de fil de fer qui conduisent la soie sur l'aspe : toutes les pièces de ce tour sont assemblées les unes aux autres par des traverses et des clés. Les piliers qui soutiennent l'aspe doivent être éloignés de ceux qui soutiennent le *va-et-vient* de deux pieds *liprandi*, ou vingt-huit pouces de notre mesure, afin que la distance de l'aspe à la bassine puisse conduire le fil plus sec et mieux conditionné sur l'aspe (*Art. 6 du règlement du Piémont, du 8 avril 1724*). F, l'aspe ou dévidoir sur lequel la soie est formée en écheveau. G, manivelle du dévidoir. H, arbre du dévidoir, au bout duquel et en dedans du pilier est un pignon de bois. I, composé de vingt-deux dents, qui engrène une roue taillée comme une roue de champ, appelée *campana* en langage Piémontois, marquée K, attachée à une pièce de bois arrondie, marquée L, au bout de laquelle est une autre roue de champ marquée M, de vingt-deux dents, qui engrène à un autre pignon, marqué N, composé de trente-cinq dents, sur lequel est un excentrique, marqué O, qui entre par une pointe recoudée en équerre dans un

Le tour du Piémont (fac-simile d'une ancienne gravure).

en fonte soutenant un tour en bois, où vient s'enrouler le fil de soie.

Le tour reçoit son mouvement par la friction d'une poulie qui lui est attenante sur une autre poulie de plus grande dimension, fixée à un arbre de couche placé au-dessous, et communiquant avec le moteur principal.

L'ouvrière (car ce travail n'est fait que par des femmes) se trouve assise obliquement entre la bassine et le tour, ayant la première à sa droite et le second à sa gauche.

Sur le platelage, à côté de la bassine, qui a environ quarante centimètres de diamètre, et à portée de la main droite de l'ouvrière, sont deux petits réservoirs de quinze à vingt centimètres de diamètre, sur autant de profondeur, servant l'un, le plus rapproché, à contenir de l'eau froide, qui se maintient toujours à la même hauteur au moyen d'un niveau ; l'autre à *ébouillanter* les cocons avant de les mettre dans la bassine.

En face de l'ouvrière, sur le bord de la bassine qui lui est opposé, est une poignée en cuivre servant à ouvrir ou fermer un robinet invisible qui introduit la vapeur dans la bassine ; derrière cette poignée est une tige en cuivre, qui revient sur elle en la surmontant et supporte sur la bassine, de quinze à vingt centimètres au-dessus de l'eau deux boucles en verre appelées barbins, par où passent les fils de soie quand le cocon se dévide.

Enfin, tout au bord du platelage, et toujours du même côté, se trouvent, en face de chaque bassine, deux cavités recouvertes de cassolettes trouées, par où s'écoule l'eau du platelage et où l'on jette les chrysalides à mesure qu'elles se sont dépouillées de leur soie.

Pour compléter la description du mécanisme, il y a à côté de

---

trou qui est à l'extrémité du *va-et-vient* marqué P, qui, de l'autre côté, entre dans une coulisse où il a la liberté d'aller et venir sur une même ligne ; en sorte que les guides (*a* dans la vignette) qui sont indiqués par des points ronds au milieu de la tringle OP, changent de place à chaque révolution de la roue N, d'une quantité égale au diamètre du cercle, que la cheville O décrit au-dessous du *va-et-vient* ; Q, fils de fer recourbés en anneaux ouverts, que l'on appelle *griffes*, dans lesquels la soie est passée d'une part et de l'autre à une lame de fer percée marquée R, et adhérente à la bassine ou chaudière marquée S, dans l'eau de laquelle sont les cocons, qui est posée sur un fourneau marqué T.»

chaque ouvrière une poignée en fer servant à arrêter ou à mettre le tour en mouvement. Cet effet s'obtient par une tringle qui, au moyen d'un mouvement à sonnette, isole ou met en contact la poulie du tour avec celle de dessous, dont le mouvement est continu. Il y a de plus, en face de chaque tour, un mouvement de va-et-vient pour guider la transposition du fil sur le tour, et chaque support en fonte est surmonté d'une volute, à laquelle est suspendu le va-et-vient et qui se prolonge jusque sur la bassine pour supporter un crochet en verre, par où passe le fil et que l'on nomme *trembleur*.

Chaque ouvrière a à sa disposition une sorte d'écumoire, appelée levette, et une grosse cuillère, l'une et l'autre en cuivre, plus un petit balai très-court, en tige de bruyère, et que l'on nomme *escoubette*.

Les cocons triés sont remis à la fileuse par petites quantités. On leur en donne chaque fois une mesure de la valeur d'une forte poignée, et c'est ce qui constitue la bassinée. La bassinée est d'abord simplement ébouillantée avec de l'eau chaude que l'on prend dans la bassine et que l'on met dans le réservoir disposé à cet usage. De là, elle passe dans la bassine, qui est pleine d'eau et où l'on a introduit un jet de vapeur qui en porte la température à environ 90 degrés.

La fileuse prend alors son escoubette et procède au *battage*, qui consiste à frapper les cocons avec l'escoubette, qu'on promène partout d'une manière régulière jusqu'à ce que la bassinée soit suffisamment cuite, ce que l'on connaît à la couleur des cocons, et lorsqu'ils sont tous adhérents à la bruyère de l'escoubette. L'opération terminée, l'ouvrière ferme son robinet de vapeur, soulève son escoubette avec la main droite, pendant qu'avec la gauche elle ramasse tous les fils.

Vient ensuite le *débavage*, qui consiste, les bouts étant tenus en l'air par la main gauche, à tirer avec la droite le fil de chaque cocon jusqu'à ce qu'il devienne parfaitement net. Ce qui est resté adhérent à l'escoubette et ce que l'on tire ainsi, formant la première enveloppe du cocon, est un produit d'une qualité inférieure que l'on nomme *frison*, et avec lequel on tisse des étoffes dites *fantaisies*.

Le débavage est la plus délicate de toutes les opérations de la filature. Il faut que l'ouvrière tire le fil de chaque cocon assez soigneusement pour ne prendre, autant que possible, que le frison ; la bonne soie venant immédiatement après, le déchet devient très-considérable si l'on ne s'arrête pas à temps.

Une fois sa bassinée bien débavée, l'ouvrière en ramasse tous les fils qu'elle accroche à une tige fixée sur le platelage, bien devant elle. Il ne lui reste plus qu'à former le fil; pour cela, elle prend un nombre déterminé de cocons, le plus souvent dix, qu'elle divise en deux, pour former deux bouts , faisant passer ainsi le fil de cinq cocons dans chacun des deux barbins, au delà desquels elle les reprend et les tord sur eux-mêmes avec ses doigts, de soixante à quatre-vingts fois. Cette opération s'appelle la *croisure ;* elle a pour effet, par la friction des deux fils l'un sur l'autre, de donner l'adhérence aux divers brins d'un même fil et l'arrondir en même temps ; c'est en quelque sorte une filière par où l'on fait passer le fil.

Après la croisure, les deux fils sont écartés l'un de l'autre passés chacun de leur côté sur un des crochets trembleurs, et de là ils vont sur le tour qui entraîne les deux fils à la fois. Pour les y fixer, l'ouvrière a noué préalablement les deux fils et avec sa main gauche, elle approche du tour l'extrémité de l'anse formée par le nœud. Au centre du tour se trouve une tige en bois faisant saillie qui, à son passage devant l'anse de soie, l'accroche et l'emmène suivi des deux fils que le va-et-vient guide et maintient chacun de leur côté.

Des crochets trembleurs au tour, les fils sont croisés de nouveau; mais une fois seulement, de manière que les fils, après s'être joints au milieu de la distance, viennent reprendre leur même côté sur le tour. Ce croisement a pour effet de rendre les deux fils solidaires l'un de l'autre afin qu'entraînés par la distance d'écartement qui existe entre les crochets trembleurs et le guide-bout, quand l'un vient à se casser , l'autre est obligé d'abandonner le tour et de tomber sur un axe où il ne tardera pas à se rompre. On occasionne ainsi un certain déchet, mais on n'est pas de la sorte exposé à manquer l'effet de la première croisure qui ne peut avoir lieu que lorsque la même tension existe dans les deux fils.

Ainsi donc, nous avons eu l'ébouillantement, le battage, le débavage, la croisure et l'application du fil sur le tour ; ces opérations terminées et le tour en mouvement, la fileuse n'a plus qu'à veiller à la régularité des brins de chacun de ses deux fils. A mesure qu'un cocon se détache, soit qu'il se casse, soit qu'il ait fini de se dévider, elle le remplace par un autre qu'elle prend dans ceux tout préparés qui se trouvent sous sa main accrochés à la tige dont il a été parlé. Elle laisse plonger dans l'eau le cocon qu'elle a choisi, elle en tient le fil dans sa main et en ayant mis le bout sur son index de la main droite qu'il dépasse de quatre à cinq centimètres, elle le jette avec force au milieu des autres qui se dévident et avec lesquels il s'entrelace.

Le fil de soie d'un même cocon n'a pas toujours le même diamètre ni la même force ; à mesure que le ver travaille, il s'épuise et son fil fort et nerveux en commençant devient plus faible, moins élastique et moins coloré à mesure que s'avance son dévidage. Par conséquent, pour avoir des soies régulières, comme titre et comme qualité, il est très-essentiel de maintenir pour chaque fil la même proportion dans les divers brins.

Pour cela, les cocons de la bassine sont divisés en trois catégories : les *neufs*, ceux qui ont été à moitié dévidés qu'on appelle *pelettes rousses*, et ceux dont le dévidage est plus avancé encore qu'on appelle *pelettes claires*. Trois pelettes rousses valent deux cocons neufs et il faut trois pelettes claires pour deux pelettes rousses.

La grosseur du fil, qui se dit *titre* de la soie, s'estime par le poids en deniers que pèse une longueur de fil donnée. — La mesure ordinaire est quatre cents fois l'ancienne aune, soit 475 mètres, qu'on fait enrouler sur un petit tour muni d'un compteur, et que l'on nomme *éprouvette*.

On fait ainsi de petites pelottes appelées *essais* que l'on enroule avec la main et que l'on pèse ensuite à de petites balances ordinaires.

Le titre le plus courant est 12/13 deniers qu'on obtient généralement avec cinq cocons neufs, soit trois neufs et trois pelettes claires, soit deux neufs, trois pelettes rousses et trois claires, et toute autre combinaison donnant les mêmes résultats. — Quand la proportion des différentes forces n'existe plus, la fileuse doit remplacer par d'autres les cocons qui ne conviennent plus. — La régularité de la soie est une question de la plus grande importance et pour laquelle la fileuse doit mettre toute son attention. Une surveillance des plus actives veille à l'exécution stricte de toutes ces mesures. Par vingt fileuses il y a une gouvernante ordinaire; il y en a une autre qui lui est supérieure, ayant sous sa surveillance deux gouvernantes et leurs quarante fileuses, plus un gouvernant chef et un contre-maître; ce qui fait à peu près, un surveillant pour dix fileuses.

Leur travail est de circuler continuellement devant les bassines pour veiller à ce qu'il soit filé *régulier*, à ce que la croisure soit convenable et enfin à ce que toutes les conditions demandées soient remplies.

Le diamètre du tour étant de 0,85 et la vitesse moyenne de 95 évolutions par minute, il ne s'enroule pas dans cet intervalle moins de 240 à 250 mètres de fil sur chaque pelote. Chaque fileuse mène deux pelotes et ne maintient pas au dévidage moins de douze cocons en moyenne, ce qui lui fait dévider une longueur de fil de cocon de 3,000 mètres par minute, soit 2,160,000 pour la journée de douze heures de travail.

Tous les cocons qui en se dévidant ont le brin cassé, sont mis hors de la bassine et quand tout ce qui avait été préparé a été filé ou relevé de la sorte, l'ouvrière recommence la série de ses opérations telles qu'elles viennent d'être décrites. Elle prend d'abord dans sa bassine l'eau nécessaire à *l'ébouillantation* des cocons neufs, puis après avoir mis l'eau de sa bassine en ébullition elle les bat et quand cette opération est à peu près terminée elle y ajoute les cocons qui ont été relevés et qu'on nomme *dépendus*, deux à trois coups d'escoubette suffisent pour retrouver leur bout, que l'on débave ensuite avec les autres et de la même manière en opérant toujours avec d'autant plus de soin que ces cocons étant déjà dépourvus de leur première enveloppe tout ce qu'on perd est de la soie pure et constitue par conséquent un déchet net.

Les cocons avariés ou percés ne pouvant pas se dévider sont reconnus au moment du débavage et jetés par la fileuse dans une de ses cassolettes ; ces cocons sont vendus ensuite sous le nom de *bassinés* à des industriels qui les font bouillir, qui les cardent et qui en tirent un produit se rapprochant de celui du frison.

L'autre cassolette sert à mettre les chrysalides dont le dévidage est terminé ; mais comme il reste à toutes encore un léger morceau de leur enveloppe, ces chrysalides sont de nouveau ébouillantées fortement et on en extrait un dernier produit inférieur et qui se vend sous le nom d'*estrat*.

On utilise les chrysalides elles-mêmes. Pour cela on les écrase et on en fait dissoudre le résidu dans de l'eau.. Cette mouture produit un liquide jaunâtre et gras que l'on ajoute à l'eau des bassines qu'il adoucit et modifie utilement ; le dévidage du cocon en devient beaucoup plus facile.

Ce qui reste des chrysalides est encore employé avec beaucoup d'avantages par l'agriculture, qui en fait un engrais très-puissant.

Dans l'usine de Saint-Julien cette dernière série d'opérations assez nauséabonde s'exécute dans les meilleures conditions et sans que la vue et surtout l'odorat en soient trop affectés. Dans un coin de la filature se trouve une trappe par où les vers sont

jetés. Ils tombent dans un atelier où sont les chaudières à *estrats*
et les meules à broyer. Le liquide obtenu est passé dans une

Platelage de filature.

série de tamis en toile métallique et est recueilli dans un réservoir où le prend une pompe qui le monte à la filature à côté de
la trappe. Des jets d'eau froide coulant constamment et une forte
cheminée d'appel maintiennent la propreté et enlèvent complète-

ment l'odeur fort désagréable que produit toujours cette manipulation de matières animales presque putréfiées.

Banc courant des moulins à organsiner la soie.

L'ordre le plus sévère règne dans la distribution de la matière
première, comme dans la recette du produit obtenu. Chaque
fileuse a ses cocons dans un panier placé sous sa bassine et à
la disposition de la gouvernante qui les lui donne suivant

les besoins. Ces cocons sont exactement pesés, de même que les flottes de soie qui sont pliées chaque soir à l'expiration de la journée. Le rendement en soie de chaque qualité de cocons étant connu d'avance, chaque fileuse est tenue à la fin de la semaine, de rendre une quantité de soie proportionnée à la quantité de cocons qui lui ont été remis. Elle reçoit, alors suivant ce rendement des gratifications ou des retenues qui viennent augmenter ou diminuer d'autant le prix de la journée qui est en moyenne de un franc.

Dans l'usine de Saint-Julien on ne file pas à la lumière. En été comme en hiver, la journée commence et finit avec le jour. On n'a pas ainsi en moyenne les douze heures de travail journalier effectif qu'accorde la loi, mais le travail s'en trouve bien plus soigné

La vapeur que dégage l'eau des bassines en hiver forme un brouillard épais qui rend l'éclairage très-difficile. Dans cette saison et au milieu de ce brouillard, la soie ne peut pas se sécher dans son trajet de la bassine au tour, elle s'y enroule alors toute humide, et cette humidité tenant en dissolution la gomme que contiennent les fils les fait tous coller les uns aux autres. En séchant, il se produit, particulièrement sur les branches du tour, des parties gommeuses très-dures, ne faisant qu'une pièce et dont le dévidage devient extrêmement difficile. Pour obvier à cet inconvénient, on emploie dans l'usine Saint-Julien de gros tuyaux de vapeur de quatorze centimètres de diamètre qui passent devant chaque tour et sous les fils, et qui dégagent assez de chaleur pour les sécher et éviter tout dommage. La filature qui est d'ailleurs au premier étage est éclairée par de grandes fenêtres et il y a dans la partie supérieure de la salle des ouvertures et des cheminées d'appel pour l'aérer le plus possible.

De la filature, les soies passent au moulinage pour leur *ouvraison*.

Le moulinage automatique des soies fut pendant longtemps le privilége de l'Italie, où, dès 1372, Borghesano Lucchesi l'avait établi à Bologne ; de là il se répandit dans le Piémont, où cet art prit un développement tel, que les machines importées en France sous Louis XIV conservèrent le nom de moulin de Piémont.

Le plus ancien moulinage dont il soit fait mention en France est celui établi à Neuville-Larchevêque par le sieur Lauze, et qui existait déjà lorsqu'en 1670 un Bolonnais, nommé Bennay, fut appelé en France par Colbert, et s'établit à Vizieux, près Condrieux, et de là à Fons, près d'Aubenas, en Vivarais. Il forma des élèves qui allèrent à Chomerac et à Privas monter des moulins dits *à la bolonnaise*. Le sieur Bennay, gratifié, pensionné et ennobli par la France, fut pendu en effigie dans sa ville natale comme traître à son pays. Un peu plus tard (1719), Thomas Lombe parvenait à tromper la jalouse surveillance des Italiens et rapportait au péril de sa vie les dessins d'un moulin à organsiner la soie, établi par lui à Derby, sur la rivière de Derwent.

D'après le général Poncelet, les moulins ronds dits du Piémont doivent être pris pour point de départ des moulins actuels ; des perfectionnements successifs et quelques changements dans la forme générale ont cependant laissé le principe presque le même, comme on pourra s'en rendre compte en lisant la description qu'en donne Roland de la Platière (a).

(a) « Le diamètre de ces moulins est de onze, treize, quinze et dix-sept pieds ; mais les plus ordinaires, en Piémont, sont de quinze pieds, et en France, de treize.

» Les moulins de onze pieds de diamètre ont douze *guindres* ou *asples* pour chaque *vargue*, ceux de treize en ont quatorze, ceux de quinze en ont seize, et ceux de dix-sept en ont dix-huit. Par ce moyen, les premiers ont soixante-douze fuseaux à chaque vargue ; les secondes en ont quatre-vingt-quatre ; les troisièmes en ont quatre-vingt-seize, et les dernières en ont cent huit.

» La hauteur des moulins à une vargue est d'environ sept pieds ; celle de ceux à deux vargues est de neuf, ceux à trois vargues en ont douze, et ceux à quatre en ont quinze. Telles sont les dimensions générales de cette machine. Nous allons donner la description des principales parties qui la composent et la manière de les faire mouvoir. Celui que je vais prendre pour exemple est un moulin à *quatre* vargues, dont deux sont destinées à donner le premier apprêt à l'organsin et les autres pour le second, et pour les trames et poils. Il contient quatorze guindres ; son diamètre est de treize pieds sur quinze de haut ; le haut et le bas de ce moulin sont composés de deux cercles égaux qui en déterminent la circonférence. Ils sont divisés sur cette circonférence en quatorze parties égales, à chacune desquelles est assemblé un pilier ou montant ; chaque vargue contient une rangée de quatre-vingt-quatre fuseaux de fer posés verticalement tout autour du moulin, ainsi qu'on va le voir.

» Ces fuseaux sont placés six par six entre chacune des quatorze divisions formées par les quatorze piliers. Ils sont supportés par deux cercles d'un diamètre un peu plus petit que ceux du haut et du bas du moulin, qui sont formés de quatorze portions de cercles, qu'on assemble aux montants de la manière suivante :

» Ces deux cercles ne sont pas d'un égal diamètre entre eux ; celui d'en bas est le plus grand ;

Vaucanson créa un moulin droit avec lequel il obtint des produits très-estimés, mais dont le prix de revient était beaucoup trop élevé. Les chaînes dites à la Vaucanson qui remplaçaient les courroies et les strafins des moulins piémontais, devant être fabriqués à Paris et ne pouvant être réparés à Aubenas, occasionnaient un surcroît de dépenses qui fit abandonner ce nouvel appareil.

D'après Roland de la Platière : « le peu d'empressement des entrepreneurs de manufactures à en faire usage semble prouver

on le nomme *cercle des voltes*, et chacune des quatorze parties qui le composent est suspendue par les bouts dans une entaille pratiquée à chacun des piliers, au moyen d'une plaque de fer qui les tient le plus horizontalement qu'il est possible ; chaque portion de ce cercle est divisée en six parties égales à chacune desquelles est un trou d'un demi-pouce de diamètre, qui perce toute son épaisseur ; dans chacun de ces trous, on place un *carcagnol*, qui est un bouton de verre, servant de crapaudine au fuseau, dont la pointe porte dans un petit trou conique qui s'y trouve.

» Le second cercle, qu'on nomme *cercle de survolte*, dont le diamètre est plus petit que celui du précédent, est composé de quatorze parties qu'on attache avec des vis sur la face intérieure des montants ; et pour cet effet, on les tient un peu plus longues que la distance de ces montants. Ce cercle est écarté de celui d'en bas d'environ quatre pouces, et la circonférence répond à peu près au quart de la largeur de celui d'en bas ; de manière que si la surface de ce dernier était divisée en quatre parties égales, par trois cercles concentriques, la circonférence de celui d'en haut répondrait perpendiculairement au plus petit de ces cercles.

» C'est par ces deux cercles que sont retenus verticalement les fuseaux à chaque *vargue*, au moyen de deux pièces de bois à chacun, dont une qu'on nomme *coquette*, est percée d'un trou, de manière que le fuseau passe jusqu'aux deux tiers de sa hauteur. Cette *coquette* est retenue sur le cercle de *survolte* par la seconde pièce de bois qu'on nomme *pontelet*, qui est entaillée de façon que la *coquette* entre dedans en largeur et profondeur.

» On nomme *vargue* une rangée de fuseaux ; ainsi, un moulin à quatre vargues, a quatre cercles de *volte*, quatre de *survolte* et autant de coquettes et de pontelets que de fuseaux ; et comme chaque rangée de fuseaux est de quatre-vingt-quatre, le nombre qu'en contient un moulin est de trois cent trente-six, et d'autant de *pontelets* et de *coquettes*.

» Chaque fuseau est garni d'un rochet qu'il fait tourner et d'une coronelle ; on nomme *coronelle* une noix de bois dur, arrondie par-dessus et évidée par en bas, à peu près comme une demi-boule ; elle est percée d'outre en outre, et reçoit la partie supérieure du fuseau, qu'on y fixe au moyen d'une petite cheville de bois qui entre dans un trou pratiqué au bas du fuseau. Cette noix est garnie d'un fil d'archal qui forme deux bras, pour faciliter le déroulement de la soie, à mesure qu'elle se vide sur les *guindres* ou les *rochets*.

» Les vargues du haut du moulin sont ordinairement destinées à donner le premier apprêt à l'organsin, la soie dévidée sur les rochets se dévide de nouveau sur des *roquelles*, qui sont des espèces de rochets de trois pouces de diamètre sur quatre pouces de longueur, à mesure qu'elle se tord dans un sens. Ces roquelles sont enfilées par une bague, six par six, pour être en nombre égal aux divisions des fuseaux ; de sorte que chacun reçoit le brin d'un des rochets qui sont sur les fuseaux, où il le répand également au moyen d'un guide mû par un va-et-vient, dont la course détermine l'étendue que ce brin doit occuper sur la longueur du rochet qui le reçoit.

» Les roquelles tournent au moyen d'une roue dentée qui est en arbrée sur la baguette où elles sont placées.

» Les vargues du second apprêt pour l'organsin servent aussi pour l'apprêt de la *trame* et du *poil* ; et au lieu de se dévider sur des roquelles, comme l'organsin, c'est sur des *guindres* ou *asples* comme on l'a déjà dit. Ces guindres sont composées de quatre lames de bois unies et polies, dont le dos est arrondi ; ces lames sont portées par deux croix de bois égales, dont le milieu tient aux extrémités de l'arbre, où elles sont solidement assemblées, et dont l'écartement est d'environ dix-huit pouces. Ils sont placés horizontalement, et faits de manière que la soie se dévide dessus, y forme six écheveaux, venant des six fuseaux de chaque division, et y est conduite par six guides immobiles ; et comme chaque face de ces guindres a neuf pouces d'écartement d'une lame à l'autre, l'écheveau a trente-six pouces de circonférence, et non pas quinze, comme dit l'Encyclopédie.

que Vaucanson a plus travaillé en mécanicien qui cherche à se faire admirer des savants qu'en artiste qui doit être utile aux, fabriques. Si la perfection a été son but, il paraît n'avoir compté pour rien les dépenses, les retards, les réparations ; ce n'est pas calculer au profit des arts. »

Pour le général Poncelet, les moulins ovales doubles encore aujourd'hui en usage étaient contemporains de Vaucanson ; ils avaient été inventés ou perfectionnés par un sieur Gentet, fabri-

» Les croix sont fixées à l'arbre, d'un côté par une broche de fer aplatie ou carrée, à laquelle on adapte la roue dentée : et de l'autre, par une autre broche de fer à deux pointes, plantée dans l'arbre, et dans ce qu'on nomme la *queue du guindre* : par ce moyen, l'arbre est à la longueur suffisante pour tourner entre deux points d'appui, ainsi qu'il est nécessaire.

» Les baguettes et les guindres tournent au moyen des roues qui sont attachées à sept des piliers du moulin ; de sorte que chacune a quatre roues, les unes sur les autres, une à chaque vargue et toutes placées dans l'alignement du centre. Leur diamètre est d'environ un pied, et leur circonférence, qui est divisée en huit parties égales, porte à chaque division une dent de bois très-dur, ronde et longue de six ou sept pouces.

» Au centre du moulin est un arbre, qui porte par le haut une rangée de huit traverses, et autant à environ trois pieds du bas : au bout de ces traverses sont assemblés huit montants qui forment un corps cylindrique à claire-voie : sur les piliers sont attachées les *serpes* ou *sarpes* ; ce sont autant de portions de cercle d'environ cinq pouces de largeur sur un pouce et demi d'épaisseur ; et comme ces serpes sont posées obliquement sur les montants, elles doivent avoir environ huit pouces de plus que leur écartement. Pour un moulin à quatre *vargues*, tel que celui que je décris ici, il faut trente-deux *sarpes*, huit à chaque *vargue*, ce qui forme sur la hauteur du moulin une vis sans fin à chacune, par le moyen de laquelle tournent les roues à longues dents, dont on vient de parler, qui font elles-mêmes tourner les *baguettes* où sont les *roquelles* et les *guindres*.

» En général, les moulins tournent de gauche à droite, et non pas de droite à gauche comme le prétend l'auteur du dictionnaire encyclopédique. Ce mouvement règle tous les autres ; de sorte que pour faire tourner les fuseaux des vargues du premier apprêt, ce sont quatre *strafins* à chaque rang de fuseaux, qui, par un frottement alternatif, leur donnent assez de mouvement pour entretenir leur rotation. Ce frottement se fait dans l'intérieur du moulin ; ainsi on peut juger par sa rotation, que les fuseaux tournent de droite à gauche, au lieu qu'ils tourneraient dans un sens contraire, si l'auteur cité ne se trompait pas.

» Le *strafin* est une pièce de bois de deux pieds de long ou environ, dont la forme est une portion de cercle ; on l'assemble dans l'intérieur du moulin, au bout d'une traverse, au moyen d'un tenon au milieu de sa longueur, de manière à pouvoir balancer horizontalement ; sa partie circulaire est couverte d'une ou plusieurs lisières de drap, pour rendre le frottement plus doux, et garnie par-dessus d'une courroie bien tendue, dont le frottement qu'elle essuie contre les fuseaux les fait tourner ; et du côté de la traverse où elle est assemblée, et à l'un de ses bouts, est une corde, au bout de laquelle pend un contre-poids qui porte sans cesse l'autre bout sur les fuseaux ; quelquefois aussi, au lieu de ce contre-poids, on y met un ressort qui remplit le même objet.

» Les fuseaux des vargues du second apprêt tournent au moyen d'une courroie sans fin, qui passe continuellement dessus ; cette courroie est conduite et soutenue au bout de deux traverse qui entrent dans l'arbre, et dont la longueur est telle, qu'ayant à leur extrémité chacune une équerre de fer, à laquelle tient la courroie, ces équerres et la courroie elle-même se trouvent à la hauteur des fuseaux sur lesquels elle frotte sans cesse, environ à deux pouces au-dessus du cercle des voltes, qu'on a vu plus haut être placé dans des entailles, pratiquées aux montants du moulin. On doit sentir que ce frottement de la courroie sur les fuseaux se fait extérieurement à eux, intérieurement par rapport aux équerres ; ainsi il est clair que quoique le moulin n'ait qu'un mouvement, il fait tourner ces fuseaux du même sens que lui, tandis que le strafin fait tourner les autres fuseaux dans un sens contraire.

» La puissance motrice de ces moulins est un homme, un cheval et beaucoup mieux une chute ou un courant d'eau. »

cant à Lyon, et par les frères Jubié, qui les avaient mis en usage dans le même temps.

Le Payen de Metz qui avait répandu la culture du mûrier et les vers à soie en Lorraine apporta divers perfectionnements au moulin des Piémontais.

La filature de soie qui tendait à se répandre dans le centre et l'est de la France, fut arrêté par l'hiver de 1788 qui gela les mûriers et plus encore par les années de troubles qui terminèrent le dix-huitième siècle. A partir de cette époque, la nouvelle législation des brevets permet de suivre les efforts faits en France et en Angleterre pour le perfectionnement du moulinage. Parmi les noms qu'il n'est pas permis d'oublier dans le développement de cette industrie, il faut citer MM. Rodier de Nîmes, Chambon et Tastevin d'Alais, Christian dont les appareils en fer et fonte eurent un certain succès, et, en Angleterre, MM. Cobbett, Badnal, William Needham, Collier-Harter. Plus près de nous, il faut mentionner M. Michel de Saint-Hippolyte du Gard ; M. Rœck, de Lyon, MM. Lilie et Peter Fairbairn de Leeds, et surtout M. Geoffray de Vienne le plus grand constructeur de machines à filer et mouliner la soie. La grande majorité des mouliniers n'a pas voulu accepter les outils en fer si en usage pour la laine, le coton et le lin ; diverses raisons ont été alléguées, mais la dominante est que les moulins en bois sont moins chers, moins lourds, et que toutes leurs parties conservent l'élasticité en rapport avec la matière qu'ils doivent ouvrer.

L'ouvraison des soies est un travail assez compliqué :

Dans l'usine de Saint-Julien, les soies qui doivent être moulinées subissent six opérations différentes :

Le dévidage, le purgeage, le filage ou tors à un bout, le doublage, le tors et le flottage, pour se transformer en organsins servant à la chaîne dans la confection des étoffes.— Pour la trame il y a une opération de moins, celle du filage ou tors à un bout, toutes les autres sont les mêmes.

Le dévidage consiste à prendre les flottes de soie telles que les a pliées la fileuse, les mettre sur un léger dévidoir en bois appelé *tavelle* et à faire transposer le fil sur un bobine en bois appelée *roque*

L'appareil de dévidage appelé banque de dévidage se compose d'une table en bois de quatre-vingts centimètres de longueur, sur montée d'une tablette en marbre. Au-dessous et de chaque côté, le plus près du sol est la tavelle, placée verticalement et dont l'arbre repose sur deux supports en bois garni de verre, qui sont fixés à une tige en fer verticale allant du sol à la tablette. Au-dessus de la tavelle est le moteur, arbre en fer, horizontal, autour duquel est emmanchée une série de poulies en fonte et bois de vingt centimètres de diamètre distantes les unes des autres également de vingt centimètres. Au-dessus encore des poulies est une série de consoles horizontales en bois appelées griffes, toutes munies d'une rainure verticale en verre à gauche, et d'un coussinet également en verre à droite, de manière que la même pièce de verre placée sur chaque griffe fasse en même temps support d'un côté et coussinet de l'autre.

En avant et à la hauteur de l'arbre est une petite tablette en bois de huit centimètres de longueur, munie sur le devant et dans toute sa longueur, d'une baguette en verre. Enfin, à côté de cette tablette, entre elle et les griffes, et reposant sur de petites roulettes en bois mobiles est une règle en bois surmontée de petits ressorts en fer garnis de draps, donnant un mouvement de va-et-vient de droite à gauche au fil passé dans le ressort dont la règle guide la transposition sur le roquet placé derrière et parallèlement à l'arbre de couche.

Le roquet, percé dans sa longueur d'un petit trou conique est traversé par une tige en bois de même forme, munie à sa partie la plus grosse d'une petite poulie toujours conique venant prendre son mouvement au contact de la poulie de dessous dont il a été parlé. Au delà de cette petite poulie, la tige se prolonge de un à deux centimètres et joue dans la rainure en verre pendant que le côté opposé repose sur le support : la friction de la petite poulie n'a lieu que lorsque l'inclinaison de la bobine est tout à droite et que par conséquent tout son poids est porté de ce côté-là.

La fileuse n'ayant fait qu'appliquer ces fils sur son tour, sans les nouer les uns aux autres, le principal travail de l'ouvrière de dévidage est de réunir tous ces bouts de fils. Après avoir étalé la flotte sur le dévidoir, l'ouvrière commence à en chercher le bout ; elle prend plusieurs fils qu'elle soulève légèrement avec sa main gauche, pendant qu'avec sa main droite elle fait tourner sa tavelle, d'arrière en avant, en sens inverse du mouvement de dévidage ordinaire.

Elle a grand soin de prendre les fils supérieurs et elle lâche ceux qui sont enchevêtrés sous d'autres aussitôt qu'elle s'en aperçoit, de façon qu'il ne lui en reste plus qu'un seul dont elle ne tarde pas à avoir le bout dans la main.

Aussitôt qu'elle l'a, elle arrête le mouvement de rotation de la tavelle et applique simplement ce bout sur le roquet en mouvement, s'il n'y a pas encore eu de soie ; mais s'il existe déjà un bout, elle prend le roquet, le pose sur la petite tablette et ayant réuni les deux bouts, elle en fait le nœud aussi soigneusement que possible après quoi elle remet à sa place la bobine dans laquelle elle a toujours laissé la tige en bois lui servant d'axe.

Le fil passe à travers le ressort de drap qui suit le mouvement de va-et-vient de la règle sur laquelle il est fixé, et à ce ressort qui est serré au moyen d'une petite vis de pression, s'arrêtent les plus grosses défectuosités du fil et tous les nœuds mal faits.

Pour faire le nœud on met les deux fils à côté l'un de l'autre et l'on fait une ganse que l'on tient à son point de jonction entre le pouce et l'index de la main gauche. Avec les mêmes doigts de la main droite on saisit les deux bouts pendants ; on les pose dans la ganse et on les tire en ayant bien soin de comprimer toujours entre les doigts de la main gauche, la base de la ganse où vient se faire le nœud. Le nœud fait, avec l'ongle du pouce de la main droite, on coupe aussi ras que possible les deux bouts qui sont en dehors.

Du dévidage, les roquets vont au *purgeage*. Cette opération a pour but de faire passer le fil dans une série de ressorts garnis de draps qui enlèvent toutes les défectuosités qu'il peut encore contenir.

L'appareil se compose d'une table de trente centimètres de largeur à hauteur d'appui, recouverte d'une tablette en marbre et surmontée d'une autre tablette en bois, soutenue à quatre-vingts centimètres environ de hauteur par de petites colonnes en bois. A cette deuxième tablette sont accrochés les ressorts montés sur une tige en fer en forme d'équerre. Sur chaque tige il y a trois ressorts placés dans une direction contraire, de manière à opposer de la résistance au fil qui doit passer entre tous les trois.

De chaque côté de la tablette en marbre et à cinq centimètres au-dessous, se trouvent des griffes comme au dévidage supportant des coussinets en verre, et en dessous un arbre horizontal avec des poulies, le tout absolument semblable à l'installation du dévi-dage. Il y a de même entre les griffes et la tablette en marbre, une règle munie de ressorts par où passe encore le fil et qui sert à sa transposition sur la nouvelle bobine où il doit s'enrouler. Le roquet garni de soie est placé verticalement sur la tablette en marbre, le bout du fil est passé dans le plus haut ressort et de l'un à l'autre il arrive sur la bobine. La même opération se fait de chaque côté.

Vient ensuite le *filage* qui consiste à tordre le fil sur lui-même un certain nombre de fois, ce que l'on nomme premier apprêt.

Le moulin à filage se compose de sept châssis en bois de chêne d'environ quatre-vingts centimètres d'écartement, éloignés d'un mètre cinquante centimètres les uns des autres et reliés entre eux par six étages de doubles tablettes en bois à un mètre d'écartement l'un de l'autre. Les tablettes de chaque étage super-posées à quinze centimètres l'une de l'autre sont cintrées et for-ment sur la longueur et de chaque côté du châssis du milieu deux ovales donnant à l'appareil à peu près la forme d'un 8. Ces tablettes appelées les inférieures *voûtes* et les supérieures *survoûtes*, servent à supporter et à maintenir fixe par le moyen d'un collier, des broches en fer et acier appelées *fuseaux*. Le pivot de chaque fuseau repose sur un godet en verre appelé *carcagnol* recouvert d'un petit chapeau en zinc et le collier nommé *coquette* est en bois garni de cuivre.

A chaque étage, et sur le même niveau, il y a trois poulies horizontales ayant un diamètre égal à celui de la partie la plus resserrée de l'ovale formé par les voûtes et survoûtes. Deux de ces poulies sont aux extrémités de l'appareil et l'autre est au centre. Les deux premières sont indépendantes ; elles se meuvent sur leur axe porté par des pivots, et celle du milieu est emmanchée à un arbre en fer vertical et de toute la hauteur du moulin qui communique à toutes les poulies le mouvement de rotation qu'il reçoit du moteur principal placé dans le sous-sol.

Chaque poulie des extrémités est reliée à celle du centre par un courroie en cuir de cinq centimètres de largeur qui dans son parcours de l'une à l'autre appuie également par l'effet de l'ovale sur chacun des fuseaux auxquels elle communique un rapide mouvement de rotation. A quarante centimètres au-dessus de la survoûte est un petit arbre de couche composé de petites tiges en fer emmanchées les unes aux autres, que l'on nomme *baguettes* et autour desquelles on passe des bobines toujours en bois mais plus grosses que les roquets appelés *roquelles*. Cet arbre reçoit son mouvement par un engrenage placé à une des extrémités du moulin ; enfin une règle de va-et-vient se trouve entre les fuseaux et les baguettes pour guider au moyen d'un barbin, la transposition du fil.

Le roquet apporté du purgeoir est emmanché sur la partie supérieure du fuseau : on le recouvre d'un anneau en bois appelé *coronelle*, et portant sur chacun de ses côtés et en-dessus de lui, de petites ailes en fil de fer formant barbin à leur extrémité ; le tout est maintenu par une clavette en bois fixée dans un trou au bout du fuseau.

On cherche ensuite le bout et on l'amène sur la roquelle après l'avoir fait passer à travers les barbins de la coronelle et de la règle.

Une fois en mouvement, la roquelle tire le fil, pendant que le fuseau le tord et on obtient ainsi l'apprêt que l'on veut en proportionnant la vitesse de la roquelle à celle du fuseau qui reste toujours la même.

Le mouvement des baguettes leur est donné, ainsi qu'il a été dit, par un engrenage placé en tête de chaque ligne à l'extrémité du moulin. Cet engrenage prend lui-même son mouvement à la partie supérieure de l'arbre droit central au moyen d'une transmission d'engrenages qui se changent à volonté suivant que l'on veut modifier la vitesse des baguettes.

Le diamètre de la roquelle varie suivant qu'elle est plus ou moins chargée de fils de soie et par conséquent le fil s'enroulant avec plus ou moins de vitesse alors que la rotation du fuseau ne varie pas, il en résulte une grande irrégularité dans l'apprêt qui est d'autant plus faible que la bobine est plus grosse.

· Pour remédier à cet inconvénient, dans l'usine de Saint-Julien, la transmission du mouvement des baguettes est rompue. Le mouvement est d'abord donné à un cylindre conique d'où il est transmis par le moyen d'un courroie à un autre cylindre semblable placé parallèlement et en sens inverse, qui le transmet lui-même aux baguettes. La courroie passe dans un étrier à cheval sur une vis en fer parallèle aux cylindres et qui, tournant constamment, amène avec elle l'étrier et la courroie qui est conduite ainsi d'une extrémité à l'autre des cylindres. Par ce moyen on obtient une diminution progressive de la vitesse des baguettes proportionné à la grosseur des roquelles de manière à avoir constamment la même torsion.

Chaque moulin de filage est composé de sept châssis entre chacun desquels tourne une baguette à laquelle le châssis lui-même sert de support. Cela fait donc par étage douze baguettes ayant chacune huit fuseaux, soit quatre-vingt-seize fuseaux par étage et cinq cent soixante-seize pour les six étages du moulin entier. On donne aux étages le nom de *vargues*.

Le travail des ouvrières consiste à rattacher les bouts cassés et à remplacer les roquets vides par des roquets pleins. Les roquelles mettent de deux à trois jours pour atteindre leur grosseur extrême et pendant ce temps on n'interrompt jamais leur mouvement. Quand un bout se casse, l'ouvrière commence par le rechercher sur le roquet qu'elle tient arrêté d'une main ; une fois trouvé, elle le met dans la bouche pendant qu'elle emploie ses deux mains à dérouler sur la roquelle une longueur de fil assez grande pour avoir le temps de préparer un nœud qu'elle fait vivement avec beaucoup d'adresse.

Afin de pouvoir atteindre toutes les parties du moulin, on se sert pour les quatre étages d'en bas, des *bancs courants*, sortes d'échelles à quatre montants resserrés par le bas et allant en s'évasant vers le haut où est fixé de chaque côté un essieu portant des galets qui roulent sur de petits rails en bois. Ces bancs se trouvent entre deux moulins sur lesquels sont fixés les rails. Pour les étages supérieurs il y a tout autour du massif des moulins et à la hauteur des cinquièmes vargues une petite galerie donnant accès à l'ouverture existant entre chaque moulin où se trouve un plancher mobile, qui au moyen de rails permet, comme pour les bancs de dessous, de se transporter d'une extrémité à l'autre du moulin.

La vitesse moyenne des fuseaux est d'environ de 2000 tours à la minute ; l'*apprêt* que l'on donne au fil, varie suivant l'emploi auquel on le destine et la qualité des cocons qui ont servi à le produire ; il est d'autant plus fort que la soie est plus mauvaise ; la torsion la plus ordinairement employée est de 500 tours par mètre.

Du filage la soie passe au *doublage*. Cet appareil est construit de la même manière que le purgeoir, et n'a pas besoin d'autres descriptions que celle qui a déjà été donnée. Les ressorts sont simplement remplacés par des tiges en fer rond légèrement courbées en avant, qui sont garnies de drap et qu'on appelle *trompes*. Les roquelles contenant la soie qui vient d'être tendue à un bout sont apportées sur la tablette du milieu et mises de deux en deux sous chacune des trompes. On met ensemble les fils de chacune des bobines, on les roule plusieurs fois autour de la trompe et on vient les appliquer sur le roquet.

La trompe a pour but d'égaliser les fils, d'éviter par conséquent les boucles qui se forment souvent quand le tirage des deux fils n'est pas le même, et de leur donner une certaine résistance qui fait serrer les fils sur le roquet. L'ouvrière doit veiller avec le plus grand soin à ce que les fils ne soient jamais dépareillés, ce qui constitue le *défilé*

Quand les roquets paraissent suffisamment garnis, on les retire, on noue les bouts autour de la bobine pour les retrouver plus facilement et on les porte au *moulin torse*; ce moulin est exactement comme celui du filage, la seule différence est que les roquelles ne sont pas directement emmanchés sur les baguettes. Les baguettes portent seulement des cylindres en bois sur lesquelles viennent se reposer et prendre leur mouvement des roquelles à tourillon sur lesquelles s'enroule la soie. Ce mouvement se produit par la seule friction de la roquelle garnie de soie sur le cylindre, et les tourillons jouent dans des rainures faites sur des griffes comme pour les dévidages. Quand un fil vient à se casser, on soulève la roquelle que les tourillons maintiennent élevée et reposant sur les griffes, on noue les bouts et on remet ensuite la bobine en place.

Le mouvement de rotation des fuseaux du torse est en sens inverse de celui des fuseaux de filage; pour éviter ainsi de détruire par cette deuxième torsion, une partie de l'effet produit par la première.

L'apprêt du torse ou deuxieme apprêt varie comme celui du filage, mais il est généralement beaucoup moins forcé; le plus fréquemment usité est 400 tours par mètre.

La torsion de la soie pour trame qui ne se fait qu'une seule fois au torse, les deux fils étant réunis, est plus faible encore, elle est ordinairemenl de 80 à 100 tours.

La torsion terminée, il ne reste plus que le flottage, c'est-à-dire la mise en flottes.

Cette opération se fait sur un appareil appelé *flottenr*, composé de dévidoirs appelés *guindres*. Il y a à chaque flotteur seize guindres divisés en quatre parties se trouvant chacun sous la surveillance d'une ouvrière.

Les guindres s'emmanchent les uns dans les autres et reçoivent leur mouvement par le milieu de l'appareil. Ce mouvement leur est donné par la friction de deux poulies : pour arrêter, on isole celle de dessus en la soulevant.

La roquelle apportée du torse est mise sur une tablette à portée de l'ouvrière qui prends le fil, lui fait faire un tour sur une baguette en bois dur pour lui donner du tirage, la pose ensuite dans le barbin d'une règle et l'attache à une des branches du guindre. Chaque série de guindres est munie d'un compteur à engrenage et vis sans fin qui, par le moyen d'un contre-poids et d'une détente, arrête le mouvement en soulevant la poulie de dessus aussitôt qu'est accompli le nombre de tours voulus. Si dans le cours de l'opération un fil vient à se casser ou une roquelle à finir, l'ouvrière arrête immédiatement au moyen d'une tringle en fer longeant la tablette de devant et qui correspond à la poulie de dessus. Un frein qui recouvre cette poulie rend l'arrêt instantané. La circonférence du guindre est généralement d'une aune et les longueurs de fil de chaque flote de 1200 aunes, soit environ 1425 mètres.

Quand la flotte est achevée, et que les guindres se sont arrêtés seuls, l'ouvrière retrouve le fil à sa première attache, le réunit à l'autre, extrémité, et les noue ensemble en y ajoutant un petit fil d'un couleur différente qu'elle prend dans un paquet pendu à sa ceinture, et auquel elle fait faire le tour de la flotte. Cette attache s'appelle le *cappuis*.

Chaque guindre enroule à la fois huit flottes, on les serre les unes contre les autres à mesure qu'elle s'achèvent et quand les guindres sont pleins, on les porte au pliage.

Le *pliage* s'exécute dans un atelier très-bien éclairé où il se trouve une simple table sur laquelle sont mis les guindres. On abat l'une des lames pour détendre les flottes et pouvoir les sortir aisément : des ouvriers spéciaux, qu'on appelle *plieurs*, les examinent attentivement une à une, mettent soigneusement de côté toutes celles qui leur paraissent inférieures. Ces dernières sont examinées de nouveau et même redévidées quand cela est jugé nécessaire et mises au deuxième et troisième choix. Quant aux autres jugées bonnes et pouvant faire des premiers choix, on les plie à mesure par petites masses qu'on appelle matteaux. Le matteau contient ordinairement de dix à douze flottes.

Une fois en matteaux, la soie est emballée par balles ordinairement de cent à cent vingt kilogrammes, aussi serrées que possible et expédiées ainsi aux fabricants.

L'atelier d'ouvraison de l'usine de Saint-Julien contient 1000 tavelles, 900 broches de purgeoir, 600 de doublage, 5,000 de filage et 2,500 de torse.

L'entrée de l'atelier est sur le milieu faisant face au pliage et de chaque côté sont placés successivement et avec symétrie, les flotteurs, les dévidages, purgeoirs, doublages et enfin aux deux extrémités sont les torses et les filages qui occupent presque toute la hauteur de la salle.

Les fenêtres sont toutes du côté du midi, exposition nécessaire pour avoir un meilleur éclairage et moins de variation dans la température. Il importe au bon dévidage de la soie, que l'air soit peu renouvelé et qu'il contienne un certain degré d'humidité, et c'est ce dernier motif qui fait toujours établir les usines de moulinage dans le sous-sol. Ces dispositions rendent souvent assez malsains ces ateliers, qui contiennent beaucoup d'ouvriers et surtout des jeunes filles ayant plus que tous autres besoin du bon air pour se développer. Pour remédier autant que possible à ces inconvénients, l'atelier d'ouvraison de Saint-Julien a par plafond une voûte d'une grande élévation, et de plus il est muni des cheminées d'appel qui, à un moment donné, permettent de renouveler l'air très-rapidement.

Pour conserver l'humidité, indispensable au travail, on a établi au-dessous de chaque dévidage et dans toute leur longueur de grands réservoirs en pierre de taille qui se remplissent d'eau et au-dessus desquels tourne la flotte qui se dévide; et dans les moulins, torses et filages, on a disposé de petits tubes qui amènent des jets de vapeur qu'on lâche à volonté.

Toute la salle est chauffée par des tuyaux en cuivre dans lesquels circulent de la vapeur et qui, avec un système de bouches d'air froid, permettent l'été comme l'hiver de maintenir toujours une température régulière...

L'atelier de moulinage occupe de cent vingt à cent trente ouvrières, presque toutes des jeunes filles de treize à dix-huit ans, et qui sont, comme les fileuses, logées dans l'établissement. Le triage et le pliage de la soie se fait par des hommes, la plupart mariés, et qui ont leurs femmes employées dans l'usine.

Le prix de la journée des ouvrières varie de 0,90 à 1 fr. suivant le travail qu'elles font.

Les produits de l'usine de Saint-Julien sont tellement estimés que loin d'être envoyés en consignation pour attendre la vente, ils sont presque toujours adressés directement, sans passer par aucun intermédiaire, aux fabricants, souvent même obligés à les retenir d'avance. Grâce aux excellentes indications qui nous ont été fournies, nous avons pu donner avec précision les détails techniques de cette industrie, l'une des gloires de notre France. Il nous reste, pour les compléter, à étudier la filature des cocons doubles, des frisons, des estrats et des cocons percés et avariés.

FIN DE LA FILATURE DE SOIE DE M. L. BLANCHON.

IMPRIMERIE LITHOGRAPHIQUE & EN TAILLE-DOUCE

DE

MM. Joseph et Alfred LEMERCIER

PARIS

Lorsqu'on étudie avec soin la marche progressive de l'industrie en France et à l'étranger, on s'aperçoit bien vite que chaque branche est représentée par une maison modèle dont l'histoire est liée d'une façon si étroite à celle de l'industrie elle-même qu'il serait impossible de les écrire séparément L'imprimerie Lemercier est un des exemples les plus frappants qu'on puisse citer à l'appui de cette proposition, et nos lecteurs trouveront, dans l'étude que nous allons consacrer à cet important établissement, des détails pleins d'intérêt et des enseignements précieux que n'ignorent pas sans doute ceux dont la lithographie est la spécialité, mais qu'il est bon de répandre le plus possible. La vaste encyclopédie créée, il y a plus de trente ans, par M. Turgan, n'est pas seulement destinée à décrire des usines ; nous poursuivons un but plus élevé. L'histoire de l'industrie a sa philosophie comme l'histoire générale du monde, et notre livre a la prétention d'être un livre d'éducation où la jeunesse française pourra choisir ses modèles parmi les hommes qui se sont illustrés dans les sciences et dans les arts.

La lithographie, c'est-à-dire *l'art de dessiner avec un corps gras sur une pierre calcaire,* est une des conquêtes de notre siècle. Les qualités spéciales des pierres, dites lithographiques, étaient utilisées depuis longtemps dans l'art de la sculpture, et l'on trouve dans certaines collec-

tions de charmants spécimens de cet art qui sont dus à des
artistes allemands du xvɪᵉ siècle. Les premiers essais d'impression lithographique remontent à 1801. Aloys Senefelder, de Munich, auteur dramatique et musicien, paraît
avoir eu, le premier, l'idée de dessiner sur pierre et de
prendre avec une feuille de papier l'empreinte du dessin.
On raconte que pressé par son éditeur de lui livrer le texte
d'un ouvrage et ne trouvant aucun imprimeur qui consen-
tît à faire les frais de l'impression, il imagina, grâce aux
connaissances qu'il avait acquises dans ses fréquentes visites aux imprimeries, ce moyen peu coûteux de reproduction. Les premiers essais de Senefelder laissaient à désirer,
et bien qu'ils permissent d'entrevoir les services que cet
admirable procédé pourrait rendre un jour, la découverte
restait confinée à Munich. Quelques années plus tard, le
comte de Lasteyrie, frappé des résultats obtenus en Allemagne, alla étudier sur place, avec l'inventeur, le procédé nouveau ; à son retour en France, il obtint du roi
Louis XVIII le monopole de l'exploitation et fonda à Paris
la première imprimerie lithographique.

Il se forma bientôt une élite d'ouvriers intelligents sous
la direction du comte de Lasteyrie, mais celui-ci trouvant
que les progrès ne marchaient pas assez vite et comprenant que la perfection ne pouvait être atteinte qu'en laissant à tous les artistes une liberté complète, renonça bientôt au privilège exclusif qui lui avait été octroyé. En
abandonnant son monopole au profit de tous, l'éminent
propagateur de la lithographie a rendu à son pays un service qu'on ne saurait oublier et son nom doit être, comme
celui de Senefelder, attaché indissolublement à cette
grande découverte. A partir de ce moment, les artistes les
plus célèbres abordèrent la lithographie; les bons résultats s'affirmèrent de plus en plus, et l'on se prit d'un véritable engouement pour cet art charmant que M. Joseph

Lemercier devait amener plus tard à un haut degré de perfection.

M. Joseph Lemercier, âgé aujourd'hui de 83 ans, qui dirige encore, avec son neveu M. Alfred Lemercier, les grands établissements de la rue de Seine et de la rue de Buci, fut, dans sa première jeunesse, un simple ouvrier vannier dont le travail aidait à subvenir aux besoins d'une nombreuse famille. Un de ses amis employé à l'imprimerie Lenglumé rendait de fréquentes visites au sous-sol où se travaillait l'osier et racontait des merveilles du procédé de Senefelder. L'imagination du jeune ouvrier s'enflamma si bien aux récits de son ami qu'il ne rêva plus que lithographie et qu'il voulut absolument entrer dans une imprimerie. Une place d'homme de peine dit *graineur de pierres* se trouvant libre chez Lenglumé, Joseph Lemercier se présenta et réussit à se faire embaucher. Travailleur infatigable et très observateur, il surpassa bientôt tous les graineurs de l'atelier, mais cette situation ne lui suffisait plus. Ce qu'il voulait, c'était devenir imprimeur; bien des fois, après la sortie des ouvriers, il s'exerçait à l'impression. Son patron le surprit un jour au milieu de cette occupation et fut frappé de la qualité des épreuves obtenues par le graineur auquel il fit immédiatement quitter le baquet pour lui confier une presse. Ses progrès furent très rapides et il devint bientôt le meilleur ouvrier de Paris. Les artistes qui jusqu'alors n'avaient confié qu'avec une certaine crainte leurs dessins aux imprimeurs ne voulurent plus avoir affaire qu'à Joseph Lemercier et l'engagèrent vivement à s'établir. C'est alors qu'il fonda sa première maison, en 1828, avec son frère Ambroise. L'imprimerie n'avait qu'une presse; il est vrai qu'elle marchait le jour et la nuit, conduite tantôt par Joseph, tantôt par Ambroise, qui était devenu aussi un très habile imprimeur. Le succès couronna les efforts des deux frères, qui fondèrent alors rue du Four une imprimerie plus importante ; ils avaient là une dizaine de presses et leur réputation devint européenne. Grâce aux progrès accomplis par l'ancien vannier, le procédé avait été rendu plus simple et il devint facile aux ouvriers intelligents de créer à leur tour des imprimeries. Si Senefelder a trouvé la lithographie, on ne peut contester à M. Joseph Lemercier le mérite de l'avoir vulgarisée. C'est dans ses ateliers que les maîtres étrangers sont venus prendre des leçons et acquérir l'expérience qui leur manquait. L'imprimerie Lemercier, qui commença jadis rue Pierre-Sarrazin avec une presse, possède aujourd'hui 14 presses à vapeur, 70 presses à bras, 28 presses en taille-douce et 24 presses en photoglyptie. Nous donnons le modèle d'une presse lithographique à vapeur sortant des ateliers de M. Alauzet, l'habile constructeur dont l'éloge n'est plus à faire. Le personnel de la maison Lemercier est de 300 ouvriers et employés. Il serait difficile, tant elles sont nombreuses, d'énumérer les hautes récompenses que les jurys des différentes expositions ont décernées à M. Lemercier ; rappelons seulement qu'il a été nommé chevalier de la Légion d'honneur en 1847 et officier du même ordre en 1878.

C'est à l'initiative éclairée de M. Alfred Lemercier, fils d'Ambroise, qu'est due l'introduction dans les ateliers des presses à vapeur. Entré dans la maison à 19 ans, après avoir fait des études sérieuses de dessin, M. Alfred Lemercier, d'abord apprenti, puis imprimeur, a parcouru successivement toutes les étapes et est devenu associé en 1863. M. Joseph Lemercier, qui avait dû sa grande réputation aux beaux travaux exécutés sur les presses à bras, ne voulait pas qu'on parlât devant lui des presses mécaniques mues par la vapeur ; mais son neveu, qui n'entendait à aucun prix rester en arrière du mouvement industriel, insista si bien qu'il finit par le convertir, et l'établissement

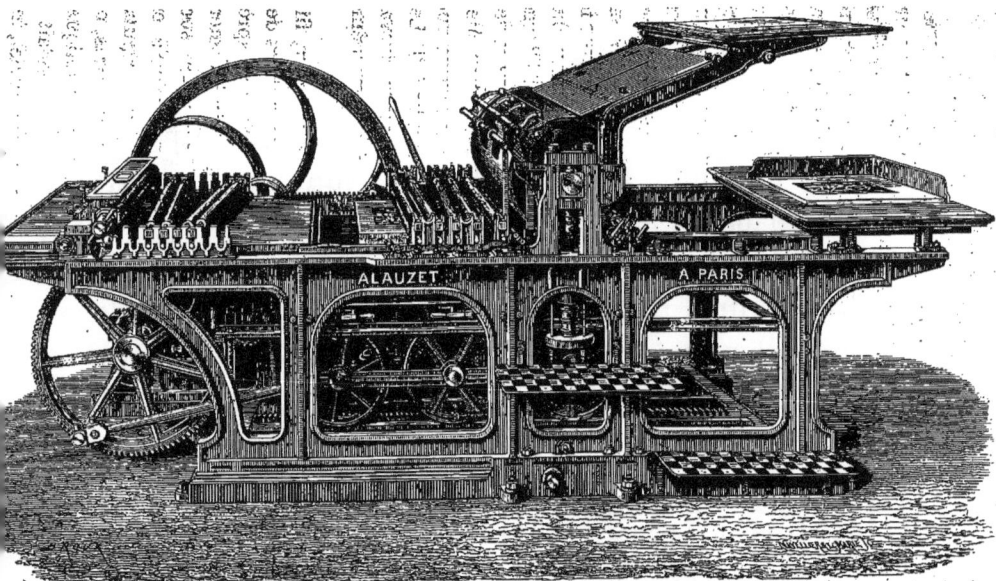

Fig. 1. — Presse lithographique a vapeur, sortant des ateliers de M. Alauzet.

d'une première presse fut décidé en 1864. Les résultats
qu'on avait obtenus précédemment avec ces machines
étaient vraiment médiocres; les bons ouvriers lithographes
répugnaient à les employer, de sorte qu'elles étaient conduites le plus souvent par des imprimeurs typographes
qui n'entendaient rien à la lithographie. Les dessins au
crayon qu'on avait essayés étaient si mal venus qu'on
n'osait pas continuer; aussi le premier tirage fut-il un dessin à la plume. Mais laissons la parole à M. Alfred
Lemercier pour mettre le lecteur au courant de cet évé-
nement capital dont le récit constitue un véritable ensei-
gnement :

« A l'heure dite, le conducteur cale sa pierre, le papier
« mouillé et laminé est sur la tablette, le margeur monté
« sur la machine attend le signal, et l'enfant chargé de
« tirer la feuille regarde curieusement MM. Joseph, Am-
« broise et Alfred Lemercier, ce dernier surtout, auteur de
« la révolution qui va s'opérer. Tous les ouvriers anxieux
« cessent de travailler et chacun se hisse comme il peut
« pour voir marcher le *monstre*. Enfin, la presse est mise
« en mouvement et nous restons là pendant une heure à
« voir tomber les unes sur les autres les épreuves dont le
« tas grossit à vue d'œil; 200 sont déjà alignées et nous
« constatons que la machine a mis une heure à faire ce
« que l'ouvrier le plus habile aurait fait à peine en dix
« heures. Mon oncle, très ému et convaincu enfin que la
« machine a du bon, me dit avec une certaine brusquerie,
« bien qu'il soit le plus excellent des hommes : Mon cher
« ami, tu as voulu une presse à vapeur, c'est ton affaire ;
« tu te chargeras de la nourrir, car au train dont elle va,
« elle aura bientôt dévoré tout le travail de nos ou-
« vriers. »

Quinze jours après cette expérience décisive, il fallut
établir une seconde machine; tous les ouvriers étaient em-

ployés et cependant on avait à imprimer sur la première
presse pour plus de trois mois de travail, à raison de 2,000
épreuves par jour. Aujourd'hui, ainsi que nous l'avons dit
plus haut, la maison occupe 14 presses, et, grâce aux efforts
des directeurs et à ceux des habiles ouvriers qui ont bien
voulu suivre le mouvement en avant, l'imprimerie Lemercier a produit de véritables chefs-d'œuvre qui n'auraient
jamais vu le jour, le prix de revient du travail de la presse
à bras étant beaucoup trop élevé. Citons pour mémoire :
l'*Art polychrome*, 1re édition à 5,000 publiée par M. Fir-
min-Didot ; l'*Art pour tous* ; l'*Architecture privée*, 150
planches ayant chacune en moyenne de 14 à 15 couleurs ;
l'*Opéra*, de M. Charles Garnier ; le *Viollet-Leduc*, de la
maison Morel ; l'*Art ornemental au Japon*, de Sampson
Low et C°, de Londres ; *Mireille*, de la maison Hachette ;
les *Arts arabes*, etc.

Nous allons maintenant essayer d'initier le lecteur aux
procédés suivis chez MM. Lemercier dans le but de multiplier les épreuves d'une image, en nous bornant, bien entendu, à des aperçus sommaires, la place dont nous pouvons disposer étant malheureusement trop restreinte.

LITHOGRAPHIE. — La pierre lithographique est un carbonate de chaux à pâte fine et uniforme contenant 0,02 environ de silice, d'alumine et d'oxyde de fer ; sa propriété ca-
ractéristique est son affinité pour les corps gras. Les meilleures pierres se trouvent en Bavière ; celles qu'on rencontre
en France, à Châteauroux, par exemple, souvent employées
pour l'écriture, ne sauraient rivaliser avec les pierres d'Allemagne.

Avant de dessiner sur la pierre, il faut qu'elle ait été
très finement et très régulièrement grainée ; c'est là une
opération très délicate à laquelle on procède en frottant
l'une sur l'autre deux pierres d'égale dimension entre lesquelles on a mis un sable fin et dur auquel on a ajouté de

l'eau. L'artiste dessine alors sur la pierre avec un crayon gras composé de suif, de savon, de cire et de résine. On fixe ensuite le dessin par un lavage à l'eau gommée contenant de l'acide nitrique. Il faut un ouvrier très habile pour préparer la pierre; lorsque le travail est soutenu, très serré et que la pierre offre une certaine dureté, il faut employer une préparation assez forte; au contraire, si le dessin est léger et la pierre tendre, la préparation doit être plus ou moins faible. L'acide nitrique n'attaquant pas les corps gras, il en résulte que toutes les portions de la pierre recouvertes par le crayon sont préservées, tandis que les autres sont attaquées. On place alors la pierre dessinée sur le chariot de la presse; puis à l'aide d'une éponge on mouille abondamment, afin d'enlever la préparation gommée, on essuie légèrement et on *enlève* le dessin fait par l'artiste au moyen d'un peu de benzine, on passe dans tous les sens et en appuyant fortement sur la pierre dessinée un rouleau recouvert de flanelle et de cuir graissé garni de noir d'impression; celui-ci ne s'attache pas sur la partie humide et n'adhère que sur le dessin. Il ne reste plus alors qu'à placer une feuille de papier humide sur la surface de la pierre et à presser au moyen d'un râteau en bois ou d'un rouleau. La pierre glisse et frotte sur ce râteau et la feuille de papier *happe* le corps gras; on a ainsi la reproduction identique du dessin tracé sur la pierre.

Lorsqu'on veut exécuter des dessins à la plume, la pierre est d'abord *poncée* afin que la plume puisse glisser facilement sur la surface. L'encre qu'on emploie a à peu près la même composition que le crayon. Lorsqu'on veut se servir à la fois de la plume et du crayon, il faut que la pierre ait été grainée avec le plus grand soin.

Au lieu de tracer sur la pierre lithographique des dessins et des caractères en *relief*, on peut graver en *creux*. Pour cela, la pierre doit être grainée très fin et frottée en-

ICAILLE del   A l'esprendon

1ʳᵉ couleur

2ᵉ couleur

3ᵉ couleur

4ᵉ couleur

5ᵉ couleur

6ᵉ couleur

7ᵉ couleur

suite avec une bonne pierre ponce de manière à offrir une surface lisse et brillante. En cet état, elle est *préparée* solidement, et, avant que cette préparation ne soit séchée, on y répand du noir de fumée ou de la sanguine; puis, à l'aide d'un linge, on frotte vivement la surface de la pierre qui prend une belle teinte noire ou rouge. Le graveur, après avoir fait son tracé, grave la pierre comme il le ferait sur une plaque de bois ou de cuivre. Toutes les parties attaquées par l'acier ou le diamant apparaissent en blanc, ce qui permet à l'artiste de suivre très facilement son travail. Lorsque celui-ci est terminé, on enduit la pierre d'huile grasse ou de suif légèrement chauffé, on tamponne afin de bien faire pénétrer le corps gras dans la *taille,* et on laisse la pierre en cet état pendant quelques instants; puis on l'encre à l'aide d'une brosse assez douce trempée dans le noir délayé à l'essence. Cela fait, on passe un tampon qui essuie et enfin un rouleau sur lequel il y a fort peu de noir. Toute la gravure apparaît en noir, et la pierre qui a été *préparée* avant tout travail reste parfaitement blanche dans toutes les parties non gravées. C'est par le procédé que nous venons de décrire que sont obtenues presque toutes les cartes répandues dans le commerce.

CHROMOLITHOGRAPHIE. — C'est Senefelder qui a inventé la chromolithographie; ses procédés sont indiqués in extenso dans un manuel publié en 1819. Engelmann y a ajouté un élément important, *le cadre à repérer les couleurs,* mais les progrès rapides de cet art nouveau et sa vulgarisation sont dus à M. Joseph Lemercier, qui s'est placé par ses travaux en ce genre bien au-dessus de tous les autres imprimeurs. La chromolithographie a pour but de produire, par les procédés de la lithographie, des dessins en couleur, depuis l'aquarelle la plus simple jusqu'au tableau à l'huile. Pour obtenir un pareil résultat, il faut des tirages répétés et des superpositions de couleurs assez nombreuses. Voici en quoi consiste le travail : On prend un calque de la peinture avec l'indication des différentes couleurs, et on transporte ce calque sur une pierre afin d'en obtenir autant d'épreuves que la reproduction exige de nuances. Chacune de ces épreuves est reportée sur une pierre spéciale, puis l'artiste modèle, au crayon noir, les parties de chacune qui correspondent à un ton déterminé, laissant les autres en blanc. Au tirage, la pierre de bleu sera encrée en bleu, et ainsi de suite des autres. De cette manière, chaque couleur se trouvant à sa place, l'épreuve finale représentera le tableau colorié dans toutes ses parties avec la plus grande exactitude. Il nous est impossible d'entrer ici dans tous les détails de ce procédé, mais le dessin complet que nous donnons, avec les tons séparés qui le composent, permettra au lecteur de comprendre le mécanisme ingénieux de la chromolithographie.

Nous ne pouvons, dans cette revue trop rapide, indiquer toutes les applications de la lithographie et faire connaître au lecteur les ressources inépuisables qu'elle met entre les mains des imprimeurs. Malgré la prédiction empreinte de pessimisme que formulait M. Ph. Burty en 1867, la photographie n'a pas tué la lithographie. Elle l'a plutôt enrichie, et nous allons maintenant passer en revue quelques-uns des résultats qu'on a obtenus par l'union de ces merveilleux procédés.

Phototypie. — Une image photographique exposée au jour s'efface peu à peu, et nul photographe, si habile qu'il soit, ne peut affirmer l'inaltérabilité indéfinie de ses épreuves; on peut appliquer à la lumière la légende de Saturne et dire qu'elle dévore ce qu'elle a créé. Préoccupé de ce danger, ainsi que de la concurrence que les procédés photographiques pouvaient susciter à la lithographie dans la

Phototypie

reproduction des œuvres d'art, M. Lemercier songea à tirer parti de la découverte de Daguerre et à la rendre tributaire de la lithographie ; ses premiers essais remontent à 1847. Secondé par MM. Barreswill et Lerebours, il chercha à obtenir sur la pierre la reproduction exacte des clichés photographiques, et réussit enfin par l'emploi du *bitume de Judée*. L'impression se faisait, comme pour la lithographie, à l'aide du rouleau ; aussi donna-t-il à son procédé le nom de *lithophotographie*. Les magnifiques spécimens que M. J. Lemercier exposa à Londres en 1852 lui valurent les plus hautes récompenses et les félicitations du monde savant. Malheureusement, les résultats obtenus, le plus souvent parfaits, laissaient aussi quelquefois à désirer. M. J. Lemercier avait ouvert la voie où des chercheurs plus heureux devaient trouver un succès complet. M. Poitevin, ingénieur français, obtint, par l'emploi du bichromate de potasse, des épreuves aussi parfaites que celles tirées au sel d'argent. Il opérait encore sur la pierre lithographique, mais son brevet disait fort bien que le *support* de la couche gélatineuse bichromatée pouvait être n'importe quelle surface plane, bois, cuivre, zinc, pierre, glace, acier, etc. Un habile photographe de Munich, la ville qui fut le berceau de la lithographie, eut l'idée de se servir de glaces épaisses, et il compléta ainsi le procédé Poitevin. La couche de gélatine bichromatée n'adhérait que très imparfaitement sur la pierre; en employant une glace, Albert, de Munich, arriva à un résultat dont la perfection ne laisse rien à désirer. Voici la série des opérations : On verse sur une plaque de verre, avec toutes les précautions connues employées par les photographes dans la préparation de leurs plaques, une solution de gélatine mélangée de bichromate de potasse. On laisse sécher et on expose la plaque à la lumière du côté opposé à la gélatine. La couche superficielle de cette substance qui est en contact

avec le verre est seule impressionnée; son insolubilité et
son adhérence au verre deviennent complètes. On expose
ensuite au-dessous de l'épreuve négative la face du verre
où repose la couche de gélatine, et, après sensibilisation,
on lave à l'eau pour enlever le bichromate non impres-
sionné. On laisse sécher et on peut alors faire des tirages
réguliers sur la presse à vapeur. C'est donc à MM. Lemercier, Poitevin et Albert, de Munich, qu'on doit la photographie inaltérable.

On a donné le nom de Phototypie ou d'Albertypie à ce
procédé qui est en réalité de la lithophotographie, puisque
l'impression est obtenue à l'aide du rouleau, du noir et
de la presse lithographique. Entre les mains d'un habile
transporteur, une épreuve tirée sur la glace et sur un papier à report lithographique, peut aisément être reportée
sur la pierre et tirée comme tous les autres dessins lithographiques. La photographie, en venant ainsi en aide à la
lithographie, a donc donné une voie de plus à exploiter à
la belle découverte de Senefelder. L'épreuve insérée dans
notre texte permet de se rendre compte de la perfection
des résultats obtenus.

Photogravure. — Si dans la Phototypie le dessin est en
relief et s'imprime comme la photographie à l'aide du
rouleau, dans la photogravure, au contraire, le dessin est
gravé en creux et s'imprime comme une taille douce. Les
photograveurs obtiennent un bon résultat en se servant
de la gélatine bichromatée dans laquelle ils incorporent
un grain plus ou moins fin. Certains opérateurs transportent d'abord sur plomb, à l'aide de la presse hydraulique, l'image donnée par la gélatine, puis on a les clichés
par les procédés ordinaires de la galvanoplastie; d'autres
plombaginent la gélatine après l'avoir fixée sur une glace
et la mettent directement dans le bain. Il y a encore une
manière beaucoup plus rapide souvent employée dans les

Un coin de l'imprimerie J. et A. Lemercier.
HÉLIOGRAVURE.
Exécutée et imprimée par la maison.

ateliers de MM. Lemercier. On fixe l'image photographique sur une plaque de cuivre bien planée, recouverte préalablement d'une couche de résine ; le cliché est posé sur la plaque et le soleil fait le reste, les creux s'obtiennent ensuite par l'emploi du perchlorure de fer. Dans les mains d'un habile opérateur, ce procédé est complet et demande peu de retouches ; il n'exige d'ailleurs qu'un temps assez court.

Les procédés de la photogravure ont été appliqués à la lithographie par le moyen des reports. Les dessins à la plume, les cartes, les plans peuvent être reportés sur pierre et le tirage se fait par la presse à vapeur. Les dessins à demi-teinte se reportent également, bien que l'opération présente de grandes difficultés. On opère souvent ainsi dans les ateliers de MM. Lemercier pour faire de grands tirages, soit à la presse à bras, soit à la presse à vapeur. L'excellence des résultats est suffisamment démontrée par le spécimen que nous joignons à notre texte.

TYPOGRAVURE. — A la suite de recherches très longues et très coûteuses, MM. Lemercier sont parvenus à obtenir des clichés en relief qui permettent de tirer *typographiquement,* dans le texte ou hors texte, tous les dessins possibles. Nous avons la conviction profonde que ce procédé est appelé à rendre les plus grands services à la typographie. Il ne nous est pas encore permis d'indiquer toutes les opérations par les quelles il faut passer avant d'arriver au tirage; mais, en attendant, nous sommes heureux de pouvoir offrir à nos lecteurs une épreuve obtenue par le le procédé de la typogravure; sa vue suffira pour convaincre ceux qui seraient tentés de se montrer incrédules.

PHOTOGLYPTIE. — C'est à M. Woodbury, de Londres, qu'on doit le remarquable procédé connu sous le nom de *Photoglyptie.* Voici en quoi il consiste :

Une feuille de gélatine chromatée, teintée légèrement en

bleu est appliquée sur un cliché photographique et l'ensemble est exposé à l'action de la lumière pendant un temps que l'expérience seule permet d'apprécier. Quand on juge l'image venue à point, on plonge la feuille impressionnée dans l'eau chaude. Les parties qui ont été insolées résistent à l'action de l'eau, tandis que les autres se gonflent. Il en résulte qu'on obtient des creux et des reliefs très appréciables et la teinte donnée à la gélatine permet de se rendre compte si l'épreuve est bien réussie. En séchant, la feuille devient dure et d'une résistance tellement extraordinaire qu'elle peut servir de matrice à frapper plusieurs clichés métalliques. Pour cela, on la pose sur une feuille de plomb d'un centimètre environ d'épaisseur, on met le tout entre deux plaques d'acier sur le plateau d'une presse hydraulique et on exerce une pression considérable. Les reliefs de la gélatine entrent dans le métal et y produisent une image gravée en creux. Il n'y a plus alors qu'à procéder au tirage. On se sert d'encres gélatineuses très transparentes employées chaudes et maintenues à une température constante à l'aide d'un bain-marie. Ces encres sont colorées soit avec de l'encre de chine, soit avec de la laque bleue, selon le ton qui a été demandé. Le plus souvent, on imprime dans le *ton photographique*, et, même pour un praticien, l'illusion est complète. Le plomb étant calé sur une presse particulière dont nous allons indiquer le maniement et l'encre étant prête, on passe très légèrement sur le plomb une flanelle un peu grasse, et on verse la liqueur gélatineuse en ayant soin de n'en pas mettre en excès. Cela fait, on pose sur le plomb un papier préparé, on abat le garde-main et le châssis, puis on passe à une autre plaque. Il y a généralement six presses sur une table tournante. L'imprimeur répète successivement la même opération sur les six plombs, et, quand le premier repasse devant lui, la gélatine est suffisamment coagulée pour qu'il puisse enlever la feuille de papier. A l'aide d'un ébauchoir, l'ouvrier retire la gélatine qui s'est répandue sur les bords et la remet dans la bouteille, puis la feuille de papier est mise au séchoir. Il ne reste plus alors qu'à fixer à l'alun et à vernir comme pour les épreuves au sel d'argent, à faire les retouches s'il y a lieu, et à monter sur bristol.

Les épreuves photoglyptiques sont d'une perfection telle qu'il est impossible de les distinguer d'une épreuve obtenue par les moyens ordinaires de la photographie. On peut du reste résumer en quelques mots les avantages inappréciables du procédé Woodbury : Le tirage est constant et beaucoup plus rapide, puisque l'imprimeur, qui n'a plus besoin du soleil, peut travailler le jour et la nuit. Il y a une homogénéité parfaite dans la coloration des épreuves et leur inaltérabilité est presque absolue. En comparant l'épreuve qui se trouve en tête de la livraison à une photographie ordinaire, si bien réussie qu'elle soit, on se convainc aisément que les résultats obtenus par la photoglyptie sont véritablement merveilleux. En introduisant ce procédé dans leurs ateliers, MM. Lemercier lui ont donné une grande extension. Ils impriment, pour la chromolithographie, plusieurs couleurs sur le papier photographique et font ensuite par dessus le tirage de la photoglyptie. Celle-ci étant transparente, on obtient des résultats très remarquables soit pour des portraits, soit pour des objets précieux en or ou en argent avec pierreries, et les détails les plus microscopiques sont reproduits avec une exactitude et une perfection que la main de l'artiste le plus habile ne saurait atteindre.

FABRIQUE DE PRODUITS LITHOGRAPHIQUES. — Les produits fabriqués pour la lithographie, lorsque l'invention de Senefelder commença à se propager en France, étaient tellement défectueux, que le chef de la maison Lemercier se décida à les fabriquer lui-même. Grâce à sa profonde connaissance des choses du métier, il obtint bien vite des produits irréprochables. Dans l'origine, il ne fabriquait que pour lui, mais peu à peu, les maîtres imprimeurs français et étrangers devinrent ses clients. Les crayons Lemercier sont presque seuls employés pour dessiner sur la pierre. Les encres pour l'écriture et pour l'imprimerie, les vernis, etc., obtenus par des procédés particuliers dont le secret n'a pas encore été divulgué, ont une réputation européenne. La vente de tous ces produits ayant pris une extension considérable, MM. Lemercier ont dû installer une usine à Vincennes; cet établissement rend aux imprimeurs des services incontestables.

Nous ne pouvons terminer cette étude sans remercier M. Alfred Lemercier, de l'obligeance avec laquelle il nous a initié aux moindres détails des travaux merveilleux qui s'accomplissent dans les ateliers de la rue de Seine et de la rue de Buci. Si la lithographie occupe un rang très élevé dans les arts de reproduction, elle le doit certainement aux efforts intelligents de MM. Lemercier qui sont tout à la fois des industriels habiles et des artistes de valeur.

Les ateliers de la maison Lemercier sont ouverts à toutes les personnes qui s'intéressent aux progrès de l'industrie appliquée aux beaux-arts. Il suffit, pour les visiter, d'adresser une demande aux directeurs.

Paris.- Imp. Ch. Marshal & J. Montocier. 16. cour des Petites-Écuries.

ÉTABLISSEMENTS BRÉGUET

CONSTRUCTION DES APPAREILS DE PRÉCISION

TÉLÉGRAPHIE ÉLECTRIQUE

APPLICATIONS DIVERSES DE L'ÉLECTRICITÉ·

Le nom de Bréguet est un des plus connus et des plus justement estimés, aussi bien parmi les industriels que parmi les
savants. Depuis plus d'un siècle, les membres de cette famille
se sont succédé dans une suite d'études similaires et ont en
quelque sorte grandi en même temps que s'étendait l'industrie
qu'ils avaient contribué à créer.

Comme le fait remarquer, avec tant de raison, le général
Poncelet, dans son admirable *Précis historique des machines-
outils*, c'est dans les ateliers de la grande et de la petite horlogerie qu'il faut rechercher l'origine de la plupart des agents
mécaniques modernes.

La plupart des machines sont de véritables grosses pièces
d'horlogerie.

Il était donc naturel que les plus habiles horlogers fussent
entraînés à se livrer à la construction des appareils nouveaux
de la civilisation moderne, qui commençait à s'affirmer à la fin
du dix-huitième siècle.

Le fondateur de la maison Bréguet est Abraham Louis, né à Neuchâtel, en Suisse, le 10 janvier 1747, d'une famille originaire de Picardie, professant la religion réformée, et sortie de France par suite de la révocation de l'édit de Nantes. Il perdit son père étant encore enfant; sa mère ayant contracté un nouveau mariage avec un horloger, Bréguet, à peine âgé de dix ans, reçut de son beau-père les premiers principes de l'horlogerie.

En 1762, il fut amené à Paris, où il se livra avec beaucoup d'ardeur au travail, et dès cette époque il annonça ce qu'il est devenu dans la suite. Le temps qu'il employait à ses travaux ne l'empêcha pas d'étudier les mathématiques sous l'abbé Marie, qui prit pour le jeune Bréguet une amitié qui ne s'est jamais démentie. Ayant formé un établissement à Paris, il ne tarda pas à se faire une brillante réputation. Il perfectionna les montres perpétuelles qui se remontent elles-mêmes par le moyen du mouvement qu'on leur imprime en les portant.

Ces montres étaient depuis longtemps connues; leur invention est attribuée à un ecclésiastique français, suivant quelques auteurs, ou, selon d'autres, à un artiste de Vienne en Autriche. On la fait même remonter jusqu'au milieu du dix-septième siècle. Mais pour que ces anciennes montres pussent être ainsi remontées, il fallait faire une marche longue et pénible; elles étaient d'ailleurs sujettes à se déranger fréquemment.

Plusieurs horlogers avaient essayé de remédier à cet inconvénient, mais Bréguet fut le seul qui parvint à les rendre d'une régularité parfaite. Dès 1780, il fit plusieurs montres de cette espèce pour la reine de France, pour le duc d'Orléans, etc. Ces montres étaient à quantième, à secondes, à équation et à répétition sonnant les minutes. Il suffit aujourd'hui de les porter pendant une marche d'un quart d'heure pour qu'elles soient remontées pour trois jours. Bréguet inventa le pare-chute; cette pièce sert à garantir le régulateur de ces montres de toute fracture lorsqu'elles éprouvent des chocs violents.

Il imagina des cadratures de répétition d'une disposition plus sûre, laissant plus de place aux autres parties du mécanisme; des ressorts-timbres qui sonnent d'autant mieux que la boîte est plus exactement fermée, et qui ne nécessitent plus, comme les timbres des anciennes montres à répétition, des ouvertures à la boîte par lesquelles la poussière pénétrait facilement, ce qui devenait une cause de prompte destruction.

Les inventions d'Abraham Bréguet ont été aussi utiles aux arts que profitables au commerce. Cet habile mécanicien ne s'est pas borné à exercer son génie sur des ouvrages uniquement destinés à l'usage civil, il a aussi enrichi la science de la mesure du temps appliquée à la navigation, à l'astronomie et à la physique, d'un grand nombre d'instruments précieux, entre autres de plusieurs échappements libres, tels que l'échappement à force constante et à remontoir indépendant, l'échappement à hélice, l'échappement dit naturel, et celui à tourbillon qui annule les effets des différentes positions, etc.

Bréguet construisit un nombre considérable de pendules astronomiques, de montres ou horloges marines, et de chronomètres de poche. De l'aveu des savants, plusieurs de ces instruments ont surpassé en précision et en solidité tout ce qui avait paru de plus parfait en ce genre. C'est au génie de Bréguet que nos astronomes explorant l'immensité des cieux, et que nos navigateurs franchissant les mers les plus lointaines doivent la connaissance du point précis du temps et de l'espace.

En 1819, il y eut au Louvre une exposition à laquelle on n'était pas préparé. Il y exposa un chronomètre double de poche, · à deux garde-temps, d'une grande perfection, semblable à celui que Bréguet avait déjà fait pour le prince régent qui devint George IV, roi d'Angleterre; des horloges marines réunissant l'exactitude à la solidité : une de ces horloges fut acquise par le bureau des longitudes de Londres, une autre par le Dauphin; une horloge astronomique double dont les deux mouvements et les deux pendules, absolument séparés, s'influencent de manière à se régler mutuellement. Louis XVIII fit l'acquisition de cette pièce, qui fut placée dans son cabinet.

Mais ce qui excita surtout l'admiration fut une horloge marine servant de pendule de cheminée, à tourbillon, portant

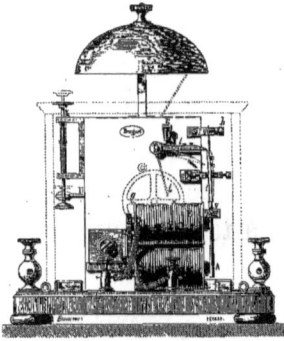

Sonnerie à rouage. (Fig. 30.)

(Fig. 23.)

Récepteur Bréguet.

(Fig. 24.)

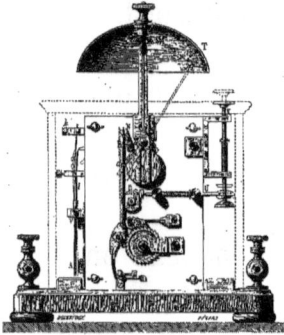

Sonnerie à rouage. (Fig. 31.)

Sonnerie trembleuse cubique.

Manipulateur à rouage à clavier droit. (Fig. 25.)

un autre chronomètre de poche. Cette pièce, véritable chef-d'œuvre sous tous les rapports, est un monument constatant le haut degré de perfectionnement où l'horlogerie était parvenue en France. Elle appartenait à M. le comte de Sommariva. On n'admira pas moins une pendule sympathique sur laquelle il suffit de placer, avant midi ou avant minuit, une répétition de poche, soit qu'elle retarde ou qu'elle avance, pour qu'à ces deux époques les aiguilles de la montre soient instantanément remises sur l'heure et la minute de la pendule. Napoléon en avait déjà envoyé une semblable de Bréguet au Sultan à Constantinople.

Cette exposition de 1819 fut un véritable triomphe pour Abraham Bréguet. Bien qu'il se fût mis lui-même hors de concours comme membre du jury, le compte rendu lui consacre une place très-importante et le déclare digne de recevoir le prix de dix mille livres sterling, promis par le parlement d'Angleterre « à l'artiste qui exécuterait des chronomètres assez parfaits pour donner la longitude, au bout de six mois, sans une erreur de deux minutes de temps ». En effet, continue le rapport, « les conditions de ce prix sont parfaitement remplies par le chronomètre de M. Bréguet, car, dans les combinaisons les plus défavorables, l'avance diurne d'un mois ne donnerait guère, au bout de six mois, qu'une erreur d'une seule minute ». Ce chronomètre appartenait au capitaine Bigot, de la marine royale, et a été suivi par lui à bord de la *Pallas*, en rade de l'île d'Aix.

La physique lui est redevable de l'invention d'un nouveau thermomètre métallique, infiniment plus sensible que tous les autres instruments de ce genre. Il a imaginé et exécuté une infinité d'ouvrages précieux aussi remarquables par leur utilité que par leur précision, tels que son compteur astronomique, ses montres à répétition au tact, son compteur militaire, instrument sonnant pour régler le pas de la troupe, etc. Il faut encore compter au nombre des idées ingénieuses de Bréguet celle du mécanisme élégant et solide des télégraphes dont Chappe fit un si heureux emploi. Le *Moniteur* de l'an VI conserve les pièces relatives aux discussions qui eurent lieu à ce sujet entre ces deux savants. Il inventa aussi les boîtes à musique automatiques.

Pendant la Révolution, Bréguet fut obligé de quitter la France. A son retour, il trouva ses établissements détruits, mais il sut acquérir promptement les moyens de les relever, avec l'aide de la famille Choiseul-Praslin.

Abraham Bréguet dut à ses travaux d'être nommé horloger de la marine, membre du bureau des longitudes, de la Légion d'honneur, de l'Institut, de la Société d'encouragement, du Conseil royal des arts et manufactures. Il s'occupait d'un important ouvrage sur l'horlogerie, lorsqu'il mourut, en 1823, au moment où une nouvelle exposition de l'industrie nationale allait lui permettre de faire connaître les récentes améliorations qu'il avait apportées dans son art.

Son fils, Louis-Antoine Bréguet, né en 1776, très-simple et sans ambition aucune, mena une vie retirée et se contenta de faire prospérer la maison d'horlogerie que lui avait laissée son père. Il mourut en 1858; mais déjà depuis 1826 il avait mis à la tête de ses ateliers son fils Louis-François, qui, après avoir fait son apprentissage dans la maison paternelle, avait été envoyé en Suisse pour y travailler comme simple ouvrier. La maison reçut en 1827 une médaille d'or motivée surtout par des chronomètres destinés à la marine, et qui, malgré leur perfection, ne coûtaient que mille francs.

Louis-François Bréguet, devenu chef de la maison en 1833, adjoignit à son établissement la construction d'instruments appliqués aux sciences physiques. En 1842, il fit, en collaboration de son ami, M. Masson, alors professeur de physique au collège de Saint-Louis, un travail sur la transformation de l'électricité dynamique en électricité statique; travail qui le conduisit tout naturellement à la construction d'un nouvel instrument de physique, dit d'induction, et produisant avec avantage tous les phénomènes des anciennes machines électriques à plateau. C'est l'appareil que l'on voit dans tous les cours sous le nom d'appareil Ruhmkorff. Ensuite, à la demande de M. Arago, il construisit, pour des études sur la propagation de la lumière, une

machine pouvant faire exécuter à un petit miroir deux mille
révolutions en une seconde. Pour cela, il fallut employer un
système d'engrenage particulier dit de White, pour lequel il
dut inventer des outils nouveaux destinés à tailler les dents des
roues qui avaient une forme héliçoïdale. M. Louis Bréguet fut
admis au bureau des longitudes en 1844; et dès lors M. Arago
l'encouragea vivement dans ses recherches sur le télégraphe
électrique. Appelé, en 1845, par M. Passy, ministre de l'intérieur, à faire partie de la commission de télégraphie, M. Bréguet
fut chargé, comme membre de la sous-commission, d'établir
le premier télégraphe électrique sur le chemin de fer de Rouen
et de faire les expériences nécessaires pour constater d'une
manière définitive la preuve que la terre pouvait servir comme
retour du courant et remplacer un second fil avec un grand
avantage. Son traité sur cette précieuse découverte est le plus
complet qui ait paru. M. Bréguet a inventé un *télégraphe à signaux*, dont l'administration a fait usage en France pendant
quelque temps. On lui doit encore un *télégraphe alphabétique*,
dit *à cadran :* les qualités de ce télégraphe et l'avantage qu'il
présente, de pouvoir être placé dans les mains les moins exer-
cées; l'ont fait adopter par toutes les compagnies de chemins
de fer français, ainsi qu'à l'étranger : aussi a-t-il été copié par
tous ses concurrents.

En 1846, à la suite d'un violent orage qui détruisit plusieurs
appareils télégraphiques, M. Bréguet a inventé un *parafoudre*
qui, depuis, a été employé dans toutes les stations télégraphiques, et grâce à ce petit instrument, tous les appareils télégra-
phiques ont toujours été préservés.

Créé chevalier de la Légion d'honneur en 1845, M. Bréguet
a obtenu une médaille d'or en 1849 pour son horlogerie de précision, la médaille d'honneur à l'exposition universelle de
Paris, en 1855, et deux grandes médailles à l'exposition universelle de Londres (1862) : une pour son horlogerie et l'autre
pour ses appareils et instruments télégraphiques. Il a été nommé
membre du jury pour l'exposition universelle de 1867, et
membre du jury à l'exposition de Vienne de 1872.

En 1873, il a été nommé membre de l'Institut (Académie des sciences).

Les ateliers de M. Bréguet sont aujourd'hui encore en partie installés dans la maison du quai de l'Horloge, où Abraham. Bréguet fit ses premières créations; mais la construction des appareils de précision prit avec les développements de la science une telle étendue, surtout depuis les applications de l'électricité à la télégraphie, que les ateliers devinrent bientôt insuffisants. Une usine tout entière fut créée boulevard Montparnasse, dans laquelle on établit une force motrice suffisante pour faire mouvoir les nombreuses machines-outils nécessaires à la construction des appareils créés par la maison. Cette usine couvrirait une bien plus grande étendue encore, si, pour certaines applications de la science devenues industrielles, MM. Bréguet avaient voulu consentir à fabriquer à bas prix, aux dépens de la perfection absolue qu'ils ont toujours cherché à atteindre.

D'autre part, un grand nombre de pièces de fabrication courante, et dont les modèles se reproduisent par milliers, se font en province dans des localités consacrées spécialement à l'exécution des roues dentées, des pignons et en général de toutes les petites pièces de laiton et d'acier dont sont composés les horloges aussi bien que tous les appareils de la mécanique électrique. Saint-Nicolas d'Aliermont, près de Dieppe, et Beaucourt dans le Jura sont merveilleusement outillés pour produire dans de très-bonnes conditions toutes ces pièces, qui sont ensuite repassées et ajustées à Paris.

Le personnel des ateliers de MM. Bréguet est composé de contre-maîtres et d'ouvriers d'élite, qui sont chargés de traduire la pensée des savants et de donner une existence tangible aux combinaisons que la science moderne a su créer par le calcul. Presque toutes ces applications, traitées d'abord de chimères, entrées aujourd'hui dans l'industrie et même dans la vie privée, ont passé par les ateliers des Bréguet, qui ont fait les premiers modèles et changé la théorie en pratique.

C'est là une industrie toute moderne, et dont on comprendra l'importance en suivant sa marche depuis la construction des

appareils servant à démontrer dans les cours les vérités de la
physique et de la mécanique jusqu'aux machines usuelles de
la galvanoplastie et de la télégraphie, pour arriver aux sonnettes électriques dont sont aujourd'hui pourvus les administrations, les usines, les magasins et jusqu'aux maisons d'habitation.

M. Louis Bréguet a beaucoup contribué à répandre la télégraphie électrique; membre de la commission qui fit entre
Rouen et Paris les études d'application, il construisit la plupart
des appareils qui furent immédiatement adoptés par tous les
chemins de fer français, et qui sont encore aujourd'hui employés dans presque toutes nos lignes. La fourniture des appareils proprement dite, soit aux chemins de fer, soit à divers
gouvernements étrangers, conduisit la maison à fabriquer ou
à faire fabriquer sur ses indications tout le matériel nécessaire
à l'exploitation d'une ligne télégraphique, matériel très-compliqué et composé d'un grand nombre de pièces très-variées.

Le premier élément de ce matériel est le fil conducteur lui-
même, aujourd'hui en fer galvanisé, c'est-à-dire couvert de
zinc, après avoir été préalablement décapé dans un bain
d'eau acidulée. Cette couverture de zinc n'est pas seulement
une enveloppe protectrice pour les parties directement enveloppées; elle sert encore, galvaniquement, à empêcher les
points où le fer est à nu de s'oxyder au contact de l'air et de
l'humidité. Le fil de cuivre, trop cher, n'est plus employé que
pour des usages spéciaux. La grosseur ordinaire des fils est
de quatre à six millimètres; leur prix varie suivant le cours
des fers.

Ces fils doivent être réunis par des ligatures de plusieurs
espèces, dont nous donnons la figure page 12, à côté des outils
qui servent à les exécuter. En général, on les soude dans une
chemise d'étain.

Les poteaux sont le plus souvent en sapin injecté de sulfate
de cuivre; MM. Bréguet font fabriquer d'autres poteaux en tôle
et bois, adaptés aux nécessités du terrain et aux conditions de
la contrée.

MM. Bréguet font également fabriquer des isolateurs de toutes formes et de toute nature : les plus employés en France sont les cloches de suspension en porcelaine, représentées dans la figure 61 de la page 13. Cette cloche porte deux oreilles percées d'un trou pour laisser passage aux vis qui les fixent aux poteaux ; un crochet en fer galvanisé, scellé au fond de la cloche, porte le fil. Cette forme de cloche protége le crochet et la surface concave des atteintes de la pluie. Les surfaces mouillées étant rendues conductrices par l'eau qui les recouvre, le courant s'échapperait à chaque support, et le service serait bientôt interrompu.

La cloche, figure 58, étant de dimension plus grande, isole encore mieux, et est souvent préférée. En Angleterre et dans les pays humides, on a essayé d'isolateurs en verre formant tubes autour du crochet.

Dans les points où la ligne fait un angle brusque, il est préférable d'employer des isolateurs tout en porcelaine, comme dans les figures 59 et 60. De distance en distance, on place un appareil nommé tendeur pour régler la tension des fils, surtout en hiver, où une trop grande rigidité les exposerait à se rompre sous l'action du froid qui rétracte les métaux (fig. 61).

On emploie aussi quelquefois le tendeur à cloche (fig. 62), le tendeur espagnol (fig. 63) et le tendeur à charnière (fig. 64), dont les deux treuils peuvent prendre toutes les positions autour d'une chape ronde verticale scellée dans une cloche en porcelaine.

Lorsqu'on arrive aux stations, on arrête le fil, soit au moyen d'un tendeur à poulies (fig. 65), soit au moyen d'une poulie simple (fig. 66) ; ces poulies, bien qu'en porcelaine, étant découvertes et exposées à la pluie, n'isolaient pas assez bien. Elles ont été remplacées par des cloches d'arrêt simples (fig. 67), quelquefois doubles (fig. 68).

Toutes ces cloches sont, le plus souvent, en massive porcelaine de Limoges, d'un très-bon usage.

Les fils de la ligne se relient, par un fil plus fin, généralement en cuivre, recouvert de gutta-percha, aux appareils de

Ligature espagnole.   Ligature anglaise.   Clef à ligature.

(Fig. 58.)

(Fig. 60.)

(Fig 63.)

il à faire la ligature espagnole.

Machines à tordre

(Fig. 61.)

(Fig. 70.)

(Fig. 65.)

(Fig. 68.)

(Fig. 66.)

(Fig. 67.)

(Fig. 64.)

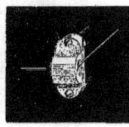

(Fig. 59.)

(Fig 62.)

DIFFÉRENTS MODÈLES D'ISOLATEURS ET DE TENDEURS.

la station, le *récepteur* et le *manipulateur*. Laissons M. Bréguet
dans son *Manuel de télégraphie électrique*, décrire lui-même ces
appareils pour le système dit *alphabétique* qui porte son nom :

Le **récepteur** est représenté dans son ensemble par la figure 23. Le cadran
porte les 25 lettres de l'alphabet, qui, avec la croix, font 26 signaux différents, auxquels
correspondent 26 positions de l'aiguille. On verra plus loin comment le mécanisme de
l'instrument permet à l'aiguille de s'arrêter au milieu de l'une quelconque de ces
divisions.

Au repos, l'aiguille doit toujours être à la croix, comme dans la figure 23, page 4.
Cette position est celle d'où l'on part et à laquelle on doit toujours revenir.

Dans la transmission d'une dépêche, l'aiguille, parcourant rapidement le cadran de
gauche à droite, sans jamais rétrograder, fait un temps d'arrêt sur chacune des lettres
composant la dépêche et sur la croix, à la fin de chaque mot, pour le séparer bien nettement du suivant. Il faut suivre l'aiguille de l'œil et saisir ses temps d'arrêt, quoiqu'ils
soient fort courts; c'est à quoi l'on arrive par une pratique de quelques jours. On construit pour certains pays, l'Espagne, la Turquie, etc., des appareils portant un nombre
de lettres plus grand que ceux employés en France ; les explications relatives au télégraphe français s'appliquent parfaitement à ces instruments.

La figure 24 représente l'ensemble de la dernière disposition donnée à l'instrument.
est vu par derrière, et l'aiguille est cachée par le cadran *cc*. La figure 25 fait voir en
détail les parties les plus importantes.

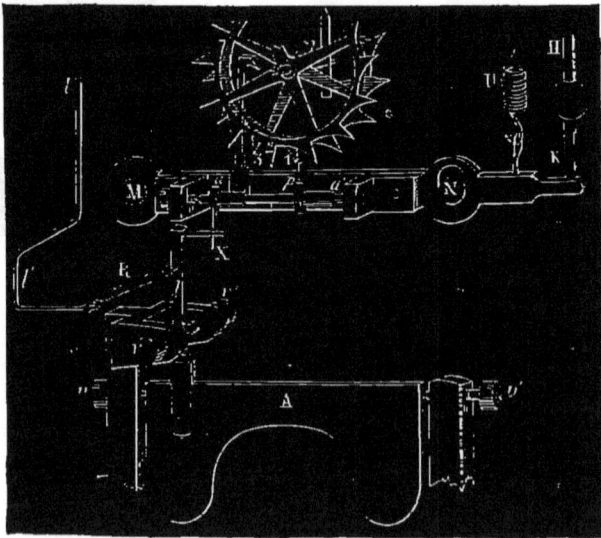

(Fig. 25.)

L'armature N en fer doux est portée par les deux vis *r*, *v'*, de telle sorte qu'elle peut
osciller autour de la ligne *vv'* de suspension. La tige *t* liée à l'armature oscille avec elle,
et vient buter de côté et d'autre sur les vis de réglage *r* *r'*, au moyen desquelles on peut

varier les limites du mouvement de l'armature. Quand l'appareil est au repos, le petit ressort boudin R tend à maintenir constamment la tige *t* appuyée contre la vis *r*.

Si un courant vient à passer dans les bobines de l'électro-aimant E, l'armature se trouve attirée par l'électro-aimant autant que possible, c'est-à-dire jusqu'à ce que la tige *t* de l'armature vienne buter contre la vis *r'*. Si ensuite le courant est interrompu, l'attraction qu'exerçait l'électro-aimant sur l'armature cesse, le ressort R, qui n'a pas cessé d'agir, mais qui a cédé sous l'action plus forte de l'aimantation, entraîne l'armature et lui fait faire un second mouvement en sens inverse du premier. Il est souvent nécessaire d'augmenter ou de diminuer la force du ressort R : on y arrive en tournant dans un sens ou dans l'autre l'axe du limaçon L (fig. 24), ce qui produit un mouvement du levier *ll*, à l'extrémité duquel est attaché le ressort boudin R. Cet axe traverse le cadran et la face antérieure de la boîte, de telle sorte qu'on peut (fig. 23), au moyen d'une petite clef dite de *réglage*, tendre ou détendre le ressort sans démonter la boîte ; une petite aiguille portée par la clef se meut devant le cadran de réglage et permet d'apprécier de combien on agit sur le ressort. Le rouage maintenu par les platines PP est un mouvement de pendule ordinaire. Il se compose d'un barillet qui contient le ressort moteur, et de trois mobiles qui transmettent son action à une roue dite *roue d'échappe- ment*, à cause de sa fonction que nous allons expliquer. C'est sur l'axe même de cette roue, prolongé au travers du cadran *cc*, qu'est placée l'aiguille indicatrice.

La roue d'échappement est double, c'est-à-dire qu'elle est composée de deux roues juxtaposées de telle façon que les 15 dents de l'une sont juste au milieu des intervalles des 13 dents de l'autre. Ces 26 dents, en nombre égal aux lettres du cadran, viennent buter sur la petite pièce d'acier *p*, dite *palette d'échappement*, qui arrête le rouage. Cette palette est portée par un axe *aa'*, qui porte également une fourchette X ; dans cette fourchette entre une cheville horizontale portée par la tige *t*, et par laquelle les mouve- ments de l'armature sont transmis à la palette *p*. Supposons l'appareil au repos (fig. 25), la dent 1 est en prise sur la palette *p*, et l'aiguille est en face de la croix, dans la position verticale. Si l'armature, attirée par l'électro-aimant, fait un mouvement semblable, glisse sur la dent 1 et la laisse échapper, le rouage se met en marche, mais la palette, qui est venue se placer dans le plan de la roue de devant, arrête la dent 2. La figure

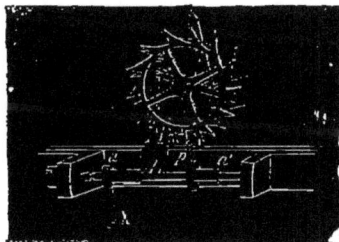

(Fig. 26.)

26 représente cette nouvelle position de l'échappement. On voit que la roue a avancé de $\frac{1}{26}$ de tour et par conséquent l'aiguille d'une lettre. Elle était au début en face de la croix ; elle est maintenant sur l'A.

Si maintenant l'armature, cessant d'être attirée par l'électro-aimant, fait un nouveau

Manipulateur Morse.

Récepteur Morse inscripteur. (Fig. 42 et 43.)

Relai Morse.

APPAREILS DU TÉLÉGRAPHE MORSE.

Typ. E. Plon et Cie.

ALPHABET DU TÉLÉGRAPHE MORSE

a	ä	b	c	d	e	é	f	g	h	i

j	k	l	m	n	o	ö	p	q	r

s	t	u	ü	v	x	y	z	w	ch

CHIFFRES, PONCTUATIONS, SIGNAUX CONVENTIONNELS

1	2	3	4	5	6	7	8	9	10

Point.	Virgule.	Point–virgule.	Deux points.	Point d'interrogation ou Répétez.
Point d'exclamation.	Trait d'union.	Apostrophe.	Barre de division.	Attaque ou Indicatif de dépêche.
Réception.	Erreur.	Final.	Attente.	Télégraphe.

mouvement d'avant en arrière, la palette p laisse échapper la dent 2 et vient arrêter la dent 3 ; la roue a avancé de nouveau de $\frac{1}{26}$ de tour et l'aiguille est sur le B. On voit ainsi que, par une série d'envois et d'interruptions du courant, on fera prendre à l'aiguille les 26 positions correspondantes aux 26 signes du cadran ; il est important de noter que l'interruption du courant correspond à la croix ou aux chiffres pairs, et le passage du courant aux chiffres impairs.

Il est souvent nécessaire, quand l'aiguille est arrêtée en un point quelconque du cadran, de la faire avancer et de l'amener rapidement à la croix (sans envoi de courant); une disposition très-simple permet d'obtenir ce résultat. L'axe aa' est portée par une pièce de cuivre MN qui peut pivoter autour de son support M, et dont le jeu est borné par la vis N. Cette pièce MN est maintenue par le ressort boudin U dans la position de la tige HK et lui faire prendre la position de la figure 27. Il faut remarquer que, dans la figure 45, l'échappement est vu par devant, ou du moins comme dans la figure 27 il est

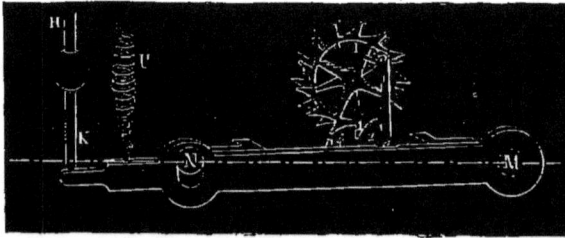

(Fig. 27.)

vu par derrière. La roue d'échappement n'étant plus alors en prise sur la palette p, se met en mouvement et ne s'arrête que quand la goupille I vient buter sur la pièce d'arrêt o, portée par la pièce MN. La goupille I est placée sur la roue d'échappement de telle façon que, quand elle est en prise sur l'arrêt o, l'aiguille indicatrice est dans une position très-voisine de la verticale, et la dent 1 très-près de la palette p ; quand la pièce MN reprend sa position horizontale, la goupille I échappe de l'arrêt o, la palette p vient arrêter la dent 1, et l'aiguille indicatrice se trouve en face de la croix. Le bouton H correspond à un autre bouton extérieur à la boîte (fig. 25), au moyen duquel on peut ramener l'aiguille à la croix sans ouvrir l'appareil.

Le **manipulateur** est représenté par la figure 28. On voit sur une planche en bois de forme carrée un cadran de laiton monté sur trois colonnes ou piliers. Sur ce cadran sont gravés les lettres et des chiffres disposés de la même manière que dans le récepteur ; à chaque lettre correspond une échancrure à la circonférence du cadran ; une manivelle est articulée au centre sur un axe qu'elle entraîne dans son mouvement ; elle porte une dent qui peut entrer dans les échancrures du cadran et qui sert à bien fixer sa position en face des différentes lettres. L'axe de la manivelle porte une roue à rainure sinueuse qui est cachée par le cadran, et que la figure montre dans la partie où le cadran a été supprimé. Le levier ll' pivote autour de l'axe o ; l'un de ses bras porte à son extrémité une petite tige sur laquelle roule un galet en acier trempé ; quand la roue tourne avec la manivelle, le galet, qui entre dans la rainure sinueuse, passe constamment d'une partie rentrante à une partie saillante ou inversement, et par conséquent s'approche et s'éloigne du centre par un mouvement de va-et-vient;

comme la roue sinueuse a treize parties rentrantes et treize saillantes le levier fera 26 mouvements par tour de manivelle, desquels il résulte que le ressor t l' vient s'appuyer successivement sur les extrémités des vis p et p'; quand la manivelle est sur les nombres impairs, le levier est dans la position représentée par la figure; quand elle est sur les nombres pairs, le levier est du côté de p. Les lignes pointillées indiquent la position des conducteurs en laiton placés sous la planche du manipulateur et servant à réunir métalliquement les différents boutons p et R, p' et c, E et E' avec ll'; l'utilité en sera indiquée plus loin.

Il nous reste à expliquer comment ces dispositions permettent de produire une série d'envois et d'interruptions de courant faisant marcher le récepteur.

Le pôle cuivre de la pile est relié avec le bouton C du manipulateur, qui lui-même communique avec p', par une bande de laiton placée au-dessous de la planche en bois; supposons le levier ll' en contact avec la vis p', il pivote en o sur un des supports du cadran et communique ainsi avec la touche E (qu'on appelle touche d'envoi et réception), sur laquelle le commutateur de ligne doit être placé quand on veut correspondre; le courant est de cette façon conduit au fil de ligne qui aboutit en L et le suit jusqu'au récepteur correspondant qu'il traverse; après quoi il est conduit à terre, qui fait fonction de fil de retour, et revient à la pile, dont le pôle zinc est réuni aussi à la terre.

Le circuit est donc complet chaque fois que le levier l' du manipulateur est amené à toucher p', ce qui arrive quand la manivelle est sur un chiffre impair, et par suite l'armature de l'électro-aimant est attirée chaque fois, au contraire; que le levier est écarté de p', ce qui arrive quand la manivelle est sur chiffre pair, l'armature cesse d'être attirée par l'électro-aimant.

Si donc on tourne la manivelle du récepteur, à chaque passage d'une lettre à la suivante, il y aura fermeture ou ouverture du circuit, et, par suite, un mouvement de l'armature, produisant un échappement, par conséquent, l'aiguille avancera d'une dent de la double roue d'échappement, c'est-à-dire de $\frac{1}{26}$ de tour ou d'une lettre.

Toutes ces différentes actions se passent dans un temps très-court, car la propagation de l'électricité dans le fil de ligne est très-prompte, l'aimantation du fer doux est immédiate, comme sa désaimantation, et enfin le rouage est très-prompt à se mettre en mouvement; il en résulte que, même en tournant très-rapidement la manivelle du manipulateur, l'accord persiste entre elle et l'aiguille du récepteur, surtout si le mouvement est régulier.

Il y a cependant une vitesse qu'on ne peut pas dépasser, à cause du temps nécessaire à l'armature pour se mouvoir, et de celui nécessaire à la mise en mouvement du rouage qui s'arrête à chaque instant. La vitesse de deux tours de cadran par seconde est à peu près la plus grande qu'on puisse atteindre.

MM. Bréguet ne fabriquent pas seulement les télégraphes alphabétiques, ils construisent également les appareils inventés par d'autres mécaniciens et qui sont employés par le gouvernement ou par les compagnies; de ce nombre sont les appareils Morse :

Le télégraphe de Morse est de ceux qu'on appelle écrivants; il laisse en effet de la dépêche reçue une trace en signes conventionnels. Il a été employé d'abord en Amérique, puis en Allemagne; son usage s'est encore plus répandu dans ces dernières années, et il a été adopté par tous les gouvernements de l'Europe pour les communications internationales.

L'appareil est représenté fig. 42. La cage PP contient un mouvement d'horlogerie à ressort d'une assez grande force, dont la vitesse est régularisée au moyen d'un volant régulateur à force centrifuge représenté fig. 43. A la vitesse normale, les ailettes sont dans la position figurée; si la vitesse augmente, les ailettes s'écartent de l'axe de rotation et, par conséquent, éprouvent une plus grande résistance de l'air, qui rend moins sensibles les variations de vitesse produites par l'inégale force du ressort plus ou moins armé.

Au repos, les ailettes sont dans la position figurée en pointillé. L'axe du volant est placé verticalement et reçoit le mouvement par l'intermédiaire d'une vis sans fin, disposition qui permet de lui donner une vitesse beaucoup plus grande avec un même nombre de roues ou *mobiles*.

L'un des axes du rouage prolongé en dehors de la cage porte le rouleau ou cylindre N, sur lequel vient appuyer un second rouleau de même dimension. Une bande étroite de papier emmagasinée sur la roue C vient passer entre ces deux cylindres, dont la surface est rugueuse et est entraînée par le mouvement du rouage. Le rouleau supérieur est mobile autour de l'axe o; au moyen de la vis k et du ressort m, on règle la pression du rouleau supérieur sur l'inférieur.

Pour mettre le papier en place, on le fait passer dans un premier guide g, où il est légèrement pressé par un ressort d'acier plat, puis dans un second G qui a la forme d'une bobine vide, et enfin on le glisse entre les deux rouleaux en soulevant le supérieur, le rouage est arrêté ou mis en marche au moyen du levier H. Au-dessus de l'électro-aimant E on voit l'armature A cylindrique. Le levier ll' de l'armature est porté sur deux pointes de vis v, v'; sa course est limitée par les vis p, p'.

Au repos, le levier est maintenu par le ressort antagoniste r dans la position figurée, butant contre la vis p' supérieure; mais, quand le courant passe dans le fil des bobines, l'électro-aimant attire l'armature, qui s'abaisse jusqu'à ce que le levier bute contre la vis p inférieure; la tension du ressort antagoniste se règle au moyen du bouton B qui fait tourner une vis sans fin à pas très-étroit; cette vis est portée par deux collets fixes et fait mouvoir la pièce f, à laquelle est attachée l'extrémité du fil de soie qui tire le ressort r. Avec cette disposition il faut donner un mouvement considérable au bouton pour augmenter ou diminuer d'une manière sensible la tension du ressort, et l'on peut ainsi obtenir exactement la force qui donne le meilleur réglage. L'extrémité l du levier porte un *style* ou pointe traçante en acier dont la position peut être réglée par le pas de vis et le bouton qui la termine intérieurement; quand le levier vient buter contre la vis inférieure p, le style vient toucher le papier et pénètre légèrement dans une rainure pratiquée dans le rouleau supérieur, de manière qu'il produit une saillie en relief.

Le poids relativement considérable du levier et la nécessité de gaufrer le papier sur lequel se fixe la dépêche, demandent une aimantation énergique, que ne pouvait donner le courant envoyé directement d'une station éloignée. Pour obtenir une marche régulière, on est forcé d'employer un appareil nommé *relai*, qui est très-sensible, qui fonctionne avec un très-faible courant. Le relai (page 16) ferme le circuit d'une pile locale suffisante pour faire marcher le récepteur Morse. Nous renvoyons au *Manuel de télégraphie électrique* de Louis Bréguet, pour la description de cet appareil, dont voici l'un des plus importants usages :

Quand une dépêche doit être transmise d'un point à un autre très-éloigné du premier, elle passe par un ou plusieurs intermédiaires qui la transmettent tour à tour jusqu'à ce qu'elle arrive à destination.

Mais on peut éviter ces répétitions successives de la dépêche au moyen d'appareils, appelés *relais*, semblables à ceux que nous venons de décrire.

Considérons, pour fixer les idées, la ligne de Paris à Lyon qui ne fonctionne pas en général directement; un relais est placé à Dijon; quand le courant venant de Paris passe dans l'électro-aimant de ce relais, son armature suit le mouvement du manipulateur de Paris, et le courant d'une pile placée à Dijon est envoyé à Lyon, comme nous avons expliqué qu'il était envoyé dans le récepteur de Morse.

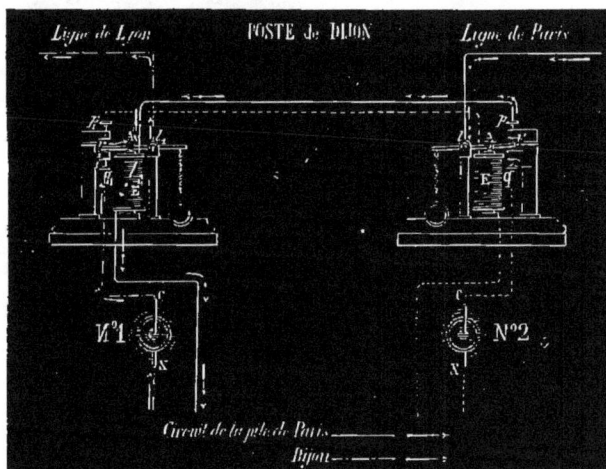

(Fig. *D*.)

Cette disposition, telle que nous venons de l'indiquer, est incomplète; si, en effet, Lyon peut répondre à Paris ou l'interrompre pendant sa transmission, le courant qu'il enverrait suivant la ligne Lyon-Dijon, et arrivant à l'armature A, ne pourrait passer que par *p*, qui le conduirait à la pile et ensuite à la terre ou à *p'* qui est isolé; il ne produirait donc aucun effet dans l'appareil de Dijon et aucun, par conséquent, à Paris; l'interruption n'aurait donc pas lieu; pour la rendre possible il faut nécessairement placer à Dijon un second relais dans l'électro-aimant duquel passe le courant venant de Lyon, et qui envoie un courant de la pile de Dijon à Paris.

La disposition des deux relais de Dijon est représentée fig. *a*, p. 23. Supposons de nou-veau qu'un courant soit envoyé de Paris, il suit les flèches pointées, passe dans le relais de droite par le levier *l l'* de l'armature et par le bouton *p*; puis il parcourt le fil de l'électro-aimant E' du relais de gauche, et va à la terre. L'armature A' s'abaisse alors vers E', le levier *l' l'*, bascule et est amené en contact de *q,*; le courant de la pile de Dijon (n° 1) passe alors par *q, l', l'* et suit la ligne de Lyon (flèches non pointées).

Si, au contraire, un courant est envoyé de Lyon, il suit *l' l'*, *p,*, traverse l'électro-aimant E, et va à la terre; le courant de la pile de Dijon (n° 2) est alors envoyé par *q l' l* sur la ligne de Paris.

Il est important que l'employé de Dijon surveille le réglage de ce double relais, qui peut varier d'un moment à l'autre avec l'état des lignes.

La disposition du relais double, que nous venons de décrire, donne la translation, mais ne permet au poste de Dijon ni d'envoyer ni de recevoir une dépêche. Aussi ne l'em-ploie-t-on que sur les lignes importantes où un fil est spécialement réservé à la commu-nication entre les points extrêmes, comme c'est le cas pour la ligne de Paris à Lyon. Un second fil est alors destiné à la communication des stations intermédiaires entre elles et avec les stations extrêmes.

MM. Bréguet ne font pas que de grandes lignes télégra-phiques, ils se sont adonnés à la construction de toutes les machines et combinaisons dont l'électricité est la base ; ainsi ils ont appliqué l'électricité pour donner un mouvement simultané à un certain nombre d'horloges placées soit dans une rue, soit sur les différents points d'un même édifice.

Le système se compose d'une horloge ordinaire à balancier, qu'un fil conducteur relie aux cadrans sur lesquels doivent se mouvoir les aiguilles. La pile, plus ou moins forte suivant le nombre des cadrans qu'il faut animer, fournit un courant successivement envoyé et interrompu par un mécanisme con-tenu dans la pendule régulatrice. Deux électro-aimants placés en arrière du cadran agissent alternativement, en attraction et en répulsion, sur une armature en acier aimanté, et déter-minent ainsi le mouvement des aiguilles.

Le plus souvent, surtout dans les horloges de grande dimen-sion, « on introduit dans l'appareil, dit M. Bréguet, un rouage qui se remonte comme celui d'une horloge ordinaire. Ce rouage, comme celui du récepteur alphabétique, pousse con-stamment les aiguilles en avant, et les électro-aimants n'ont d'autre mission que de conduire un échappement à palettes ordinaire, qui de minute en minute dégage le rouage et permet aux aiguilles d'avancer. »

Parmi les autres applications de l'électricité à la vie usuelle, on doit citer au premier rang les sonneries qui, dans les grands établissements et même dans les habitations, tendent à remplacer les anciennes sonnettes à levier, d'un usage si incertain, surtout pour de longues portées et pour des trajets à angles nombreux. Le plus souvent très-simples et rentrant dans le domaine de la quincaillerie pure, ces installations prennent quelquefois un développement qui en fait une sorte de télégraphe intérieur très-commode pour les administrations importantes.

Il est bien regrettable de voir la loi si sévère contre les communications par voies électriques, que l'État s'est réservées soit au point de vue fiscal, soit comme mesure de police. Ces restrictions, contraires au mouvement moderne, finiront par tomber en désuétude avec le temps, et les communications électriques de maisons à maisons, et même de localités à localités, deviendront bien plus fréquentes, surtout si l'on peut arriver à fabriquer à bon compte les petits télégraphes portatifs, basés sur l'induction, de sorte qu'il n'y aurait plus besoin de piles, qui demandent toujours des soins minutieux. Nous avons déjà vu de petits appareils fabriqués pour le ministère de la guerre, au moyen desquels deux personnes pourront communiquer à quelques kilomètres, même en changeant de place. Un servant porterait dans une hotte les fils enroulés, qui se dérouleraient ou s'enrouleraient, suivant l'éloignement ou le rapprochement des deux correspondants.

Ces nouveaux appareils sont basés sur les expériences de Faraday, démontrant qu'il est possible de renverser la découverte d'Arago, consistant à produire un aimant avec un courant et de déterminer inversement, au moyen d'un aimant, la mise en marche d'un nouveau courant électrique, nommé *courant d'induction.*

Ces courants se produisent instantanément.

Ils peuvent être créés, soit par les aimants ordinaires, soit par une circulation électrique dans un autre fil. Il n'est pas

Machine Gramme.

Aimant Jamin.

Exploseur.

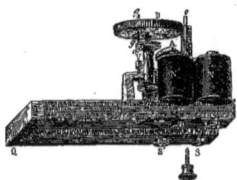
(Fig. 2.)

(Fig. 3.)

(Fig. 1.)

TÉLÉGRAPHE POUR USINES, SANS PILE.

nécessaire qu'il y ait contact pour que le courant se produise, l'approche suffit.

En utilisant les découvertes de Faraday, MM. Bréguet ont construit, d'après les combinaisons de M. Guillot, un télégraphe fonctionnant *sans pile,* et, par conséquent, sans nécessité d'emplacement spécial, pour mettre à l'abri des ignorants ou des maladroits les vases encombrants remplis d'eau acidulée qui constituent en général les piles encore usitées.

C'est là une combinaison très-précieuse, qui facilite à tous les chefs d'usines couvrant une grande étendue, la possibilité de communiquer télégraphiquement avec les divers ateliers, et cela, sans tous les ennuis que causeraient le logement et la surveillance de la pile.

Il suffit que l'armature soit approchée, puis éloignée de l'aimant, pour développer dans le fil des bobines, d'abord un courant d'induction, qu'on peut appeler d'*approchement*, puis un autre courant dit d'*arrachement*.

C'est sur ce principe qu'est fondé le manipulateur magnéto-électrique de M. Guillot.

Le manipulateur représenté par la figure 1 diffère peu dans son aspect extérieur des appareils alphabétiques ordinaires; la manœuvre est la même et consiste simplement à conduire la manivelle rapidement, en s'arrêtant seulement sur les lettres qu'on veut transmettre; on verra cependant par la description de l'instrument qu'il est à peu près indispensable dans la manipulation de faire entrer la dent de la manivelle dans les crans du cadran à chaque lettre transmise.

La pièce principale de l'instrument est un aimant permanent représenté figure 2; on voit que chacun des faisceaux NN'P,SS'Q qui le composent est formé par la réunion de trois lames d'acier superposées, et que ces faisceaux sont tous deux fixés par des vis sur une semelle en fer doux P Q.

Sur les extrémités polaires de ces faisceaux sont montés quatre noyaux NN'SS' de fer doux qui portent des bobines chargées de fil isolé; on les place de telle sorte qu'ils soient aux quatre angles d'un carré parfait; une armature AA tourne autour de son centre de figure *o*, qui est en même temps celui du carré dont nous venons de parler.

Les noyaux de fer doux se trouvent aimantés, et chaque fois que l'armature passe d'une diagonale à l'autre du carré, il se produit des courants dans les quatre bobines; deux de ces courants sont d'arrachement, c'est-à-dire produits par l'éloignement de l'armature et du noyau; les deux autres sont d'approchement; les premiers sont plus forts, les seconds plus faibles; mais la somme des quatre est toujours égale à elle-même; et cette somme est obtenue en réunissant convenablement les extrémités des fils des quatre bobines de manière à ne former qu'un seul circuit.

Quand l'armature passe d'une position diagonale NS' à la suivante N'S, le courant produit est d'un certain sens; quand elle continue son mouvement et passe à la position

SN', un second courant est produit de sens contraire au premier ; en effet, le premier courant était d'arrachement dans les bobines NS' et d'approchement dans les autres S et N', tandis que le second est d'approchement en S et N' et d'arrachement en N' et S ; en d'autres termes, les deux arrachements d'une position correspondent aux approchements de l'autre.

Le mouvement est donné à l'armature par un pignon de vingt dents porté sur son axe o, qui est conduit par une roue D de 130 sur l'axe de laquelle est montée la manivelle (fig. 1) entièrement semblable à celle des appareils alphabétiques ordinaires. Quand la manivelle fait un vingt-sixième de tour (soit cinq dents de la roue), l'armature fait un quart de tour ; ainsi quand la manivelle passe d'une lettre A à la suivante B, un courant est envoyé (positif par exemple) ; quand elle avance de la lettre B à la lettre C, un second courant est produit (négatif).

Nous n'avons pas besoin de le répéter ici, ces courants successifs et de sens contraire sont toujours instantanés ; observons en outre que leur production a lieu au passage de chaque lettre à la suivante et seulement pendant le mouvement de la manivelle. Dans une révolution de la manivelle, il y a autant de courants que de lettres, c'est-à-dire 26, à savoir 13 courants dans un sens et 13 dans le sens opposé.

Après divers essais inégalement satisfaisants, on a adopté pour la réception une disposition toute spéciale et qui présente de grands avantages. La masse du manipulateur est en communication avec la ligne, comme dans tous les manipulateurs ; on voit sur l'axe de la roue D une sorte de bobine abc qui est mobile à frottement doux sur l'axe ; cette pièce est sollicitée à monter par un ressort boudin U, qu'on voit à la partie inférieure ; quand la manivelle M s'abaisse, elle fait descendre une goupille gg qui est placée en avant de l'axe ; cette goupille gg pousse la joue supérieure a de la bobine ; par suite, la bobine descend malgré l'action contraire du ressort boudin ; la joue inférieure c de la bobine vient alors appuyer sur le bout d'un ressort plat v, monté sur un bateau en caoutchouc durci qui permet d'en régler la position ; ce ressort communique par le bouton y au bouton R du manipulateur, et par suite la communication se trouve établie entre la masse du manipulateur ou la ligne et le récepteur ; on est donc en position de réception à la seule condition que la manivelle soit abaissée, et que la dent soit enfoncée dans les crans pratiqués à la circonférence du cadran du manipulateur. Il résulte de cette disposition, que la réception peut avoir lieu sur toutes les lettres, et non pas seulement de deux en deux, comme dans le manipulateur ordinaire à pile.

D'autre part, dès qu'on soulève la manivelle pour la faire tourner et transmettre une dépêche, la goupille g n'est plus maintenue vers le bas et le ressort boudin U soulève la bobine abc dont la joue inférieure vient alors appuyer contre la vis v, qui est en communication avec l'un des bouts du fil enroulé sur les bobines, tandis que l'autre bout t est en communication avec le bouton T et avec la terre. Par suite, aussi longtemps que la manivelle est soulevée, la communication est établie entre la ligne et les bobines dans lesquelles se produit l'électricité, et tous les courants produits sont envoyés sur la ligne sans distribution, de telle sorte qu'on ne peut rien perdre de l'électricité produite.

Pour fonctionner avec le manipulateur que nous venons de décrire, il faut un récepteur spécial, dit à *inversement*. La figure 3 représente cet instrument. Une armature d'acier aimantée AA, de la forme dite en fer à cheval, est placée entre deux électro-aimants E et E' qui sont parcourus simultanément par les courants envoyés à l'appareil. Ces électro-aimants sont disposés de telle sorte que les pôles opposés sont en regard ; par suite, quand l'armature AA est attirée par l'un d'eux E, elle est repoussée par l'autre E' ; si ensuite le sens du courant est renversé, les pôles changent de nom, et celui qui repoussait l'armature dans le premier cas l'attire dans le second.

On comprend que chaque électro-aimant agit par ses deux pôles, dont chacun se trouve en regard d'un des pôles de l'armature.

On voit aussi que cette armature fait un mouvement à chaque envoi de courant, à la condition que les courants se succèdent en sens inverse, et enfin que cette armature n'étant pas sollicitée par un ressort à revenir toujours à une position fixe, reste dans la position où la laisse le dernier courant transmis.

On voit maintenant comment ce récepteur fonctionne avec le manipulateur à induction que nous avons décrit plus haut ; chaque fois que la manivelle avance d'une lettre, un courant est produit, et l'armature du récepteur fait un mouvement, soit d'avant en arrière, soit d'arrière en avant. Or, chacun de ces mouvements fait avancer d'une dent la roue d'échappement r et par suite d'une lettre l'aiguille sur le cadran.

Depuis longtemps, on avait été amené à recourir à l'électricité pour déterminer l'explosion à distance des mines et, à plus forte raison, des torpilles, qu'il était presque impossible d'atteindre autrement. MM. Bréguet ont construit des exploseurs électro-magnétiques, dans lesquels le courant est produit par l'influence d'un fort aimant agissant sur deux bobines. L'ancien aimant est aujourd'hui remplacé par un aimant Jamin, assez puissant pour enflammer jusqu'à trois amorces Abel.

Les aimants Jamin se composent de lames d'acier qui ont été aimantées en passant à l'intérieur d'une bobine dans laquelle passe un fort courant. Une fois cette aimantation produite, elle ne se perd pas, et devient permanente. En superposant un certain nombre de ces lames, en les pliant en fer à cheval, en resserrant et en assujettissant les deux extrémités dans une armature, on constitue l'aimant le plus fort, le plus puissant qui jusqu'ici ait été créé.

Ainsi, un aimant de dix-huit lames de cinq centimètres de large sur un millimètre d'épaisseur, et dont l'acier pèse environ six kilogrammes, peut porter, sans qu'il se détache, un poids de quatre-vingt-dix kilogrammes. Nous avons vu dans les ateliers de MM. Bréguet un de ces aimants du poids de seize kilogrammes d'acier, portant plus de cent soixante kilogrammes.

Une de ses applications les plus nouvelles se fait en ce moment sur la machine Gramme, qui peut agir avec un aimant Jamin remplaçant les électro-aimants dont on se sert encore pour les machines de grande dimension.

Machine Gramme pour lumière électrique.

MM. Bréguet se sont également attachés à la construction de cette machine si intéressante.

Une brochure de M. Alfred Niaudet-Bréguet en donne une

description très-détaillée, à laquelle nous renvoyons les lecteurs spéciaux. Nous dirons, en résumé, que cette machine se compose d'un électro-aimant annulaire tournant sur son axe, étant soumis à l'influence soit d'un aimant en fer à cheval, soit d'un électro-aimant en bobines. Des pinceaux en cuivre, frottant sur une série de pièces rayonnantes liées métalliquement avec les points de jonction des bobines qui constituent l'électro-aimant annulaire, sont les collecteurs de l'électricité produite. Plus l'anneau tourne vite, plus le courant est intense.

Avec cette machine, on peut exécuter toutes les expériences d'un cours de physique, sans la dépense et sans les difficultés d'une pile de Bunsen. Il suffit de faire tourner l'anneau plus ou moins vite, suivant la force des courants que l'on désire.

Déjà depuis 1872, plusieurs de ces machines de grande dimension fonctionnent chez MM. Christofle, et déposent six cents grammes d'argent à l'heure par force de cheval-vapeur employé à déterminer la rotation. D'autres industriels se servent des mêmes machines pour le dépôt de divers métaux. La machine Gramme peut également donner de la lumière; les ateliers de l'inventeur sont éclairés de cette façon, et comme l'appareil Gramme n'est pas encombrant, qu'il est relativement léger, que toutes ses parties sont reliées solidement les unes aux autres, il est d'un excellent usage pour obtenir un éclairage électrique à bord des vaisseaux. Le yacht impérial russe *Livadia* est pourvu d'une machine de ce genre.

Nous avons vu chez MM. Bréguet une application qui pourrait être imitée dans bien des cas où il est besoin d'une fermeture qui défie les plus habiles. On comprend, en effet, que si on ferme un objet quelconque avec un verrou d'acier dont l'extrémité ne dépasse pas la mortaise dans laquelle il est entré, il est impossible, sans rupture, de l'en faire sortir autrement que par l'attraction d'un aimant.

M. Villiers, directeur de la Société anonyme des houillères de Saint-Étienne, a adapté ce principe aux lampes des mineurs, qui, malgré les menaces du grisou, ne craignaient pas de les ouvrir, soit pour allumer leurs pipes, soit pour d'autres usages.

Un verrou d'acier est disposé à la partie inférieure de la lampe; le lampiste la place sur une table, au contact des deux pôles d'un électro-aimant animé par la rotation d'une machine Gramme, dont il fait mouvoir l'anneau au moyen d'une pédale placée sous la table. Une fois la lampe préparée, on cesse de tourner, l'attraction cesse d'agir, le verrou rentre dans la lampe, dont la fermeture est ainsi assurée.

De même qu'une machine Gramme transforme la force mécanique en électricité, elle peut, inversement, transformer l'électricité en force motrice; de telle sorte que, si on met en communication les balais métalliques d'une machine Gramme avec le courant produit par une autre machine, l'anneau de la première se met à tourner avec plus ou moins de force ou de vitesse, suivant l'intensité et la vitesse de rotation de la première.

D'après M. Niaudet-Bréguet, cette dernière disposition serait susceptible des plus grands développements; il dit avoir vu une de ces machines mise en marche par un moteur à vapeur d'une force de soixante-quinze kilogrammètres, mesurés au frein. L'électricité produite passait dans une seconde machine, mettait en mouvement l'anneau dont l'arbre, mis en communication avec un autre frein de Prony, accusait une force de trente-neuf kilogrammètres.

Si ce même rapport se maintenait pour des forces de vingt ou trente chevaux seulement, sans même penser à celle de trois mille chevaux, comme M. Niaudet-Bréguet, on pourrait déjà utiliser à distance un très-grand nombre de sources de forces perdues aujourd'hui. Que de chutes d'eau sont inutilisées ou mal utilisées, par la difficulté d'installer au bord du courant les métiers qu'elles feraient mouvoir; tandis qu'on recevrait avec une grande reconnaissance, à quelques kilomètres de là, la moitié de cette même force apportée par un fil pouvant suivre toutes les inflexions de terrain, ce que ne peuvent faire les câbles de transmission à poulies, dont l'emploi a déjà reçu tant d'éloges! Espérons que cette question, encore à l'étude, pourra entrer bientôt dans le domaine de la pratique. Les ateliers Bréguet confectionnent une grande quantité de machines Gramme,

petites et grandes, et, nous devons le dire à regret, c'est plutôt
à l'étranger, et surtout en Russie, que vont les plus importantes.

La place nous manque pour énumérer les mille appareils
de physique, de météorologie, de mécanique spéciale, fabriqués
dans ces mêmes ateliers. Nous signalerons cependant, au pre-

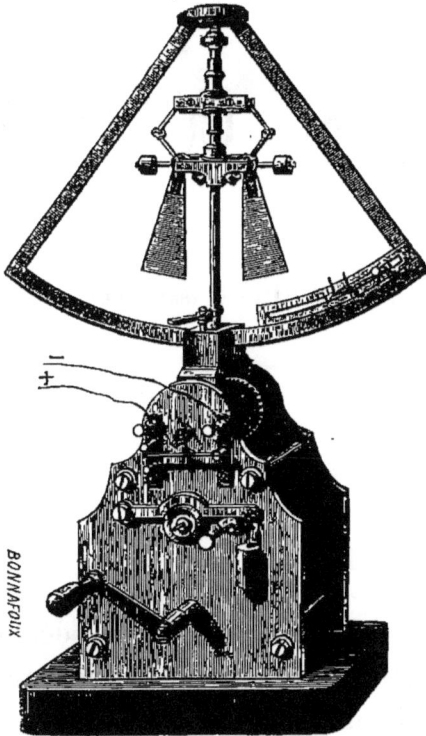

Régulateur Villarceau.

mier rang, le régulateur isochrone de M. Villarceau, qui donne
des résultats d'une admirable précision ; le niveau à mano-
mètre de Galland, les baromètres anéroïdes, et principalement toutes les machines dans lesquelles l'électricité joue un
rôle, machines de plus en plus nombreuses et de plus en plus
importantes.

FABRIQUE

DE

MATIÈRES COLORANTES

A. POIRRIER (SAINT-DENIS)

Nous venons de visiter et nous allons décrire un établissement où nous avons vu fabriquer industriellement ces couleurs
extraites de la houille qui ont causé, en teinture et en impression,
une révolution si radicale.

Suivant nous, la difficulté était d'appliquer en grand des procédés
de laboratoire, et de pratiquer sur une échelle étendue cette chimie
organique qui nous paraissait autrefois si difficile à étudier et à
comprendre dans nos cours de la Sorbonne et de l'École de médecine.
Comment séparer, réunir, déplacer et replacer avec facilité, H — C
— az — O — Ch. — S. — et en composer des alcools, des essences,
et, finalement, la matière colorante elle-même, semblable à celle
que la nature dépose dans les pétales des fleurs ou dans le tissu des
feuilles ?

Paris. Typ. E. Plon et Cie,   LIV. 178e •

En 1824 fut fondée par Jeannet, rue Folie-Méricourt, la fabrique d'orseille, d'extrait d'orseille et de cudbeard dont Ch. Mottet devint le chef en 1845.

Ch. Mottet prit bientôt le premier rang dans cette industrie ; aux fabrications mentionnées ci-dessus, il adjoignit celles du carmin d'indigo et de la cochenille ammoniacale, et aux Expositions universelles de 1851 à Londres et de 1855 à Paris, il obtint les médailles de prix et de 1re classe.

La fabrique de la rue Folie-Méricourt devenue insuffisante, Ch. Mottet créa, en 1853, l'usine de Saint-Denis, que nous allons décrire.

En 1858, A. Poirrier, collaborateur de Ch. Mottet depuis quelques années, devint son successeur, avec Chappat fils pour associé, jusqu'à la fin de l'année 1868, époque à laquelle A. Poirrier resta seul à la tête de la maison, par suite du décès de Ch. Chappat.

Poirrier et Chappat fils étaient à peine en possession de l'usine de Saint-Denis, qu'eut lieu l'apparition d'une couleur violette dérivée, disait-on, de l'aniline. Cette couleur avait un éclat inconnu jusqu'alors dans les couleurs pour teinture, mais semblait ne devoir jamais être employée industriellement, à cause de son prix élevé.

Poirrier et Chappat fils n'en jugèrent pas moins que l'avenir de l'industrie des matières colorantes était dans la fabrication des couleurs dérivées du goudron de houille. Se mettant à l'œuvre immédiatement, ils purent bientôt livrer au commerce, sous la dénomination de rosolane, la nouvelle couleur violette, bien fabriquée, en qualité irréprochable, à un prix relativement peu élevé ; en 1861, ils étaient arrivés à fabriquer et à vendre pour plus de trois millions de francs de cette nouvelle couleur, qu'ils exportèrent dans le monde entier.

A l'Exposition universelle de Londres, en 1862, ils obtinrent la grande médaille pour cette fabrication.

Mais l'élan était donné et l'attention des industriels éveillée ; les chercheurs s'étaient mis à l'œuvre ; l'industrie des couleurs d'aniline avait fait des progrès rapides ; de nombreux brevets avaient été pris pour la fabrication du rouge, du bleu, de violets nouveaux. Poirrier et Chappat fils, voyant leur fabrication de violet diminuer considérablement, font de nouveaux efforts. Après quelques années de labeur et de recherches, ils parviennent, avec l'aide de collaborateurs habiles, à reprendre la première place parmi les fabricants de couleurs d'aniline du continent, par la découverte et l'exploitation du Violet de Paris, pour lequel, à l'Exposition universelle de 1867, une médaille d'or leur a été décernée. A cette exposition, deux de leurs collaborateurs furent récompensés par une médaille d'or et une médaille d'argent.

En 1868, la Société la Fuchsine, qui était propriétaire ou cessionnaire de presque tous les brevets français pour la fabrication du rouge, du violet, du bleu, du vert d'aniline, céda le droit d'exploitation de ses brevets.

Au prix de sacrifices considérables, Poirrier et Chappat fils, qui voyaient cette belle industrie toute française sur le point de passer dans des mains étrangères, devinrent acquéreurs du droit d'exploitation de tous les brevets de la compagnie lyonnaise.

Ils achetèrent plutôt un droit d'exploitation qu'un monopole résultant des brevets, car les fabricants étrangers, allemands, anglais, suisses, sans payer aucune redevance, font à Poirrier une active concurrence.

Cette concurrence à armes inégales n'empêche pas Poirrier de fabriquer par jour environ 500 kilogrammes de couleurs nouvelles, dont plus du tiers est exporté, soit dans les pays les plus éloignés, soit sur le continent, en Angleterre, en Suisse et même en Allemagne.

A. Poirrier a pour collaborateurs des chimistes qui sont à la tête de chaque fabrication, et qui ont eux-mêmes des contre-maîtres sous leurs ordres.

L'usine de Saint-Denis occupe une superficie de près de 18,000 mètres; elle est reliée au chemin de fer du Nord par un railway et n'est séparée de la Seine que par une route.

Le service de l'usine est fait par cinq générateurs représentant ensemble une force de 200 chevaux; elle a 5 machines à vapeur de diverses forces; 200 ouvriers sont employés dans l'établissement.

Nous nous occuperons spécialement des couleurs dérivées de l'aniline, parce qu'elles offrent le plus d'intérêt par leur nouveauté, par l'attrait qui s'attache à leur étude, ainsi que par leur importance commerciale, qui s'accroît tous les jours, bien que A. Poirrier ait continué la fabrication de diverses matières colorantes non dérivées de la houille, telles que l'orseille, l'extrait d'orseille, le cudbeard, etc., etc.

———

La fabrication des matières colorantes dérivées de la houille est de date toute récente (1856). C'est à Perkin, jeune chimiste anglais, que revient l'honneur de la création de cette industrie.

Perkin, cherchant à obtenir de la quinine artificielle par la réaction d'un agent oxydant sur le sulfate d'aniline, obtint du violet, qu'il sépara d'une masse noire qui ne paraissait pas offrir grand intérêt.

Cette couleur produisit immédiatement une grande sensation dans l'industrie, à cause de son éclat incomparable, de sa solidité (1) et de la source dont elle dérivait. Une couleur magnifique et brillante extraite du charbon de terre noir et terne : il y avait là une antithèse qui contribua puissamment à répandre la nouvelle de cette découverte.

Le prix de cette matière colorante était si élevé que peu d'industriels crurent à son avenir; le kilogramme, à l'état sec, se serait vendu environ 4,000 fr.

Son auteur lui-même hésita beaucoup à installer cette fabrication, et il fut devancé, dans la production en grand de la matière colorante, par plusieurs fabricants français, entre autres Poirrier et

—————

(1) Jusque-là, on n'avait pas de violet qui pût résister à l'action de la lumière.

Chappat, qui apportèrent quelques modifications à son procédé.

Pour faire ce nouveau violet, les difficultés étaient grandes, en effet. Le brevet pris par Perkin indiquait bien le mode d'obtention du violet : réaction du bi-chromate de potasse sur le sulfate d'aniline ; mais si l'aniline était connue des savants qui en possédaient quelques grammes dans leur laboratoire, elle ne l'était guère des industriels ; il n'y avait pas de fabricants d'aniline. On consulta les ouvrages scientifiques, et l'on y apprit que le mode d'obtention le plus avantageux était de préparer l'aniline en passant par la nitro-benzine. Ce dernier produit ne se fabriquait pas beaucoup plus que l'aniline ; cependant Collas, Laroque en faisaient bien quelques kilogrammes, qu'ils vendaient à la parfumerie sous le nom d'essence de Mirbane.

Tout était donc à créer : fabrication de l'aniline, fabrication de la nitro-benzine ; il n'était pas jusqu'à la fabrication de la benzine qu'on dût organiser. En effet, la benzine, jusque-là, n'avait eu que des emplois très-restreints : elle servait pour le détachage des étoffes et était vendue sous le nom de benzine Collas.

On alla donc demander de la benzine aux usines à gaz, et les fabricants de couleurs, en trouvant là un entrepôt presque inépuisable de matière première, apportèrent à ces usines une source de bénéfices, en les débarrassant d'un produit encombrant (le goudron de houille). Ce furent les fabricants anglais qui se mirent des premiers à distiller leurs goudrons. Tout cela se créa rapidement : en moins de trois années, cette industrie multiple des matières colorantes dérivées de la houille était debout ; elle fonctionna bientôt sur la plus grande échelle en France, en Angleterre, puis en Allemagne.

La fabrication de la nitro-benzine, malgré les difficultés et les dangers d'explosion et d'incendie qu'elle présentait au début, n'arrêta pas non plus les industriels ; ce fut en France et en Angleterre que cette industrie fut exploitée tout d'abord.

La fabrication de l'aniline fut créée d'après un procédé récent, découvert par Béchamp, chimiste français, procédé qui était le seul praticable parmi ceux indiqués, et qui est encore suivi aujourd'hui par tous les fabricants d'aniline.

L'industrie fit une large application des procédés qui lui étaient fournis par la science. L'aniline, qui était à peine connue et qui fut produite d'abord au prix de 150 fr. le kilogr., tomba rapidement à 25 fr. (1) le kilogr.

Du jour où l'aniline fut produite à 25 fr., il devint certain que les couleurs d'aniline prendraient le plus grand développement. En effet, les chercheurs, stimulés par les bénéfices qu'on attribuait à ceux qui s'étaient occupés les premiers de cette fabrication, se mirent à l'œuvre, et en 1859, Verguin, chimiste industriel à Lyon, créait la fabrication du rouge d'aniline. Ce rouge avait été entrevu par Hofmann quelques mois avant, dans ses recherches scientifiques sur l'aniline.

A Verguin revient donc le mérite de la création industrielle de la fabrication du rouge d'aniline. Il porta son produit et son procédé chez MM. Renard frères, teinturiers à Lyon, qui firent breveter l'un et l'autre.

L'apparition du rouge ne produisit pas une sensation moins grande que celle du violet. Son prix était également élevé, 1,200 fr. le kilogramme, pour un produit moins pur que celui vendu aujourd'hui 50 francs. Cette couleur avait plus d'éclat encore que le violet, aucun rouge ne lui était comparable; MM. Renard frères lui donnèrent le nom de Fuchsine, et l'on ne vit plus que des couleurs dites Magenta, faites avec le nouveau rouge.

Verguin n'avait pas employé du premier coup le meilleur agent pour la transformation de l'aniline en rouge, et beaucoup d'autres qui donnaient généralement des résultats plus avantageux furent bientôt découverts et indiqués; tous provenaient d'une même réaction chimique : élimination de l'hydrogène dans l'aniline et formation finale d'un sel d'une même base, dont Hof-

(1) Elle se vendait il y a un an 2 fr. 50 le kilogramme

mann fixa la composition quelque temps après, et à laquelle il donna le nom de Rosaniline, avec la formule $C^{20} H^{19} az^3 H^2 O$.

Il y eut de nombreux procès; tous les tribunaux jugèrent dans le même sens : ils ne virent aucune nouveauté dans la substitution d'un agent à un autre, réagissant sur l'aniline pour arriver au même produit, et ils accordèrent à Renard frères la propriété du rouge d'aniline, qu'ils avaient fabriqué et appliqué les premiers industriellement.

Malheureusement, les brevetés ne comprirent peut-être pas assez que tout droit impose un devoir. Ils laissèrent établir un écart trop considérable entre les prix de leurs produits et ceux des fabricants étrangers, et, au mépris de leurs brevets, ils virent bientôt la concurrence étrangère envahir le marché français.

De France, où elle était née, la fabrication du rouge se répandit immédiatement en Angleterre, en Allemagne et en Suisse, et à l'inverse de celle du violet, découvert par Perkin, qui, d'origine anglaise devint bientôt toute française, le rouge, découvert en France, semblait plutôt né en Allemagne, par le nombre et l'extension que prirent immédiatement les fabriques de ce pays.

Le rouge, en effet, ne tarda pas à donner lieu à une fabrication très-importante; bientôt il ne servit plus seulement à teindre en cette magnifique couleur Magenta que tout le monde connaît; mais il devint le point de départ, la matière première de toutes les autres couleurs d'aniline : bleu, violet, vert, grenat, etc. En effet, on fabriquait le rouge depuis deux années à peine, que deux jeunes chimistes français, Girard et de Laire, trouvèrent qu'il pouvait se transformer en un violet plus beau que le violet Perkin et en un bleu magnifique, en le chauffant avec de l'aniline.

Ils apportèrent leur procédé à Renard frères, et ce bleu remplaça immédiatement, dans la plupart des applications, les bleus de France et le carmin d'indigo.

A peu près à la même époque, Guinon, Marnas et Bonnet

fabriquèrent un bleu dit Azuline, dont nous parlons plus loin ; mais il ne put soutenir la concurrence du bleu d'aniline.

On ne devait plus s'arrêter dans la voie des découvertes ; après le bleu vint le vert, dérivé du rouge comme lui, en passant par un bleu instable, découvert par Ch. Lauth, qui l'obtenait en faisant réagir de l'aldéhyde sur du rouge. Ce vert fut trouvé par Cherpin, employé d'Usèbe.

Cherpin voulait fixer le bleu d'aniline de Ch. Lauth, qui jusque-là n'avait pas eu d'application à cause de son instabilité.

Sur le conseil d'un photographe, son ami, qui considérait l'hyposulfite de soude comme le *fixateur* universel, il employa l'hyposulfite de soude pour *fixer* le bleu à l'aldéhyde de Ch. Lauth comme on fixe une épreuve photographique. Quel ne fut pas son étonnement lorsqu'il vit que le bleu s'était transformé en vert, et en un vert parfaitement stable.

Ce vert fut employé immédiatement par les teinturiers en soie, à l'exclusion des verts anciens ; les applications sur laine en impression ont donné de très-bons résultats, mais il n'en a pas été de même pour la teinture, qui n'a pu encore s'en servir avantageusement.

Nous venons de voir le rouge transformé en violet, en bleu, en vert. Hofmann, reprenant la question, fit encore subir une nouvelle modification à ce rouge : il le soumit à l'action d'un radical alcoolique, et il obtint le magnifique violet qui porte son nom.

De même que Girard et de Laire avaient obtenu le violet impérial et le bleu, en substituant une ou plusieurs molécules du radical phényle $C^6 H^5$ contenu dans l'aniline à une ou plusieurs molécules d'hydrogène de la rosaniline ; de même Hofmann substitua les radicaux des alcools (éthyle $C^2 H^5$, méthyle $C^1 H^3$, etc.) dans cette même rosaniline.

Bien que l'on eût déjà plusieurs violets d'aniline, violets de Perkin, de Girard et de Laire, le violet Hofmann n'en fut pas

Appareil à distiller. (D'après une photographie de Franck.)

moins accueilli avec la plus grande faveur ; il était beaucoup plus brillant que ses deux aînés.

Les fabricants constatèrent qu'en préparant le violet Hofmann il se formait du vert. Ce vert fut isolé du violet, et les teinturiers en soie et en coton abandonnèrent le vert à l'aldéhyde pour ne consommer que le nouveau vert, dit à l'iode, qui est peut-être moins stable à la lumière, mais beaucoup plus beau.

Le violet Hofmann resta pendant longtemps à un prix élevé (200 fr. le kilogr.), et pour cette raison son emploi ne s'était pas généralisé.

C'est alors que parut le violet de Paris, et nous arrivons par lui aux couleurs qui n'étant plus obtenues en passant par le rouge, dérivent plus directement de l'aniline.

Il y avait grand intérêt à obtenir de pareilles couleurs, qui fussent différentes comme composition de celles obtenues avec la rosaniline et qui pussent lutter avec elles pour l'éclat et le bon marché.

C'est le problème qu'ont résolu Poirrier et Chappat fils, pour le violet de Paris.

Le violet de méthylaniline, dit violet de Paris, avait été indiqué dès 1861 par Lauth ; pour diverses causes, ce chimiste ne donna pas suite à sa découverte.

Ce fut en 1865 que Poirrier et Chappat fils, avec la collaboration de leur chimiste, Ch. Bardy, entreprirent de faire du violet dérivé de l'aniline dans laquelle on aurait introduit préalablement un radical alcoolique.

La plus grande difficulté était de fabriquer industriellement ces alcaloïdes à radicaux alcooliques, par un procédé pratique et à un prix qui permit d'obtenir un violet ne coûtant pas plus cher que le violet Hofmann.

Le procédé indiqué et suivi dans les laboratoires pour obtenir l'éthylaniline ou la méthylaniline par la réaction des iodures alcooliques, revenait excessivement cher et le procédé n'était pas praticable industriellement.

Là encore, l'industrie vint faire un emprunt à la science. Le procédé indiqué par Berthelot pour la substitution d'un radical alcoolique dans l'ammoniaque, en chauffant sous pression de l'alcool avec du chlorhydrate d'ammoniaque, fut appliqué à l'aniline.

L'opération était délicate et dangereuse; il fallait des appareils assez forts pour résister à une pression considérable, et construits de façon à ne laisser échapper aucun gaz.

Jusque-là, les préparations en vases clos ne s'étaient presque pas faites dans l'industrie.

Toutes les précautions furent prises : il n'y eut aucun accident à déplorer, et après beaucoup de persévérance, d'efforts et de dépenses le résultat fut atteint (1).

A. Poirrier produit quotidiennement environ 300 kilogrammes de méthylaniline.

La méthylaniline obtenue, il restait à choisir l'agent le plus con-

(1) Aujourd'hui même, l'industrie commence à se préoccuper de cette méthode des vases clos. Elle s'approprie, en les modifiant à son usage, les procédés de la science pure. C'est ainsi que l'on a proposé de saponifier les corps gras par l'eau pure à une température voisine de 200°. Si la pression énorme qui se produit dans ces circonstances a fait renoncer à la réaction de l'eau sur les corps gras, employée dans toute sa simplicité, cependant on a réussi à faire concourir cette réaction à la saponification des corps gras neutres, en employant en même temps que l'eau une petite quantité de chaux, laquelle permet d'opérer à une température plus basse et sous une pression moindre, mais toujours avec le concours des vases clos.

MM. Poirrier et Chappat ont été plus hardis, lorsqu'ils ont appliqué la méthode des vases clos à la préparation de la méthylaniline, par la réaction de l'alcool méthylique sur le chlorhydrate d'aniline, et conformément à un procédé scientifique signalé par M. Berthelot pour la production des alcalis organiques. La méthylaniline préparée par leur procédé et la belle matière colorante violette qui en dérive figurent à l'Exposition.

Ces premières tentatives peuvent être regardées comme le prélude des découvertes qui attendent l'industrie dans une voie nouvelle et féconde.

Extrait du rapport de M. Berthelot. — Exposition universelle de 1867. — La méthode des vases clos et ses applications.

...Comme on le voit, le procédé de MM. Poirrier et Chappat est double. Il comprend, d'une part, la fabrication des dérivés éthyliques et méthyliques de l'aniline, et, de l'autre, la transformation de ces monamines secondaires en matières colorantes violettes. La méthode qu'ils ont adoptée pour produire la méthyle et l'éthylaniline est celle qu'avait indiqué M. Berthelot

venable pour la transformer en violet; ces agents sont nombreux, mais ils ne donnent pas tous de bons résultats. Poirrier et Chappat fils transformaient cette base en violet par un procédé original, mais dispendieux, quand Ch. Lauth vint le remplacer avantageusement. Dès lors le Violet de Paris put être livré à un prix relative‑ment très-bas (1).

Il donnait des nuances identiques au violet Hofmann, et on vendit le produit 100 fr., alors que le violet Hofmann en valait 200.

pour produire d'une manière générale les monamines à radicaux alcooliques. C'est un nouvel exemple du passage des méthodes scientifiques dans l'industrie, et, chose remarquable, de toutes celles qui avaient été employées pour la préparation des alcalis méthyliques et éthyliques, celle-ci, qui semblait le moins pratique dans le laboratoire, est la seule qui soit devenue industrielle.

Extrait du rapport de MM. A. W. Hofmann, Georges de Laire et Charles Girard. — Matières colorantes dérivées de la houille. — Exposition universelle de 1867.

(1) M. Lauth, dont le nom revient bien fréquemment dans ce résumé de découvertes relatives aux couleurs nouvelles, oxydant, dès 1861, la méthylaniline aussi pure que l'industrie peut la fournir, avait obtenu un nouveau violet à la fabrication duquel la difficulté de préparer la matière première l'avait forcé de renoncer. Mais cette étude, reprise par MM. Poirrier et Chappat, avec l'importante collaboration de leur chimiste, M. Bardy, a récemment porté ses fruits.

Ces industriels habiles ne sont pas seulement parvenus à fabriquer la méthylaniline dans des conditions de bas prix extrême, en imitant un procédé qui avait servi à M. Berthelot pour obtenir les ammoniaques alcooliques de M. Hofmann, mais ils ont su, par une action oxydante appropriée, transformer cette substance en un violet tout nouveau, en un violet de méthylaniline. Ce violet, qui diffère par quelques-unes de ses propriétés du violet dérivé de la rosaniline, comme il en diffère nécessairement par sa nature, puisqu'il a été fourni par l'aniline la plus pure que peut fournir l'industrie, en rappelle cependant l'éclat et la beauté, mais à un degré un peu amoindri.

En 1861, à cette fabrication en grand du produit qu'il avait découvert, M. Lauth est venu apporter à son tour un concours des plus utiles. En faisant intervenir la chaleur pour aider l'action oxydante de l'air et d'autres agents d'oxydation plus énergiques, il a pu produire, avec 100 parties de méthylaniline, plus de 40 parties d'un violet obtenu dans les conditions les plus économiques et dont l'emploi commence déjà à se répandre en France et à l'étranger.

Extrait du rapport de M. Balard. — Exposition universelle de 1867. *— Découverte des nouvelles couleurs dérivées de la houille.*

De plus, celui-ci était vendu à l'état d'iodhydrate, insoluble dans l'eau, soluble seulement dans l'alcool, ce qui en augmentait encore considérablement le prix, tandis que le violet de Paris était soluble dans l'eau.

Le violet de Paris qui, au début de la fabrication, égalait à peine le violet Hofmann comme éclat, lui est aujourd'hui généralement préféré pour les nuances les plus pures.

La production chez A. Poirrier en est considérable, et aujourd'hui, cette fabrication ne fonctionne encore dans aucune autre usine.

Girard et de Laire ont également trouvé le moyen de faire, sans passer par le rouge d'aniline, le même bleu qu'ils avaient fait quelques années avant avec cette matière.

Ils firent réagir sur un mélange d'aniline et de toluidine les chlorhydrates de ces bases, et de cette façon ils substituèrent du phényle et du toluyle à l'hydrogène de l'aniline et de la toluidine, au lieu de faire cette substitution sur la rosaniline, puis ils oxydèrent la nouvelle base et ils obtinrent du bleu.

Ce bleu, qui a exactement les mêmes propriétés que celui fait avec le rouge, qui doit avoir la même composition, puisque c'est le même produit, n'a pas encore été très-répandu dans l'industrie. Pour faire ce bleu, il faut employer les deux bases qui sont nécessaires pour la formation de la rosaniline, aniline et toluidine, tandis que la méthylaniline qui sert à la fabrication du violet doit être faite avec de l'aniline aussi pure que possible, et qui, par conséquent, ne donnerait que peu ou pas de rosaniline.

Enfin, il est une autre couleur, dérivée directement de l'aniline, dont nous n'avons pas encore parlé; mais celle-ci n'est pas un produit qu'on prépare dans les fabriques de produits chimiques et qu'on livre à la teinture et à l'impression; elle s'applique incolore sur le tissu, et par l'action de l'air et de certains agents, elle s'y développe; c'est le noir.

Le noir d'aniline a été jusqu'à ce jour employé exclusivement dans l'impression sur coton; contrairement à toutes les autres

couleurs dérivées de l'aniline, qui sont généralement peu stables,
le noir résiste complétement à l'action de la lumière. On n'avait pas
de procédé d'application par teinture; Ch. Lauth vient de combler
heureusement cette lacune, comme il avait déjà rendu pratique le
procédé d'application par impression de Lightfoot. Avant le perfectionnement apporté par Ch. Lauth à ce dernier procédé, on ne pouvait faire de noir, parce que les agents qu'employait Lightfoot
attaquaient la fibre végétale.

Ainsi donc, avec l'aniline, on obtient, soit directement, soit en
passant par le rouge, du rouge d'abord, puis du bleu, du violet,
du vert, du noir; on obtient encore d'autres couleurs, mais elles
ont beaucoup moins d'importance; ce sont : les gris, les bruns, les
oranges (se produisant en même temps que le rouge qu'ils ternissent et dont on les sépare); des bleus foncés fabriqués par
Coupier et qui peuvent pour certains emplois remplacer l'indigo.

Toutes les couleurs mentionnées jusqu'ici dérivent de l'aniline;
mais, en distillant le goudron de houille, on obtient, outre la benzine, beaucoup d'autres corps, et parmi eux il en est qui servent à
engendrer également des couleurs; tels sont l'acide phénique, la
naphtaline, l'anthracène.

L'acide phénique, qui est un désinfectant puissant, est en même
temps la source de plusieurs matières colorantes; l'une d'elles, l'a-
cide picrique, est connue depuis longtemps. On le fabriquait bien
avant l'apparition des couleurs d'aniline, et ce sont MM. Guinon,
Marnas et Bonnet qui, les premiers, l'ont fabriqué et appliqué à la
teinture des soies; il donne un jaune clair très-brillant.

Dès 1860, MM. Guinon, Marnas et Bonnet, appliquant les procédés de J. Persoz fils, obtinrent avec l'acide phénique également un
produit orange; c'était l'acide rosolique. Ce corps fut soumis à l'action
de l'ammoniaque sous pression et donna un rouge très-brillant,
mais qui n'a aucune solidité; enfin, en faisant réagir l'aniline sur
ce rouge, les mêmes fabricants obtinrent un bleu dit azuline,
moins pur toutefois et moins avantageux que le bleu d'aniline.

Avec l'acide phénique, on produit également des marrons et des bruns qui sont peu employés en France.

De nombreux essais ont été faits sur la naphtaline et ses dérivés pour l'obtention de couleurs, mais sans succès. Ces couleurs manquent de beauté, de solidité ; ce n'est que depuis quelque temps que Martius est parvenu à faire avec un dérivé de la naphtaline, la naphtylamine, un jaune d'or qui a un certain emploi.

Clavel, de Bâle, a également fait breveter un procédé pour la fabrication, avec des dérivés de la naphtaline, d'un produit qui donne des nuances ressemblant assez au rouge d'aniline ; ce produit fournit de très-beaux roses sur soie, mais il n'est pas beau dans les nuances foncées ; il n'a été jusqu'à présent que très-peu employé.

Dans cette longue série des couleurs dérivées de la houille, le dernier venu sera certainement le plus important, et par l'emploi considérable qu'on en fera, et par la révolution qu'il apportera dans la culture de certaines contrées : c'est l'alizarine artificielle, qui existe toute formée dans la racine de garance.

Les chimistes cherchèrent pendant longtemps à la préparer avec la napthaline, à cause des rapports qui existent dans la composition de ces deux corps ; mais ce furent Graebe et Liebermann, chimistes de Berlin, qui, appliquant à l'alizarine le procédé de réduction indiqué par Berthelot, trouvèrent que l'hydrocarbure auquel on remonte était l'anthracène et non la napthaline.

Il restait à trouver les procédés pour transformer cet anthracène en alizarine. Graebe et Liebermann y sont parvenus très-heureusement, et plus tard Brœnner et Gutzkow ont perfectionné le procédé de Graebe et Liebermann.

On extrait l'anthracène en rectifiant le produit solide de la distillation du goudron de houille ; mais on ne sait encore si l'on obtiendra ce produit en assez grande abondance pour fournir toute la quantité d'alizarine qui est donnée aujourd'hui par la garance.

En effet, il entre annuellement dans le commerce pour plus

Ateliers des bleus. (D'après une photographie de Franck.)

de 50 millions de francs de garance, et la France entre pour un quart environ dans cette production.

L'alizarine artificielle a toutes les propriétés de l'alizarine de la garance, et, sur toutes les couleurs de l'aniline, elle a l'avantage de la solidité ; il est vrai qu'elle n'en a pas l'éclat.

———

L'industrie des matières colorantes dérivées de la houille, bien que dans l'enfance encore, car elle date à peine de dix ans, a déjà pris l'une des premières places, par l'importance des transactions auxquelles elle donne lieu (1). Plus que toute autre, elle oblige le fabricant à être constamment sur la brèche, soit pour perfectionner ses procédés, soit pour en découvrir de nouveaux.

Cette industrie progresse et se transforme avec une rapidité étonnante. On peut en juger par ce qui s'est fait pendant sa courte existence ; tel produit, qui semblait un jour défier pour longtemps toute concurrence, était quelque temps après complétement détrôné par un produit bien supérieur. Ainsi, le violet Perkin ne fut exploité qu'en 1859, et en 1861 paraissait déjà le violet impérial de Girard et de Laire.

Une nouvelle période de trois années s'écoule à peine, que le violet Hofmann vient prendre la place du violet impérial jusqu'à l'apparition du violet de Paris, qui a lieu deux années après, et qui vient diminuer considérablement la demande du violet Hofmann.

Ce qui est arrivé pour le violet s'est passé à peu près de même pour les autres couleurs : pour les verts, pour les bleus. Le vert à l'iode a remplacé le vert à l'aldéhyde ; les bleus solubles ont remplacé, en partie, les bleus à l'alcool, et leur consommation va toujours grandissant.

(1) On ne l'estime pas à moins de 60,000,000.

C'est donc une transformation incessante, rapide, qui ne peut laisser au fabricant la certitude du lendemain pour le produit qu'il fabriquait la veille.

En dehors des découvertes qui naissent et qui renversent les découvertes antérieures, il n'est pas jusqu'aux simples perfectionnements qui ne puissent bouleverser une fabrication. Et puis, dans une même couleur, il faut des variétés aussi multiples que les consommations auxquelles elles s'adressent. Ainsi, telle sorte appliquée avec succès par l'impression ne sera pas appréciée par la teinture; de même, la teinture en soie emploie d'autres sortes que la teinture en laine; tous usages divers et pour lesquels on est d'autant plus exigeant, que de la bonne qualité des matières colorantes employées dépend en grande partie le succès.

Si le teinturier n'a pas des produits suffisamment purs, il ne peut, malgré tout son art dans l'application, obtenir des nuances assez brillantes.

Ces couleurs sont, du reste, d'un emploi facile; elles ont une telle affinité pour la fibre textile, qu'elles s'y appliquent généralement sans aucun mordant : il suffit d'immerger le tissu dans le bain de teinture pour qu'elles soient fixées.

Les prix, qui étaient très-élevés, sont aujourd'hui très-bas, puisqu'un kilogramme de fuchsine, qui se vendait 1,200 fr., vaut 50 francs, et la qualité en est supérieure.

Le violet au bichromate, qui se vendait 150 francs à l'état de pâte, vaut 20 francs.

L'aniline elle-même, qui valait 50 francs, vaut 5 francs.

Ces produits s'emploient non-seulement en teinture pour l'impression des tissus, mais ont encore une foule d'autres applications; pour le papier peint, l'encre, la laque, le papier, etc., etc.

On les exporte dans les contrées les plus éloignées, celles même d'où nous venaient jusque-là les plus belles couleurs extraites des plantes qui croissent dans l'extrême orient, en Chine, au Japon, aux Indes.

La table suivante donne approximativement le rapport qui existe entre les nombres qui représentent un poids donné, soit une tonne de charbon de terre, et celui du rouge d'aniline qu'on en peut retirer, ainsi que les quantités relatives de tous les produits intermédiaires.

Ainsi, en partant de la houille . .   1000 kilog.   » gr.

On obtient successivement :

Goudron de houille. . . .	100	—	»	—
Benzine	1	—	000	—
Nitro–benzine	1	—	400	—
Aniline	0	—	850	—
Rouge d'aniline	0	—	250	—

PRÉPARATION DES MATIÈRES PREMIÈRES

DÉRIVÉES DE LA HOUILLE

QUI SONT EMPLOYÉES DANS LA FABRICATION DES COULEURS

La houille est, comme nous l'avons vu, la matière première d'où l'on extrait les produits qui servent à obtenir les magnifiques couleurs dont nous avons fait l'historique.

Cette houille est soumise à la distillation dans des cornues en terre qu'on chauffe au rouge. Par un tuyau vertical placé sur la partie supérieure de la cornue, le gaz se dégage, en même temps qu'un produit oléagineux qui se dépose par refroidissement et qui s'écoule dans de grandes cuves. Le gaz poursuit sa marche dans des tuyaux, et, après purification, arrive dans des réservoirs d'où il est distribué pour l'éclairage.

Mais revenons à notre produit oléagineux : c'est le *goudron*, qui se produit en grande quantité et qui encombre encore aujourd'hui certaines usines qui ne le distillent pas.

Le goudron de houille contient un nombre considérable de produits chimiques, qu'on sépare par distillation et par des traitements appropriés.

Parmi eux, nous citerons seulement ceux qui nous intéressent et qui sont utilisés pour la production des couleurs :

Benzine, $C^6 H^6$.

Toluène, $C^7 H^8$.

Xylène, $C^8 H^{10}$.

Naphtaline, $C^{10} H^8$.

Anthracène, $C^{14} H^{10}$.

Acide phénique ou carbolique, $C^6 H^6 O$.

Aniline, $C^6 H^7 Az$.

Lorsqu'on distille le goudron de houille jusqu'à siccité, il reste dans la cornue du brai pour résidu.

Ce brai est aggloméré avec du charbon de terre menu, et l'on en fait des briquettes qui sont utilisées pour le chauffage.

Benzine $C^6 H^6$, Toluène $C^7 H^8$, Xylène $C^8 H^{10}$.

Le produit vendu dans le commerce sous le nom de benzine est presque toujours un mélange de benzine et de produits homologues, toluène, xylène, etc., et c'est ce mélange en proportion variable, ou tout au moins un mélange de benzine et de toluène, qui est généralement employé dans la fabrication des couleurs.

La benzine, à l'état de pureté, est une huile volatile incolore, bouillant à la température de 80°, moins dense que l'eau, densité 0,850; très-inflammable, et lorsqu'elle est enflammée, l'eau ne peut l'éteindre, parce qu'elle nage à la surface. Elle se solidifie presque à zéro.

Elle fut découverte en 1825 par Faraday, et c'est le docteur Hofmann qui, en 1825, signala son existence dans le goudron de houille.

Pour séparer la benzine des nombreux produits avec lesquels elle est mélangée dans le goudron de houille, on procède, comme nous l'avons dit, par distillation et en séparant les produits legers, c'est-à-dire ceux qui sont moins denses que l'eau, des produits lourds.

On redistille plusieurs fois ces produits légers, après les avoir traités par l'acide sulfurique, et l'on a·alors une huile limpide, incolore, qui contient un mélange de benzine, de toluène, de xylène, etc.

Par des distillations fractionnées et répétées, ou par une seule distillation dans un appareil convenablement disposé, on sépare ces divers corps.

Celui qui passe à la température la plus basse est la benzine, qui bout à 80°; puis, c'est le toluène à 110°, le xylène à 130°.

C'est Mansfield qui, en 1847, a montré l'existence du toluène dans le goudron de houille.

On trouve ce même produit en distillant à sec le baume de Tolu. La distillation donne un mélange d'éther benzoïque et de toluène.

Sa densité est de 0,840.

Bien que ce corps ressemble beaucoup à la benzine, il en diffère cependant par plusieurs de ses propriétés.

Le *xylène*, homologue de la benzine, comme le toluène, comme le cumène, a été trouvé par Cahours, en 1850, dans l'huile qui se sépare de l'esprit de bois brut par l'addition d'eau. Il joue un rôle beaucoup moins important que la benzine et le toluène dans la formation des couleurs; nous ne nous y arrêterons donc pas plus longtemps.

NITRO-BENZINE $C^6 H^5$ Az O^2, NITRO-TOLUÈNE $C^7 H^7$ Az O^2.

Le produit vendu sous le nom de nitro-benzine est presque toujours un mélange en proportions variables de nitro-benzine et de nitro-toluène.

La nitro-benzine a été découverte en 1839 par Mitscherlich. C'est un liquide huileux, légèrement ambré, dont l'odeur rappelle celle de l'essence d'amandes amères. Elle se solidifie à une température plus basse que 0°, soit — 3°. Elle bout à 213°. Sa densité est 1,209. Elle est inflammable.

Le nitro-toluène a beaucoup des propriétés physiques de la nitro-benzine;

son point d'ébullition est plus élevé ; il bout à 225° et sa densité est 1,180.

La nitro-benzine et le nitro-toluène s'obtiennent en faisant réagir sur les deux hydrocarbures l'acide nitrique fumant.

Cette opération n'est pas toujours sans danger, et dans le début de cette industrie, il y eut de nombreux accidents, des explosions qui déterminèrent des incendies.

On est arrivé à régulariser cette fabrication, et certains fabricants produisent quotidiennement des milliers de kilogrammes.

L'opération, qui se faisait au début dans des vases en verre, puis en grès, et par petites quantités, se fait aujourd'hui dans des vases en fer et par quantités considérables.

Dans un appareil en fer, de forme cylindrique, d'une contenance de 1,000 à 1,500 litres, on introduit d'abord toute la quantité de benzine qu'on veut transformer, puis on met en mouvement un agitateur dont est muni l'appareil, et l'on fait arriver un mélange d'acide sulfurique et nitrique par un tube disposé à cet effet.

On agite constamment, pour que le mélange d'acide soit mis en contact avec la masse à mesure de l'écoulement.

On modère ou on active la réaction, soit en faisant arriver de l'eau froide sur les parois de l'appareil, soit en faisant arriver de la vapeur dans une enveloppe qui entoure l'appareil.

Quand l'opération est terminée, on fait écouler les produits, qui se séparent en deux couches : l'une huileuse, qui est la nitro-benzine ; l'autre, constituée par le mélange acide affaibli.

La nitro-benzine doit être parfaitement lavée à l'eau, puis par une petite quantité de soude, pour neutraliser l'acide libre.

Aniline $C^6 H^7 Az$, Toluidine $C^7 H^9 Az$.

Ce sont les derniers produits intermédiaires avant l'obtention de la plupart des couleurs.

Le produit vendu sous le nom d'aniline est généralement un mélange d'aniline et de toluidine.

L'aniline a été découverte en 1826 par Unverdorben, en distillant de l'indigo ; en 1834, Runge découvrit l'existence de l'aniline toute formée dans le

Fabrication du violet Hofmann. (D'après une photographie de Franck.)

Vase clos pour chauffer sous pression. (D'après une photographie de Franck.)

goudron de houille; plus tard, Hofmann indiqua des procédés pour en opérer la séparation; mais elle n'y est malheureusement qu'en très-petite quantité; ce fut Zinin qui, le premier, découvrit que la nitro-benzine pouvait se transformer en aniline, et plus tard Béchamp, perfectionnant le mode de transformation de Zinin, dota l'industrie d'un procédé pratique, juste au moment de la naissance des couleurs d'aniline, soit en 1859, procédé qui n'a pas peu contribué au grand développement qu'a pris immédiatement cette industrie.

L'aniline est un produit huileux légèrement coloré, qui bout à 182°. Sa densité est de 1,028. Elle a une forte odeur aromatique; c'est un poison assez énergique.

Elle se combine avec les acides formant des sels, qui, généralement, sont solubles dans l'eau.

La toluidine s'obtient comme l'aniline, mais par la réduction du nitro-toluène.

Elle bout à 198°. Sa densité est de 1,012. Elle est solide à la température ambiante; mais elle est presque toujours mélangée avec la pseudo-toluidine, et, dans ce cas, elle ne cristallise qu'au dessous de zéro, en se séparant de la pseudo-toluidine.

La pseudo-toluidine a été découverte récemment par Rosenstiehl. Elle se forme toujours en même temps que la toluidine. Son point d'ébullition est le même; beaucoup de propriétés leur sont communes; mais Rosenstiehl a su habilement trouver les réactions qui servaient à les caractériser et le mode de séparation.

Il a également indiqué le rôle que joue chacun de ces alcaloïdes dans la fabrication du rouge.

L'aniline, qui se préparait autrefois dans de petits appareils, se fait aujourd'hui dans un grand cylindre en fonte, à peu près de la forme et de la même capacité que celui employé pour la fabrication de la nitro-benzine, et également muni d'un agitateur. On verse d'abord de l'acide acétique, très-étendu, on met l'agitateur en marche, puis on ajoute une certaine quantité de fonte en poudre et toute la nitro-benzine qu'on veut transformer.

Une réaction vive se déclare : les vapeurs se condensent dans un cohobateur placé au-dessus de l'appareil et en communication avec lui, et y retombent continuellement; on ajoute peu à peu de nouvelles quantités de fonte.

Quand la nitro-benzine est transformée en aniline, ce que l'on reconnaît quand, en prenant une partie du produit liquide, on constate qu'il se dissout entièrement dans l'acide muriatique, on injecte de la vapeur d'eau dans la masse ; et, de cette façon, on entraîne l'aniline. On la soumet ensuite à une nouvelle distillation, et à cet état elle est employée pour la fabrication des couleurs.

MÉTHYLANILINE $C^6 H^8 (C^2 H^3)$ Az,   ÉTHYLANILINE $C^6 H^8 (C^2 H^5)$ Az.

Ces bases sont des anilines composées, c'est-à-dire des anilines dans lesquelles on a substitué une molécule d'éthyle ou de méthyle à une molécule d'hydrogène de l'aniline (1).

Ce sont des liquides huileux, légèrement colorés en jaune, bouillant à une température supérieure à celle de l'aniline.

Ces bases s'obtiennent, comme nous l'avons dit, dans l'usine de A. Poirrier, par un procédé tout à fait original.

Dans un appareil pouvant supporter une haute pression, on introduit un sel d'aniline, du chlorhydrate, et l'alcool dont on veut obtenir le radical ; on ferme hermétiquement l'appareil et on chauffe pendant quelques heures à des températures différentes, selon la nature de l'alcool et son point d'ébullition : soit de 225° à 250° et même 300°.

Quand l'opération est terminée on laisse refroidir, on retire le liquide ; on a le chlorhydrate de la nouvelle base qu'on décompose par l'addition d'une certaine quantité de chaux ; on distille le tout à feu nu ; on sépare la couche huileuse et on la redistille de nouveau en séparant les parties qui passent entre 190° et 210°, si c'est de la méthylaniline, et ce sont ces parties qui sont employées pour la transformation en couleur.

Par l'addition de bichlorure d'étain anhydre, la méthylaniline se colore immédiatement en un beau violet bleu.

DIPHÉNYLAMINE $C^{12} H^{11}$ Az.

La Diphénylamine s'obtient, selon le procédé indiqué par Girard et de Laire, en chauffant dans un autoclave sous pression, deux parties d'aniline

(1) Hofmann et Wurtz ont fait les premiers ces substitutions.

commerciale et une partie de chlorhydrate d'aniline à une température d'environ 250°.

Acide phénique $C^6 H^6 O$, Naphtaline $C^{10} H^8$, Anthracène $C^{14} H^{10}$.

C'est Calvert qui obtint, un des premiers, industriellement l'acide phénique à un état de pureté remarquable.

L'acide phénique est solide, cristallisé, incolore ; il a une forte odeur de fumée. Sa saveur est caustique et brûlante ; sa densité est de 1,065 ; il bout vers 188°.

Il est aujourd'hui très-employé en médecine.

Pour l'obtenir, il faut recueillir les parties qui passent entre 160 et 190°, quand on distille le goudron de houille ; on les traite ensuite par une lessive de soude assez faible ; on obtient du phénate de soude qu'on décompose par l'acide sulfurique. On soumet de nouveau le produit huileux à la distillation, et après avoir séparé les produits plus lourds et les produits plus légers, on obtient l'acide pur qui cristallise facilement.

La naphtaline est solide, incolore, bien cristallisée, possède une forte odeur de goudron de houille ; elle bout à 220°. On la trouve en grande quantité dans les huiles lourdes de la distillation du goudron, lorsqu'on en a séparé l'acide phénique.

On a une masse solide qu'on soumet à l'action de la presse ; puis le produit pressé est soumis à la sublimation et l'on a la naphtaline assez pure ; car, bien que son point d'ébullition soit très-élevé, elle se sublime facilement.

La naphtaline, traitée par l'acide nitrique, se transforme en nitro-naphtaline qui, réduite comme la nitro-benzine, se transforme en naphtylamine ($C^{10} H^9 Az$), base analogue à l'aniline.

L'anthracène est obtenu, d'après MM. Brœnner et Gutzkow, en soumettant dans une cornue soit le brai de goudron de houille, soit l'asphalte à l'action de la vapeur surchauffée. Quand on distille l'huile lourde du goudron de houille, il passe à la fin de la distillation un produit gluant, de couleur orange, qui renferme beaucoup d'anthracène.

Nous avons vu comment on obtenait le goudron du charbon, les nombreux produits qu'on retirait de ce goudron, les transformations qu'on faisait subir à certains de ces produits : la benzine en nitro-benzine, cette dernière en aniline, celle-ci en méthylaniline, en diphénylamine, etc. Il ne nous reste plus qu'à indiquer le mode d'obtention de ces couleurs.

PRÉPARATION

DES

DIVERSES COULEURS DÉRIVÉES DE L'ANILINE.

Violet d'Aniline, Mauvéine ($C^{27} H^{24} Az^4$), Rosolane, Indisine, etc.

Le violet de Perkin, auquel l'inventeur a donné le nom de Mauvéine, à l'état de base, est également connu sous le nom de Rosolane, Indisine, etc., noms qui ont été donnés par les divers fabricants.

La mauvéine est, comme nous l'avons dit, la première couleur obtenue industriellement, dérivée de l'aniline.

C'est un violet rouge, moins brillant que les autres violets qui ont été découverts depuis, mais qui a sur eux l'avantage d'être plus solide à l'air ; on peut obtenir ses sels à l'état de cristaux d'un beau vert brillant ; mais on le livre généralement à l'état de pâte.

On obtient ce violet en mélangeant des solutions froides ou presque froides de sulfate ou de chlorhydrate d'aniline et de bichromate de potasse, équivalent pour équivalent. A mesure que l'on mélange les deux liquides, il se forme un précipité noir et la température s'élève.

On laisse en contact pendant quelque temps, soit vingt-quatre heures, puis on lave le précipité plusieurs fois à l'eau froide, pour enlever les sels qui pourraient gêner la dissolution. Le produit noir étant suffisamment lavé, on le traite par 30 ou 40 fois son poids d'eau bouillante ; on arrête l'ébullition au bout d'un certain temps, soit une heure ; alors la masse noire se dépose et la liqueur est fortement colorée en violet ; on filtre pour séparer les impuretés qui pourraient rester en suspension, et l'on ajoute dans la liqueur filtrée une certaine quantité de sel marin ; le violet est précipité à l'état floconneux ; on filtre de nouveau ; il passe une eau entièrement décolorée, et la matière colorante reste sur le filtre.

Perkin, dans son brevet, recommandait la purification de la masse noire par la benzine, puis l'épuisement par l'alcool chaud.

Ce mode de traitement, qui est encore suivi partiellement par certains fabricants, nécessite l'emploi d'appareils très-coûteux, et a, de plus, l'inconvénient de donner des produits moins purs ; on est obligé de les redissoudre dans l'eau pour obtenir toute la pureté désirable.

De la nature de l'aniline, de la température à laquelle on opère, dépend le succès de cette fabrication, qui demande les soins les plus minutieux, car le rendement varie bien vite du simple au double.

ROUGE D'ANILINE. — ROSANILINE $C^{20} H^{19} Az^3$, $H^2 O$.

Fuchsine. — Roséine. — Magenta.

Le rouge d'aniline, comme le violet Perkin, est vendu sous divers noms.

Ce sont Renard frères qui lui ont donné le nom de Fuchsine, dérivé du nom allemand *Fuchs*, qui veut dire Renard.

Le rouge d'aniline, qui est le sel d'une base incolore, désignée par Hofmann sous le nom de ROSANILINE, est généralement livré dans le commerce en cristaux d'un beau vert brillant, qui donnent une magnifique dissolution rouge dans l'alcool ou dans l'eau chaude.

Le pouvoir colorant de cette matière, comme de toutes les couleurs d'aniline, du reste, est immense. Avec 1 kilogramme de rouge d'aniline, on peut teindre 12 à 15 pièces de mérinos selon nuance, soit 1,000 à 1,200 mètres.

Verguin obtenait le rouge d'aniline en faisant réagir le bichlorure d'étain anhydre sur l'aniline. Le rouge obtenu était beau, mais on en produisait peu. On ne tarda pas à employer d'autres agents, qui donnèrent de meilleurs résultats sous le rapport du rendement.

L'acide arsénique fut bientôt et est encore employé à peu près exclusivement; il laisse cependant beaucoup à désirer sous le rapport même du rendement, car on obtient beaucoup plus de matières violettes, jaunes, brunes, que de rouges; c'est, de plus, un agent toxique dont l'emploi exige les plus grandes précautions, afin d'éviter tout accident.

Divers essais pour le remplacer ont déjà été tentés avec un certain succès; nul doute que dans un temps prochain on n'arrive à un résultat entièrement satisfaisant.

Au début de la fabrication du rouge, on opérait sur de petites quantités à a fois, 5 à 10 kilogrammes d'aniline; aujourd'hui, on traite dans un seul appareil des quantités considérables.

Dans une cornue en fonte d'une capacité de 2,000 litres environ, on met :

500 kilogr. Aniline,
750 — Acide arsénique à 75 0/0.

On chauffe et l'on agite constamment la masse au moyen de palettes fixées à un arbre en fer qui traverse la cornue d'axe en axe. Il distille de l'eau et de l'aniline qu'on condense dans un serpentin qui est en communication avec la cornue.

Au bout de quelques heures, l'opération est terminée; on le reconnaît quand, en prélevant un échantillon de la masse, on a un produit qui, par le refroidissement, devient dur et dont la cassure est brillante; alors on retire le feu et l'on fait arriver dans la cornue un jet de vapeur après avoir introduit préalablement une certaine quantité d'eau bouillante : l'aniline non attaquée est entraînée ; la masse liquide est ensuite conduite au moyen de tuyaux dans des appareils d'une très-grande capacité, munis également d'agitateurs.

Le produit, maintenu à l'ébullition pendant quelques heures dans une grande quantité d'eau, s'y dissout ; on ajoute du carbonate de chaux qui s'empare de l'acide arsénique en formant un sel insoluble, puis on laisse reposer; les matières solides ou résineuses se déposent, et l'on filtre dans de grandes cuves. Par le refroidissement, le rouge d'aniline se dépose sur les parois du vase à l'état de cristaux verts et brillants; il n'y a plus qu'à les recueillir et à les faire sécher.

La quantité de rouge qu'on obtient varie suivant la composition de l'aniline mise en œuvre, c'est-à-dire suivant que cette aniline contient plus ou moins d'aniline, de toluidine, de pseudo-toluidine.

Nous avons dit que le rouge d'aniline était le sel d'une base incolore qu'on nomme la Rosaniline. Pour les transformations en bleu, violet, vert, etc., on emploie souvent la rosaniline au lieu des sels; nous devons donc dire comment on la prépare.

Dans une solution étendue bouillante de rouge d'aniline bien pur, il suffit d'ajouter la quantité de soude nécessaire pour décomposer le sel; on maintient l'ébullition pendant quelque temps, et il se dépose, par le refroidissement, une belle poudre blanche cristalline qui est la rosaniline.

Cornues pour la distillation de la Méthylaniline. (D'après une photographie de Franck.)

BLEU D'ANILINE, ROSANILINE TRIPHÉNYLIQUE ($C^{38} H^{31} Az^3 H^2 O$), VIOLET IMPÉRIAL,

BLEU D'ANILINE SOLUBLE, DÉCOUVERT PAR GIRARD ET DE LAIRE.

Le bleu d'aniline est un produit en poudre d'un aspect bronzé, quelquefois bleu foncé ; il se dissout dans l'alcool, dans l'esprit de bois, et donne
sur tissus des bleus très-éclatants ; on teint en présence d'acide ou de certains
mordants ; sans l'addition de ces agents, on n'obtiendrait qu'un violet ou un
gris terne.

Le violet impérial, qui est un produit de la même nature que le bleu, seulement moins phénylé, se comporte en teinture comme celui-ci.

Nicholson a trouvé que le bleu d'aniline se combinait à l'acide sulfurique
à la façon de l'indigo, et devenait, par suite, soluble dans l'eau.

Ce bleu soluble est employé avec succès, surtout par suite d'un mode
d'application particulier, qui donne de très-bons résultats (teinture sur bain
neutre et avivage sur bain acide). L'emploi en devient de jour en jour plus
considérable.

Pour obtenir ce bleu dans une cornue en fonte émaillée, munie d'un agitateur, on met :

> 5 kilogr. Sel de rosaniline, soit de l'acétate,
> 15   —   Aniline légère.

On chauffe jusqu'à 180° ; la masse passe d'abord au violet, puis au bleu.
On arrête l'opération quand, en prélevant un échantillon de la masse, on obtient dans l'alcool une dissolution d'un bleu pur.

Le produit est alors versé dans un vase contenant de l'acide muriatique pur ou étendu, qui s'empare de l'aniline en excès ; le bleu se précipite ; on le sépare par filtration et on le lave dans l'eau bouillante, puis on
le pulvérise et on le sèche.

Si l'on veut des bleus d'une nuance très-pure, on ajoute sur un beau bleu
ordinaire quelques parties d'alcool ; le bleu rougeâtre étant le plus soluble, se
dissout, tandis qu'il reste le bleu vert qu'on recueille par filtration.

Le violet impérial s'obtient exactement comme le bleu, seulement on arrête
l'opération beaucoup plus tôt ; on reconnaît le point où il faut s'arrêter en

prélevant un échantillon de temps en temps et en le faisant dissoudre dans l'alcool.

Pour solubiliser le bleu, on prend :

    1   partie Bleu,
    4 à 6 — Acide sulfurique concentré.

On chauffe le tout à une température qui ne doit pas dépasser 150°.

On reconnaît que le bleu est soluble quand, en prélevant un petit échantillon, il le dissout dans l'eau pure ou légèrement alcaline.

Alors on le débarrasse de l'excès d'acide par des lavages dans de petites quantités d'eau et par l'addition finale d'un alcali pour le neutraliser.

VIOLETS HOFMANN.

Rosaniline mono-éthylée, $C^{22} H^{23} Az^3$, $H^2 O$, nuance rouge,
Rosaniline di-éthylée, $C^{24} H^{27} Az^3$, $H^2 O$,   — moyenne,
Rosaniline tri-éthylée, $C^{26} H^{31} Az^3$, $H^2 O$,   — bleue.

VERT A L'IODE $C^{25} H^{31} Az^3 I^2$, $H^2 O$ (1).

Le violet Hofmann, découvert par le savant professeur dont on lui a donné le nom, diffère du violet impérial en ce que celui-ci est une rosaniline phénylée, tandis qu'il est une rosaniline méthylée ou éthylée ; seulement, en substituant de l'éthyle ou du méthyle, on n'obtient jamais de bleu, mais on obtient un violet très-bleu et du vert.

Le violet Hofmann, à l'état pur, présente une masse verte brillante qui se dissout dans l'eau en un magnifique violet, excepté l'iodhydrate, qui n'est soluble que dans l'alcool.

On le prépare dans des appareils clos ou à cohobation.

Si l'on opère en vase clos, on prend une marmite émaillée à double fond, qu'on chauffe par la vapeur ou dans un bain d'huile.

On met :

    5   kilogr. Rosaniline,
    25   — Alcool ou esprit de bois,
    12 à 15 — Iodure d'éthyle ou de méthyle.

(1) Hofmann et Ch. Girard.

On chauffe pendant trois heures, à 100° environ.

Si l'on a employé l'iodure de méthyle, il se forme du vert en même temps que du violet.

On les sépare en portant à l'ébullition dans une certaine quantité d'eau la masse préalablement débarrassée de l'excès d'iodure.

Quand la liqueur est refroidie, on filtre; le vert est en dissolution, et le violet, qui est à l'état d'iodhydrate, est précipité; on sépare par l'addition d'une petite quantité d'alcali le peu de violet qui pourrait être encore en dissolution; on filtre de nouveau, et on précipite le vert par l'addition d'une dissolution d'acide picrique; le vert est à l'état floconneux. On le recueille sur un filtre.

Le violet Hofmann, débarrassé du vert, est traité par une lessive de soude à l'ébullition. La soude s'empare de l'iode, forme de l'iodure de sodium (qu'on décompose plus tard pour régénérer l'iode), et l'on a le violet à l'état de base incolore.

Cette base est traitée par la quantité d'acide muriatique nécessaire pour former un sel neutre, et l'on a un produit entièrement soluble dans l'eau.

Si au lieu de l'iodure de méthyle on emploie l'iodure d'éthyle, on ne forme que peu de vert, et alors on traite toute la masse comme il est indiqué ci-dessus pour le violet Hofmann, préalablement débarrassé du vert.

VERT A L'ALDÉHYDE.

Ce vert, comme le vert à l'iodure, comme le violet Hofmann, le bleu, le violet impérial, dérive du rouge d'aniline.

On transforme d'abord le rouge en un bleu particulier dont nous avons parlé dans l'historique des matières colorantes, par l'action de l'aldéhyde.

Voici la manière dont on opère habituellement :

1 partie Rouge d'aniline est dissoute dans un mélange de :
2 — Acide sulfurique,
2 — Eau.

La masse s'échauffe; quand elle est refroidie, on ajoute petit à petit 2 parties d'aldéhyde et on laisse en contact; on prélève de temps en temps de petits échantillons qu'on fait dissoudre dans l'eau; quand on obtient une solution d'un bleu pur, on verse le tout dans environ 400 litres d'eau bouillante, contenant en dissolution environ 1 kilogr. d'hyposulfite de soude.

On agite le tout, puis on filtre ; la liqueur filtrée contient le vert.

On emploie cette dissolution pour la teinture, ou bien on précipite le colorant à l'état de pâte, soit par le tannin, soit par l'acétate de soude ; c'est à l'état de pâte que ce produit est vendu généralement.

COULEURS DÉRIVÉES DES ANILINES COMPOSÉES.

VIOLET DE PARIS.

Le violet de Paris se présente, comme le violet Hofmann, sous la forme d'une masse verte, brillante, soluble dans l'eau chaude et même dans l'eau froide en violet très-vif.

On obtient avec le violet de Paris, comme avec le violet Hofmann, diverses nuances, depuis le violet le plus rouge jusqu'au violet très-bleu.

Ce produit se fixe sur la laine et sur la soie comme le rouge d'aniline, comme le violet Hofmann, sans l'addition de mordant ni d'acide.

On obtient le violet de Paris en oxydant une aniline composée contenant le radical d'un alcool, ou les radicaux de différents alcools ; on emploie généralement la méthylaniline et la diméthylaniline.

La méthylaniline se colore facilement en violet. Voici l'un des procédés qui donnent de très-bons résultats (1) :

Dans une marmite en fonte émaillée, d'une capacité de 250 litres environ, placée dans un bain-marie, on met :

  50 kilogr. Méthylaniline,
  40   —   Chlorate de potasse,
  10   —   Iode.

Le chlorate de potasse et l'iode s'ajoutent par fractions dans l'espace de quelques heures.

Dès qu'on a mis la première dose d'iode et de chlorate, on chauffe de 80 à 100° et on maintient cette température pendant 4 à 5 jours, jusqu'à ce qu'on obtienne une masse dure d'un beau vert bronzé.

On traite cette masse par une lessive de soude ; le chlorate en excès s'y dissout et l'iode se combine à la soude.

Le violet, qui est à l'état de base, est précipité en une masse brun foncé :

(1) Brevet Poirrier et Chappat fils.

on traite cette masse par l'eau bouillante pour enlever les traces d'iodure de sodium ; puis on la reprend de nouveau par une certaine quantité d'eau bouillante, qui contient la dose d'acide muriatique nécessaire pour former un sel neutre avec la base ; on a un bain très-chargé en violet ; on le filtre ; les impuretés restent sur le filtre et la liqueur filtrée est additionnée de sel marin.

La matière colorante se précipite par le refroidissement à l'état d'un produit visqueux d'un beau vert très-brillant. On le sèche, on le pulvérise, et il est vendu à cet état.

BLEU DE DIPHÉNYLAMINE (1).

Ce bleu est obtenu en faisant réagir sur un mélange de diphénylamine et de ditoluylamine du sesquichlorure de carbone.

Soit :   1 partie   des alcaloïdes,
               1   —   1/2 de sesquichlorure.

On chauffe de 160 à 180° ; la masse se transforme en un produit bronzé qu'on purifie par des lavages à la benzine et à l'alcool.

Ce bleu ne présente aucun caractère distinctif du bleu dérivé de la rosaniline.

NOIR D'ANILINE

Le noir d'aniline s'obtient directement sur les tissus, soit par impression, soit par teinture. Contrairement aux autres couleurs d'aniline, il se développe très-bien sur coton, tandis que jusqu'à présent on n'a pas obtenu de bons résultats sur laine.

Pour obtenir le noir en impression sur coton, voici le procédé indiqué par Ch. Lauth, et généralement suivi aujourd'hui (celui de Lightfoot ayant dû être abandonné parce que les agents qu'il employait attaquaient la fibre et l'altéraient).

    10 litres Empois d'amidon,
    350 gr. Chlorate de potasse,
    300 —   Sulfure de cuivre en pâte,
    300 —   Sel ammoniac,
    800 —   Chlorhydrate d'aniline.

On imprime le tissu avec ce mélange et on le porte dans une chambre très-aérée ; le noir se développe, puis on le lave dans de l'eau pure ou alcaline.

Pour obtenir le noir d'aniline par teinture, voici le procédé récemment breveté par Ch. Lauth :

On mordance préalablement des fibres de coton dans une solution concentrée d'un sel de manganèse ; on fait sécher, puis on passe dans un bain

(1) Brevet Girard et de Laire.

alcalin, et l'on expose les fibres à l'action de l'air ; on les lave de nouveau et on les passe dans un bain de teinture qui peut être préparé ainsi :

> 100 litres Eau,
> 5 kilog. Aniline,
> 10 — Acide chlorhydrique.

Au sortir du bain, on a une couleur vert foncé ; on lave les fibres à l'eau ou dans un bain alcalin et on obtient un magnifique noir. On peut, après le lavage, passer dans un bain de bichromate de potasse : le noir est plus intense.

COULEURS DÉRIVÉES DE L'ACIDE PHÉNIQUE, DE LA NAPHTALINE ET DE L'ANTHRACÈNE.

ACIDE PICRIQUE.

A l'état pur, l'acide picrique est vendu sous l'aspect de cristaux en paillettes, de couleur jaune clair ; il se dissout dans l'eau et dans l'alcool.

On l'obtient en introduisant par petites quantités de l'acide nitrique dans l'acide phénique ou dans un mélange fait préalablement d'acide phénique et d'acide sulfurique.

Il sert à teindre en jaune, et surtout en vert clair, par mélange avec du bleu.

L'acide picrique, traité par le cyanure de potassium, se transforme en un acide particulier, l'acide isopurpurique, dont la coloration est rouge ; le sel ammoniacal de cet acide donne une matière colorante analogue à la murexide.

Les isopurpurates, à l'état sec, détonent par le moindre choc.

ACIDE ROSOLIQUE. — CORALLINE. — AZULINE.

On obtient l'acide rosolique en chauffant un mélange de :

> 1 partie   Acide oxalique,
> 1 — 1/2 Acide phénique,
> 2 —   Acide sulfurique.

L'acide rosolique donne une couleur jaune orangé ; soumis à l'action de l'ammoniaque sous pression à la température de 150°, ce produit se transforme en une matière colorante rouge (1), à laquelle Guinon, Marnas et Bonnet ont donné le nom de coralline.

Enfin, ces industriels ont obtenu la matière colorante bleue qu'ils ont appelée azuline, en chauffant le produit rouge avec de l'aniline.

COULEURS DÉRIVÉES DE LA NAPHTALINE.

Beaucoup d'essais ont été tentés pour obtenir des couleurs avec la naphtaline ; mais les seules couleurs qu'on ait préparées industriellement jusqu'à présent sont un jaune et un rouge.

Le jaune (2) s'obtient par l'action du nitrate de soude sur le chlorhydrate de naphtylamine ; on obtient une liqueur qui, chauffée à l'ébullition avec

(1) Ce rouge ne résiste pas à l'action de la lumière.
(2) Procédé Martin.

l'acide nitrique, donne de petites aiguilles jaunes qui se séparent et qu'on recueille à la surface.

Ce corps est analogue à l'acide picrique, seulement il donne des nuances d'un jaune plus doré.

ÉCARLATE DE NAPHTALINE.

Ce corps a été découvert par Schiendel, et breveté par Clavel, de Bâle.

Pour obtenir cet écarlate, on emploie deux alcaloïdes : la naphtylamine et un produit huileux, qui se forme en même temps et qui distille à une température supérieure.

Ce dernier produit est additionné de nitrate de protoxyde de mercure, et chauffé à une température peu élevée.

Il se forme une matière colorante brune qu'on isole du mercure et des produits goudronneux qui se forment en même temps.

Cette matière brune est mélangée avec une certaine quantité de naphtylamine ; on chauffe le tout, et le rouge se forme ; on le débarrasse des impuretés par les moyens employés pour les couleurs d'aniline.

On obtient un produit analogue, d'après M. Ulrich (1), en faisant réagir du nitrite de plomb sur un acétate de rosaniline, puis en faisant réagir un iodure alcoolique sur le produit obtenu.

ALIZARINE ARTIFICIELLE.

Graebe et Libermann, à qui revient l'honneur de la découverte de l'alizarine artificielle au moyen de l'anthracène, ont fait breveter un procédé qui a été perfectionné depuis par Brœnner et Gutzkow.

Ces chimistes traitent l'anthracène par un agent oxydant, tel que le bichromate de potasse avec l'acide sulfurique ou autre, et, de préférence, ils prennent comme agent oxydant l'acide nitrique, deux fois le poids du produit. On obtient un corps qu'on purifie par sublimation ou cristallisation, puis on le fait dissoudre dans l'acide sulfurique au moyen de la chaleur, et on ajoute un sel de mercure, un nitrate ; la matière colorante se forme ; on l'extrait au moyen d'un bain alcalin qui développe la couleur ; on filtre, on précipite par l'addition d'une petite quantité d'acide dans le bain ; puis on purifie cette matière par cristallisation ou sublimation.

Avec ce produit on obtient les mêmes nuances qu'avec l'alizarine et la purpurine naturelles, et ces nuances sont aussi solides.

Une fois entrée dans cette voie, la chimie organique ne s'arrêtera plus, et nous ne désespérons pas de voir bientôt l'indigo lui-même avoir le sort de la garance et se préparer par des procédés analogues.

(1) Brevet 18 mars 1868.

ÉTABLISSEMENTS KRIEGER

DAMON & Cie

L'industrie de l'ameuble-
ment est une de celles
qui tiennent la plus grande
place dans notre civilisation contemporaine; celle
qui se joint aux autres par
le plus grand nombre d'attaches et qui emprunte des
auxiliaires à toutes, aussi
bien à la métallurgie, qu'à
la filature, au tissage, aux
produits les plus résistants
de la grosse fabrication,
jusqu'aux manifestations les
plus fines de l'art le plus délicat.

Longtemps les différentes
professions qui
viennent se réu-
nir dans la mai-
son type que nous
allons décrire,
étaient entière-
ment séparées les
unes des autres;
souvent même
dans chaque pro-

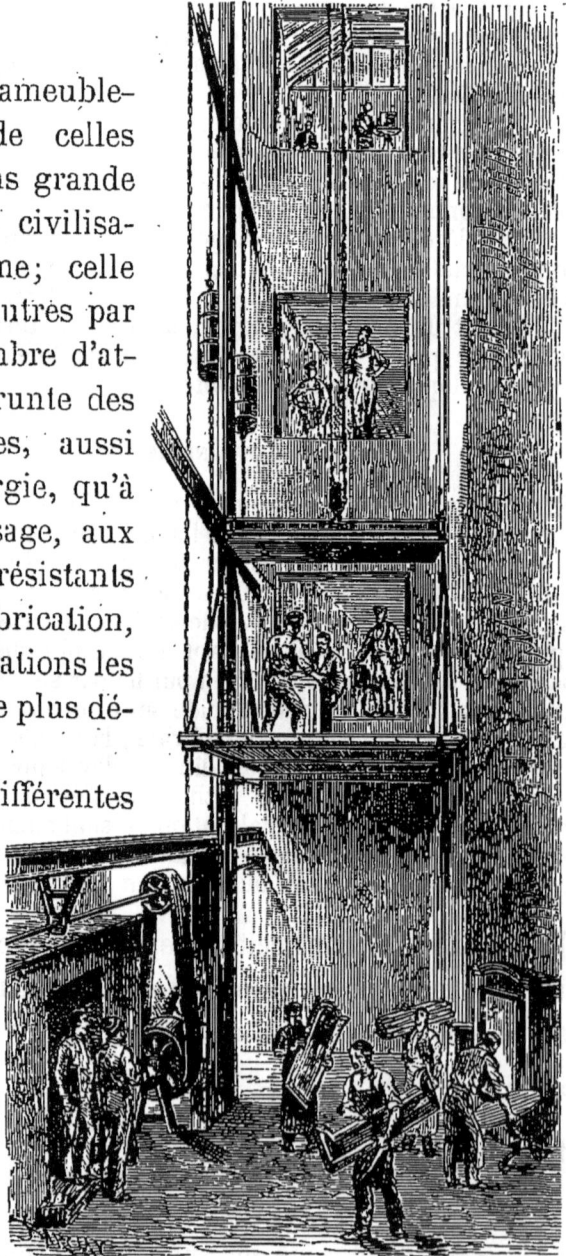

fession, chaque ouvrier ne faisait qu'une seule espèce de meubles : les ébénistes étaient nettement séparés des tapissiers, et dans l'ébénisterie et la tapisserie, chacun tenait à se spécialiser.

Dans ces derniers temps, au contraire, la tendance à la concentration a créé de grandes maisons qui fournissent directement tout ce qui concerne une installation complète : ce qui ne se fabrique pas dans la maison même y est le plus souvent dessiné et commandé pour être exécuté dans des usines auxiliaires. — Chez MM. Damon et Cie, tout se fait dans la maison.

Les architectes y trouvent donc l'aide le plus intelligent et les assortiments les mieux choisis pour décorer et meubler leurs œuvres, les plus simples comme les plus riches.

Commencée modestement en 1835, sous la direction de M. Krieger, de Strasbourg, la maison se développa ensuite sous la raison sociale Racault, puis Damon et Cie.

Elle doit sa nombreuse clientèle à la conviction, justifiée du reste, que ses moyens de production rapides, ses stocks considérables en bois, en étoffes, en dessins, en modèles, en meubles tout fabriqués, lui permettent d'exécuter rapidement des installations quelconques, depuis les plus simples jusqu'aux plus riches et aux plus artistiques.

La maison Krieger est naturellement désignée aux jeunes mariés, pressés de posséder bien vite la garniture de leur appartement et de s'y installer ; aussi les grandes voitures portant en lettres d'or le nom du Strasbourgeois Krieger sillonnent-elles Paris en tous sens, frappant les yeux, et incrustant en quelque sorte ce nom dans la mémoire de la clientèle commerciale, tandis que les expositions nationales ou internationales, et surtout celles de l'Union centrale, font connaître aux spécialistes celui de M. Damon.

La maison centrale est installée au faubourg Saint-

Antoine, au centre du recrutement même de l'industrie de l'ébénisterie. Elle s'est agrandie peu à peu jusqu'à couvrir un espace d'environ deux hectares de bureaux, d'ateliers et de magasins ; le chiffre annuel d'affaires dépasse dix millions avec Paris, la province et les pays étrangers. Car, malgré ce qu'en disent nos voisins, le goût français, parisien surtout, n'est pas encore détrôné, et tout riche seigneur qui se fait construire un château ou un palais, ne s'adresse guère à ses propres compatriotes pour le garnir.

Malgré les frais de douane et de transport, c'est encore à Paris qu'il trouve ce qu'il lui faut, moins cher, plus rapidement, plus beau et surtout d'un ensemble plus harmonieux.

Outre la maison centrale du faubourg Saint-Antoine, MM. Damon et Cⁱᵉ ont encore des ateliers annexes rue Chanoinesse, rue Decotte, rue de Charonne, rue de Chaligny, rue de Montreuil, rue de Bercy.

Pour pouvoir nous rendre compte de l'usine elle-même, il nous faut la diviser en plusieurs ateliers, répondant aux différents temps de la fabrication. Nous commencerons naturellement par le bureau du dessin, où des artistes de premier ordre conçoivent et inventent d'abord les projets d'ameublements entiers, puis séparément de chaque objet en particulier.

Le bureau du dessin est véritablement l'âme de cet immense assemblage de tant de choses, le véritable moteur de tant d'efforts ; c'est là qu'arrive le plan d'intérieur d'un hôtel ou d'un appartement ; c'est là que les architectes, d'accord avec les patrons et les dessinateurs de la maison, font traduire leurs pensées et en assurent l'exécution. Ainsi on décide d'abord si la salle à manger sera moyen âge, la bibliothèque Renaissance, ainsi que le cabinet du maître de la maison, la chambre à coucher Louis XVI, le cabinet

ÉTABLISSEMENTS KRIEGER-DAMON ET Cⁱᵉ (Un atelier d'ébénisterie).

ÉTABLISSEMENTS KRIEGER-DAMON ET Cie (Un atelier de mécaniciens).

de toilette japonais, le grand salon Louis XV, le fumoir américain ou perse, et ainsi du reste. Et alors on tire de la bibliothèque les livres, les albums, les figures, les photographies de voyages, tout ce qui peut donner un conseil.

Et là on discute le tissu et la couleur des étoffes, la nature, la couleur et l'assemblage des bois, la forme des sièges.

De ces conversations, il résulte des notes, et sur ces notes, les dessinateurs réfléchissent, travaillent et constituent des maquettes où chacun des côtés réduit mathématiquement donne l'aspect réel, la proportion et la couleur que devra avoir l'exécution.

Il y a même, pour couvrir le tout, la maquette du plafond, qui sera rendue en bois sculpté et doré, en moulures de pâtisserie et même en peintures de maître, si l'on veut y mettre le prix.

Rien n'est plus charmant que ces petits tableaux exécutés par des artistes d'un véritable talent ; une figure, presque toujours une dame, fournit l'échelle — l'architecte et le client peuvent se rendre compte si la conception donne l'effet voulu.

Sur ces premières petites maquettes, on dressera des plans en grandeur réelle, qui seront remis aux chefs des différents ateliers ; ils en tireront des gabarits avec des cotes sur lesquels l'ouvrier établira son siège, son panneau, sa portière, chaque pièce dont il sera chargé. Car les ouvriers ne doivent pas avoir d'imagination, ils doivent copier strictement, c'est pourquoi il faut leur en donner les moyens. Pour cela, dans toute la maison, il y a pour chaque profession des magasins dans lesquels un contremaître expérimenté prépare et livre à chacun les éléments nécessaires à la composition des objets qu'il aura à produire.

Ainsi, commençons par la division dite des ébénistes :

l'ébéniste, qu'il ne faut pas confondre avec le menuisier que nous retrouverons tout à l'heure, est l'ouvrier qui fait les tables, les buffets, les armoires, les bureaux, les dressoirs, etc. Il descend trouver *le débiteur* des ébénistes, qui, à la vue du plan, lui compose un assortiment soit de morceaux de bois, sans forme aucune, soit de pièces, comme par exemple les diverses moulures, crémaillères, etc., qui se retrouvent à diverses grosseurs et à diverses grandeurs dans presque toute l'ébénisterie : des chiffres, des lettres, des signes convenus, faciliteront l'assemblage. Ce premier *débiteur* leur donne le bois plein, un autre leur donne les feuilles de placage, mais toutes découpées suivant les cotes de l'objet à produire pour qu'il n'y ait pas de fausses coupes et de perte de bois. Ce même découpeur de feuilles à plaquer, leur délivre aussi les petits ornements métalliques qui doivent être rapportés sur le bois. Ainsi dans ce moment, on fait beaucoup de ces beaux meubles acajou et cuivre. Quand l'ébéniste vient chercher son assortiment, il emporte avec lui les baguettes en cuivre dans lesquelles il découpera le métal. Tout cet assortiment qu'on donne aux ébénistes se compose de bois déjà bien ancien dans la maison et qui constitue un stock d'une valeur considérable. Une grande partie attend de longues années dans les magasins de la Société Damon, rue Chanoinesse, ou même dans les chantiers des marchands de bois où on les prend au fur et à mesure des besoins.

Dans la cour intérieure même de l'usine, de lourdes billes de bois précieux attendent qu'on les débite.

Au rez-de-chaussée et au centre de l'établissement sont installées les machines à bois, car l'outillage mécanique est, aujourd'hui, assez perfectionné, pour que MM. Damon et Cie fassent exécuter mécaniquement les opérations qui, autrefois, se faisaient péniblement à bras d'homme.

ÉTABLISSEMENTS KRIEGER-DAMON ET Cⁱᵉ (Une salle de tapissiers).

ÉTABLISSEMENTS KRIEGER-DAMON ET C^le (Entrée principale),

Naturellement, MM. Damon et Cie ont composé leur
outillage avec les meilleures machines, comme ils
composent leurs ateliers avec les meilleurs ouvriers. Ce
sont d'abord des scies à mouvements alternatifs pour
distribuer le bois en grume, les scies à ruban
pour découper et donner la forme suivant le dessin tracé
sur la planche ou le bloc, les tours droits ou torses et
toute la série des toupies avec leur bibliothèque de lames
tranchantes, des profils les plus variés ; de sorte que,
aux formes courantes en quelque sorte classiques, il
s'ajoute tous les jours de nouveaux profils.

Comme les ateliers d'ébénisterie sont dans les étages
supérieurs, et que les ouvriers perdraient trop de temps
et auraient trop de fatigues pour venir aux machines
dans le cours de leur travail, on a placé dans
chaque atelier du haut de petites machines, scies circulaires ou fraises, sur lesquelles ils vont abattre les
excédents, arrondir les rugosités suivant la demande.

C'est du reste la grande règle de l'industrie morderne
de faire faire à la machine tout ce qu'elle exécute plus
rapidement, plus économiquement et de réserver à la main
et à l'intelligence de l'homme toute l'action nécessaire
pour que le produit conserve toujours ce cachet artistique
que perdent les objets fabriqués purement et simplement
à la machine. Le bon emploi alternatif de la force motrice,
de la main de l'ouvrier et du goût de l'artiste a été la
véritable cause du succès de la maison Damon.

Les sculpteurs travaillent, dans un atelier spécial, à
reproduire en bois les maquettes en glaise que les modeleurs ont élevées sur les figures du bureau du dessin ;
environ cent artistes sont réunis dans cette suite d'ateliers
qui dominent les bâtiments de l'usine et où le jour et la
place leur sont largement distribués. C'est bien là l'élite
de la population parisienne, toujours jeune, — tête fine,

mains agiles, que toutes les nations nous envient avec
raison, car il leur est impossible de constituer un semblable atelier. Là, on évide le bois massif. Chacun a devant soi une soixantaine de burins, gouges, ciseaux,
fermoirs à double biseau, maillets, etc.

Ces sculpteurs fournissent les parties de pièces ornées
aux ébénistes qui assemblent toutes ces pièces de quelque

Un atelier de tapissiers-garnisseurs.

part qu'elles viennent et en constituent leurs meubles;
le placage rentre dans leurs attributions et ce n'est pas
une opération si simple que l'on pourrait croire, car le
placage n'a pas seulement pour raison l'économie qui
consiste à recouvrir un bois bon marché par une surface
de bois cher; mais il a aussi pour but de constituer des

ÉTABLISSEMENTS KRIEGER-DAMON ET Cⁱᵉ (Un atelier de sculpture et de modelage).

ÉTABLISSEMENTS KRIEGER-DAMON ET Cie (Un des magasins de vente).

panneaux qui ne travaillent pas et qui ne se dété-
riorent pas ; ainsi, certains bois, comme le chêne, sont
très longs à mourir et ne cessent de jouer qu'après de
longues années, tandis que le peuplier est, ce qu'on appelle un bois mort au bout de très peu de temps, c'est-
à-dire qu'il ne se gondole et ne se crevasse plus, de
sorte qu'il est très propre à constituer les panneaux qui
forment les flancs d'un meuble : sur lui, on plaque et on
contreplaque suivant les différents sens des fibres, l'a-
cajou, le palissandre, et en dedans le chêne, l'érable et
autres bois dont la siccité est suffisante.

Une sorte de placage dit frisé, assure la durée de la
surface d'un meuble ; au lieu d'employer une grande
feuille de placage qu'il est difficile de trouver absolument identique dans toutes ses parties, on découpe
de petites feuillettes qu'on assemble comme on a commencé à assembler autrefois le bois de rose, à contre-
direction des fibres relativement à une ligne centrale. On
obtient ainsi une sorte de mosaïque, d'un aspect charmant
et d'une solidité absolue.

L'ébénisterie se sert peu de dorure sur bois, mais elle
applique souvent les bois de couleur, le bronze doré, le
marbre, quelquefois l'écaille, le lapis, l'agathe, les pierres
dures, et enfin, depuis quelques années, le fameux vernis
Martin retrouvé.

Les menuisiers sont moins aidés par la machine que les
ébénistes. A l'exception des pieds des sièges dont les moulures et les cannelures sont obtenues mécaniquement, il
faut qu'ils donnent eux-mêmes à leur bois les cintres et
les cannelures que le plan du dessinateur leur indique.
Les sculpteurs exécutent les ornements en saillie et en
relief des sièges dits à bois apparent ; mais beaucoup de
sièges sont recouverts d'étoffes et de passementeries, et le
menuisier n'a, dans ce cas, qu'à se préoccuper du bâti de

hêtre et du bout des quatre pieds qui devra se trouver en harmonie avec l'ensemble de l'appartement.

Il y a quarante ans environ qu'apparurent ces premiers sièges sans bois apparent, bas, profonds, et légèrement pentés en arrière, si hospitaliers, véritables meubles de cercles et propres aux longues conversations.

Le bois sculpté et doré avec les formes Louis XIV, blanchi et laqué avec les formes Louis XVI, est d'un aspect plus décoratif, mais certainement une ou deux bonnes chauffeuses et quelques fauteuils bas très confortables trouveront toujours moyen de s'établir autour de la cheminée pour qu'on puisse s'y reposer en admirant les autres.

Les garnisseurs en sièges reçoivent les bâtis qu'ils *foncent* avec des sangles solides, qu'ils garnissent en crin de Buenos-Ayres, d'où est proscrit soigneusement la soie de porc et qui n'est composé que de queues de cheval, parfaitement assainies, et frisées mécaniquement. On assujettit le crin à l'aide de cordes à guinder, de la toile forte, et de la toile *d'embourrure,* et on recouvre le tout avec l'étoffe désignée, capitonnée ou tendue.

En dehors des garnitures de meubles, les tapissiers proprement dits, hommes et femmes, dans de vastes salles, découpent, assemblent et cousent les rideaux, portières, tapis et ornements d'étoffes que la fantaisie et le goût du client et des architectes ont choisis; eux aussi reçoivent du bureau du dessin, de petites maquettes d'ensemble et de grands modèles en papier dessinés au fusain, d'après lesquels ils découpent et drapent en grand leurs étoffes avant de les assembler à l'aiguille.

La maison continuant à prospérer s'est accrue des spécialités diverses qui viennent se réunir aux branches anciennes. Ainsi tout le monde se rappelle à la dernière exposition des arts décoratifs, le meuble charmant que

MM. Damon et Cie avaient composé d'un bois américain nommé pitch-pin, massif, avec lequel, à très bon compte, on constitue des ameublements complets d'installation de chasse, maisons de campagne, etc.

Dans les dernières années, la Société a également acheté l'outillage et la clientèle d'une maison faisant les meu-

Bureau des Dessinateurs.

bles de chêne composant l'ameublement des magasins de commerce, de chemin de fer, etc.

MM. Damon et Cie peuvent donc aussi bien meubler les bureaux et les ateliers d'une grande administration que la demeure personnelle du Directeur aussi luxueuse et aussi artistique que le demanderont les architectes.

Imp. Ch. MARÉCHAL et J. MONTORIER, 16, cour des Petites-Écuries, Paris.

FABRICATION DU FIL DE LIN RETORS

MANUFACTURE

POULLIER-LONGHAYE

à LILLE

Tout le monde sait, que l'art de filer remonte à la plus haute antiquité; il date des premiers âges de l'homme.

Mais que de transformations se sont produites dans cette fabrication. Le fuseau et la quenouille ont fait place au rouet, détrôné à son tour par les belles machines livrées actuellement par nos grands constructeurs qui arriveront encore à les perfectionner en vertu de la devise « quo non ascendam ! ».

La fabrication du fil de lin à coudre proprement dit, c'est-à-dire du fil retors à plusieurs bouts, n'est en somme qu'un dérivé de l'art de la filature. Cette industrie, localisée pour la France dans le seul département du Nord, a pris une extension considérable surtout depuis une trentaine d'années.

A la tête de cette industrie dont les deux centres principaux sont Lille et Comines, se trouve la maison Poullier-Longhaye qui doit ce rang à la perfection incontestée de ses produits universellement estimés. La marque PL couvrant de son pavillon la coquette bobine, la pelote pour l'appeler par son nom, est aujourd'hui répandue dans tous les pays.

Nous sommes heureux de consacrer quelques pages à
ce bel établissement digne à tous égards de figurer parmi
les Grandes Usines de France.

*
* *

C'est en 1839 que M. Poullier-Longhaye fonda sa maison.
Il s'installa d'abord dans une petite usine dans laquelle il
se contenta, au début, de retordre le fil de lin qu'il achetait
aux filateurs. Ce n'est que 17 ans après, en 1856, qu'il
adjoignit à sa retorderie une filature appropriée aux différents genres nécessaires à sa consommation.

Lorsqu'il fonda son établissement, rappelons ce fait en
passant, les métiers à retordre mécaniques n'étaient pas
inventés. On retordait à la main. M. David Van de Weghe,
qui, le premier dans ce pays, fabriqua les métiers à retordre mécaniques, n'en livra guère les types-spécimens avant
1850. C'était comme on le voit, la période d'enfantement
de cette grande industrie, qui s'est, par la suite, si rapidement développée.

En 1863, M. Pouillier-Longhaye, qui se trouvait encore
trop à l'étroit dans une seconde usine qu'il occupait depuis
quelques années, émigra pour la troisième fois, dans le
grand établissement dont nous allons nous occuper et qui
ne comprenait alors que la moitié environ des bâtiments
actuels. Il y a cinq ans, l'usine a été presque doublée. Cette
adjonction dit assez de quelle prospérité jouit cette importante maison.

*
* *

Lorsque le visiteur dépasse la grille d'entrée, il se trouve
en face de trois grands bâtiments parallèles, reliés entre
eux à la partie postérieure par un grand bâtiment trans-

versal. Une fourche à trois dents; telle est la figure de cette construction.

Ces bâtiments élevés de deux étages sur sous-sol et rez-de-chaussée sont complètement voûtés. Ils réalisent au point de vue de la solidité et de la commodité, l'idéal du genre. Les escaliers qui conduisent aux étages, établis en pierres de Soignies sont renfermés dans des cages en maçonnerie complètement isolées des compartiments servant d'ateliers, ce qui, en cas d'incendie, rend très facile le sauvetage du personnel et même des produits manufacturés.

La brique et la pierre sont alternativement employées dans la construction, mais c'est surtout la pierre qui domine.

L'usine se compose d'abord des trois bâtiments parallèles que nous avons déja indiqués. Dans celui de gauche se trouvent: au sous-sol, le peignage du lin dont nous aurons à nous occuper tout à l'heure; au rez-de-chaussée, la filature proprement dite; au premier, la suite des préparations; au grenier, le séchoir à l'air et à la vapeur et des magasins.

Le bâtiment du milieu est occupé tout entier par des magasins et des bureaux; au sous-sol, sont renfermés les lins bruts ou peignés; au rez-de-chaussée se trouvent les bureaux et les magasins de fils à coudre en boîtes prêtes à être livrées; aux étages, les réserves de fils.

Le bâtiment de droite n'est pour ainsi dire que la reproduction de celui de gauche : comme ce dernier, il renferme peignage, préparations, filature de lin.

Ces trois bâtiments communiquent entre eux : d'abord par le bâtiment transversal du fond dans lequel sont installées la retorderie et ses annexes, et de plus par un tunnel de 11 mètres de longueur, au-dessous des cours intérieures.

Telle est, en quelques lignes, la disposition générale de cette grande usine.

* *
*

Entrons maintenant dans le détail de la fabrication.

Le lin arrive dans les magasins à l'état de filasse, c'est-à-dire après avoir subi les préparations agricoles du rouissage et du teillage. On l'y apporte en balles non pressées entourées d'une mince toile de jute. Ces lins, M. Poullier-Longhaye les achète dans les pays environnants, ainsi qu'en Belgique, à Courtrai principalement. La consommation qu'il en fait est considérable. Elle s'élève annuellement à un million de kilogrammes.

Le lin subit d'abord l'opération du coupage qui consiste à supprimer le pied et la tête, pour ne conserver que le cœur du lin, seul propre à se transformer en ces beaux fils si réguliers qui font notre admiration. Il subit ensuite l'opération du peignage.

Le peignage a pour but de rendre les fibres parallèles et de les nettoyer, mais il ne peut le faire qu'en donnant naissance à un produit accidentel : *l'étoupe,* dont la valeur est de beaucoup inférieure à celle du *long brin.* Le rapport de l'étoupe au long brin constitue le rendement du lin. Quand il y a beaucoup de long brin et peu d'étoupe produite après le peignage, on dit que le lin a un bon rendement.

Dans la filature de M. Poullier-Longhaye, le peignage se fait mécaniquement dans les sous-sols des bâtiments de gauche et de droite, où les lins sont amenés du magasin central par le tunnel dont nous avons parlé. Voici en quoi consiste l'opération du peignage. Le lin retenu entre deux plaques de fonte reliées par un écrou mobile et dépassant ces plaques ou *mordaches* des deux tiers de sa longueur est placé dans une sorte de chariot animé

Fig. 1. — Atelier du peignage.

d'un mouvement de *monte et baisse ;* deux tabliers sans fin munis de peignes doués d'un mouvement continu de rotation, l'attaquent au fur et à mesure de la montée ou de la descente et en détachent les étoupes. Les plaques munies de lin placées à une extrémité du chariot en sont retirées à l'autre extrémité, elles sont ramenées par un chemin de fer circulaire sur le devant de la machine pour que les fibres soient changées de place entre elles et afin qu'on puisse peigner la partie du lin qui se trouvait emprisonnée dans la presse.

Le service des machines est fait par de jeunes manœuvres constamment occupés à serrer le lin entre les plaques ou presses, à le placer dans le chariot, à l'en retirer, à desserrer les écrous, etc... Pour suivre régulièrement le service d'une peigneuse, ces jeunes ouvriers n'ont pas de temps à perdre ; les presses qui sont poussées l'une par l'autre sur le chariot, viennent aussitôt peignées, s'offrir d'elles-mêmes à eux pour être retirées; et s'ils ne s'empressent de le faire, elles arrivent deux à la fois l'avertir que l'opération est terminée.

Le peignage du lin dans les machines est progressif, c'est-à-dire que les pointes qui constituent les peignes des tabliers sont de plus en plus serrées de l'entrée à la sortie du chariot; elles produisent ainsi des sortes diverses d'étoupes qu'on peut facilement séparer sous les machines en autant de qualités qu'il est nécessaire.

Avant d'entrer dans les machines, le lin est dégrossi à la main sur des pointes séparées, c'est ce que l'on appelle *l'émouchetage* : en sortant des peigneuses il est raffiné sur des pointes plus serrées, c'est ce que l'on appelle le *repassage.* Les étoupes qui résultent de ces deux opérations prennent les noms spéciaux d'*émouchures* et de *repassures.*

La figure I représente un des ateliers de peignage de la manufacture Poullier-Longhaye.

Il s'agit maintenant de filer le lin peigné et les étoupes produites. Du premier on forme des paquets de poids divers, qui sont portés aux machines préparatoires de la filature; les secondes sont renfermées dans des sacs et vendues à des filateurs fabriquant des genres de fils communs.

Les opérations diverses d'une filature de lin sont les suivantes : 1° Étalage à la table à étaler; 2° Premier étirage ; 3° Deuxième étirage ; 4° Troisième étirage ; 5° Étirage et torsion au banc à broches ; 6° Étirage au métier à filer.

La principale opération est l'étirage des filaments, qui, dès la première manipulation, se présentent sous forme d'un ruban. L'étirage n'est autre chose que l'allongement progressif de ce ruban, allongement qui finit par devenir tel que la grosseur du ruban ne s'éloigne guère de la grosseur d'un fil, c'est alors qu'on le tord.

L'étirage est produit par la différence de vitesse entre deux paires de rouleaux placés sur chaque machine : d'abord les rouleaux d'entrée, dits fournisseurs, ainsi nommés parce qu'ils fournissent la matière première à l'alimentation des machines, puis les rouleaux de sortie ou étireurs qui, tournant plus rapidement que les premiers, allongent ou mieux étirent le ruban amené dans des premiers. Si le ruban à la sortie des fournisseurs à cinq décimètres et s'il en a à la sortie des étireurs vingt-cinq, on dit que la machine étire de 5 $\left(\frac{25}{5} = 5 \right)$.

La *table à étaler*, première machine de la filature de lin, est ainsi appelée à cause d'une table horizontale placée sur le devant et sur laquelle les ouvrières étendent des poignées de lin peigné, superposées bout à bout les unes à la suite des autres et entraînées sous les rouleaux fournisseurs par des cuirs sans fin. Plus loin, comme dans toutes les machines à lin, se trouvent les cylindres étireurs, mais sur le parcours de l'intervalle qui sépare

les paires de rouleaux les uns des autres, les filaments sont
maintenus parallèles au moyen de rangées de peignes
appelés *gills,* soutenus par des barrettes mobiles. Ces barrettes avancent avec le lin et le soutiennent dans son parcours. Les fibres sont alors engagées sous les étireurs,
puis sortent de la machine sous forme d'un ruban plus
allongé, grâce à la rotation plus rapide de ces rouleaux.
On reçoit ce ruban dans un long cylindre, en tôle, dit
« *pot de filature* ».

Quand un certain nombre de ces pots ont été remplis
à la table à étaler et qu'on en a vérifié le poids, on les porte
derrière le premier étirage. Cette machine réunit ensemble plusieurs rubans qui sortent en un seul, sur le devant
du métier. L'ouvrière est ici dispensée du soin d'étaler,
mais elle doit retirer des pots disposés les uns à côté des
autres les bouts supérieurs des rubans, les engager entre
les fournisseurs d'où ils continuent régulièrement leur
marche soutenus par des gills, jusqu'aux étireurs, entre
lesquels on les engage à nouveau : ils sortent bientôt en
un seul ruban derrière le métier, c'est ce qu'on appelle le
doublage. Cette opération a pour effet de donner au ruban
sorti de la table une plus grande régularité. Du premier
étirage les rubans passent aux autres étirages, qui, au
nombre de têtes près, se ressemblent tous. Le ruban se
régularise de plus en plus, la seule différence entre les
diverses opérations des étirages consiste dans le nombre
des doublages et le degré de l'étirage.

Les rubans retirés du dernier de ces appareils sont portés
dans les pots derrière le *banc à broches.* Ce métier ressemble complètement à ceux que nous venons de décrire
pour la première partie, mais chaque ruban y correspond à une broche placée dans la seconde partie et
descend sur cette broche qui lui communique une torsion.
On l'enroule sur une bobine grâce à la rotation des ailettes

Fig. II. — Atelier du cirage des fils.

de chaque broche. Cette machine a donc trois fonctions :
continuation de l'étirage, torsion du ruban pour en former
une mèche, envidage sur les bobines qu'on portera au
métier à filer.

Il y a deux sortes de métiers à filer : les métiers *à sec* et
ceux *au mouillé*. Ce sont ces derniers qu'on emploie dans
l'usine Poullier-Longhaye.

Les bobines sont placées au-dessus des métiers à filer
sur une broche où elles peuvent pivoter et dans une position qui leur permet de se dérouler facilement. La mèche
qui s'en dévide passe entre des fournisseurs qui la livrent
à des rouleaux étireurs, au sortir desquels elle est tordue
par une broche qui fait plus de 4000 tours à la minute et
lui communique la torsion définitive. Entre les fournisseurs et les étireurs la mèche passe dans un auget rempli
d'eau ; cet auget, qui règne sur toute la longueur des métiers, est surmonté de tuyaux alimentaires munis de robinets par lesquels on fait arriver en général l'eau d'alimentation, puis la vapeur nécessaire pour amener ce liquide
à la température voulue. Chez M. Poullier-Longhaye,
l'usage de la vapeur a été supprimé ; grâce à un système
spécial, le filage se fait à l'eau froide, ce qui constitue au
point de vue des conditions sanitaires de l'ouvrier, une
amélioration considérable.

Le fil s'enroule à la suite de la torsion sur des bobines.

Ces bobines sont portées à la *retorderie* où on les place
sur les *métiers à retordre*. Ces métiers ont beaucoup
d'analogie avec ceux à filer. Les bobines étant disposées
sur une broche, comme dans le métier à filer, se dérou-
lent : les fils passant trois par trois à travers une petite
nappe d'eau sont tordus et viennent à nouveau s'enrouler
sur d'autres bobines. Ces bobines sont transportées dans
l'*atelier de dévidage*. Cette opération du dévidage, très

simple en elle-même, a pour but de dérouler le fil retors des bobines et de le transformer en écheveaux en vue du séchage et du blanchiment ou de la teinture.

Après un séjour de quelques heures au séchoir, le fil est mis en magasin; on l'expédie ensuite soit à la teinturerie soit à la campagne pour le blanchiment, au fur et à mesure des besoins.

Les opérations suivantes sont destinées à donner au fil son dernier apprêt. Le fil en écheveaux qui a subi le blanchiment ou la teinture est soumis au *battage*, opération qui a pour but de l'assouplir. Ce résultat est obtenu par le passage des écheveaux sous une série de marteaux-pilons en bois, retombant alternativement sur ces écheveaux; on *rebobine* ensuite le fil pour le cirer.

Le *métier à cirer* se compose d'un auget contenant une dissolution de cire vierge dans laquelle tourne un rouleau-brosse. Sur ce rouleau, le fil vient s'imbiber légèrement avant de passer sur un second rouleau analogue chauffé par un tuyau de vapeur et sur lequel il se sèche, puis sur deux autres rouleaux garnis de feutre où il prend son lustre; il vient s'enrouler ensuite sur des bobines.

La figure II représente l'atelier du cirage des fils.

Le fil étant blanchi et ciré, il ne reste plus qu'à lui donner l'aspect sous lequel il sera offert à la clientèle. On le transforme en pelotes, en bobines, en cartes ou en écheveaux. Ce dernier procédé est presque complètement abandonné; la pelote l'a détrôné depuis longtemps. La bobine sert exclusivement aux machines à coudre, les cartes d'invention plus récente, ne sont pas encore entrées dans la grande consommation.

Les *machines à pelotonner* qui, chez M. Poullier, sont toutes réunies dans une grande salle, sont des petits bijoux. L'art du mécanicien s'y est donné libre carrière : ce sont de véritables machines d'horlogerie, dont la description technique nous entraînerait trop loin. La figure III donne une vue du magnifique atelier des machines à pelotonner.

Voici donc le fil mis en pelotes. L'ouvrier *habille* la pelote, c'est-à-dire qu'il l'entoure de la petite bande de papier chromolithographiée, sur laquelle on lit la marque qui recouvrira la boîte dans laquelle ces pelottes seront placées, le numéro du fil qui varie selon la grosseur depuis le numéro 30 le plus gros jusqu'au numéro 400 le plus fin, puis la qualité et enfin le métrage qui varie suivant le prix de l'article.

Parée de cette étiquette, la pelote est portée aux magasins et aux salles d'expédition. La figure IV représente un des ateliers de mise en boîtes et d'expédition. Ce n'est certes pas la salle la moins intéressante, celle où se préparent les boîtes de fils. Les collectionneurs ont de quoi satisfaire leur curiosité dans l'inspection des vignettes multiples imaginées par la maison Poullier-Longhaye. Leur fabrication est devenue pour les imprimeurs du pays, une des branches les plus importantes de leur industrie à cause de l'énorme consommation qui en est faite. La maison Poullier-Longhaye, fidèle en cela à ses vieilles traditions, n'achète ses vignettes qu'en France, bien que les imprimeurs allemands et autres arrivent à produire cet article souvent à meilleur compte que nos imprimeurs indigènes, insuffisamment protégés par les tarifs douaniers contre cette concurrence étrangère.

M. Poullier en revanche exporte une grande partie de sa fabrication et les Allemands sont devenus tributaires de sa maison. La marque *au Tuteur* a surtout envahi la mercerie teutonne. C'est par millions que s'expédie chaque année les pelotes du fil *au Tuteur*. Il faut reconnaître aussi que cette préférence est tout à fait justifiée par l'excellente qualité et aussi par la régularité de ce produit comme

Fig. III. — ATELIER DES MACHINES A PELOTONNER.

de tous ceux fabriqués dans cette usine. En *filterie*, une
des conditions pour réussir est de livrer à la clientèle des
produits constamment semblables. Si la fabrication s'é-
carte de cette ligne de conduite, telle marque qui se trouvait fort en honneur, perdra en quelques mois tout son
prestige.

Outre le fil *au Tuteur*, la maison Poullier-Longhaye
compte parmi ses marques les plus répandues le fil *à l'In-
dienne, au Prophète, au Roi des Mers* et tant d'autres
qui depuis 30 ans ont conservé leur vieille réputation.

*
* *

Telle est dans son ensemble cette importante usine
dont la superficie est de 10,000 mètres carrés et dont la
production tant en filature qu'en filterie s'élève à 7 millions.

La force motrice est assurée par deux machines à vapeur : l'une jumelle, de la force de 360 chevaux, a été
transformée récemment par MM. Jean et Peyrusson, successeurs de M. Ire Farinaux qui l'avait primitivement
construite. La seconde est une machine Corliss sortie des
ateliers du constructeur lillois, M. Paul Le Gavrian, conces-
sionnaire du brevet de l'ingénieur américain Corliss. Cette
machine simple de la force de 330 chevaux réunit la force
et l'élégance. Une troisième machine existe encore dans
l'usine Poullier-Longhaye, c'est celle dite de *secours*, destinée à éviter tout chomage et à suppléer à l'une des deux
autres en cas de longue réparation.

La vapeur est fournie par neuf générateurs de grande
puissance, tous placés dans les cours à ciel ouvert, dans
l'unique but d'éviter les terribles conséquences des explosions ; ces générateurs ont été livrés par la Compagnie de
Fives-Lille. Dans l'usine, travaillent 750 ouvriers, hommes,

Fig. IV. — Atélier de mise en boite et d'expédition.

femmes et adolescents. La somme annuelle payée par
M. Poullier-Longhaye pour les salaires et les appointements du personnel s'élève à plus de 600,000 francs.

La maison n'a exposé qu'une seule fois ses produits;
c'était en 1885 à Anvers où elle a obtenu une médaille d'or.

Nous ne terminerons pas sans dire quelques mots des
conditions de bien être et de salubrité assurées par M. Poullier à son personnel. Nous avons fait remarquer au début
de cette étude combien les ateliers étaient vastes, élevés
et confortablement aménagés, toutes conditions très profitables à la santé des ouvriers. Nous avons, en passant,
noté le procédé spécial qui permet de filer à l'eau froide
et qui constitue une amélioration considérable au point
de vue sanitaire. Enfin, signalons un service médical parfaitement organisé.

Tous les jours, à midi, un médecin vient dans l'établissement où une salle spéciale lui est réservée. Les ouvriers
qui se sentent indisposés vont le consulter et obtiennent
gratuitement tous les médicaments nécessaires. Voilà de
la vraie philanthropie.

Ajoutons que les accidents sont si peu fréquents dans
cet établissement que M. Poullier-Longhaye n'a pas jugé
utile de s'assurer contre ce genre de risques. Cette absence
d'accidents n'est due qu'à l'excellent aménagement des
locaux.

Dans cette rapide étude nous nous sommes principalement proposé de faire connaitre à nos lecteurs la fabrication de fil retors ou fil à coudre tout en cherchant à faire
ressortir à grands traits l'importance considérable de la
maison Poullier-Longhaye qui occupe dans l'industrie li-
nière une place de premier ordre.

Imp. Ch. MARÉCHAL & J. MONTORIER, 16, cour des Petites-Écuries. Paris.

La Métallurgique

SOCIÉTÉ ANONYME DE CONSTRUCTION

ATELIERS DE TUBIZE, NIVELLES ET LA SAMBRE

La Société anonyme la *Métallurgique*, dont le siège social est à Bruxelles, possède les ateliers de construction de Tubize, de Nivelles et de La Sambre.

Cette Société, dont la constitution date du 9 août 1880, a été principalement formée par les apports de la Société anonyme métallurgique et charbonnière belge; elle a pour objet la confection et le commerce de machines, outils, matériel fixe et mobile de chemins de fer, routes, canaux. Elle peut faire toute entreprise de travaux publics offrant un débouché à ses produits.

Le capital social de 6 millions de francs est représenté par 30,000 actions d'une valeur nominale de 200 francs.

La Société est administrée par un Conseil composé de cinq membres.

Les ateliers de Tubize fournissent principalement les locomotives, les voitures à vapeur pour chemins de fer et tramways et les chaudières; les ateliers de Nivelles fabriquent les voitures et les wagons; ceux de La Sambre sont réservés à la fabrication exclusive des grands travaux métalliques. La production de ces divers ateliers a varié annuellement de 4 à 10 millions.

Nous allons parcourir en détail les divers établissements de cette importante Société et nous ferons connaître quelques-uns des grands travaux exécutés par elle.

ATELIERS DE TUBIZE

Les ateliers de construction de Tubize sont situés à 19 kilomètres de Bruxelles. Ils sont attenants à la station de Tubize et raccordés au chemin de fer de l'État (ligne de Bruxelles à Paris).

Ces ateliers, fondés il y a plus de trente ans, sont généralement connus sous le nom des Ateliers de locomotives de Tubize et jouissent, en Belgique et dans toute l'Europe, d'une réputation justement méritée.

Le nombre des locomotives neuves sorties de ces établissements s'élève à plus de 700, dont environ 600 pendant les quinze dernières années.

Plus de la moitié des locomotives sorties des ateliers de Tubize sont de divers types créés par les ingénieurs de la Société.

L'outillage, sans cesse perfectionné et mis en action par une force motrice de 260 chevaux, permet de construire par an 80 locomotives avec un personnel de 700 à 800 ouvriers.

Ces ateliers sont depuis vingt ans, sous la direction de M. Cenant, qui, depuis leur création, a collaboré en qualité d'ingénieur à tous les travaux qui y ont été exécutés; cet habile ingénieur a introduit de nombreux perfectionnements dans les locomotives et les chaudières.

Les ateliers de Tubize comprennent actuellement :

1° Un atelier d'ajustage renfermant un outillage complet composé de 35 tours, 3 alésoirs, 19 machines à forer, 3 machines doubles à tarauder, 3 fraiseuses, 13 rabotteuses, 13 mortaiseuses, 18 limeuses à deux et trois tables, 1 machine à calibrer, 2 machines à polir, 3 meules en émeri, etc. ;

2° Des halles pour les forges contenant 54 feux de forges, 3 marteaux pilons dont un de 12 tonnes avec 3 chaudières verticales, 7 fours, des grues et accessoires, 3 ventilateurs, 1 château d'eau avec pompe, 1 presse à caler les roues, etc.;

3º Un atelier de montage avec 12 fosses de fondation pouvant recevoir chacune deux locomotives et renfermant tous les appareils et outils nécessaires au travail, tels que : transbordeurs, ponts roulants, appareils à lever et à peser les locomotives, etc.;

4º Un atelier de chaudronnerie pour la fabrication des chaudières, muni de forges fixes et portatives, grues, ponts roulants, etc.;

5º Un atelier de chaudronnerie pour les tenders, ponts et charpentes renfermant également tous les engins nécessaires, tels que : grues, ponts roulants, forges portatives, etc. ;

6º. Des halles contiguës où est installé un outillage complet spécialement affecté au service de la chaudronnerie et se composant de :

1 grosse machine à forer et à mortaiser les longerons à trois outils, 4 perçoirs, 2 cisailles, 4 machines à forer radiales, 1 machine à chanfreiner, 1 à cintrer les tôles avec four, 1 machine à essayer les fers, etc. On vient d'ajouter à ce bel ensemble de machines-outils, 4 fortes machines à fraiser qui doivent procurer une grande économie de main-d'œuvre et dont l'installation sera prochainement achevée.

Nous avons pu constater que les ateliers de Tubize possèdent en tous genres des machines-outils très puissantes, capables de travailler toutes espèces de pièces. La belle machine à mortaiser les longerons est de provenance anglaise ; elle permet de forer et de mortaiser en même temps 10 longerons de locomotives de 25^{mm} d'épaisseur et travaille toujours à 3 outils. Nous ne saurions trop faire ressortir les avantages que procure une machine semblable.

L'achèvement d'un seul longeron coûtait, avant l'installation de cet outil, autant que peut coûter maintenant une série de dix longerons semblables.

En dehors des ateliers que nous venons de mentionner, nous signalerons encore :

7° Un atelier de garniture renfermant des cisailles et des poinçonneuses portatives ;

8° Une halle pour les forges de la chaudronnerie avec 2 fours à réchauffer, 10 feux de forges, des grues, etc. ;

9° Un atelier de modelage avec l'outillage ordinaire, bancs, tours, etc.;

10° Divers ateliers pour la chaudronnerie en cuivre, la fonderie de cuivre, la trempe et la cémentation, la fabrication des masses et l'entretien et la fabrication des courroies, etc.

Les machines-outils sont actionnées par 8 moteurs à vapeur dont la force totale en chevaux disponibles est de 260 chevaux. La vapeur nécessaire est produite par 3 chaudières verticales, 1 chaudière de locomobile et 3 chaudières tubulaires de locomotive.

On peut fabriquer dans les ateliers de Tubize, 80 locomotives par an, 160 chaudières et environ 1,000,000 de kilogr. de ponts et charpentes métalliques.

La production est en partie destinée à la Belgique et en partie à l'étranger. Les principaux débouchés sont : la France, la Grèce, l'Espagne et l'Italie.

Les ateliers de Tubize occupent en moyenne 500 ouvriers, mais pour atteindre le maximum de production possible, ce chiffre devrait être porté à 800, comme il l'a été en certaines années.

Le travail est exclusivement fait par des hommes.

Nous ne pouvons entrer dans les détails de la fabrication

des chaudières et des locomotives ; cette fabrication est connue de nos lecteurs ; nous allons décrire quelques-unes des machines construites en dernier lieu dans les ateliers de Tubize.

LOCOMOTIVE-TENDER " LE CINQUANTENAIRE "

La Locomotive-Tender le Cinquantenaire qui figurait à l'Exposition d'Anvers où elle a été admirée des ingénieurs de tous les pays, a été commandée par l'administration des Chemins de fer de l'Etat belge, pour faire la traction des trains de marchandises sur les fortes rampes de 25 $^m/_m$ de la ligne de Spa à la frontière Grand-Ducale. Elle a été étudiée et construite dans les ateliers de Tubize, en moins de 4 mois.

La fig. I représente cette locomotive.

Les éléments de la locomotive faisant depuis plusieurs mois le service du plan incliné de Liège, ont servi de base à l'étude du *Cinquantenaire.*

Les dimensions des principaux organes ont été notablement augmentées, mais le système du mécanisme a été maintenu tel que l'avait conçu M. Belpaire.

Le poids à vide est de 57,800 kilog., celui en ordre de marche de 75,000 kilog., il peut être dépassé en utilisant toute la capacité des bâches à eau et des soutes à combustible ; celle des premières étant de 11,000 kilog. et celle des secondes de 4,500 kilog.

Le poids servant à l'adhérence est de 60,000 kilog. environ. La surface de chauffe dépasse 148^{mq}, y compris 13^{mq} de surface directe (foyer), celle des tubes représentant 135^{mq}.

L'effort de traction est de 9,166 kilog.

La machine est à quatre trains de roues-moteurs accouplés ; elle a, en outre, en arrière un train-porteur muni de boîtes radiales, permettant le passage de la machine dans les courbes de 150 mètres de rayon.

Elle est pourvue d'un frein à vapeur agissant à volonté sur deux ou quatre trains de roues ; un robinet ovale du système Dewrance commande la manœuvre de ce frein et permet d'en modérer l'action.

Le changement de marche peut s'opérer directement à la main par la poignée du levier, ou à l'aide d'une vis, ou au moyen d'un servo-moteur.

La distribution est du système Belpaire ; le tiroir de l'un des côtés est commandé par le piston de l'autre côté.

Deux balanciers relient entre eux les ressorts d'un même côté des trois premiers trains moteurs ; celui du quatrième train est relié par un autre balancier au ressort du train radial.

Une grande cabine abrite convenablement le mécanicien et le chauffeur. La cheminée est à section rectangulaire et la boîte à fumée dont elle forme en quelque sorte le prolongement, est de grande capacité, de façon à mieux régulariser le tirage.

Chaudière. — Le diamètre du corps cylindrique est à l'intérieur de 1m,500. Sa longueur de 3m,755. L'épaisseur des tôles est de 15mm,5 ; la capacité totale de la chaudière est de 9mc,180 ; elle est timbrée à 10 atmosphères ; les soupapes sont du système Wilson.

La grille a une surface de 5mq,0592.

La chaudière tubulaire comprend 242 tubes d'un diamètre intérieur de 45mm et d'une épaisseur de 2mm,5.

Le diamètre des roues au contact est de 1m,050 et de 0m,924 à la jante.

La construction de cette locomotive fait le plus grand honneur à la Société la Métallurgique ; nous tenons particulièrement à attirer l'attention sur la répartition du poids sur les roues. C'est certainement l'une des plus belles

Fig. I. — LOCOMOTIVE TENDER " LE CINQUANTENAIRE. "

répartitions que l'on ait obtenues jusqu'à ce jour pour une aussi forte machine. Dans les quatre voyages d'essai faits par le « *Cinquantenaire* » sur les plans inclinés de Liège, cette machine a remorqué la charge ordinaire traînée par deux fortes machines à marchandises à huit roues couplées sur une rampe de 30^{mm} par mètre. Dans tout le parcours la pression n'est jamais descendue en dessous de dix atmosphères, grâce à la grande surface de chauffe.

Cette locomotive résume les derniers perfectionnements atteints jusqu'à ce jour.

Voiture a vapeur du système Belpaire

On pouvait également à la dernière exposition d'Anvers remarquer la *voiture à vapeur du système Belpaire* exposée par *la Métallurgique* (fig. II) et destinée aux lignes de l'État.

Cette machine construite dans les ateliers de Tubize présente sur ses similaires de très réels perfectionnements.

La longueur de la voiture a été augmentée de manière à permettre l'installation d'un compartiment spécial de 1re classe de 9 places.

La largeur de la voiture a été portée à la dimension extrême que permettent le gabarit des chemins de fer belges et les conditions arrêtées par l'Union des chemins de fer allemands. L'avantage qui en résulte consiste en un plus grand confort pour les voyageurs, la largeur des couloirs des compartiments de 2e et 3e classes ayant pu être agrandie.

Un couloir a été ménagé dans le compartiment des bagages de façon à permettre au garde et au mécanicien de communiquer entre eux.

Les longerons en tôle de fer découpée faisant corps avec les plaques de garde ont remplacé ceux en fer en U employés jusqu'ici et ont permis de donner au châssis une rigidité et une solidité plus grandes.

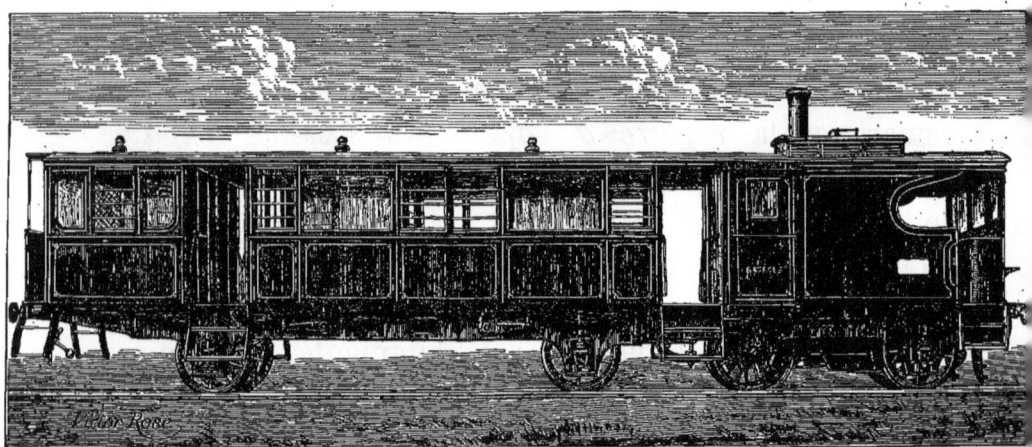

Fig. II. — Voiture a vapeur, du système Belpaire, construite dans les ateliers de "la Métallurgique".

Le nombre des trains de roues a été porté de 3 à 4. Le train supplémentaire a été placé immédiatement après le train moteur et à peu près à la même distance que le train porteur antérieur. Il résulte de ce dispositif que la voiture est mieux guidée dans les courbes.

Le train d'arrière est muni de boîtes radiales comme dans les voitures construites précédemment. On a donné à ces boîtes un jeu suffisant pour le passage dans des courbes de 150 mètres de rayon.

Les ressorts d'un même côté sont tous reliés entre eux par des balanciers, de façon à obtenir une excellente répartition du poids. Ils sont composés de lames droites, sans flèche de fabrication et prennent sous charge une courbure dont la convexité est tournée vers le dessus.

Le levier du modérateur, celui du changement de marche, les robinets de prise de vapeur pour la mise en action des injecteurs et du frein à vapeur ont été groupés de façon que le mécanicien les ait tous sous la main, sans avoir à se déplacer, et qu'il puisse les manœuvrer sans cesser d'observer la voie. Tous les godets graisseurs sont rassemblés au milieu de la plate-forme du mécanicien. Chacun d'eux porte l'indication de l'organe qu'il sert à lubréfier et auquel un conduit spécial mène l'huile.

Une plate-forme à l'usage du garde ou de l'ouvrier de gare préposé aux manœuvres, a pu être maintenue à l'arrière; elle permet de faire reculer la voiture avec plus de sécurité, le garde ou l'ouvrier préposé aux manœuvres ayant à sa disposition un sifflet spécial manœuvrable de cette plate-forme et à l'aide duquel il peut donner au mécanicien les signaux convenus.

Le compartiment de 1re classe dont nous avons parlé plus haut présente 9 places, le compartiment de 2e classe en a 16 et celui de 3e classe 32.

Dans ces deux compartiments les bancs sont placés

longitudinalement, c'est-à-dire parallèlement à la voie, en 1re classe, ils sont disposés transversalement.

La distribution de la machine est du système Belpaire ; le tiroir de l'un des côtés est commandé par le piston de l'autre côté.

Le corps cylindrique de la chaudière a 0^m,950 comme diamètre intérieur et 1^m,170 de longueur, il est constitué de tôles de 11^{mm} ; la capacité totale de la chaudière timbrée à 11 atmosphères est de 1^{mc},249, elle comprend 209 tubes de 28^{mm} de diamètre et de 2^{mm} d'épaisseur.

La surface de chauffe est de 2^{mq},906 pour le foyer, de 22^{mq},9760 pour les tubes, soit en tout 25^{mq},8820.

Le châssis est intérieur aux roues ; le diamètre des roues au contact est de 0^m,980 et de 0^m,870 à la jante ; les cylindres sont intérieurs et l'alimentation se fait par deux injecteurs Friedmann.

Le poids à vide est de 21,270 kilog., le poids total de la voiture avec approvisionnement de combustible et d'eau et avec les voyageurs est de 28,800 kilogr.

LOCOMOTIVE-TENDER POUR TRAMWAYS

Les ateliers de Tubize présentaient également à l'Exposition d'Anvers une locomotive-tender dite : *la Métallurgique* (fig. III), destinée à faire la traction sur les voies de tramways ayant un écartement d'un mètre entre les faces intérieures des bourrelets des rails.

Cette machine a trois paires de roues couplées de 832^{mm} de diamètre, elle peut parcourir des courbes de 20^m de rayon.

L'adoption de manivelles du système Hall a permis de disposer des coffres mettant le mécanisme complètement à l'abri de la poussière et de la boue et assurant, par conséquent, un usage plus prolongé des pièces sujettes à usure. Ces coffres sont établis de façon à rendre en même temps facile la visite de tous les organes.

Les dispositifs du levier du modérateur, du levier de changement de marche et de la tige de commande du frein sont établis à l'avant et à l'arrière de la machine, de sorte qu'il n'y a pas de nécessité de tourner la locomotive arrivée à la gare terminus ; on réalise ainsi une grande économie de temps et on peut se passer de plaques tournantes.

La locomotive pèse 12,000 kilog. à vide et 14,600 kilog. en ordre de marche.

Les cylindres sont intérieurs ; le mécanisme de distribution est du système Walschaerts.

Le frein est le frein ordinaire à vis actionnant des sabots en fonte pressés contre les jantes de deux paires de roues. Il est suffisant pour obtenir le calage des roues.

La vapeur de décharge se rend à la sortie des cylindres dans une capacité dissimulée sous la boîte à fumée et dans laquelle s'amortit le bruit de l'échappement. A la sortie de ce récipient, la vapeur peut être dirigée par un robinet approprié et se trouvant à la portée du mécanicien, soit dans l'atmosphère, soit dans une bâche spéciale pourvue de tubes entourés d'eau où elle se condense.

La locomotive convient donc pour le service de tramway dans les villes.

Il n'y a pas de bruit, pas d'échappement de vapeur, et à la condition de brûler un bon coke, il n'y a pas de fumée.

Le corps cylindrique de la chaudière a un diamètre intérieur de 900^{mm}, une longueur de 1^m,330, l'épaisseur des tôles est de 13^{mm}, la capacité totale de la chaudière est de 1^{mc},200, elle est timbrée à 12 atmosphères.

La surface totale de chauffe est de 18^{mq},60 dont 3^{mq},04 pour le foyer et de 18^m,60 pour les 103 tubes d'un diamètre de 35^{mm}.

Le diamètre des roues au contact est de 0^m,832 et de 0^m,732 à la jante.

La locomotive-tender *la Métallurgique* constitue un

Fig. III. — LOCOMOTIVE-TENDER POUR TRAMWAYS " LA MÉTALLURGIQUE. "

type spécial créé dans les ateliers de Tubize pour la traction
sur voies de tramways; elle a participé au concours de
traction mécanique organisé à Anvers, lors de l'exposition,
et a été jugée supérieure à toutes ses concurrentes.

Nous dirons également quelques mots de la *locomotive-
tender pour chemins de fer vicinaux* qui figurait également à l'exposition d'Anvers. Elle présente sur celle que
nous venons de décrire des différences importantes; une
chaudière de plus grande capacité 1^{mc},525 au lieu de 1^{mc},200,
une surface de chauffe de 28^{mq},53 au lieu de 18^{m},60, des
cylindres de 0^{m},280 au lieu de 0^{m},260, un poids à vide de
13,800 kilog. au lieu de 12,000 kilog. et en ordre de marche de 16,700 kilog. au lieu de 14,600 kilog.

Elle n'a pas d'appareil de condensation, mais elle a des
boîtes ou coffres préservant le mécanisme de l'action de
la poussière et de la boue. On a maintenu aussi le récipient
servant à amortir le bruit de l'échappement et le tuyau
de décharge est terminé par une tuyère annulaire à section variable à volonté.

Cette machine a été également primée dans un concours
entre tous les constructeurs belges. Les treize premières
machines de la Société nationale des chemins de fer vicinaux de la Belgique ont été construites à Tubize; la
Société *la Métallurgique*, après avoir amélioré le type primitif et avoir introduit diverses modifications, a fourni à
la Société nationale des chemins de fer vicinaux tous les
plans du type définitivement adopté.

La Société la *Métallurgique* a notamment fourni aux
entrepreneurs de travaux publics beaucoup de locomotives
tenders du poids de 20 tonnes à vide et de 25 tonnes en
ordre de marche, montées sur 2 essieux et pouvant passer
dans des courbes de 25 mètres de rayon. Ces locomotives
d'une grande puissance, d'un prix très réduit, ont rendu
les meilleurs services.

En 1855, dès les premières années de leur fondation, les établissements de Tubize ont obtenu à l'Exposition universelle de Paris, une récompense capitale avec une locomotive mixte à voyageurs à 4 roues couplées, d'un diamètre de 1^m,700; ce type perfectionné a été présenté 18 ans plus tard à l'Exposition de Vienne en 1873 où figurait une locomotive mixte d'une extrême simplicité à 4 roues couplées de 1^m,800 pouvant remorquer une charge ordinaire sur rampes de 25 à 30 millimètres par mètre et dont le poids sur les 4 roues motrices était de 26 à 27 tonnes.

Cette machine a remporté un très grand succès sur ses concurrentes.

Toutes les locomotives à marchandises de divers types, sortant des ateliers de Tubize, ont toujours été très puissantes. Dans la construction on s'attache toujours à obtenir une bonne répartition du poids sur les essieux, ce qui est d'une grande importance, et à éviter les mouvements de lacet, de tangage et de roulis, qui constituent trois graves défauts dans une locomotive.

Dans ces derniers temps la *Métallurgique* a élargi considérablement les foyers en les laissant dépasser de beaucoup les longerons pour obtenir de grandes surfaces de grille. On arrive ainsi à brûler du charbon qui ne coûte en Belgique que 3 à 4 francs la tonne, ce qui produit une économie considérable.

La chaudière étant avec raison considérée comme le principal organe de la locomotive, la *Métallurgique* ne recule devant aucun sacrifice pour bien la réussir. On emploie des tôles en fer de première qualité qui, avant le traçage, sont toutes dressées au feu de bois et au maillet en bois. Les tôles une fois tracées, rien n'est poinçonné, tout est foré, et les trous laissés trop petits de 2^{mm},5 sont alésés par des machines radiales avec des alésoirs forets.

Les tôles ne sont jamais chauffées qu'au feu de bois.

Ce mode de fabrication permet d'atteindre des pressions d'épreuve de 12 à 14 atmosphères sans matage nécessaire.

Les pièces de mouvement sont forgées en fer fin grain spécial qui est fourni aux ateliers de Tubize par la Société de la fabrique de fer d'Ougrée. C'est un fer qui coûte très cher, mais comme qualité et comme beauté, on ne lui connaît rien de supérieur.

Dans le travail des forges on a soin d'éviter de fatiguer le fer, en l'amenant trop brusquement à la forme qu'il doit prendre. Les transformations pour les pièces difficiles sont faites successivement et obtenues par plusieurs *chaudes*. Nulle part on ne peut distinguer la moindre trace de soudure.

Tout le travail, à la forge comme à l'ajustage, au montage, à la chaudronnerie, etc., est fait par des ouvriers formés dans les ateliers mêmes. On réalise ainsi de grands avantages ; d'abord, les familles des ouvriers étant depuis très longtemps fixées autour de Tubize, la main-d'œuvre est moins chère. Ensuite tous les ouvriers faisant toujours le même genre de travail et pour ainsi dire les mêmes pièces les font mieux et plus vite. La *Métallurgique* a donc de ce côté tout avantage sur la plupart des établissements analogues situés dans de grands centres industriels où l'on est souvent obligé de n'employer que des ouvriers de passage auxquels il faut payer des salaires élevés, quoiqu'ils soient toujours moins aptes à la besogne que les anciens ouvriers.

ATELIERS DE NIVELLES

Les ateliers de construction de Nivelles sont situés à 30 kilomètres de Bruxelles ; ils sont attenants à la station de Nivelles-Nord et sont raccordés aux chemins de fer de l'État.

Leur création date de 1858.

Ces ateliers sont spécialement outillés pour la construction du matériel roulant pour chemins de fer, tel que wagons de toutes natures, voitures à voyageurs, voitures-fourgons, voitures de luxe, voitures pour tramways et pour chemins de fer secondaires; enfin ils fabriquent toutes espèces de roues complètement en fer. En un mot, dans les ateliers de Nivelles, on fabrique toutes les pièces de forge quelles qu'elles soient, nécessaires aux véhicules qui y sont construits, on ajuste et parachève ces mêmes pièces de forge qui passent ensuite à l'atelier du montage où elles sont placées sur les véhicules.

Quant aux bois employés, ils entrent aux ateliers en grume ou en plateaux et sont confectionnés puis montés pour former les voitures et les wagons.

On voit donc que l'on reçoit à Nivelles les marchandises, métaux et bois, à l'état brut, et que, après transformation dans les ateliers, ils sont livrés à l'état, soit de voitures, soit de wagons entièrement terminés et prêts à être mis en service, sauf, pour les voitures à vapeur qui, entièrement terminées à Nivelles, en tant que voitures, sont expédiées ensuite à Tubize pour l'installation du moteur.

Les ateliers de Tubize ne fournissent donc rien à ceux de Nivelles qui ne reçoivent des ateliers de La Sambre que les pièces de fonte à l'état brut, les boîtes à huile, les boulons et rivets nécessaires aux véhicules.

Les roues entièrement en fer et avec rais se font à Nivelles, tandis qu'à La Sambre, on fait les roues dont les moyeux sont en fonte.

L'espace occupé par les ateliers de Nivelles est de 4 hectares 350 ares, dont 2 hectares sont couverts de constructions comprenant :

1° Un *atelier avec halles contiguës* pour les forges contenant : 60 fours de forges, 8 marteaux-pilons, 2 chau-

dières horizontales et 2 chaudières verticales, 4 fours, une
machine à plier les rayons, un perçoir double avec cisaille
à vapeur et un perçoir ordinaire avec cisaille, des grues
et accessoires de forges ;

2° Un *atelier d'ajustage* renfermant 27 machines à forer,
20 tours, 2 alésoirs, une machine à raboter, 3 limeuses,
2 mortaiseuses, 4 machines à tarauder, un ventilateur et
24 étaux d'ajusteurs ;

3° Un *atelier pour les machines travaillant le bois* et
contenant 3 machines à raboter, 2 machines à mortaiser,
une machine à tenons, 2 scies circulaires, une scie à
ruban, 4 toupies et 2 machines à forer;

4° Une *halle pour la chaudronnerie* renfermant 8 machines à percer, 3 machines à forer, 2 meules en émeri,
6 tours, une machine à tarauder et une machine à dresser
les fines tôles;

5° Un *atelier de menuiserie* pouvant contenir 70 menuisiers, un atelier d'ébénisterie et une salle pour la garniture;

6° Un *grand atelier de montage* desservi par un transbordeur pour le montage des voitures ;

7° Des *halles* continues pour le *montage des wagons*
et munies d'un transbordeur ;

8° Des *halles contiguës pour la fabrication des ressorts*
où sont installés les outils spéciaux à cette fabrication,
tels que : machines à percer, cylindrer, laminer; 11 feux
de forges; 2 fours à tremper et à recuire; une forge à vent
forcé;

9° Un *atelier pour l'embatage des roues* contenant
deux fours pour l'embatage, un four à cémenter, une grue
et une presse à vis ;

10° Diverses dépendances où sont établis, la *presse à
caler*, l'atelier des réparations, ceux des ferblantiers,
vitriers, corroyeurs, massiers, etc. ;

11° Un *atelier de peinture* pour les divers véhicules.

Toutes les diverses machines-outils sont mises en action par un seul moteur à vapeur de la force de cent chevaux ; pour la fabrication des ressorts, on a installé un moteur spécial de la force de huit chevaux et pour celle des roues un autre moteur de 6 chevaux.

Le premier moteur est alimenté par une chaudière tubu·laire, type locomotive ; la deuxième, par une chaudière verticale, ainsi que la troisième.

Nous allons rapidement passer en revue les opérations exécutées dans chacun de ces divers ateliers.

1° Dans l'*Atelier aux halles contiguës pour forges*, on fabrique toutes les pièces de forge nécessaires aux véhicules, ainsi que les roues, les buttoirs, les boîtes de choc en tôle et les essieux.

Pour fabriquer les pièces de forge, on prend des fers aux dimensions convenables ; ces fers sont généralement dégrossis aux petits pilons de façon à permettre leur introduction dans les matrices ; comme on a souvent un grand nombre de pièces identiques à fabriquer, l'ouvrier forgeron dégrossit toutes les pièces, du moins un grand nombre, puis on les passe à la matrice pour donner aux pièces leurs dimensions et forme exactes. Au sortir de la matrice, les pièces doivent être ébarbées, dressées et parées.

Pour fabriquer les roues, les rais reçus, laminés suivant un profil qui varie avec chaque espèce de roue, sont ébarbés, puis pliés à l'aide d'une machine spéciale décrite plus loin ; les rais pliés sont assemblés dans un cercle de manière à former la roue, le centre de ce cercle est chauffé au blanc soudant sur un foyer circulaire et le moyeu, composé de deux rondelles préalablement préparées, est chauffé au blanc soudant dans un four à réchauffer. Ces rondelles son⁺ placées dans des

matrices entre lesquelles on interpose la roue et on soumet le tout à l'action d'un marteau-pilon de 5 tonnes. Pour
souder les moyeux, on chauffe 4 roues à la fois ; à cet effet,
4 foyers circulaires sont établis aux angles d'un rectangle
dont le centre est occupé par le pilon, chacun de ces
foyers est desservi par une grue. Cette installation permet de fabriquer 42 grosses roues par journée de 10
heures 1/2. La roue passe ensuite à l'atelier d'ajustage où
elle est terminée.

8 marteaux-pilons sont employés, un de 5 tonnes, un de
2 tonnes 1/2, 3 de 1,200 kilog., 2 de 800 kilog. et un de
500 kilog.

Quatre chaudières existent dans cet atelier : deux horizontales de 25 et 20 chevaux, deux verticales de 20 et
12 chevaux.

La machine à plier les rayons se compose essentielle-
ment d'un cœur en fonte qui donne la forme intérieure des
rais et qui varie suivant chaque type de rais et de deux
guides donnant la forme extérieure ; entre le cœur et les
guides, on place deux galets qui peuvent se mouvoir d'arrière en avant à l'aide d'une vis sans fin ; ces galets viennent presser les rayons sur le cœur et leur donner ainsi
leur forme exacte.

2° *Atelier d'ajustage.* — Les machines-outils de cet atelier sont de provenance belge et anglaise. Elles servent
à parachever les pièces de forges nécessaires aux véhicules.

Les tours pour essieux sont à deux outils qui attaquent
en même temps chaque fusée d'essieu, ce qui produit
une grande économie de temps. Les tours sont de deux
espèces : les uns servent à dégrossir les essieux, les autres
à les finir aux dimensions exactes. Les tours en l'air pour
roues sont à deux plateaux qui se regardent, ce qui permet
à un ouvrier tourneur de conduire deux outils.

Deux alésoirs conduits également par un seul ouvrier

sont spécialement affectés à l'alésage des roues. Ils se composent d'un plateau fixe sur lequel vient se placer la roue à aléser et d'un mandrin horizontal portant une lame. Le mandrin reçoit en même temps un mouvement de rotation et de translation et pénètre à l'intérieur de la roue.

3° *Atelier des machines travaillant le bois.* — Les bois arrivent en plateau et sont débités par des scies circulaires aux dimensions des pièces, celles-ci sont ensuite rabotées aux dimensions exactes, l'ouvrier trace alors les tenons, mortaises, rainures et moulures que doivent présenter chacune de ces pièces, puis elles passent à des machines spéciales au sortir desquels les bois sont envoyés à l'atelier de menuiserie où l'ouvrier les assemble entre eux pour construire les voitures. On assemble horizontalement sur des tréteaux les pièces de côté des caisses, les pièces de bout, les séparations intérieures des voitures, et pour les voitures de tramways, on assemble aussi la toiture séparément. Une fois, les côtés, les bouts, les séparations et les toitures terminés, on les assemble entre eux pour former la voiture proprement dite.

Le bois employé pour les voitures est généralement du teak, parce que ce bois jouit de la propriété de travailler très peu et même pas du tout. Les voitures pour les pays chauds sont à double paroi, ménageant une couche d'air entre elles, les planchers et toitures sont également construits de la même façon.

4° *Halle pour la chaudronnerie.* — Les outils qui s'y trouvent servent à travailler les fers spéciaux et les tôles entrant dans la composition des châssis inférieurs pour voitures et wagons. Les fers sont dressés à froid à l'aide d'une vis à balancier, puis tracés, percés, passés à la meule et ajustés avant de se rendre à l'atelier de montage. On plane également les fines tôles qui s'appliquent à l'extérieur des voitures.

6° *Grand atelier de montage.* — Cet atelier se compose de deux longues allées séparées par un entre-colonnement. Dans chacune de ces allées sont établies deux voies de chemin de fer, soit 4 voies qui reçoivent les voitures en montage. A une extrémité de ces voies se trouve un transbordeur pour permettre à un véhicule de passer d'une voie à une autre. A l'autre extrémité et en regard de chaque voie se trouve une plaque tournante destinée au même usage.

7° *Halle pour le montage des wagons.* — Cette halle se compose de quatre allées contenant chacune deux voies ferrées ; aux extrémités de ces voies se trouve un transbordeur et des plaques tournantes.

Pour le montage des wagons, les brancards, les traverses, les goussets arrivent terminés de la chaudronnerie et sont assemblés puis rivés entre eux. Ce rivetage ne peut se faire qu'à la main. Pour chauffer les rivets, une canalisation de vent est établie dans chaque allée et de distance en distance est ménagée une prise de vent, de sorte qu'il suffit de raccorder cette prise à une forge portative à l'aide d'un tuyau en caoutchouc pour obtenir le vent nécessaire pour chauffer les rivets.

On met ensuite sur roues et on monte les appareils de traction de choc ainsi que les freins ;

8° *Fabrication des ressorts à lames étagées.* — Les barres d'acier sont cisaillées à la longueur voulue, puis sont introduites dans un foyer forcé, alimenté par du coke, de là, elles sont portées à un perçoir à deux poinçons dont l'un fait les *éloquiaux*, l'autre les encoches ; les extrémités des barres sont de nouveau chauffées pour passer dans un laminoir excentrique qui amincit les extrémités. Les barres, introduites dans un four, sont ensuite cintrées sur une machine composée de deux rouleaux. Au sortir de cette machine, les barres sont plongées dans de l'eau pour les tremper. Les feuilles d'un même ressort doivent être travaillées successivement, chacune d'elles devant servir de gabarit à la suivante pour le cintrage. Les feuilles passent ensuite, après avoir été préalablement recuites, entre les mains d'ouvriers qui les ajustent et terminent l'opération.

La trempe et le recuit sont les deux opérations capitales dans la fabrication des ressorts qui demandent à être faites avec le plus grand soin, de manière à obtenir de bons produits.

9° *Atelier pour l'embatage des roues.* — L'embatage consiste à placer à chaud les bandages sur les roues. A cet effet, les bandages en acier sont alésés à un diamètre plus petit de un millimètre par mètre que le diamètre extérieur de la roue ; le bandage est chauffé à une température suffisante pour que la dilatation lui permette de se placer sur la roue ; par le refroidissement, on obtient le serrage nécessaire pour maintenir le bandage en place. Si le bandage était en fer, la différence de diamètre devrait être de $1^{mm},5$. Une grue sert à ce travail.

Une presse à vis fait les tôles embouties destinées à fournir, pour les wagons, les marchepieds qui ont les bords retroussés, les tôles de coins de wagons, etc.;

10° *Ateliers de la presse à caler.* — Cette presse sert à caler les roues sur les essieux, ce qui se fait à l'aide d'une pression hydraulique variant de 30 à 50 tonnes.

Des ouvriers appelés massiers, chargés de faire des masses, c'est-à-dire des paquets avec les déchets provenant des divers matériels, soudent ces paquets au pilon ; on obtient ainsi des lopins de fer pour fabriquer certaines pièces de forge;

11° *Atelier de peinture.* — Les voitures entièrement terminées dans l'atelier de montage entrent alors dans l'atelier de peinture.

Depuis 1873, les ateliers ont produit 3,500 voitures de toutes espèces et 10,000 wagons de divers types.

On peut produire annuellement 150 voitures à voyageurs de gros matériel, 200 voitures de tramways et chemins de fer secondaires, 700 wagons à marchandises et 12,000 roues en fer.

Les principaux débouchés sont : la France, la Grèce, l'Italie, l'Espagne, le Portugal, la Hollande, la Russie et le Sénégal.

Les ateliers de Nivelles occupent, en temps normal, 500 ouvriers, mais ce chiffre peut être porté à 850, comme cela a eu lieu pendant les bonnes années ; le travail est exclusivement fait par des hommes.

Nous terminerons cette étude sur les ateliers de Nivelles en indiquant quelques-uns des derniers véhicules construits.

A l'Exposition d'Anvers figurait une *voiture pour tramway à traction mécanique*.

Cette voiture est à plates-formes et longerons abaissés qui permettent de supprimer les marchepieds. Cette disposition, brevetée en faveur de la *Métallurgique*, facilite l'accès, et, par suite, diminue les chances d'accidents.

La voiture, du poids de 3,435 kilogr., offre douze places assises et 32 debout sur la plate-forme ; le poids mort par place est donc de 78 kilogr. Elle est munie d'un buttoir central et d'un attelage dit à traction continue.

Les longerons sont à treillis métalliques brevetés, ce qui permet d'agrandir les plates-formes et d'augmenter le nombre de places.

Les ateliers de Nivelles ont également envoyé à l'exposition d'Anvers :

Une *belle voiture pour tramway à traction animale*, participant aux avantages de la précédente voiture décrite ; à l'intérieur, celle-ci présente deux bancs longitudi-

Fig. IV. — Wagon-salon du roi de Grèce. (Chemins de fer de la Thessalie).

naux pour 5 personnes chacun ; chaque plate-forme peut
recevoir 9 voyageurs debout. Le poids de cette voiture est
de 1,250 kilogr.; le poids mort par place n'atteint donc pas
45 kilogr.

Disons aussi quelques mots de la *belle voiture-salon*
(fig. IV), destinée à S. M. le roi de Grèce, et construite à
Nivelles; elle mérite tous les éloges.

Cette voiture fait partie du beau matériel construit tout
entier par la *Métallurgique* pour les chemins de fer de la
Thessalie, et qui donne une excellente idée de la valeur
des ateliers et de leur personnel.

Le compartiment du milieu de la voiture royale est un
salon de 2^m,90 de long. On y a disposé des divans et des
fauteuils recouverts de riches étoffes ; les parois et le plafond sont tendus. A côté du salon se trouve un fumoir à
quatre places; enfin la voiture comprend également un
cabinet de toilette.

Déjà précédemment les ateliers de Nivelles avaient
construit une voiture-salon de dimensions plus grandes
pour S.-A.-R. le prince Henri des Pays-Bas.

Les ateliers de Nivelles construisent également le matériel de la Cie internationale des wagons-lits. Ils viennent
de fournir deux magnifiques voitures-lits à 18 places avec
cabinets de toilette, et construisent actuellement deux
voitures-restaurants.

ATELIERS DE LA SAMBRE .

Les ateliers de la Sambre, appartenant à la Société la
Métallurgique, sont situés à 2 kilomètres de Charleroi, et
sont raccordés au chemin de fer du Grand-Central belge
(ligne de l'Entre-Sambre-et-Meuse).

Ils comprennent :

1° Des vastes halles pour le montage des wagons, des ponts et charpentes métalliques, renfermant tous les appareils et outils perfectionnés nécessaires au travail, tels que grues roulantes, forges, cisailles, machines à percer, à forer, à cintrer, à fraiser, etc.

2° Une fabrique de boulons et rivets munie de tout l'outillage nécessaire, qui consiste en machines à cisailler, à frapper les boulons et les rivets, à ébarber, à tarauder, machines à écrous, tours à boulons, etc. ;

3° Une fonderie de fer et de cuivre, avec 2 cubilots, pouvant produire par jour quinze mille kilogrammes de fonte moulée ;

4° Divers ateliers accessoires pour la fabrication des trains de roues, croisements de voie et excentriques, boîtes à huile, etc., renfermant des machines à raboter, à mortaiser, à forer, à aléser, des tours divers, etc. ;

5° Des forges contenant 52 feux de forge et 3 marteaux-pilons ;

6° Une menuiserie avec scies circulaires et scies à rubans, machines à raboter, à forer, à mortaiser, etc.

Toutes ces machines sont mises en action par 4 moteurs à vapeur : une machine à soupape de 50 chevaux, deux machines Meyer d'une force respective de 20 et 45 chevaux, et une machine verticale de 45 chevaux.

La vapeur est fournie à ces machines par trois générateurs, dont deux sont constamment en activité.

On fabrique dans les ateliers de la Sambre :

1° Le matériel de chemin de fer fixe et roulant : tenders, wagons à marchandises et wagonnets, grues fixes et roulantes, grues hydrauliques, plaques tournantes, signaux et disques d'arrêt, excentriques et croisements de voie, etc.;

2° Les ponts et charpentes, réservoirs, gazomètres, etc. ;

3° Les pièces de fonte ;

4° Les rivets, boulons, crampons et tirefonds. Cette dernière fabrication est exclusive aux ateliers de la Sambre, qui fournissent aux ateliers de Tubize et de Nivelles tous les rivets, boulons, etc.

Pendant les cinq dernières années, de 1881 à 1885 inclus, la production des ateliers s'est élevée aux chiffres suivants :

Wagons....................	2.371
Tenders.....................	40
Wagonnets....................	158
Trains de roues	237
Croisements et excentriques	1.702
Plaques tournantes	21
Signaux et disques d'arrêt..........	223
Transbordeurs................	13
Grues roulantes............	6
Grues hydrauliques.............	8
Camions....................	100
Fonte moulée........... kilogr.	2.922.366
Ferrures de wagons........ —	206.025
Boulons, rivets et crampons... —	1.099.425
Ponts et charpentes .... —	11.990.042

Les principaux débouchés sont : la France et ses colonies, la Grèce, l'Espagne, l'Italie, la Hollande, et les pays d'outre-mer, principalement les Indes néerlandaises.

Les ateliers de la Sambre occupent en moyenne 400 à 500 ouvriers, quoique dans certaines années exceptionnelles la population ouvrière ait atteint le chiffre de 800 et même de 1,000 personnes. Le travail est exclusivement fait par les hommes sauf à la boulonnerie où l'on emploie des femmes et des enfants pour le taraudage.

Les principaux travaux exécutés pendant les cinq dernières années par les ateliers de la Sambre sont :

1° Le nouveau casino établi sur le Paillon, à Nice. Le poids des charpentes livrées s'est élevé à 2,290,000 kilogr.;

2° Le beau pont de chemin de fer sur le Rupel, à Boom, près d'Anvers, représenté fig. V.

Fig. V. — Pont sur le Rupel, construit par " la Métallurgique. "

Ce pont, d'une longueur de 233 mètres, est composé de deux travées mobiles, respectivement de 25 et 55 mètres de longueur, d'une petite travée fixe de 29 mètres, et de deux grandes travées fixes de 62 mètres chacune. Le poids total de la partie métallique est de 1,081,000 kilogr. ;

3° Le pont établi sur la Meuse et le canal latéral, entre Herstal et Wandre, près de Liège. Ce beau travail, d'une longueur de 220 mètres, est composé d'une travée fixe de 31 mètres sur le canal et de trois grandes travées de 63 mètres sur la Meuse. Le poids de la partie métallique est de 1,300,000 kilogr.

Parmi les travaux tout récemment exécutés dans les ateliers de la Sambre, nous devons signaler d'une manière toute spéciale la belle façade de l'Exposition d'Anvers en 1885 et une partie des Halles. Le poids total des charpentes métalliques nécessitées par ces travaux a été de 1 million 916,000 kilogr.

Les galeries de l'Exposition construites par la *Métallurgique* étaient celles qui régnaient à droite du grand portique d'entrée. Elles couvraient une superficie de 3 hectares 1/3. Les fermes, à part celles de la galerie centrale, sont du système Polonceau, c'est-à-dire à nœuds articulés.

Elles prennent appui sur des colonnes formées de deux poutrelles en fer jumelées. Les assemblages des fermes et des colonnes sont, en général, combinés de manière à permettre l'utilisation des matériaux sans grand déchet, pour le cas où les charpentes ne trouveraient pas un nouvel emploi.

Le faible poids de la construction est digne de remarque : y compris les colonnes et les fers à vitrage qui étaient nombreux, ce poids n'atteint pas 45 kilogr. par mètre carré horizontal couvert.

Portique d'entrée (fig. VI). — Le grand portique d'entrée à l'Exposition d'Anvers était une construction métallique

Fig. VI. — Portique d'entrée de l'exposition d'Anvers.

simplement garnie d'un revêtement en planches qui en suivait presque exactement les contours.

Ce monument provisoire mesurait 68 mètres en hauteur et 66 mètres en largeur, c'est-à-dire une fois et demie les dimensions correspondantes de l'Arc-de-Triomphe de l'Étoile à Paris.

Les assemblages étaient combinés de manière à laisser aux matériaux la plus grande partie de leur valeur après la démolition.

L'ouvrage devait être suffisamment solide pour résister aux violentes bourrasques qui se déchaînent fréquemment sur l'Escaut; la *Métallurgique* y a réussi, tout en conservant à ce portique un grand caractère de légèreté. Le poids de fer employé a été seulement de 450 tonnes.

Nous avons, lors de l'ouverture de l'Exposition, alors que l'ossature métallique du portique était encore à nu, été frappé de la grâce et de la hardiesse de cette façade produisant un si bel effet architectonique.

La description que nous venons de donner des ateliers de la *Métallurgique* et des principaux travaux exécutés par elle, prouve l'importance considérable de cette Société. Elle a eu à souffrir de la crise que traverse l'Europe et de la rareté du travail que provoquait une concurrence plus acharnée que jamais entre les producteurs; aussi les prix se sont-ils abaissés au delà de tout ce que l'on pouvait imaginer. Les trois ateliers de la Société sont néanmoins restés en activité et ont pu réaliser un bénéfice industriel brut relativement satisfaisant.

Imp Ch. MARÉCHAL & J. MONTORIER, 16, cour des Petites-Écuries, Paris.

MOULINS DE SAINT-MAUR

L'histoire du blé serait l'histoire de l'homme, ou plutôt de la race sémitique ; dans toutes les contrées qui entourent la Méditerranée, les trois quarts au moins de la population passent leur vie tout entière à semer, récolter, battre, emmagasiner, moudre le blé, et cela depuis des temps où la mémoire des hommes n'atteint pas. L'art de réduire le blé en farine et d'en faire du pain est parti de l'Égypte, a fait le tour de la mer intérieure, s'y est implanté et perfectionné de telle façon que rien n'a pu l'en détrôner. L'usage de cet aliment s'est introduit dans le Nord, s'est répandu dans l'Est et le Sud, et a traversé l'Atlantique sur les vaisseaux des Génois ; mais en s'éloignant de son berceau, le blé a rencontré le riz, l'orge, la pomme de terre, dont il n'a pu entièrement triompher. Cependant, plus ce qu'on appelle civilisation s'étend sur le globe, c'est-à-dire plus les mœurs des Latins prennent de prépondérance, plus l'usage des différentes préparations du blé et surtout du pain devient général. Bien des causes ont amené et maintiennent ce résultat ; nous les discuterons en parlant de la Manutention. Nous ne nous occuperons aujourd'hui que de l'art de réduire le grain en farine.

Sans remonter aux temps fabuleux ou poétiques, qui transformaient en dieux ou en demi-dieux les premiers meuniers,
on peut être à peu près sûr que l'on commença par torréfier
le grain pour le débarrasser de son enveloppe, comme aujour-
d'hui on fait griller des marrons. On arriva assez vite à la
meule ; les livres saints nous montrent Samson tournant celle
des Philistins ; l'histoire de la république romaine raconte les
fatigues de Plaute le comique, attaché *ad molam,* ce qui était
alors le dernier degré de la misère humaine. En effet, *ad molam,*
à la meule, était un châtiment qui égalait et dépassait même les
triremes, les galères. Les criminels n'étaient pas assez nombreux
pour suffire à l'alimentation de la ville éternelle, et des milliers
d'esclaves courbaient, sous le fouet, leurs épaules sillonnées
par la sanglante lanière des pisteurs : les boulangeries de Rome
avaient fourni à l'armée de Spartacus de nombreux soldats
gaulois, germains, thraces et numides. Les cours d'eau ne tar-
dèrent pas à être utilisés, surtout après la guerre contre Mithri-
date.

Les moulins à vent sont, à ce qu'on croit, d'une origine
plus récente. Les croisés les trouvèrent chez les Arabes, où
ils existaient, dit-on, depuis le sixième siècle, et les rappor-
tèrent en France et en Allemagne. Les Maures d'Afrique les
avaient déjà acclimatés en Espagne. Ces moulins se multi-
plièrent beaucoup, car ils s'établissaient à peu de frais; depuis
les perfectionnements de la meunerie, surtout depuis l'établissement des grandes usines à mouture, ils ont été peu à peu
délaissés. En France, le vent est un moteur trop inconstant, et
on ne peut laisser chômer pendant des mois entiers, quelquefois, un établissement servi par un nombreux personnel. Aujourd'hui, la Flandre et la Hollande semblent avoir recueilli
tous les moulins à vent de l'Europe. Rien n'étonne plus un
Parisien, habitué à regarder comme des curiosités archéolo-
giques les trois moulins de Montmartre dont les ailes tournent
quand il plaît au vent. L'aspect étrange que donnent, sur les

levées de Dordrecht, à perte de vue, ces longues lignes de tours
élevées, surmontées de leurs grandes ailes en croix, trouble singulièrement l'esprit. On croit, au premier abord, que tous les
meuniers du monde se sont donné rendez-vous là pour y moudre
des moissons miraculeuses apportées par des nuées de galiotes.
En approchant, on voit que les moulins à farine sont très-rares,
et que la plupart des moulins hollandais sont occupés simplement
à moudre la mer, le Rhin, la Meuse ou l'Escaut, c'est-à-dire à
mouvoir des pompes qui rejettent aux canaux les eaux qui ont
envahi les polders. Là le vent est si fort, que la pluie est horizontale. On a donc raison d'en utiliser la puissance et de l'employer à tout : à exprimer l'huile, à scier le bois, à forger le fer.
On lui fait animer tous les engins que meuvent chez nous les
chutes d'eau, absolument inconnues dans ce pays, plat comme
l'Océan d'où il est sorti.

Les moulins à eau sont les vrais moulins de la France, et les
moulins à vapeur peuvent leur apporter un concours utile, mais
ils ne les remplacerons jamais ; leurs frais sont trop grands.
Les premiers ont cependant leurs jours de chômage comme les
moulins à vent, moins fréquents toutefois. Les glaces, pendant
quelques jours d'hiver, arrêtent les aubes ; les grandes eaux les
noient, les inondations les emportent et quelquefois le moulin
avec elles : la sécheresse excessive des étés torrides les laisse en
l'air ; somme toute, un moulin à eau établi dans de bonnes
conditions va bien onze mois sur douze, et une fois construit
marche presque sans frais. Aussi égaye-t-il toutes nos vallées de
son joyeux tic-tac. — La petite maison noircie par l'humidité,
lézardée par l'effort de la mule, la grande roue aux palettes
vermoulues, soulevant une chevelure d'herbes aquatiques dont
la verdure noire et veloutée donne une transparence brillante
au cristal de l'eau ; le ruisseau ou le petit torrent qui se brise,
éclate en blanche mousse, irisée par les rayons du soleil, et fuit
en roulant ses galets luisants, au milieu d'une prairie d'un vert
franc, parsemée d'un feu d'artifice de marguerites, de lu-

zerne, de trèfle, de boutons d'or, voilà le moulin à eau tel que
le cache tout pli de terrain dans notre vieille France. Aussi,
légendes et ballades commencent-elles presque toujours par :
« Il y avait une fois un riche meunier... » Aujourd'hui, le meunier est resté un des gros bonnets du village, et même du pays,

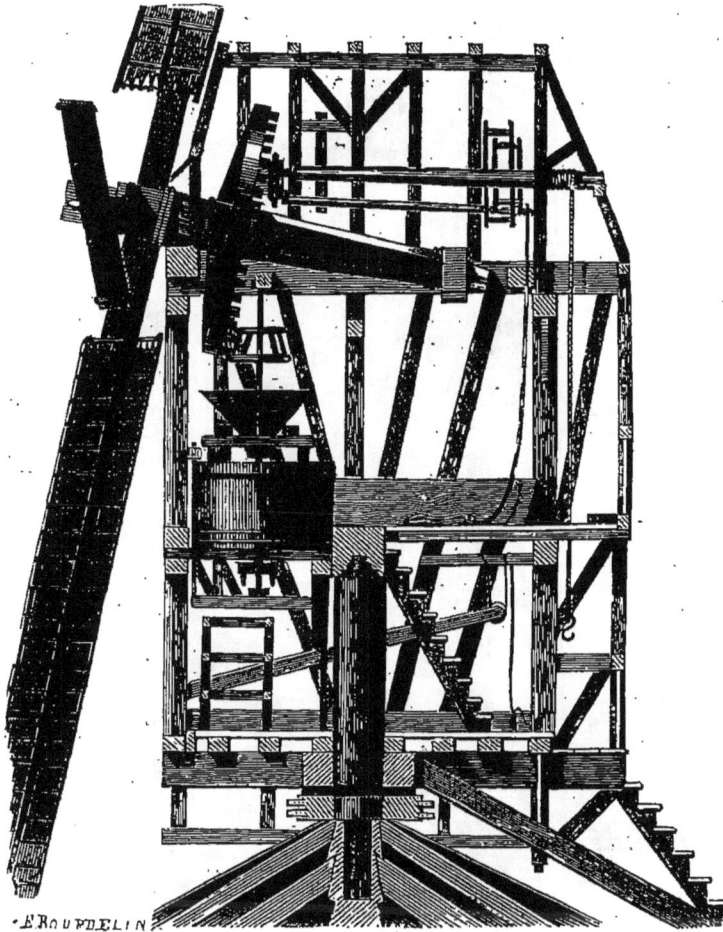

MOULIN A VENT. (Encyclopédie. — 1788.)

quand son moulin ou plutôt ses moulins sont installés sur une
bonne et large rivière, comme la Seine ou la Marne, qui apporte
à ses meules les grains de la Beauce, de la Bourgogne et de la
Champagne, au centre d'un immense réseau de chemins de fer,
à deux pas d'une grande ville comme Paris, qui renferme neuf
cents boulangers.

Les premiers moulins, exploités par MM. Darblay, dans le système anglo-américain, s'élevaient à Étampes. Cette industrie fut transportée par eux à Corbeil, où des moulins construits en 1769 par l'hôpital général de Paris, après être restés longtemps inactifs, venaient d'être achetés par la famille de Noailles. Leur

MOULIN A EAU. (Encyclopédie. — 1788.)

gestion est confiée spécialement à M. Paul Darblay, fils de M. Darblay jeune. Ces moulins, échelonnés sur l'Essonne, renferment encore quatre-vingts paires de meules, et sont mus par la chute d'eau de cette petite rivière à son confluent dans la Seine. Le bâtiment principal est considérable, il est tout à fait sur le quai, en travers du grand bras de l'Essonne. Les meules y sont mues par deux grandes roues et deux turbines, cachées dans une sorte de bâtiment en planches, où elles sont à l'abri des grands froids : on y fait même du feu quand la gelée trop forte menace d'arrêter le travail. Pendant la saison des basses eaux, une machine à vapeur d'une vingtaine de chevaux vient au secours de la chute. C'est dans ce gigantesque établissement qu'ont été essayés tous les perfectionnement dont a hérité le moulin de Saint-Maur. De ces perfectionnements, dont nous parlerons plus tard en détail, deux surtout sont très-importants : le premier est la substitution de la courroie qui donne un mouvement uniforme et sans à-coup à l'ancien engrenage, lequel détermine au contraire au tremblement presque continuel, et, qui, de plus, nécessite l'immobilité de l'ensemble pour arrêter une seule des paires de meules. Avec les courroies, au contraire, on déblaye seulement l'arbre de meule dont l'arrêt est nécessaire, et les autres peuvent continuer leur travail. Le second perfectionnement, qui a demandé bien des essais, à pour but d'arriver à la parfaite et constante horizontalité de la meule *gisante*. Nous verrons au moulin de Saint-Maur comment on l'a résolu. A Corbeil, on y est parvenu, au moins d'un côté, en appuyant les meules le plus près possible des gros murs du bâtiment, au lieu de les laisser au milieu du plancher comme à l'ordinaire. Les établissements de Corbeil se doublent d'une importante huilerie à colsa.

Passons maintenant à la description du moulin de Saint-Maur, spécimen de la grande meunerie en 1860 :

Pour éviter un parcours presque circulaire de quinze kilomètres environ fait par la Marne entre Joinville-le-Pont et Charenton, Napoléon Ier fit creuser, à la hauteur de Saint-Maur, un canal de deux kilomètres; ce canal, pendant la moitié de sa longueur, passe dans un tunnel perçant de part en part une petite colline. C'est à l'endroit même où il débouche du souterrain que sont établies les usines animées par la chute d'eau de son trop plein. Cette chute très-puissante pèse de trois mètre de hauteur sur une largeur de huit mètres; le trop plein, divisé en deux bras dont l'un s'écoule à l'ouest, l'autre à l'est, donne la vie à huit usines possédées par MM. Darblay, et M. Béranger, chargé spécialement de l'exploitation du moulin de Saint-Maur (a).

Le moulin principal est établi sur le bras de l'est et animé par quatre puissantes turbines. Une vaste cour lui donne accès, et deux porches avancés permettent aux chariots de venir, à l'abri de la pluie, décharger du grain et charger de la farine. De nombreuses ouvertures l'aèrent et l'éclairent ; de grands cylindres en toile métallique font saillie devant les fenêtres, situées aux extrémités du bâtiment : c'est dans leurs gigantesques tamis que sont précipités du sixième étage les blés qu'on a besoin d'agiter vivement pour éviter la fermentation.

Si on entre par la porte du milieu dans la vaste salle qui comprend, sans séparation, tout le rez-de-chaussée, on voit au premier coup d'œil que le moulin de Saint-Maur est composé de quatre moulins, ou plutôt de quatre ensembles de dix meules chacun, répétant à peu près la même disposition. Nous allons essayer de décrire ce qui se passe dans l'un de ces ensembles, et pour cela nous suivrons un sac de blé depuis son entrée dans l'usine, jusqu'à la sortie du sac de farine en laquelle il s'est métamorphosé. Entrons d'abord dans la salle de réception, où le grain qu'on apporte est soumis à un scrupuleux examen ; là, d'habiles experts constatent ses qualités ou ses défauts, supputent son rendement, reconnaissent les fraudes. Une fois le grain reçu, il ne peut, même le meilleur, *la tête*, comme on dit, être employé comme l'agriculture le donne, c'est-à-dire rempli de graines étrangères, de petits cailloux, de terre, et de mille autres impuretés nuisibles à la panification. On le livre à un système de circulation dû à l'Américain Olivier Evans, système qui a rem-

(a) On vient d'établir sur le bras de l'est, auprès du moulin principal, un appareil destiné à fournir de l'eau aux rivières artificielles créées au bois de Vincennes par la liste civile. On n'a pas eu besoin de monter une machine à vapeur, le force de la chute suffit — l'eau envoie l'eau — par conséquent à peu de frais. Deux pompes animées par une forte turbine, fournissent, par vingt-quatre heures quatre à cinq mille mètres cubes d'eau à raison de treize mille francs par an, ce qui fait revenir le mètre à moins d'un centime, prix du reste très-modéré et qui pourrait donner l'idée d'utiliser la chute de Saint-Maur pour fournir de l'eau aux quartiers de Paris situés à l'est des boulevards.

LES MOULINS DE SAINT-MAUR

placé presque tout travail manuel dans les moulins modernes.
Il est du reste d'une parfaite simplicité : il se compose d'une
noria ou chaîne à godets, pour faire monter le grain et de
tuyaux de métal plus ou moins inclinés, pour le faire descendre par son propre poids. Pendant qu'on engraine le blé
dans la noria qui doit le porter au sixième étage, nous y mon-
tons nous-même par un bel escalier à pente douce qui remplace heureusement l'ancienne échelle du meunier ; nous
arrivons assez à temps pour voir les godets de fer-blanc se retourner et lancer le grain dans un vaste entonnoir facilitant l'accès d'un premier crible dit *émoteur*. Là s'arrêtent les pierres et
les mottes de terre de gros calibre. Un tube de fer-blanc incliné
reçoit le grain sortant de l'émoteur, pour le conduire entre deux
cylindres verticaux en tôle placés l'un dans l'autre. Le cylindre
extérieur est fixe, le cylindre intérieur est mobile autour d'un
axe garni à ses deux extrémités d'un ventilateur à palettes. Les
lames de tôle sont percées de trous au poinçon, de telle sorte que
la saillie déterminée par le refoulement du métal se trouve à la
face interne par le cylindre extérieur et à la face externe pour
le cylindre intérieur. Aussi le grain engagé entre les deux surfaces
est-il nettoyé, égratigné, gratté, étrillé enfin, si violemment,
qu'un nuage de poussière s'échappe de l'appareil, accompagnant
une grêle de petites pierres et de détritus de toute sorte.

Le grain passe ensuite, non-seulement par l'*émoteur* et le *grat-
teur*, mais encore par le *batteur*, qui le débarrassent de tout corps
terreux ou minéral. Il reste cependant des semences étrangères,
des petits grains de blé avortés ou de mauvaise nature, dont les
morceaux se mêleraient sous la meule à la farine dont elles amoin-
driraient la qualité. On en débarrasse le blé en le faisant passer
par des cylindres *cribleurs* et *trieurs* qui retiennent le grain de
bonne grosseur, et laissent échapper au dehors la grenaille et les
semences qui s'y sont introduites au moment de la récolte. Pendant ces opérations, descendant d'étage en étage dans des tubes
cylindriques en fer-blanc ou quadrilatères en bois, le blé se pré-

cipite jusqu'au rez-de-chaussée avec le crépitement d'une pluie d'orage sur les carreaux d'une serre. Une autre noria le remonte, d'autres tubes le descendent dans un appareil inconnu aux anciens meuniers, et qui a pour usage de comprimer légèrement le blé avant de le livrer à la meule. Il est formé de trois cylindres : deux sont lisses, se regardent par leur surface extérieure, tournent en sens contraire et laissent entre eux l'espace suffisant pour laminer en quelque sorte chaque grain sans le pulvériser. Au-dessus tourne un cylindre cannelé dont les cavités uniformes égalisent le travail en retenant et mesurant le blé, qui, au sortir de ce *comprimeur*, descend aux meules. En se reportant aux procédés primitifs, on croit qu'on n'a qu'à écraser le grain entre deux grosses pierres, à tamiser le résultat de cet écrasement, et qu'on a d'un côté la farine, de l'autre le son. Les choses ne sont pas aussi simples que cela. Pour obtenir de bonne farine, c'est-à-dire de la farine qui fasse du bon pain, pour l'obtenir dans des conditions normales qui donnent tout le rendement possible, il faut apporter la plus grande attention, non—seulement à la qualité même des meules, mais encore à la manière dont elles sont juxtaposées. C'est ici que se manifeste la supériorité d'aménagement du moulin de Saint-Maur.

Dans les moulins ordinaires, même bien établis, la meule gisante, c'est-à-dire fixe, est située au premier étage du bâtiment et sur un plancher qui n'est pas et qui ne peut être d'une horizontalité absolue. Quelles que soient les précautions que l'on ait prises dans l'installation, la moindre circonstance peut détruire cette horizontalité : le poids de sacs de blé déposés sur le plancher, le jeu d'une poutre par le temps et l'humidité. On comprend que le garde-moulin aura le plus grand mal à régler la position de la meule *courante* par rapport à une surface oblique même légèrement inclinée. A Saint—Maur, la meule *gisante* est fixe, irrévocablement horizontale, puisqu'elle est enfermée dans un massif de fonte et de maçonnerie scellé dans le sol même sur lequel est construit le moulin. On est arrivé à ce résultat en superposant aux meules l'appareil moteur, qui se trouve ainsi au premier étage, tandis qu'elles restent aux rez-de-chaussée. Ordinairement l'arbre de meule traverse le *gîte* et porte à son extrémité supérieure la meule *courante*, qui retombe de son poids sur sa jumelle ; et comme le fer est un métal très-sensible au calorique, il s'échauffe par le frottement, s'allonge, et finit par soulever la meule qui ne fait plus alors de la farine, mais du gruau. A Saint-Maur, la meule *courante* est mise en équilibre sur sa jumelle ; le fer de meule vient d'en haut et se fixe à la partie supérieure de l'anille, sans soutenir ni presser : il ne fait que transmettre le mouvement qu'il reçoit lui-même d'une courroie mue par une grosse poulie verticale sur laquelle s'embrayent les dix courroies des dix arbres de meule. La grosse poulie verticale est mue par une forte turbine dont l'arbre, après avoir traversé le massif du rez-de-chaussée, se prolonge jusqu'au premier étage au milieu de tout l'appareil moteur.

Les meules dont on se sert dans les environs de Paris viennent presque toutes de la Ferté-sous-Jouarre, où se trouvent des carrières justement renommées. Il y a longtemps qu'on a renoncé à les faire d'un seul morceau ; elles sont composées de plusieurs pièces réunies entre elles par du plâtre très-fin et d'une qualité très-tenace. Il y aurait des volumes à écrire rien que sur les meules, leur provenance, leur densité, leur forme, les procédés pour les dresser, rayonner, rhabiller (a). A Saint-Maur on rhabille les meules presque tous les huit jours. Il ne suffit pas que la meule ait une

(a) La meulerie comme la meunerie dont elle est l'instrument principal et le plus essentiel, est restée longtemps dans l'enfance. Si nous nous en rapportons aux traditions, les Grecs, pour moudre leurs blés se servaient de meules en laves scorifiées ou laves de volcan. Les Romains employaient des pierres de basalte, de granit ou de porphyre. Toutes ces meules étaient de petite dimension, elles n'excédaient pas un mètre. Chez les peuples modernes, on s'est longtemps servi de meules en granit et d'une espèce de grès compact. La meulerie ne commença à progresser que lors de la découverte du *silex meulier* de la Ferté-sous-Jouarre. Des titres établissent que l'on exploitait la meulière à la Ferté-sous-Jouarre il y a près de cinq cents ans. Ces exploitations avaient peu d'activité. Elles ne commencèrent à en prendre qu'en 1752, époque à laquelle la famille Guevin donna la première impulsion à cette industrie, fit adopter ses produits meuliers en France, en Belgique et en Amérique, et étendit ses relations en Allemagne, en Espagne, en Italie, en Russie, en Turquie, etc., etc., de telle sorte que toute l'Europe et même l'Amérique sont devenues tributaires de la Ferté-sous-Jouarre. Pendant longues années, les meules provenant des carrières de la Ferté, employées par les meuniers français, étaient d'un seul morceau de pierre très-poreuse. C'est dire que le plus souvent elles étaient sans régularité, avec des parties dures, avec des parties tendres, et très-grossièrement façonnées. Ces meules avaient six pieds deux pouces de diamètre

surface bien préparée, il faut qu'elle soit bien montée, c'est-à-dire
qu'elle tourne en équilibre parfait sans presser inégalement aux
divers points de sa course : pour cela il faut voir si elle a ce
qu'on appelle *des lourds,* c'est-à-dire des parties plus denses qui
la font dévier. On y remédie de diverses manières. La grande et
perpétuelle difficulté de la mouture est de faire un travail égal,
c'est-à-dire d'écraser assez le grain et de ne pas l'écraser trop,
de manière à l'échauffer, ce qui fait fermenter et évaporer
des parties très-nourrissantes et essentielles à la panification.
Malgré toutes les recherches et toutes les inventions possibles, on
n'a pu arriver à ce résultat que par une surveillance continuelle;
on a donc trouvé bon à Saint-Maur de faire sortir à l'air libre le
mélange de farine, de gruau et de son qui s'échappe d'entre les
meules. Ce mélange tombe sur une espèce de parapet circulaire
et mobile nommé récipient, sur lequel le garde-moulin peut
sans cesse le voir, le toucher, l'apprécier, et par sa température
et sa consistance juger s'il doit serrer ou écarter ses meules.
Ce résultat de la mouture est appelé *boulange,* parce qu'il était
ainsi livré autrefois aux boulangers qui le blutaient chez eux.
Le récipient tourne d'un mouvement lent et régulier et amène la
boulange devant une palette qui la précipite dans une ouverture,
du fond de laquelle une vis sans fin la porte à une noria dont les
godets la remontent au sixième étage et la versent dans une salle
appelée chambre à refroidir. La boulange à ce moment se compose d'abord de son, — puis d'une partie formée de son fin, de

C'est seulement en 1826 que la meunerie, adoptant le système de mouture américain, perfectionné par les
Anglais, les exploitants de pierres meulières de la Ferté commencèrent à rivaliser avec ces derniers, puis
à les surpasser dans tous les détails de la fabrication des meules dites à l'anglaise.

La dimension des meules à l'anglaise le plus en usage a été d'abord de 1 mètre 30 centimètres. Ce
diamètre exigeait un choix de pierres pleines et vives, qui ne pouvaient travailler qu'à l'aide de rayons
très-multipliés taillés sur la surface de la meule. Mais l'impulsion extrêmement rapide donnée à ces meules
dè petite dimension (120 tours à la minute) échauffa la farine, et malgré les appareils de ventilation qui furent
établis dans les principaux moulins, les habiles meuniers reconnurent que le meilleur moyen d'obvier à cet
inconvénient grave était de remplacer ces petites meules par de plus grandes. Dans les usines dé MM. Darblay,
comme dans celles des meilleurs meuniers, les meules ont maintenant de 1 mètre 50 à 1 mètre 60 centimètres
de diamètre; elles sont également rayonnées et fonctionnent avec une grande perfection.

La pierre de ces meules, moins pleine que celle des meules de minime dimension, est à petites porosités
fines et régulières. Cette nature de pierre se trouve en plus grand nombre dans les carrières de Tartelet,
depuis longtemps très-renommées, et qui, malgré l'activité qu'on y déploie, ont encore un long avenir. Ces
riches carrières appartiennent à la grande société meulière Dupety, Theurey, Gueuvin, Bouchon et Cⁱᵉ.

gruau gros et fin, d'une petite quantité de farine, — enfin de la
farine produite de premier jet, cinquante à soixante pour cent
du blé environ. Dans la chambre à refroidir, un grand râteau
circulaire agite la boulange, la mêle et la pousse vers une trémie
qui la mène dans les blutoirs. Autrefois, il n'y avait pas de blutoirs dans les moulins. Chacun faisait écraser son blé, reportait
chez lui la boulange, la tamisait et la sassait avec toute sorte
d'engins grossiers, si bien qu'au commencement de ce siècle on
citait encore les moulins qui blutaient. Les blutoirs actuels sont
de grands prismes hexagonaux, d'environ sept mètres de long
sur un de large, montés sur un arbre tournant et inclinés en pente
douce depuis le point où arrive la boulange jusqu'à celui où elle
sort. Les faces des prismes sont formées d'un fin canevas de soie
tendue sur un bâti léger que frappe à chaque tour un petit
morceau de bois, mu par un mécanisme ingénieux et simple.
Une courroie sans fin courant dans le fond de la huche entraîne
la farine qui a traversé le blutoir, et la pousse dans un tube qui
la descend dans un second blutoir. Dans ce second blutoir, les
canevas de soie vont en s'élargissant depuis le haut jusqu'au bas,
où peut passer le gruau et même un peu de son. Ce qui est tamisé
dans le haut est la farine de premier jet et tombe par un tube
dans la chambre à farine. Cette portion de la boulange comprend
environ les six dixièmes du mélange. Pour elle les opérations
sont terminées et on pourrait à la rigueur la mettre en sac, s'il
n'était pas nécessaire, pour une bonne panification, de lui faire
attendre la farine de gruau dont nous allons suivre la fabrication.

Pour bien comprendre l'importance des opérations qui con-
cernent le gruau, il faut se rappeler qu'il est composé de la
partie du grain la plus rapprochée de l'écorce, c'est-à-dire de
la partie la plus dure, la plus réfractaire à la meule, mais aussi
la plus azotée, la plus sensible à la levure : il y a donc un grand
intérêt à la séparer du son. Eh bien ! il y a cent ans à peine que
cette précieuse matière alimentaire est employée. Avant cette
époque, non-seulement on ne la recherchait pas, mais on la

repoussait avec mépris, sous le nom dédaigneux de farine de Champagne. Une ordonnance du roi, de 1658, défendait sous les peines les plus sévères d'en faire usage pour la nourriture de l'homme et la livrait aux bestiaux.

Mais à cette époque, les famines étaient encore fréquentes et, malgré toutes les ordonnances, on ne pouvait se décider à sacrifier un aliment aussi utile et aussi abondant que le gruau. Quelques boulangers achetaient des sons *gras*, c'est-à-dire mêlés de gruau, les mettaient tremper dans l'eau qui séparait le son plus léger, et faisaient du pain avec le gruau ainsi obtenu après l'avoir délayé dans de la farine. Vers 1700, des meuniers de Senlis, nommés Pigeaut, commencèrent à rendre une seconde fois à la meule les sons mêlés de gruau, et à tirer ce qu'on appelait alors « deux moutures d'un sac; » cette utile invention se répandit aux environs, à Beaumont et à Chambli. Mais on se cachait pour faire du pain où le gruau était mêlé à la farine, on n'y travaillait que la nuit. Pendant la famine de 1709, l'abus devint peu à peu un usage, et en 1725, des perfections apportées à la seconde mouture purent rendre de grands services et adoucir les horreurs de la famine. On finit par apprécier si bien les qualités du gruau qu'en 1740, une seconde ordonnance, non moins royale et non moins sévère que celle de 1658, rendit obligatoire l'usage de la matière alimentaire défendue par la première. On prescrivait l'usage d'un bluteau qui laissait passer le gruau avec la farine, et ne rejetait que le son le plus gros; on l'appelait le *bluteau d'ordonnance*. Les qualités nutritives de la farine de gruau furent appréciées de plus en plus, la bluterie se perfectionna, surtout à Melun; vers la fin du siècle dernier, on était arrivé à la payer plus cher que la farine de premier jet. « Aujourd'hui, dit l'*Encyclopédie* (1788), ils n'en ont pas pour les demandeurs, et ils la vendent plus cher. La convention des bons boulangers de Paris avec les marchands de farine, c'est de leur livrer un tiers en farine de gruau avec les deux tiers en farine de blé. »

Aujourd'hui le mélange se fait dans le moulin, et ce sont les demandes et la surveillance intéressée du commerce qui déterminent
la quantité de farine de gruau que doit contenir chaque sac livré.

Ainsi, toutes les opérations que doit subir le blé se font maintenant dans l'intérieur du moulin : nettoyage du grain, mouture,
blutage, mouture du gruau, second blutage, mélange des farines
de premier jet avec les farines de gruau, enfin ensachement,
pesage, et sortie des sacs de l'usine, tout cela par une circulation
automatique, et sans qu'il soit nécessaire, comme autrefois, de
surcharger outre mesure les épaules des garçons meuniers. Les
moulins anglo-américains, dont MM. Darblay et Béranger [a]
ont contribué à développer et à répandre les utiles perfectionnements, sont un des chefs-d'œuvre de l'intelligence humaine :
ce sont de grands animaux de pierre, de bois et de fer, avec des
artères, des veines, des mâchoires, une sorte de cœur, sans
estomac cependant et sans cerveau.

Les nouvelles conditions de la meunerie et surtout de la grande
meunerie rendent inutiles toutes les précautions et les conseils
que l'on retrouve dans les ordonnances et les traités d'il y a
cinquante ans. Aujourd'hui, dans presque toute la France, le
meunier n'est plus un simple mouleur de blé : c'est un commer-
çant qui achète du blé et qui revend de la farine ; c'est à lui de
la faire bonne s'il veut que les boulangers la lui achètent. Quand
il est intelligent et consciencieux, sa *marque* devient une plus-
value pour ses produits. On ne s'enquiert plus s'il a fait sa farine
lentement ou vite, s'il a bluté à chaud ou à froid, avec un moulin
à bras d'homme, à eau, à vent, à manége, à vapeur, s'il y a
mêlé un tiers ou un quart de farine de gruau ; on demande telle
marque, telle qualité ; mais aussi la moindre fraude, la moindre
imperfection abaissent le titre d'une marque, et punissent bien
mieux le fabricant que toutes les ordonnances de police.

(a) MM. Darblay et Béranger, après avoir établi en France plusieurs moulins considérables, viennent
d'en construire à Salonique en Turquie d'Europe, à Alexandrie en Égypte. Ces moulins, exécutés entièrement
par des mécaniciens français, d'après les dernières données de la science meunière, ont été transportés par
mer à leur destination, où ils fonctionnent actuellement de la manière la plus satisfaisante.

FIN DES MOULINS DE SAINT-MAUR.

ETABLISSEMENTS

DEROSNE ET CAIL

———

Parmi nos grandes usines, il n'en est guère qui aient un nom aussi universellement populaire que les établissements Derosne et Cail; et ce nom est connu non-seulement en France, où l'on voit sans cesse la mention *Cail et C*ⁱᵉ inscrite sur les locomotives d'une partie de nos chemins, sur le parapet de nos ponts de fer, sur les presses de notre Monnaie et sur une foule de machines de toute forme et de tout usage, mais encore dans tous les pays du globe où s'exportent et se dressent les admirables appareils à sucre dont cette maison s'est acquis particulièrement le privilége. Et cependant, si l'on excepte les industriels en relation avec ces établissements fameux, peu de personnes savent se rendre un compte exact des travaux exécutés dans les beaux ateliers de Chaillot et de Grenelle, et dans leurs succursales de Denain, de Valenciennes, de Douai, de Bruxelles et d'Amsterdam. C'est que les travaux de la maison Cail appartiennent à un ordre tout nouveau, créé depuis cinquante ans au plus, et qui n'avait aucun précédent avant les premières années du dix-neuvième siècle.

Les établissements Derosne et Cail ne sont ni une fonderie, ni une serrurerie, ni une chaudronnerie, ni un chantier de construction, et cependant ils sont tout cela, et bien d'autres choses encore; car il faut être presque tout pour faire ce qu'ils font, c'est-à-dire des outils pour les usines engendrées, depuis soixante ans, par les sciences appliquées; — non pas seulement pour copier des machines déjà faites et en usage depuis des siècles, mais pour lire dans le cerveau des savants, dans les desseins des inventeurs, exécuter en fer, en cuivre, en bois, en verre, les utiles chimères de leurs rêves, produire et créer, enfin, ce monde de machines nouvelles sans lequel l'industrie actuelle ne pourrait plus vivre.

Quand on a été fréquemment témoin des incroyables efforts tentés isolément par les inventeurs pour arriver à la réalisation vivante et agissante de leurs conceptions, on comprend de quelle utilité a été et peut être, pour le progrès humain, un établissement qui possède réunis des moyens d'action aussi complets, un directeur-gérant comme M. Cail, qui, d'abord associé au savant Charles Derosne, puis seul, a, depuis quarante ans, vu naître une à une toutes les machines dont on se sert aujourd'hui, la plus simple comme la plus compliquée ; un cogérant comme M. Cheilus, qui, depuis trente ans, est en rapport journalier avec le personnel industriel des deux mondes; un bureau d'études dirigé par M. Houel et qui renferme un grand nombre de noms distingués sortis de nos écoles de Paris, de Châlons, d'Angers et d'Aix : bureau qui sait apprécier, dessiner, calculer, mettre au point toutes les pièces d'une machine et d'un appareil, les dicter en quelque sorte à l'armée d'ouvriers et de machines-outils qui doivent les exécuter. — Car aujourd'hui les ouvriers de chair et d'os ne suffisent plus, les forces et les heures de l'homme sont impuissantes devant les travaux qu'il doit exécuter. Il lui a fallu former des cyclopes de fer et de bronze, des esclaves vulcaniens auxquels il n'a donné, comme aux Kobolds et aux Cabires des nations préadamites, que des bras pour frapper et tordre, des dents pour mordre et tailler, une main, main de géant, pour tenir un burin qui cisèle ou qui perce.

Les ateliers de Grenelle et de Chaillot possèdent une admirable famille de ces nègres de fer, quelques-uns importés d'Angleterre, la Lemnos moderne, les autres nés chez des constructeurs français, Cavé, par exemple, la plupart fils de la maison, engendrés et perfectionnés dans les salles mêmes où ils travaillent et font la fortune et la gloire des établissements Cail, si justement fiers de leur outillage.

L'*outillage,* en effet, est le véritable signe de la civilisation chez un peuple. Nous en usons journellement, et nous n'en sentons plus le bienfait; mais qu'on soit un instant privé du plus simple des outils, le couteau, dans quel embarras ne serait-on pas? La suppression brusque de l'outillage le plus simple serait une véritable calamité. S'il fallait renoncer au fusil, forcer les lièvres à la course et assommer à coups de pierre les bœufs et les moutons, on en serait réduit à manger des fruits et des racines, et encore aurait-on bien du mal à arracher ces dernières sans pioche et sans hoyau. L'outillage est certainement ce qui distingue l'homme de la bête, et sa perfection de plus en plus grande ce qui élève le peuple intelligent au-dessus du peuple arriéré.

Ce qui est vrai dans les détails incessants de la vie où l'outillage règne en maître, depuis les plus lourdes pincettes jusqu'à la plus fine aiguille, est encore plus vrai en industrie, et c'est seulement depuis la complète reconnaissance de cette vérité que l'on a pu arriver à donner à un bon marché extraordinaire des produits excellents. On a commencé par le fuseau et la navette, et l'on est arrivé aux mulls-Jenny aux quinze cents broches et aux Jacquarts aux mille cartons.

Ce fut surtout dans les ateliers où l'on construisait les outils nécessaires aux diverses professions que l'outillage se perfectionna naturellement le plus; ingénieux pour leurs clients, les constructeurs devaient l'être encore plus pour eux-mêmes. La fin du siècle dernier, cette grande période à laquelle nous reviendrons toujours pendant le cours de cet ouvrage, marque un progrès brusque, un changement complet dans les procédés et le mode de travail. Jusqu'alors, excepté pour les moulins, quelques scieries et quelques foulons, l'outil se trouvait au bout du bras de l'ouvrier, conduit par sa main, exécutant sa volonté avec toutes les inégalités inhérentes à la nature humaine. — Quelquefois, par une manifestation bien rare ou du génie ou du talent, cet outil produisait d'admirables choses, mais avec des peines infinies et à un prix très-élevé. — Aujourd'hui, au contraire, l'outil est une sorte d'être vivant, presque un animal créé, à organes parfaitement définis et distincts, qui agit et travaille comme un ouvrier de métal, mais sans fantaisie et avec l'égalité et l'uniformité la plus absolue. On a été plus loin encore : on a créé un outil qui non-seulement se meut sur place, mais encore court sur des barres de fer plus vite qu'un cheval de course. Comment est-on arrivé à passer du levier qui déplace un poids à grand' peine, à la locomotive qui court d'elle-même? Cela s'est fait presque brusquement, en un demi-siècle à peine.

Il y avait certainement des machines avant la fin du dix-huitième siècle, mais elles étaient presque toutes composées d'éléments en bois qui ne pouvaient évidemment donner qu'une certaine somme de résistance ; quelques pièces particulières, petites et rares, étaient en fer et en cuivre. L'horlogerie seule avait fait de sérieux progrès et employait les roues dentées et les transmissions en métal assez habilement agencées ; — mais les ingénieuses conceptions de l'artiste qui avait passé une vie entière à combiner une horloge pourvue de combinaisons souvent les plus étranges de sonnerie et d'indications de mois ou d'années, ne constituaient pas comme aujourd'hui un véritable corps de science, et se perdaient inutilement au milieu de l'admiration niaise des contemporains. De temps en temps aussi un maître ingénieux faisait quelque merveilleuse pièce de charpente presque automatique, soit comme machine de guerre, soit comme décors de festins et de fêtes, mais ces chefs-d'œuvre n'étaient guère que des trucs de féeries, et, lorsqu'ils devenaient un peu trop perfectionnés, exposaient leur auteur à la hart ou à la roue du Saint-Office.

A partir de 1750, le mouvement se décida nettement. Smeaton appliqua la fonte aux rouages destinés à forer les canons fondus

à Carron, en Écosse; Arkwright fit en fonte des roues d'angle et des poulies de renvoi pour les filatures de Cromford et de Belper, Georges Rennie fit à la lime et au ciseau les dents des roues qu'il destinait à la construction des moulins d'Albion. Pendant ce temps arrivait la grande découverte, celle qui devait, en bouleversant l'industrie, bouleverser également tous les rapports des hommes entre eux. En appliquant la vapeur d'abord aux pompes d'épuisement, puis aux différentes productions de force, Papin, Newcomen, Watt, Savery, Cugnot, Stephenson donnèrent une immense impulsion à l'emploi du fer et de la fonte. Les bois ne présentent pas une résistance suffisante aux puissances exagérées développées par la vapeur, il fallut bien employer le cuivre et surtout le fer : le fer, terrible métal qui ne se laisse pas pétrir comme la glaise, tailler comme le bois, matière résistante parfois outre mesure, cassante d'autres fois comme du verre, dont les molécules se séparent aussi difficilement qu'elles s'unissent, qui ne pouvait céder qu'à des ouvriers de fer, durs et inflexibles comme lui.

Déjà Nicolas Focq, en 1750, avait inventé à Maubeuge une machine à raboter pour aléser les cylindres ou plutôt les parties de cylindres qu'il destinait aux pompes de la machine de Marly; mais il ne fondait pas encore de cylindres d'une seule pièce et les composait de sortes de douves, comme le sont encore les tonneaux. Ce ne fut réellement qu'en 1780 que Watt et Boulton, à Soho, près de Birmingham, commencèrent à imaginer et construire ces puissants outils automatiques que nous allons voir fonctionner si régulièrement dans les ateliers de la société Cail.

Jacques Constantin Périer fit, de 1780 à 1787, de fréquents voyages en Angleterre, et rapporta dans les ateliers établis à Chaillot, sous les auspices de la ville de Paris, des machines de Watt, puis des tours parallèles, des foreries à engrenage et chariots, des tours à fileter les vis, des alésoirs de toute sorte avec lesquels on construisit les diverses pièces de la fameuse pompe de Chaillot, on put forer les canons de la République attaquée par l'Europe, et fabriquer les premiers cylindres à laminer la tôle dans les forges du Creusot, ainsi qu'un grand nombre de machines destinées surtout à l'épuisement des eaux dans les mines.

Mais ce progrès dans la construction des machines eût été impossible sans le changement radical qui eut lieu en même temps dans le traitement du fer et surtout de la fonte. Autrefois, il est vrai, la fonte se forgeait avec des marteaux analogues aux anciens pilons de papeterie, dont le poids dépassait à peine cent cinquante kilogrammes, avec des souffleries pyramidales à charnières inventées, dit-on, en 1620, par un évêque de Bamberg, remplacées depuis par des caisses carrées à piston en bois, perfectionnées par l'ingénieur Baader, de Munich. Cette méthode barbare, si on la compare à la splendide installation actuelle des forges, était cependant la meilleure, jusqu'à ce que Smeaton introduisit en Écosse les soufflets en fonte à piston, et que Henry Cort et Purnell inventèrent l'affinage, le puddlage et le cinglage, encore usité aujourd'hui. Le marteau était soulevé autrefois latéralement par son manche en bois au moyen de cames, il fut alors soulevé par sa tête et coulé en fonte avec son manche. Son poids fut porté à 3,000 kilogrammes, et on adopta partout le système des cylindres cannelés à cannelures de plus en plus étroites pour étirer les barres de fer, système emprunté à un mécanicien français nommé Chopitel, qui, dès 1751, avait construit à Essonne des cylindres cannelés, pour profiler des tringles de fer et autres pièces de serrurerie. Bientôt après, Wasbrough, de Bristol, commença à employer en grand la bielle, cette simple et admirable transmission de la fileuse ou du rémouleur, qui fut depuis reprise par Watt, et employée avec tant de succès dans l'agencement des machines à vapeur; puis vinrent les importants travaux de Bramah, de Maudslay, de Nasmith, des Bouquero, des Maritz, et la construction plus ou moins perfectionnée des tours à chariot horizontal sur galet, des machines à forer ou à aléser; tous ces outils, encore bien incomplets, quoique la plupart très-compliqués, furent l'origine des outils actuels, et à ce

ÉTABLISSEMENTS DEROSNE ET CAIL. — GRENELLE. — La Forge.

titre, le nom des principaux inventeurs devait être mentionné.
En étudiant le très-remarquable travail de M. Poncelet, rapporteur de l'Exposition de Londres en 1849, nous voyons que,
aussitôt la paix de 1815 signée, les ingénieurs français firent
d'énergiques efforts pour transporter en France les moyens de
travailler le fer, qui donnaient à cette époque une si grande
avance à l'industrie anglaise.

A partir de 1815, les usines de Fourchambault, d'Hayange, de
Montataire, de Janon près Saint-Étienne, de Raisme près d'Anzin,
firent de louables efforts pour s'approprier les procédés de Cortt
et Purnell, mais leurs tentatives ne furent réellement couronnées de succès que lors de l'établissement de MM. Manby et
Wilson, à Charenton ; de M. Waddington à Saint-Remy, et de
plusieurs autres ingénieurs et constructeurs anglais établis en
France. De grands ateliers de construction de machines se fondèrent à Paris et dans les départements : MM. Calla et Saulnier,
John Collier, Edwards, Dietz, Pilhet, à Paris, Hallette à Arras,
Schlumberger à Guebwiller, Maritz à Strasbourg.

De 1820 à 1840, l'outillage, dans les forges et les ateliers de
construction, se développa avec une rare énergie ; comme on
fabriquait des pièces de plus en plus grosses, il fallut créer des
grues gigantesques, pourvues de rails à leur partie supérieure,
disposées aujourd'hui si habilement à Grenelle, que leur révolution, accomplie autour d'un fort pivot, permet de porter rapidement, d'un bout à l'autre du plus vaste atelier, d'énormes
pièces de fonte ou de gigantesques creusets pleins de métal en
fusion ; de fortes cisailles, de puissants laminoirs, d'ingénieuses
filières, divisèrent les lingots, aplanirent la tôle, étirèrent les
barres. En se servant de l'habile disposition de vis employée
par Bramah pour régler la position du burin vis-à-vis de la pièce
à ciseler, on construisit une série de tours parallèles à poupée
fixe ou mobile. Humbert, Nasmith, Gaskell, inventèrent ou perfectionnèrent les machines à forer.

James Nasmith, utilisant les précieuses inventions françaises des anciens tours en l'air, décrits par Delahire, La Condamine et Desormeaux, imagina les tours verticaux dont les plateaux circulaires, percés de trous et garnis d'étaux, peuvent porter les plus énormes volants, les cuves de fonte les plus pesantes, de même que les plus petites pièces de serrurerie. Il inventa aussi les machines à mortaiser verticalement, tandis que Scharp et Roberts construisaient les machines à dresser et creuser les bielles et les manivelles, en appliquant en grand les burins et les fraises tournantes employés par nos horlogers d'Alsace. Saulnier, mécanicien à la Monnaie de Paris, Glavet et d'autres ingénieux inventeurs, trouvèrent le moyen de tailler économiquement et mathématiquement les roues dentées et les engrenages les plus compliqués.

Les frères Fox, de Derby, dressaient d'énergiques machines à planer, et M. de Lamorinière, directeur de la manufacture de Saint-Gobain, imaginait une gigantesque planeuse pour préparer les grandes tables nécessaires au coulage des glaces. Hick et Edwin Clark ajoutaient de nouveaux perfectionnements à la presse hydraulique, Maudslay exécutait les machines à percer des trous dans la tôle avec un puissant emporte-pièce; un Français, Fourneyron, construisait la turbine à laquelle il a donné son nom : Fairbairn exécutait la machine à river sans marteau, et osait construire les premiers navires en fer et en tôle.

La consommation du fer devint tout à fait hors de proportion avec sa production, et l'on dut chercher à en fournir le plus possible, le meilleur possible, au meilleur marché possible. Un des outils qui concoururent le plus à cet important résultat fut le marteau-pilon, dont l'invention, en France, est, d'après M. Poncelet, attribuée à M. Bourdon, directeur du Creusot, quoique l'Angleterre en réclame la priorité pour J. Nasmith (a). Quoi

(a) Le temps me manque pour vérifier les noms et les dates mentionnées dans ces différents et intéressants articles ou notices; mais je ne puis me dispenser de rappeler que l'invention du marteau-pilon est généralement attribuée en France à M. Bourdon, directeur des forges du Creusot, où M. le général Piobert l'a vu fonctionner dès 1841 ; que le brevet de MM. Schneider porte véritablement la date du 19 avril 1842, antérieure de quelques mois à celle de la patente de M. Nasmith, inscrite dans les catalogues anglais sous la date du 9 juin de la même année 1842; qu'enfin, je tiens d'un témoin oculaire dont personne ne récu-

qu'il en soit, et quel que soit l'inventeur ou les inventeurs qui l'aient créé et perfectionné, le marteau-pilon est certainement un des plus féconds instruments de cette légion d'outils que nous rencontrons dans les ateliers Cail, dans les forges Petin et Gaudet, et dans tous les établissements où l'on travaille aujourd'hui le fer et l'acier avec tant de force et de précision (a). Le marteau-pilon tient de l'ancien marteau à guillotine et de la machine à vapeur. Entre deux forts montants de fonte glisse une masse de trois à quinze mille kilogrammes, qu'une tige soutenue par un piston peut enlever, grâce à une injection de vapeur, et laisser retomber brusquement ou graduellement, lorsqu'on arrête ou diminue cette injection de vapeur. On est arrivé à régler si précisément cet admirable engin, grâce à un bras de levier, mû presque toujours par un enfant, que deux coups successifs de la même masse peuvent l'un marteler, en le tordant, le plus gros essieu coudé destiné aux machines de mille chevaux, le second, faire la tête d'un clou d'épingle ou casser une noisette sans écraser l'amande. Mais à cause de cette admirable précision, c'est un instrument terrible et qui n'admet pas de distractions chez son

sera la véracité et la compétence, M. l'ingénieur Ferry, professeur à l'École centrale des arts et manufactures de Paris, que le marteau-pilon fonctionnait déjà dans l'établissement du Creusot quand le célèbre ingénieur anglais eut occasion de le visiter et d'en témoigner sa satisfaction à l'inventeur.
(PONCELET, *Compte rendu de l'Exposition de Londres.*)

(a) La compagnie australienne du chemin de fer Victoria a commandé un énorme marteau-pilon à vapeur, qui a été construit dans l'usine de Kirkstall, à Leeds (Angleterre). Ce marteau est à double ou simple effet, suivant le principe de Haylor; ainsi la vapeur agit dans les deux sens, c'est-à-dire qu'elle peut alternativement soulever le marteau et arriver en dessus pour précipiter sa chute et augmenter, par conséquent, l'action de la pesanteur. Cette disposition, qui permet en même temps de multiplier le nombre de coups dans un temps, est surtout très-avantageuse pour forger des pièces de grandes dimensions; on peut, en effet, grâce à elle, opérer le travail en une seule chaude, et on économise de cette manière du temps, du combustible et du métal.
L'effet de cet engin puissant est égal à celui que produirait le poids de 16 tonnes frappant quarante coups par minute.
L'action alternative du double et du simple effet peut être obtenue instantanément. A l'aide d'un tiroir convenablement disposé, on peut également changer en un instant la hauteur de la chute et la force du coup.
On sait que, pour tous les marteaux qui agissent par la gravité, le travail mécanique produit est représenté par le poids de la masse multiplié par la hauteur de la chute. Par conséquent, plus cette hauteur est grande, plus l'action est considérable, mais aussi plus lent est le travail. Avec le marteau à double effet dont il s'agit, la force du coup peut être triplée et la vitesse doublée en même temps.
La vapeur qui fait mouvoir le marteau est obtenue avec la chaleur perdue du foyer où l'on chauffe le fer à marteler.
A cet effet, une chaudière verticale tubulaire contenant quatre tubes du système Balmforth sert de cheminée; elle a 1m980 de diamètre, 9m140 de longueur, et pèse 15 tonnes.
Le poids de tout l'appareil, comprenant la masse du marteau, l'enclume, le billot, le cylindre à vapeur, etc., est d'environ 100 tonnes. (*Moniteur.*)

Tour en l'air travaillant l'extérieur d'une roue de locomotive en fer forgé.

conducteur, ce qu'ont appris trop souvent à leurs dépens des ouvriers, qui ont laissé sous le marteau leur main ou leur bras. Le marteau-pilon enfonce en terre les plus forts pilotis, forge des pièces de fer qu'aucune puissance humaine n'aurait pu songer à dresser, et, comme nous le verrons en visitant Grenelle, estampe sur une matrice, et d'un seul coup, des masses énormes qu'il eût fallu des journées entières à essayer inutilement de rendre parfaites avec le marteau d'autrefois. Nous ne nous étendrons pas ici sur la description de tous les outils inventés à raboter, percer, etc., depuis 1841, par Lemaître, Fairbairn, Cavé, Sharp, Nasmith, de Coster, Calla, Farcot et Whitworth, et auxquels les constructions des établissements Cail ont créé tant de belles et utiles machines rivales; nous les retrouverons une à une, et nous décrirons les plus récentes et les plus journellement employées aujourd'hui.

C'est pendant cette admirable période de développement industriel dont nous venons d'esquisser rapidement les principaux traits que s'est fondée la maison Derosne et Cail; son origine remonte à 1818, époque à laquelle M. Ch. Derosne, chimiste, membre de l'Académie de médecine, l'un des fils de l'ancien fondateur de la célèbre pharmacie Derosne et Cadet, perfectionna, de concert avec M. Cellier-Blumenthal, le système si apprécié aujourd'hui encore de la distillation *continue;* l'atelier de M. Ch. Derosne était en 1818 contenu tout entier dans une des chambres de la maison de la rue des Batailles, n° 7; trente ans après, ce modeste établissement, grâce au concours d'un associé jeune, intelligent et actif, prit des accroissements successifs, devint ce vaste établissement du quai de Billy (au bas de la colline dont la rue des Batailles est le sommet), et s'accrut d'importantes annexes : Grenelle, Denain, Douai, Valenciennes, Bruxelles, etc.

C'est aussi à cette époque de 1818 que M. Ch. Derosne indiquait dans un livre très-précieux les bases de l'appareil d'évaporation pour les sucreries, à double et triple effet, qui depuis a acquis une si grande importance et qui est resté aujourd'hui encore l'expression la plus complète du progrès, après avoir été aux expositions de 1844, 1854 et 1859 l'objet des premières récompenses.

Les travaux de Ch. Derosne, dès 1813, avaient apporté dans la raffinerie du sucre un perfectionnement qui est devenu depuis la base de la réussite de la sucrerie de betterave : c'est en 1813 que M. Ch. Derosne introduisit dans l'industrie sucrière l'emploi du noir animal (charbon d'os), qui agit en s'emparant des impuretés du jus de la plante, qui s'opposaient au dégagement du sucre. Beaucoup de tentatives ont été faites depuis pour substituer d'autres procédés à l'emploi du noir animal; jusqu'à présent aucun n'a pu le faire abandonner. Il utilisa, par son traité passé alors avec la maison Payen et Pluvimi, les os carbonisés que laissait comme résidu la fabrication en grand des produits commerciaux; fabrication à laquelle cette maison se livrait dans son établissement de Javel. Ce fut dans la raffinerie de M. A. Santerre que se firent les premiers essais d'une matière qui depuis cette époque est devenue la base indispensable de l'extraction du sucre de la betterave.

L'époque importante pour le développement de la maison fut celle où M. J.-F. Cail entra, comme simple ouvrier, chez M. Derosne, en 1824.

M. Cail s'employa d'abord à la construction de ces appareils à distiller, système continu, dont le principe est aujourd'hui le seul suivi, et qui formaient dès lors le fond du travail de l'atelier sur petite échelle de M. Ch. Derosne; bientôt entre M. Ch. Derosne et J.-F. Cail ce fut un échange complet d'idées théoriques contre des idées pratiques qui cimenta leur union et détermina les meilleurs résultats.

Après avoir été contre-maître, puis l'intéressé de l'établissement de M. Derosne, M. Cail en devint l'associé en nom en 1836, sous la raison sociale de Ch. Derosne et Cail.

En 1852, M. L. Cheylus, devenu depuis l'un des gérants de la société actuelle J.-F. Cail et Cⁱᵉ, entrait dans l'établissement de M. Ch. Derosne pour s'occuper de l'administration.

De 45 à 50, le nombre des ouvriers que l'établissement Derosne occupait en 1834 s'élevait rapidement, et parvenait, en 1845, à 6 ou 700, pour passer, dans les dix dernières années, au chiffre de 12 à 1500, en y comprenant la succursale de Grenelle, mais

Machine limeuse rabotant circulairement.

non comprises les différentes maisons annexes, qui élèvent le personnel total au chiffre de 4,000 environ.

La maison Derosne et Cail, qui, jusqu'en 1844, ne s'était occupée que des machines d'industries diverses, distilleries, sucreries, etc., entra à cette époque dans la fabrication du matériel des chemins de fer, et, depuis lors, la fabrication des locomotives et de tous les autres travaux intelligents applicables aux lignes ferrées forme une grande branche de ses travaux.

En 1844, un premier lot de huit locomotives à voyageurs, commandées par le chemin de fer du Nord, est exécuté par la maison Derosne et Cail. A partir de ce moment, la réputation de ces établissements, comme constructeurs de ce genre, est posée, et depuis, elle n'a fait que grandir.

Aujourd'hui, plus de huit cents locomotives sont sorties de leurs ateliers et sont répandues sur les lignes de France et sur celles de l'étranger, en Espagne, en Suisse, en Egypte et en Russie.

La maison Cail a particulièrement, par traité avec l'inventeur, le privilége de constructeur en France des machines locomotives du système inventé par Thomas Russell Crampton, ingénieur anglais.

Ce système, admirablement approprié aux grandes vitesses, exige dans sa construction et dans les dispositions de ses organes des soins et une précision que la fabrication anglaise ne pouvait qu'imparfaitement réaliser. Aussi cet habile ingénieur anglais ne trouva dans son propre pays qu'une propagation restreinte, et c'est en France, où il rencontra dans la maison Cail l'intelligence la plus parfaite des avantages de son système et tout le fini d'exécution désirable, que les machines Crampton sont aujourd'hui le plus répandues.

Les trains de vitesse sur nos lignes du Nord, de l'Est et de Lyon sont desservis par des Crampton. Le service spécial de la malle anglaise de l'Inde est organisé de Boulogne à Marseille avec des locomotives Crampton. Sur le Nord sont disséminés des relais de ces machines qui donnent à ce service une vitesse de 70 à 80 kilomètres à l'heure.

Des machines de ce système ont été, il y a un an, livrées par la maison Cail et C° en Russie, pour atteler au train impérial, et en Egypte où le service spécial du vice-roi s'en est emparé.

L'établissement, pour suivre ses grands travaux, s'est attaché les ingénieurs les plus capables, et, entre tous, M. J. Houël, qui dirige en chef les études de toute la partie des travaux mécaniques que les ateliers versent annuellement dans l'industrie.

La mort de M. Derosne, arrivée en septembre 1846, laisse toutefois continuer jusqu'en 1848 l'établissement sous la raison sociale Ch. Derosne et Cail. A la fin de la crise amenée par cette année de révolution, crise à laquelle fut plus que tout autre voué l'établissement Derosne et Cail, cet établissement s'étendit encore et se consolida par l'adjonction de nouveaux capitaux, et une société nouvelle se forma avec MM. J.-F. Cail et L. Cheilus à sa tête, sous la raison sociale actuelle J.-F. Cail et Cᵉ.

En 1844, avait été fondée à Denain la succursale à la tête de laquelle avait été mis M. Jacques Cail, frère de M. Jean-François Cail, et d'une habileté toute spéciale pour la chaudronnerie.

Ces ateliers, en rapprochant la maison Derosne et Cail d'une grande portion de sa clientèle de fabricants de sucre de bette-raves, la mettaient, en outre, pour certaines parties de ses gros travaux, au centre des houillères et forges du Nord, d'où elle tire ses approvisionnements. La position était donc des plus heureusement choisies, et les résultats en démontrèrent mieux encore par la suite tous les avantages.

Pour se tenir encore plus à portée des marchés qui forment, dans le Nord, des rendez-vous périodiques pour les usiniers, et où se traitent leurs ventes et leurs achats, Denain ne tarda pas à placer des annexes à Valenciennes et à Douai. C'est depuis 1838 que MM. Derosne et Cail ont jeté les yeux sur la Belgique pour y établir une maison dont les produits, obtenus à meilleur compte, puissent, par suite des prix réduits de toutes les matières premières, fers et houilles, dont le sol du pays abonde, en outre de l'exploitation dans le pays même, les aider dans la lutte entre la concurrence des pays étrangers.

A la tête de cette maison fut placé M. Alexandre Halot, sortant des ateliers d'Indret, et que plus tard M. Cail fit entrer dans sa famille comme son gendre.

De même qu'en 1847 la maison Denain avait reçu comme auxiliaires les établissements annexés de Douai et Valenciennes ;

de même vers cette époque, la maison de Bruxelles, déjà grande
et forte, portant ses vues sur un pays voisin, la Hollande, avec
laquelle la maison de Paris avait eu déjà de belles relations en
1840, par la fourniture au gouvernement hollandais des grandes
sucreries de Java, la maison de Bruxelles vint prendre pied à
· Amsterdam et y fonda une succursale en association avec des
constructeurs de navires et machines de navires en renom, dans
la capitale de la Hollande, MM. Van Wlissengen et Van Meel. Ces ateliers eurent spécialement pour objet la construction des machines
et appareils de sucrerie et distillerie, dont les beaux spécimens,
placés à Java, avaient établi en Hollande et dans les colonies hol-
landaises la réputation des installations en ce genre sorties de la
maison Derosne et Cail. A cette association fut dévolue l'exploitation de la Hollande et de ses colonies pour la vente des appareils
et machines formant la spécialité Derosne et Cail.

1848, comme nous l'avons dit plus haut, vint suspendre un
moment cette expansion des établissements Derosne et Cail ; mais
bientôt après, la constitution de la société nouvelle, actuellement
en vigueur, vint leur rendre leur essor et les éleva au haut degré
de prospérité et de réputation cosmopolite qu'ils ont atteint aujourd'hui.

Voici en résumé, aujourd'hui, l'organisation de la maison et le
dénombrement de ses établissements :

Maison de Paris. — Administration centrale, siége de la Société
J.-F. Cail et Cᵉ. — Ateliers de Chaillot. — Mécanique. — Ajustage et montage des machines en général, et particulièrement
atelier de montage des locomotives disposé pour pouvoir monter
vingt-cinq locomotives à la fois.

En ce moment se dressent dans ce dernier montage, dont
toutes les fosses sont occupées par des locomotives pour le *Victor-
Emmanuel*, les chemins Romains, et nos chemins de Lyon,
de l'Ouest et d'Orléans. Cet atelier fait sortir par semaine trois
machines complètes prêtes à être lancées sur les voies.

Dans l'atelier dit *de grand montage*, s'élèvent plusieurs de ces puissants moulins à trois cylindres horizontaux, servant à broyer la canne à sucre, destinés à entrer dans l'installation des grandes sucreries qui, grâce aux bienfaits de la loi nouvelle et des mesures de crédit colonial nouvellement prises, sont destinées à sortir nos colonies des Antilles de l'état de marasme où elles se trouvent, ne doublant leur production par la substitution des moyens perfectionnés de fabrication aux anciens procédés qui sont encore en usage chez la plupart des planteurs.

Ateliers de Grenelle, quai de Grenelle, nº 15. — Chaudronnerie de fer, chaudronnerie de cuivre, forges, fonderie de fer, fonderie de cuivre. — Magasin général.

Atelier dit *des ponts en fer*, à Grenelle, rue de Chabrol, séparé seulement des ateliers de Grenelle par la rue, et relié d'ailleurs à ces ateliers par une voie de fer à niveau qui traverse la rue.

Construction de ponts et bâtiments en fer.

Dans cet atelier s'exécutent tous les ponts et viaducs en fer de la ligne de Moscou à Nidjni-Novogorod, ainsi que ceux de la ligne de Moscou à Saratow, dont une partie vient d'être adjugée à la maison Cail et Cᵉ. Dix millions de kilogrammes de fer auront ainsi été travaillés en une année à peu près dans ce seul atelier.

De cet atelier sont déjà sortis le pont d'Arcole à Paris, celui de Moulins sur l'Allier, les ponts de la ligne de Lausanne à Fribourg, etc.

Le nombre d'ouvriers employés dans ces trois ateliers de Paris est d'environ deux mille.

Denain est plus spécialement un atelier de chaudronnerie, de fer et de forges. Sa position, comme nous l'avons dit, le désignait avantageusement à cette destination.

C'est dans cette ville que se construisent en grande partie (quelques lots se construisent à Grenelle) les chaudières de locomotives qui viennent se monter à l'atelier de montage de Chaillot. On y exécute aussi les pièces de forges et les roues de ces locomotives.

En dehors de ce rôle d'auxiliaire des ateliers de Paris, Denain a la fabrication générale des ateliers de chaudronnerie et des pièces de forge que peuvent lui demander les nombreuses usines des départements au centre desquels il est placé, et où, tant par lui-même que par ses annexes de Douai et de Valenciennes, il a pris une large position.

Aujourd'hui, et depuis la mort de M. Jacques Cail, survenue en 1859, qui a amené la dissolution de la société Jacques et J.-F. Cail et Ce, sous laquelle se trouvaient les établissement du Nord, ces établissements forment un groupe rattaché à la maison de Paris, sous la direction conjointe des deux anciens directeurs de Douai et de Valenciennes, mis à la tête des trois établissements réunis de Denain, Douai, Valenciennes, dont la centralisation est Denain et porte le nom de Régie de Denain.

Ses ateliers occupent six à huit cents ouvriers.

La succursale de Bruxelles est, pour la construction, montée au complet, et, sauf la construction des locomotives, elle peut entreprendre et exécuter toute espèce de machines et appareils. Du reste, l'uniformité et l'originalité de l'exécution, la manière de faire, le cachet enfin de la fabrication renommée des établissements Cail y sont conservés, toutes les études et plans types des machines sortent des études de la maison de Paris.

A Bruxelles est dévolue l'exploitation de la clientèle de Belgique. Elle possède aussi celle de la Russie méridionale, où elle a fondé en 1852, à Smela, dans le gouvernement de Kiew, une agence et un dépôt de machines dont le succès croissant est devenu aujourd'hui une des plus belles branches de son exploitation générale. Aussi, encouragée par les résultats, sollicitée par les demandes, la maison de Bruxelles vient-elle de décider la formation d'un nouveau dépôt à Moscou.

Les ateliers de la maison de Bruxelles occupent environ 400 ouvriers.

La maison d'Amsterdam, comme nous l'avons dit à l'historique de sa fondation, est une association dérivée de Bruxelles, sous la raison sociale Van Vlissengen, Van Meel et Derosne et Cail.

Ces ateliers ont pour spécialité la construction des appareils et machines de sucrerie et distillerie. Ici encore l'unité de construction est maintenue par la mesure prise de faire fournir par le bureau des études de Paris les plans types des machines et appareils.

Ces ateliers occupent une centaine d'ouvriers.

Après avoir énuméré les maisons succursales et leurs ramifications, il reste à parler des agences que la maison J.-F. Cail et Cᵉ a fondées aux colonies et à l'étranger, et qui relèvent directement d'elle.

Les relations avec la colonie de Cuba remontent à l'année 1830, aux premières années de l'association de M. Charles Derosne et de M. Cail, vers 1840.

Elles avaient pour objet la vente des appareils de sucrerie perfectionnés dont la maison s'occupait presque exclusivement alors. La supériorité du système de ces installations et de leur construction assura bientôt à la maison Derosne et Cail un grand écoulement de ses produits qui, même à prix supérieurs, se virent préférés à ceux de la concurrence anglaise et américaine. Aujourd'hui, la réputation des établissements Derosne et Cail à Cuba est fondée de façon à leur assurer une moyenne d'affaires de 1,500,000 fr. à 2 millions de francs par année.

Les plus belles et les plus riches installations de sucreries de cette colonie sont sorties des ateliers de la maison Cail. Elles ont, dans ce pays, en raison des grandes fortunes des planteurs, une grandeur et une magnificence qu'on ne retrouve nulle part ailleurs, et la construction de machines et appareils, tant pour répondre au besoin du travail qui s'y opère sur des échelles immenses, que pour s'harmoniser aux idées des planteurs d'après des proportions monumentales. On peut se rendre compte de la grandeur de ces Jorgenios (nom donné aux usines) en sachant que les produits de quelques-uns en une campagne de cinq mois s'élèvent à 3 à 4 millions de francs, comme la Flore de Cuba, appartenant à la famille des Arnites, les usines Habana-Viscaya-Alava, propriétés de M. Julien de Zuluete, un des plus habiles sucriers de l'île, et les grandes sucreries de San Martino et Santa Suzana.

Dans les usines de Cuba sont depuis longtemps, à la suite de voyages que M. Ch. Derosnes y fit en 1841, 1842 et 1843, installés les appareils les plus perfectionnés dans la sucrerie dépendant autrefois du patrimoine de deux des plus importantes familles de Cuba, et passées à une compagnie appelée la Gran Azucarera (grande sucrerie), formée dans ces dernières années pour une large exploitation centralisée de cette fructueuse branche de production de Cuba.

L'agence de Bourbon, créée en 1852, est rapidement montée d'un chiffre d'affaires de 50,000 fr., dès la première année de son début, à celui de 1,500,000 fr. qu'elle atteignait en 1857.

La maison Cail vint à Bourbon substituer ses moulins à cannes et ses appareils perfectionnés de sucrerie aux moulins et appareils anglais qui, aujourd'hui, n'y restent plus que dans les installations dont les propriétaires n'ont pu encore modifier leur matériel.

Bientôt même assez forte pour rendre à la concurrence anglaise invasion pour invasion, l'agence de Bourbon venait à Maurice y nouer des premières relations et y placer, comme spécimens de la fabrication de la maison Cail, quelques-uns de ces appareils centrifuges dont l'introduction dans la sucrerie sous les auspices de ladite maison avait été une des plus heureuses révolutions qu'elle y eût apportées.

Ces appareils, aussitôt appréciés et recherchés des planteurs, devinrent l'objet d'une spéculation fructueuse de la part des nombreuses maisons de commission qui forment les intermédiaires financiers ordinaires du commerce de Maurice, et des demandes importantes passant par Londres arrivèrent à la maison Cail.

Aussi, encouragée par cet accueil et par les sympathies des colons auxquels leur origine française faisait voir avec plaisir ces succès marqués dans ces constructions, la maison Cail et Cᵉ s'est

Locomotive Crampton à grande vitesse (1848).

Locomotive à marchandises (1859).

décidée cette année à développer le dépôt de ses produits à Maurice, et à constituer une agence sur le pied de celles de Bourbon et de Java.

Enfin, le mouvement industriel et commercial qui se fait en Russie depuis ces dernières années paraissant offrir à leur activité un nouveau champ d'exploitation, la maison de Paris vient de partager avec sa maison de Bruxelles ce grand marché pour les chemins de fer de Russie, et tandis que la succursale, déjà établie dans le sud de la Russie par son dépôt de Smila, remontait au centre en prenant position à Moscou, ainsi que nous l'avons fait connaître plus haut, la maison de Paris, se plaçant au nord dans la capitale, fondait à Pétersbourg une usine complète.

Les diverses agences de l'étranger et des colonies fonctionnent avec un ingénieur chargé de la partie technique, et un agent administratif chargé de la partie commerciale et comptable.

Les relations de la maison de Paris avec ses succursales et agences sont entretenues d'une manière constante, de sorte que la connaissance continuelle des mouvements de tous les établissements se reproduit au centre afin que la surveillance, le contrôle et, au besoin, la ligne de conduite dans les grandes questions ne puissent échapper à l'administration centrale.

Chaque maison ou agence envoie simplement à époque périodiques, au centre dont elle relève, une copie de son livre journal, de son livre de caisse et de son livre d'entrées et de sorties de magasin ; la maison de Paris, sur ces documents primordiaux, tient à son bureau de comptabilité, sur des errements tracés à l'avance, une comptabilité de détail et double avec celle que tient elle-même la maison dérivée. Un inventaire fait au début a donné un point de départ d'accord, et les inventaires périodiques, semestriels et annuels permettent d'entretenir la concordance.

Pour les maisons succursales et annexes dont la situation topographique permet des communications promptes et fréquentes, les envois des écritures ne se font que trimestriellement, les agences placées à l'étranger, font ces envois mensuellement

Ainsi, l'on voit que la maison de Paris, en dehors des corres-
pondances par lettres qui lui apportent les explications, les con-
.fidences, les projets, possède continuellement, à son bureau de
comptabilité, une relation complète des faits de ses établissements annexés, une sorte de reproduction photographique de
leur existence journalière.

Bien que, comme on le voit par les positions de ses succursales, annexes et agences, la maison Cail ait déjà une représentation fort étendue sur les différents points du globe, là ne se bornent pas ses relations à l'étranger et le rayonnement de sa grande
réputation : la dissémination, en bien des contrées, d'ingénieurs
et d'ouvriers habiles sortis de ses ateliers soit pour aller chercher
fortune à l'étranger, soit pour suivre les machines et appareils
expédiés à sa clientèle presque universelle, mettent la maison
Cail en rapport presque avec tous les points du globe où l'industrie a paru ou tend à paraître.

C'est ainsi qu'elle possède des relations suivies avec Montevideo,
Bahia, Porto-Rico, la Trinidad, etc.

II

Nous nous occuperons spécialement de la description des usines
de Chaillot et de Grenelle, qui renferment au plus haut degré de
perfection tous les éléments des autres usines de la société Cail.
En effet, matériel et surtout personnel se ressentent de l'influence
de Paris : influence jusqu'alors acceptée pour les professions artistiques, mais qui se montre de même évidente, irrécusable pour

les professions industrielles. Le séjour de la province donne aux personnes les plus actives et les plus soigneuses des habitudes de nonchalance quant à leurs affaires, de négligence quant à leur personne. Dans ces vastes centres manufacturiers, auxquels Dickens, dans son admirable peinture des mœurs industrielles (*les Temps difficilles*), a donné le nom si juste de *Cokeville*, une sorte de vague désespérance s'empare de l'ouvrier et même du contremaître ; — n'ayant sous les yeux que des teintes grises et sombres, respirant une atmosphère de lourde fumée, que leur importe l'ordre de leur atelier, la propreté de leurs vêtements ? Ils n'ont d'autres promenade que le café ou le cabaret, d'autre distraction que le jeu ou l'ivresse.

A Paris, au contraire, l'artisan est entouré de luxe et d'élégance dont il prend malgré lui l'exemple. Le dimanche, le Louvre lui est ouvert ; le soir, les cours du Conservatoire des arts et métiers l'attirent et l'instruisent. Les spectacles lui montrent des décors et des costumes, les expositions de toute sorte développent chez lui l'instinct de la comparaison, et tout cela au bénéfice de son industrie.

Cette influence de la grande ville se manifeste clairement à Chaillot, où l'on tourne, cisèle, ajuste et monte les appareils les plus compliqués, et où se trouve un merveilleux atelier de modeleurs dans lequel on prépare d'abord en bois toutes les pièces que l'on devra obtenir ensuite par la fonte ; mais elle se montre également à Grenelle dans l'établissement consacré spécialement aux fonderies de fonte, de laiton et de bronze, à la forge et à la chaudronnerie de tôle et de cuivre, sortes d'ateliers qui pourtant ne paraissent avoir aucun rapport avec l'art et la propreté. Et cependant aux premiers pas que l'on fait dans la cour on sent que l'on est dans une usine parisienne.

A gauche, de vastes magasins montrent, minutieusement rangés et étiquetés, toutes les choses qui doivent servir dans l'établissement : pièces déjà préparées, barres, tringles, tuyaux, rondelles, plaques de tôle et de cuivre, saumons de plomb et d'étain, masses de fer et de fonte, et jusqu'à des canons et des mortiers brisés dont le métal va se transformer en plaques d'appareil à sucre ou en coussinets de locomotives. A droite se trouve la chaudronnerie de fer, et c'est là que nous entrons tout d'abord; car, pour bien nous rendre compte des ateliers et de leurs opérations, nous allons suivre pas à pas la construction d'une locomotive.

Une locomotive est un appareil automatique destiné à traîner, sur des barres de fer appelés *rails*, des voitures appelées *wagons*.

Cet appareil se compose :

D'une chaudière dans laquelle on produit de la vapeur d'eau, douée d'une puissance d'expansion considérable ;

De deux cylindres communiquant avec la chaudière de manière à recevoir une injection de vapeur tantôt en avant, tantôt en arrière des pistons, munis d'une tige qui se trouve ainsi énergiquement chassée dans un mouvement de va-et-vient rectiligne ;

De deux bielles transformant ce mouvement rectiligne en moument circulaire et le transmettant à deux roues ;

De deux roues adhérant aux rails par leur poids accru de celui de l'appareil entier. Les roues sollicitées de tourner par l'impulsion de la bielle ne le peuvent qu'en se développant en avant ou en arrière, et entraînent ainsi tout l'appareil ;

D'un bâti ,sorte de squelette ou d'armature qui joint ensemble la chaudière, les cylindres et les roues ;

De quatre autres roues qui, dans les locomotives à grandes vitesse, ne servent que de roues de supports, et qui, dans les locomotives à marchandises, sont couplées avec les roues motrices de manière à multiplier les points d'adhérence aux rails et par conséquent la puissance de traction.

Commençons par l'appareil de vaporisation qui se construit tout entier à Grenelle. Voici comment on procède. Dans l'atelier de chaudronnerie de fer on taille des feuilles de tôle d'environ 0,012 d'épaisseur sur une dimention calculée, on y perce avec un outil emporte-pièce, appelé machine à poinçonner, les trous qui serviront, au moyen de rivets, à unir entre elles les diffé-

rentes feuilles de tôle ; puis, au moyen d'un laminoir à trois cylindres faciles à régler, on leur donne la cambrure que l'on désire.
Avant l'invention de ce laminoir, la cambrure des tôles se faisait
au moyen d'un échafaudage compliqué autour duquel on les cin-
trait. Aujourd'hui, en une seule passe au laminoir préalablement
mis au point, la feuille sort cintrée à 0,50 de rayon ou à 5 mètres,
suivant l'écartement des cylindres.

Quand les tôles sont convenablement découpées, poinçonnées,
cintrées, on les assemble en commençant par la partie postérieure
appelée chambre à feu, parce que c'est dans sa cavité que se fait
la combustion de la houille et du coke. Cette chambre à feu s'emmanche verticalement sur le cylindre horizontal qui doit constituer la chaudière, à peu près comme le coude d'un tuyau de
poêle, avec cette différence cependant que les feuilles de tôle de
l'une sont réunies avec les feuilles de tôle de l'autre au moyen de
forts joints rivés à chaud. La tête extérieure du rivet peut être
faite au marteau directement ou arrondie avec une sorte de matrice appelée bouterolle, sur laquelle on frappe au marteau, ou
avec une machine à genou qui appuie sur la bouterolle ; mais ce
dernier moyen, assez bon quand il s'agit d'assembler les tôles
d'un pont, n'est guère employé pour la construction des chaudières.

Quand la boîte à feu est jointe au corps de chaudière, on joint
à l'autre extrémité la boîte à fumée surmontée de sa cheminée.
La boîte à fumée et la naissance de la cheminée ont été formées
à chaud et sur des mandrins autour desquels on les applique.
Toutes ces lames de tôles ainsi cintrées et jointes forment l'enveloppe extérieur, comme une sorte de peau de l'animal.
Voyons comment il est construit à l'intérieur. Cela nous est bien
facile, car à Grenelle une dizaine de chaudières sont toujours en
train, à différents degrés d'avancement. En voici une où l'on
garnit la boîte à feu d'une seconde enveloppe intérieure, celle-ci
en lames de cuivre rouge de 0,012 d'épaisseur très-solidement
rivées entre elles et embouties avec une plaque de cuivre rouge

placée perpendiculairement au corps de la chaudière et faisant diaphragme. Ce diaphragme est une lame dont la moitié supérieure est percée de trous ronds de 5 centimètres de diamètres environ ; il s'appelle plaque à tube de la boîte à feu et a environ vingt-cinq millimètres d'épaisseur : du côté de la boîte à fumée et la séparant du corps de chaudière, se trouve aussi un diaphragme percé de trous de même diamètre ; on l'appelle plaque à tube de la boîte à fumée, et il est en forte tôle de fer.

L'enveloppe intérieure de la boîte à fumée est écartée de 7 centimètres environ de l'enveloppe extérieure, dont elle est maintenue écartée par de fortes entretoises en cuivre rouge ; elle est limitée à sa partie inférieure par une grille.

Passons maintenant à cette autre chaudière d'un degré plus avancé encore que celle qui vient de nous occuper. — A celle-là, on place les tubes, qui vont de la plaque à tubes de la boîte à feu à la plaque à tube de la boîte à fumée. Les tubes sont des cylindres creux, faits avec des planches de laiton de deux millimètres d'épaisseur soudées fortement, quelquefois on les coule autour d'un mandrin et on les étire, cette méthode n'est pas encore généralement employée. Pour les poser on les passe du trou antérieur au trou postérieur et on les arrête avec une bague d'acier. Autrefois on croyait utile de soutenir les tubes au milieu de la chaudière : on les portait au milieu en les faisant passer par un diaphragme en tôle analogue à celui de la boîte à fumée. Cette disposition est aujourd'hui supprimée, car le diaphragme coupait les tubes suffisamment maintenus par l'eau qui les entoure de tous les côtés.

Une fois les tubes posés, on termine les portes des chambres à feu et à fumée, on les garnit de leviers qui servent à les ouvrir, et des verrous qui les ferment, puis on attache au flanc de la chaudière de forts supports en fer forgé, qui servent, comme nous le verrons plus tard, à la rattacher au bâtis. Dans cet état on la couvre d'une couche de peinture au minium, et on l'envoie à l'atelier de montage de Chaillot.

Pourquoi maintenant cette disposition au lieu d'un gros cylindre bouilleur avec un foyer à la partie inférieure? C'est que

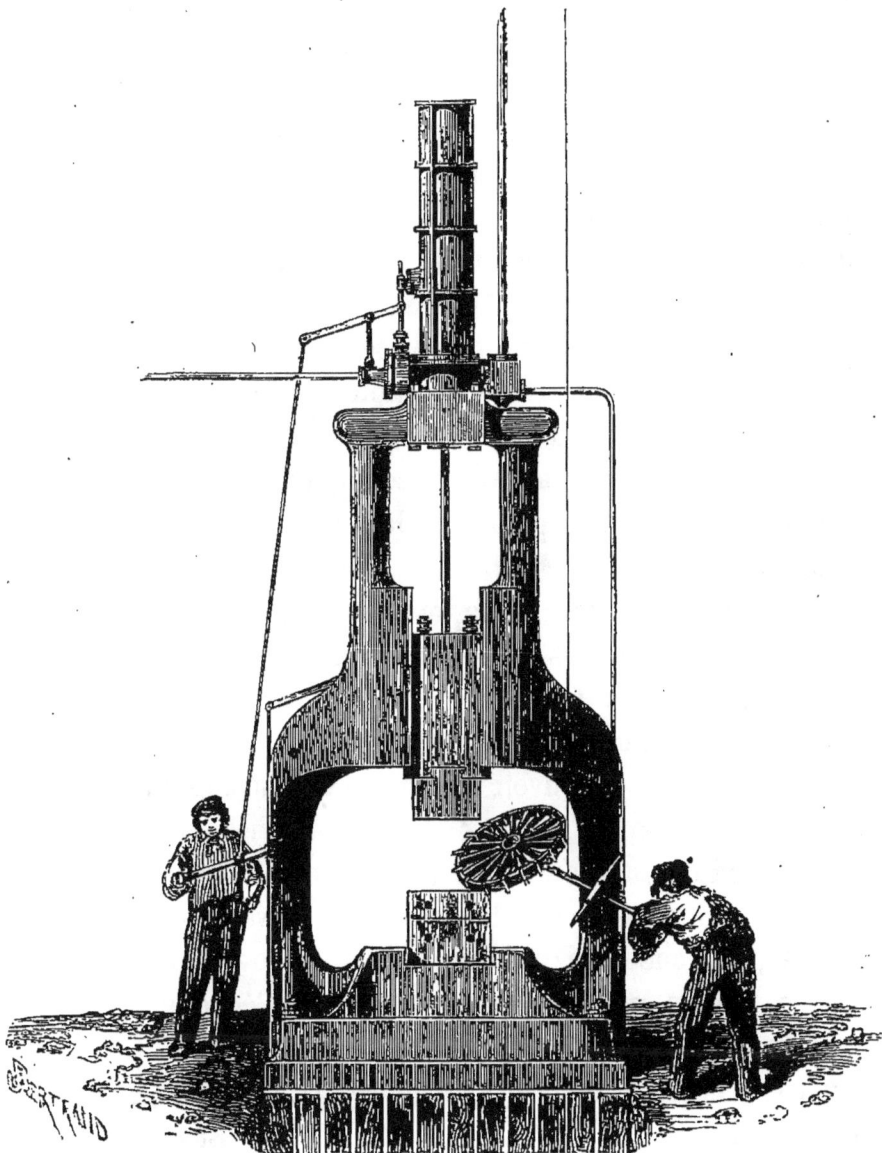

Marteau-pilon.

l'eau ne s'échaufferait que très-lentement, la surface de chauffe étant très-limitée. Tandis que dans la chaudière tubulaire, telle que nous venons de la décrire, le développement de la surface de chauffe est énorme par rapport au volume d'eau. Elle se compose d'abord de toute l'enveloppe intérieure en cuivre de la boîte à feu, car l'intervalle qui la sépare de l'enveloppe extérieure communique avec le corps de chaudière et est toujours plein d'eau, — puis, la flamme, la fumée, et tous les gaz chauds produits par la combustion passent par les tubes qui traversent la masse liquide comme le tuyau d'un poêle d'atelier traverse l'air de la chambre, et l'on sait quelle chaleur développent ainsi les gaz de la combustion en s'échappant. La masse d'eau échauffée par trente tubes environ se met et se maintient facilement en vapeur ; les produits de la combustion arrivés dans la boîte à fumée, sortent par la cheminée qui la surmonte avec une puissance extrême de tirage, activée encore par le mouvement de la locomotive et par l'échappement de vapeur qui s'ouvre aussi dans la cheminée.

Voilà bien la vapeur produite, mais ce n'est encore rien.

L'application utile de la force obtenue est à régulariser, et cette régularisation, assez facile pour les machines fixes à larges cylindres, a été d'une extrême difficulté pour les locomotives, dont le piston doit se mouvoir avec une extrême rapidité.

Cette application de force se fait en emprisonnant dans un cylindre une quantité donnée de vapeur dont l'expansion chasse un piston mobile. — Quand le piston est arrivé à l'extrémité de sa course, il rencontre une autre quantité de vapeur qui le repousse, tandis que la première portion s'échappe par une ouverture béant à cet effet. Comment, maintenant, cette vapeur arrive-t-elle tantôt à la face antérieure, tantôt à la face postérieure du disque? C'est ce que nous allons essayer de faire comprendre.

Au flanc du cylindre, faisant corps avec lui, étant presque comme une sorte d'excroissance de sa face interne, se trouve une cavité carrée, nommée boîte à tiroir. Cette cavité reçoit la vapeur au moyen d'un fort tuyau de cuivre s'ouvrant à l'extrémité supérieure de la chaudière. Elle communique avec le cylindre par deux longues ouvertures quadrilatères : l'une donnant accès à la vapeur devant, l'autre derrière le piston. Ces deux ouvertures sont alternativement oblitérées par un solide lingot de bronze serti dans un cadre de fer attaché à une barre rigide, à laquelle un excentrique, lié à l'arbre de la roue motrice, donne une course d'arrière en avant. — Quand la masse de bronze se trouve devant la lumière d'arrière, la vapeur prise dans la boîte à tiroir se précipite par la lumière d'avant, pénètre dans le cylindre et agit sur la surface antérieure du disque du piston. La roue exécute alors une demi-circonférence ; l'excentrique attaché à l'arbre pousse la tige qui pousse l'obturateur en avant : la lumière d'avant est fermée, la lumière d'arrière est dégagée ; la vapeur y fait irruption, et la roue fait une autre demi-circonférence qui ramène le tiroir dans sa première position. — Pendant ce temps, la vapeur qui a passé par le cylindre en ressort par une troisième lumière placée entre les deux autres, et qui s'ouvre sur une cavité pratiquée dans l'épaisseur même du tiroir, cavité habilement calculée pour se présenter toujours ouverte devant la lumière de sortie, quelle que soit la marche du tiroir.

On obtient ainsi un mouvement continu, une fois le tiroir déplacé ; ce mouvement peut être aussi lent et aussi rapide que le désire le conducteur de la machine. De sa place, et au moyen d'une longue tige rigide, il ouvre plus ou moins le robinet qui laisse, du sommet de la chaudière, échapper la vapeur dans le tuyau de communication, dans la boîte à tiroir, et, par l'ouverture des deux lumières, dans le cylindre. Les cylindres et la boîte se coulent en fonte d'une seule pièce, et ce n'est pas un des moins grands prodiges de notre industrie moderne, car au sortir du moule, toutes les ouvertures sont faites ; toutes les communications intérieures établies, les lumières et leurs contreforts disposés, et tout cela d'un seul morceau.

Comment arrive-t-on à ce merveilleux résultat ? Nous ne le

raconterons pas aujourd'hui, nous gardons cette explication
pour le jour où nous traiterons spécialement de la fonderie et où
nous expliquerons de notre mieux les curieux mystères de la
boîte à noyau. Ceux de nos lecteurs initiés à ce genre d'industrie
nous comprendront facilement avec ce seul mot.

Les modèles en bois qui précèdent la fonte sont faits à Chaillot
dans un atelier spécial, dirigé par un habile contre-maître qui,
sur les dessins du bureau des études, construit une pièce d'ébénisterie parfaite à une échelle calculée sur le retrait du métal.
Ces modèles sont ensuite portés à Grenelle où, enfoncés dans
le sable, ils laissent en creux l'empreinte que devra remplir le
fer en fusion. Lorsque le cylindre est coulé on le rapporte à
Chaillot. C'est là que, dans une salle disposée à cet effet, des
ouvriers expérimentés examinent les différentes parties et les
travaillent pour les rendre propres à recevoir le piston et sa
tige.

Le piston se compose d'un disque en fonte présentant à sa face
antérieure une cavité destinée à en alléger le poids. — Ce disque
est percé au centre d'un pas de vis dans lequel vient se fixer la
tige; lorsqu'elle est emmanchée on recouvre la cavité d'une
calotte plate en fer. Pour que ce disque se meuve dans le corps
de pompe du cylindre d'une manière utile, il faut qu'il s'applique
assez exactement aux parois pour ne laisser échapper aucune
déperdition de vapeur, et que cependant il n'adhère pas assez
pour causer un frottement déterminant une perte de force et
peut-être des accidents graves.

Aucun problème n'a plus hautement excité l'attention des mécaniciens: l'étoupe fut la première employée; le cuir, le caoutchouc servirent à de nombreuses expériences; mais aujourd'hui,
la question est entièrement et très-ingénieusement résolue par
l'application de ce qu'on appelle, à Chaillot, le système suédois.
Nous allons essayer d'expliquer en quoi il consiste: la face cylindrique du disque, haute de 10 centimètres environ, est creusée
d'une rainure d'à peu près un centimètre de profondeur séparée

en deux parties par une baguette saillante à la même hauteur
que les parois de la gorge ; dans cette rainure on introduit deux
bagues en fonte qui les remplissent strictement mais sans y être
immobilisées.

Ces bagues ont été fondues sur une circonférence d'un déci-
mètre plus étendu que celle de la rainure qu'elles doivent
occuper ; puis elles ont été coupées et mises au point de telle
sorte que, posées autour du disque du piston, les faces tranchées
viennent se rejoindre en tendant toujours à s'écarter. L'ouverture d'une des bagues répond à la partie pleine de l'autre, pour
que la petite quantité de vapeur qui aurait pu franchir la première section se trouve arrêtée par le second cercle, et réciproquement.

On comprend facilement que les molécules métalliques de la
bague, placées d'abord suivant une certaine courbe, tiendront
toujours à la reprendre, ce qui appliquera le piston au corps de
pompe, et comme, d'autre part, l'élasticité de la fonte est peu
énergique, cette pression n'ira pas jusqu'à l'adhérence.

La tige est en acier ; elle sort par une ouverture pratiquée
dans la paroi postérieure du cylindre, s'appuie sur de forts glissoirs qui l'empêchent de dévier, et vient s'emmancher à la bielle
fixée par un bouton à la roue motrice.

Des quatre parties d'une locomotive, nous en avons déjà décrit
deux : l'appareil producteur de la vapeur, l'appareil distributeur
de la force de cette vapeur. Il nous reste à présenter le bâti ou
squelette qui réunit entre eux la chaudière et les cylindres, véritables viscères de l'animal, avec les roues qui répondent parfaitement aux membres.

Ce bâti a pour pièces principales *deux longerons* découpés,
grâce à la *machine à mortaiser*, dans de longues plaques de tôle,
épaisses de trois centimètres et absolument rigides. Ces longerons,
unis à leurs deux extrémités par de forts madriers, forment un
quadrilatère sur lequel vient s'agrafer et se reposer la chaudière
munie de sa boîte à feu et de sa boîte à fumée, surmontée de son

tuyau. Les cylindres se fixent près de l'extrémité antérieure de chaque longeron, tantôt à l'extérieur du cadre, tantôt en dedans même de la boîte à fumée, tantôt horizontaux, tantôt légèrement obliques. Le bord de longeron qui regarde le sol est échancré pour loger les boîtes à graisse dans lesquelles viendront tourner les essieux.

Ces boîtes, fondues à Grenelle, d'un seul morceau comme les cylindres, sont tournées et travaillées à Chaillot, et garnies à l'intérieur d'un coussinet en bronze qui supporte le frottement des essieux. Elles sont très-solidement attachées au longeron, et forment une pièce importante ; car elles relient les essieux à l'armature générale, et assurent ainsi la solidité et la régularité de l'ensemble.

Les essieux sont des pièces de fer forgé au marteau-pilon, sans le secours duquel ce travail serait impossible ; car ils sont coudés presqu'à angle droit, et aucune puissance ancienne n'aurait pu leur imposer cette forme.

Aux essieux sont fixées les roues dont la préparation demande une explication particulière. C'est la grande et constante occupation des forges à Grenelle de composer des roues de locomotive ; elles sont de deux sortes : les roues motrices et les roues de support ; les premières sont d'une fabrication un peu plus compliquée ; mais les unes et les autres demandent des conditions de solidité que n'exigeait pas autrefois la carrosserie même la plus perfectionnée. En effet, portant des poids énormes, elles font un nombre effrayant de tours à la minute. La moindre imperfection, soit dans le métal lui-même, soit dans la coaptation des parties qui composent la roue, peut avoir les plus terribles conséquences.

Voici comment on procède : sous le marteau-pilon, on dispose une enclume creusée à sa face supérieure d'une matrice figurant le moyeu de la roue ; dans cette matrice, on estampe et on martelle à chaud une pièce de fer qui prend la forme et la résistance nécessaires à l'usage qu'on en veut faire. Des rayons estampés de la même manière sont ensuite fixés à ce moyeu par le martelage à chaud ; à leur extrémité se fixe également une sorte de T, préparé par les mêmes procédés, dont la tige continue le rayon, et dont les branches forment une portion de jante. Toutes ces portions de jantes sont soudées entre elles à chaud, par des coins que le refroidissement et le martelage fixent irrévocablement. La roue est donc constituée comme si elle était réellement d'une seule pièce de fer forgé ; il ne reste plus qu'à l'entourer d'un cercle d'acier, qui l'enveloppe et l'étreint, et sur lequel s'opèrent les frottements.

Ces cercles ou *bandages* étaient autrefois, dans la carrosserie ordinaire, faits d'une barre cintrée appliquée à chaud et fixée par de forts écrous ; mais de nombreux accidents furent causés par la rupture ou la séparation de ces cercles, qu'une circonstance quelconque avait arrachés de la jante, et qui n'y tenant plus que que par un seul écrou, faisaient à chaque tour de roue de larges coupures au plancher du wagon, ou venaient frapper les voyageurs enfermés.

MM. Petin et Gaudet font aujourd'hui des bandages de roues en acier fondu d'un seul morceau d'une excessive solidité : on se sert pour les fixer de la force naturelle de la rétraction des métaux en passant du chaud au froid, force employée depuis longtemps par les charrons, mais qui, à Grenelle, est utilisée au moyen d'un appareil assez curieux : dans le sol est creusé un four circulaire en brique ; sur ce four s'abaisse une calotte de tôle, comme un gigantesque four de campagne ; un système de poulies enlève le couvercle ; un autre système pose sur le foyer le bandage que l'on veut dilater, et que la calotte de tôle vient immédiatement recouvrir. A côté et dans le rayon de la poulie qui porte le bandage, se trouve un plancher mobile dans un bassin plein d'eau. Sur ce plancher, une poulie dépose la roue qui doit être cerclée.

Pendant ce temps, le bandage, conduit au rouge vif par la chaleur du four, est enlevé et appliqué vivement à coups de marteau autour de la roue ; le plancher mobile joue alors, et roue et bandage sont entraînés sous l'eau, attachés l'un à l'autre au bout de quelques instants, au point de faire presque corps ensemble et de ne pouvoir être détachés par aucune force humaine.

 La roue est cependant loin d'être terminée. Il faut qu'elle soit ajustée, et là commencent, pour elle comme pour toutes les autres parties de la locomotive qui ne dépendent pas de la chaudronnerie pure, une série d'opérations parfaitement définies et décrites par M. Julien dans son *Traité des Machines à vapeur et des Locomotives.*

Toutes les pièces d'une locomotive, qui ne dépendent pas de la chaudronnerie, doivent, en sortant de la forge ou de la fonderie, être *ajustées*, et cela demande une série d'opérations minutieuses parfaitement définies par M. Julien, dans son *Traité des Machines à vapeur.*

La série d'opérations qui constitue l'ajustage, dit M. Julien, est composée et classée par ordre de travail de la manière suivante :

1° Tournage ; — 2° alésage ; — 3° rabotage ; — 4° forage ; — 5° — taraudage ; 6° parage ou mortaisage ; — 7° ajustage proprement dit ou finissage.

Toute pièce qui passe à l'ajustage n'a pas besoin de subir toutes ces opérations ; il en est qui n'ont souvent besoin que d'en subir une ; mais quand elles ont besoin de deux opérations, il faut toujours commencer par celle qui, dans ce tableau, est la première. C'est ce que nous expliquerons plus tard en nous occupant séparément de chacune de ces opérations. Auparavant disons que :

Le *tournage* a pour but d'arrondir la forme extérieure des pièces ;

L'*alésage* a pour but d'arrondir la forme intérieure des pièces creuses ;

Le *rabotage* sert à rendre une surface exactement plane ;

Le *forage* a pour but de percer un trou rond dans une pièce quelconque, quand ce trou n'a pas été préparé à la forge ou à la fonderie. On ne fore que des trous au-dessous de 50 millimètres ; tous ceux qui exèdent cette dimension sont préparés, et le travail qu'on leur fait subir rentre dans l'alésage.

Le *taraudage* est destiné à imprimer dans une tige ou dans un trou un filet de vis ; de là deux opérations, dont la première se nomme *filetage*, et la seconde *taraudage* proprement dit.

Le *parage* ou *mortaisage* peut être considéré comme une espèce de tournage, avec cette différence que, dans ce cas, l'outil n'a aucun mouvement de translation, et qu'il entame les pièces suivant des génératrices de la surface extérieure qui viennent successivement passer devant lui. Si à ce mouvement circulaire de la pièce on lui ajoute un mouvement de translation perpendiculaire au plateau de

Machine à creuser les mortaises dans les têtes de bielles.

Machine destinée à aléser les trous de boutons de manivelle aux roues de locomotive.

l'outil, on forme des entailles circulaires qu'on peut approfondir à volonté. Cette opération est le *mortaisage*. Si le mouvement circulaire se change en un mouvement de translation parallèle aussi au plateau de l'outil, on obtient des entailles à sections rectangulaires ; cette opération se nomme *parage*.

L'*ajustage* proprement dit ou *finissage* complète, par les travaux à la main, ce que les outils n'ont pu faire ; de ce nombre sont les assemblages de pièces séparées et le polissage.

Ce travail d'ajustage est le plus dispendieux, aussi l'évite-t-on le plus possible par des outils appropriés aux travaux spéciaux des ateliers, et par une combinaison raisonnée dans la disposition des assemblages et des formes extérieures ; c'est là aussi que résident toutes les chances de bénéfices, le succès d'un atelier.

Le *tournage* a pour but d'arrondir la forme extérieure des pièces. D'après cette définition, il est facile de comprendre que, si une pièce doit subir une autre opération avec le tournage, il faut commencer par celle-ci. En effet, si la pièce doit être alésée, par exemple, comme l'alésage a pour but d'arrondir la forme intérieure d'une pièce creuse, si l'extérieur est déjà tourné, il est plus facile d'avoir son centre exact, on le déterminant sur un grand diamètre plutôt que sur un petit. En outre, si le noyau de la partie creuse a été, par maladresse, porté trop d'un côté, on s'en aperçoit facilement sur le tour en la faisant tourner pour la centrer, et on peut alors la tourner extérieurement de façon que, à l'alésage, cette faute disparaisse, en enlevant, ainsi qu'au tournage, tout le fer ou toute la fonte d'un même côté.

Pour laisser à cet égard toute facilité à l'ouvrier. et pour ne pas être exposé à rejeter des pièces mal fondues, on laisse environ 10 millimètres à enlever à l'outil pour l'alésage et le tournage.

Le rabotage étant destiné à dresser une surface, et cette surface étant ordinairement parallèle ou perpendiculaire, ou oblique, même à l'axe de la partie tournée, il est clair que cette opération ne peut être bien faite que quand cet axe est nettement déterminé.

La taraudage et le filetage sont nécessairement précédés du tournage ; c'est évident aussi. Quant au parage, comme il a ordinairement pour but de terminer des parties rondes interrompues par des surfaces planes, comme dans les leviers, il faut que la partie à terminer soit tracée d'avance, et elle ne peut l'être qu'au tour.

Nous voyons qu'en général, dans l'ajustage, le tournage est la première opération par laquelle les pièces doivent passer.

On distingue deux sortes de tours : les tours à main, dans lesquels l'ouvrier tient et dirige lui-même l'outil, et les tours dits parallèles, où l'outil est maintenu et dirigé par des organes mécaniques ; dans ce cas, le travail de l'ouvrier est tout intellectuel, et consiste à bien placer le chariot et l'outil, et aussi à le diriger suivant la formes des pièces.

Les tours à main ou tours à crochet se composent ordinairement de deux pièces en bois ou en fonte placées parallèlement sur des supports en bois ou en fonte.

fixés au sol ; sur ces deux pièces, qui constituent ce qu'on appelle un banc de tour, reposent deux tours en fonte reliés ensemble, c'est ce qu'on nomme la poupée fixe ; sur cette poupée est un arbre en fer portant une poulie-cône à trois ou quatre diamètres, nécessaires pour donner à l'arbre des vitesses différentes.

Le mouvement est donné à l'aide d'une courroie passant sur d'autres poulies fixées sur la transmission générale.

On varie encore les vitesses de l'arbre du tour à l'aide de deux pignons et poulies engrenant deux à deux à volonté, et placés les uns sur l'arbre du tour, et les autres sur un arbre parallèle porté par les supports du premier.

L'arbre du tour, qui fait saillie de chaque côté des supports, porte à l'une de ses extrémités une partie filetée et pointue sur laquelle on visse un mandrin ou plateau circulaire où on fixe les pièces courtes, dont la longueur n'excède pas le diamètre, et qui, par conséquent, n'ont pas besoin d'être soutenues à leurs deux extrémités.

Lorsque les pièces à tourner sont longues, comme des arbres, des tiges de piston, on les met entre deux pointes, dont l'une se trouve sur l'arbre du tour, et l'autre sur une seconde *poupée* mobile, mais fixée à volonté sur le banc du tour par un boulon passant entre les deux jumelles.

Maintenant, pour tourner les pièces à l'aide d'un boulon et d'une traverse en fer, on fixe aussi sur le banc de tour un support sur lequel on appuie l'outil, et placé assez haut pour entamer la pièce un peu au-dessous de son axe horizontal. Le tour, animé par un mouvement de rotation, et l'ouvrier ayant en main l'outil appuyé d'une part sur son épaule et de l'autre, sur le support, il entame la pièce successivement dans sa longueur, d'abord pour l'ébaucher, ensuite pour la finir.

Dans le tour à chariot, mieux appelé tour parallèle, l'outil, avons-nous dit, est maintenu sur un chariot ; ce chariot, mobile sur le banc de tour au moyen d'une vis sans fin ou d'une crémaillère, est animé d'un mouvement de translation parallèle à l'axe de la pièce, de façon que, la pièce une fois cintrée et l'outil convenablement fixé, le travail se fait presque sans le secours de l'ouvrier.

Le tour parallèle est toujours monté sur un banc en fonte ; ce banc est formé d'une caisse rectangulaire ouverte à la partie supérieure, et ayant les deux parois longitudinales dressées parallèlement pour recevoir le chariot porte-outil, qui, à l'aide d'une vis sans fin placée dans la caisse et liée au chariot, le lait avancer ou reculer le long de la pièce à tourner, et parallèlement à son axe. Pour être sûr que ce parallélisme ne peut se déranger, les poupées qui portent les pointes sont fixées toutes deux sur le banc lui-même.

La vis sans fin qui fait mouvoir le chariot est mue soit à la main, soit par la transmission du tour, à l'aide d'engrenages convenablement disposés pour modifier la vitesse suivant la nature du métal qu'on a à travailler.

Ce chariot porte-outil a aussi un mouvement perpendiculaire à l'axe du tour, de façon qu'on puisse approcher ou reculer de la pièce à tourner l'outil, qu'il est alors facile de régler et de changer.

On voit qu'avec un tour ainsi disposé et bien construit on peut tourner des arbres, des tiges de pistons, etc., parfaitement cylindriques; la seule chance d'erreur est dans l'outil, qui, par suite de l'usure, entamant moins le métal, à mesure que le travail avance, fait des surfaces coniques; mais avec du soin et de l'habitude, en faisant plusieurs passes, on arrive à de bons résultats.

Les tours en l'air, ou tours à plateaux, ne se composent que de la poupée fixe, sur laquelle on visse, comme nous l'avons indiqué déjà en parlant du tour à crochet, un plateau dont le diamètre va quelquefois à 4 mètres. On fixe sur ce plateau les pièces à tourner, qui sont habituellement des roues d'engrenage, des volants, des plates-formes, etc., et, à l'aide d'un chariot porte-outil semblable à celui employé dans le tour parallèle, on tourne les parties à travailler.

De cette façon, le tour remplace quelquefois la machine à aléser et la machine à raboter, en plaçant l'outil perpendiculairement, soit parallèlement à l'axe du tour. De même qu'on a des surfaces cylindriques, en plaçant l'outil obliquement, on peut avoir des surfaces coniques.

Les outils employés pour le tour, comme tous ceux employés dans l'ajustage, doivent être en bon acier, et trempés au degré qu'exige la nature du métal à travailler.

Les outils qui servent à dégrossir ont leur tranchant plus ou moins arrondi; ceux qui servent à finir ou à planer ont le tranchant droit.

Pour la fonte et pour les métaux, le tranchant est plat, et le biseau est d'autant moins aigu que le métal est plus dur. Pour le fer, le tranchant est plus aigu et un peu relevé.

Les vitesses du tour varient avec le diamètre des pièces et la nature du métal.

Il faut aussi éviter que l'outil, venant à s'échauffer, se détrempe. Quand on tourne le fer, on le rafraîchit avec un filet d'eau ou quelques gouttes d'huile; mais ce moyen ne s'emploie ni avec la fonte ni avec le cuivre.

Dans une transmission, le mouvement des tour, se prend ordinairement sur des arbres qui font 80 tours par minute.

Les autres opérations sont analogues, en principe au *tournage;* elles demandent comme lui les mêmes précautions; seulement, dans presque toutes, les pièces sont fixes, et c'est le burin qui agit autour d'elles. D'autres fois, comme dans la petite limeuse dont nous avons donné le dessin à la page 16, le burin est régulièrement mobile d'arrière en avant, et la pièce, par d'ingénieux calculs, vient se présenter au tranchement de l'outil avec l'inclinaison et la vitesse nécessaires. Somme toute, c'est toujours une lame acérée enlevant des copeaux de métal : on ne peut se figurer les mille combinaisons créées pour les locomotives seulement.

Un des plus curieux exemples de *forage* et d'*alésage* nous est donné par la machine qui sert à préparer les trous de boutons de manivelle aux roues de locomotive ; cette machine est spéciale aux ateliers Cail. Son but est de donner, avec une précision mathématique, la position exacte, l'un par rapport à l'autre, des boutons de manivelles des roues de locomotive. Elle se compose d'un bâti carré en fonte, placé horizontalement sur un massif creux en maçonnerie ; ce bâti, qui est lui-même à jour, pour permettre l'entrée des roues de locomotive, forme dans un sens trois traverses en fonte : deux aux extrémités et une au milieu de la longueur ; chacune de ces traverses est armée sur le milieu de sa longueur de deux supports fixes, rabotés à coulisses ; ces supports forment entre eux, chacun à chacun, un angle de 90 degrés, et, avec le plan du bâti, des angles de 55 degrés qui tous sont parfaitement en regard les uns des autres. Sur chacune de ces coulisses est ajusté un palier qui peut se mouvoir dans leur direction, suivant que le rayon de manivelle est plus ou moins long.

Ces paliers, deux à deux, placés à droite et à gauche sur les coussins des supports, sont destinés à recevoir des abres horizontaux porte-outils, dits *meneurs*, qui font le travail. Ces arbres portent chacun une poulie qui les fait tourner et une série de petits engrenages qui les fait avancer.

En outre, chacune de ces parties à jour du bâti est traversée par une pièce de fonte mobile portant un coussinet dans le milieu de sa longueur, destiné à supporter l'essieu des roues à percer, quelle que soit leur longueur.

D'après la disposition de cette machine, il est facile de voir que l'on peut obtenir une infinité de paires de roues dont les rayons de manivelle sont parfaitement semblables entre eux, et, par suite, arriver à faire fonctionner les locomotives avec une grande régularité, disposition excellente, surtout pour les machines à marchandises, qui ont toutes les roues couplées ensemble.

Avant de faire forer et aléser ainsi deux à deux les roues motrices, il faut les fixer sur leur essieu, et les fixer assez fortement
pour qu'aucun choc, aucun ébranlement ne puissent les en arracher. On est arrivé à ce résultat, grâce à la presse hydraulique
de Pascal, qui, perfectionnée aujourd'hui, donne les plus
terribles puissances. L'homme s'est mis dans la tête de faire entrer une pièce de fer, grosse comme la cuisse, dans un trou
également en fer et d'un diamètre moindre, et il y a réussi : une
pression de la presse hydraulique, constante et si lente que l'œil
le plus exercé peut à peine en suivre la marche, a enfoncé l'essieu
dans le moyeu, et de telle façon qu'il faut scier le moyeu si l'on
veut un jour retirer l'essieu.

La presse hydraulique horizontale pour faire les emmanchements de toutes les pièces cylindriques, tournées ou rabotées,
qui ont besoin d'une grande activité, se compose d'un fort
cylindre horizontal en fonte, muni de son piston plongeant. Ce
cylindre est boulonné sur une bâche en fonte remplie d'eau,
qui est fixée au sol. Vis-à-vis le cylindre se trouve un sommier
en fonte posé sur un bloc mobile en bois, qui peut se rapprocher ou s'éloigner à volonté du cylindre, suivant que les pièces
à opérer ont plus ou moins de longueur. Le cylindre et le sommier sont munis chacun de deux fortes oreilles horizontales parfaitement en regard les unes des autres, et porcées de mortaises
pour recevoir des tirants en fer à clavettes, qui forment, avec le
cylindre et le sommier, un châssis dans l'intérieur duquel on
place les pièces à opérer. Une série de tirants de diverses longueurs et de divers diamètres accompagnent la presse, qui est
aussi munie d'une série de mandrins creux et d'une série de
mandrins pleins de diverses grosseurs, qui servent à communiquer d'un côté la pression du piston sur la pièce que l'on opère,
et de l'autre à maintenir cette pièce. Si la pièce en question est
une roue de locomotive, par exemple, on emploie les mandrins
creux, qui permettent le passage du bout de l'essieu. Si, au
contraire, on opère sur un arbre de cylindre de moulin à

cannes, on emploie les mandrins pleins; il arrive souvent que, suivant la forme des pièces que l'on opère, on emploie un mandrin creux d'un côté, et un mandrin plein de l'autre.

Deux corps de pompe d'injection en bronze, fixés sur le cylindre de la presse, complètent son ensemble : ces deux corps de pompe sont munis de soupapes de sûreté à contre-poids mobiles pour varier la pression à volonté; ils puisent leur eau dans la bâche où le retour se fait également; afin de ne pas inonder les abords de la presse, on fait ordinairement mouvoir ces pompes à bras; mais, pour un travail continu, un moteur mécanique est préférable.

Avant que l'on eût l'idée de faire des emmanchements à la presse hydraulique, on les faisait par choc à coup de marteau; plus tard, on se servit de boulons et de fortes brides en fer, mais tous ces moyens n'étaient pas assez puissants. On faisait aussi des emmanchements à chaud. Ce dernier moyen, qui est basé sur la dilatation, est encore employé aujourd'hui dans certains cas; mais toutes les pièces ne peuvent pas aller au feu, tandis que toutes sortes de pièces peuvent être opérées à la presse hydraulique, avec une grande précision et une grande solidité; on est arrivé à faire ainsi certains emmanchements avec une pression qui s'élève jusqu'à 400,000 kilogrammes.

Voici donc notre locomotive avec sa chaudière placée sur le bâti, avec ses roues emmanchées dans leur essieu et fixées dans leur boîte à graisse. Les cylindres ont été attachés aux longerons, les pistons laissent sortir les tiges appuyées sur les glissoirs, l'animal prend figure, il faut maintenant joindre entre eux ses viscères et ses membres, et le couvrir d'une carapace protectrice. La pièce qui joint les viscères aux membres est tout simplement une bielle de rouet.

Une fois cette bielle fixée d'un côté au bouton de la roue motrice, et de l'autre à la tête de la tige du piston, on n'a plus qu'à mettre de l'eau dans la chaudière, du feu dans le foyer, et l'appareil est devenu vivant.

Toute simple que soit une bielle, les outils qui la taillent et la
préparent ne sont pas les moins ingénieux de l'atelier ; ainsi la
machine à faire les mortaises dans les têtes de bielle dont nous
donnons la figure, est une des plus intéressantes inventées par
Sharp ; elle a été construite dans les ateliers Cail. Elle se compose d'un solide banc horizontal en fonte raboté à sa partie supérieure et sur la face verticale du devant ; il est supporté par
deux pieds en fonte.

Ce banc est muni de deux poupées mobiles à col de cygne,
s'ajustant à coulisses angulaires sur sa partie supérieure ; et leur
disposition est telle qu'elles peuvent avoir, indépendamment
l'une de l'autre, un mouvement rectiligne alternatif variable à
volonté. Chacune de ces poupées est munie, à l'extrémité de son
col de cygne, d'un arbre vertical porte-outil, qui a un mouvement de rotation continu et en même temps un mouvement vertical intermittent ou continu à volonté.

En regard de chacune des poupées, sur la partie rabotée du
devant, il existe deux plateaux mobiles, d'équerre, ajustés sur la
partie rabotée qui est aussi à coulisse ; ces plateaux servent à
fixer la pièce à travailler à la hauteur et dans la position qui lui
convient. La pièce à forer étant fixée horizontalement et
d'une manière invariable sur les deux plateaux d'équerre, que
l'on rend également fixes, on transmet le mouvement à la machine. L'ensemble de cette machine est si ingénieusement combiné que deux courroies seulement, enveloppant deux cônes à
plusieurs diamètres, fixés eux-mêmes aux deux arbres horizontaux à vis, qui entraînent séparément chacune des poupées à col
de cygne, suffisent pour transmettre tous les divers mouvements. Le travail se fait avec une telle précision que les bielles
sortent de la machine avec les mortaises si bien finies que l'on
n'a pas besoin d'y faire le plus léger travail à la main.

Il en est de même de la machine à aléser et tourner les faces
des coussinets des bielles, lorsqu'ils sont tous ajustés et fixés
dans les bielles : elle se compose d'un banc horizontal en fonte

ayant une longueur déterminée ; ce banc, supporté par trois pieds en fonte, est muni de quatre poupées en fonte ajustées à coulisses sur la partie supérieure du banc ; deux de ces poupées, qui sont semblables aux poupées contre-pointes d'un tour ordinaire avec une légère addition, sont placées aux extrémités du banc, et servent seulement à fixer à la hauteur voulue les bielles à travailler. Leur axe est donc dans la direction de la longueur du banc. Les deux autres poupées qui font le travail ont une combinaison toute particulière et sont placées en dedans des deux premières ; l'axe de ces deux poupées est perpendiculaire à la longueur du banc, et leur disposition est telle qu'au moyen de deux courroies on leur transmet le mouvement ; les coussinets des deux bouts de la bielle s'alèsent dans des plans parfaitement parallèles, et les faces se dressent bien perpendiculairement à l'alésage. Au moyen de cette machine, on peut donc obtenir une grande quantité de bielles parfaitement semblables et exécutées avec une grande précision.

Comme on le voit, la préoccupation qui a dominé dans toutes ces machines-outils, c'est le besoin de reproduire un nombre infini de pièces exactement semblables les unes aux autres et pouvant toujours tenir la place l'une de l'autre. Sans ces merveilleux ouvriers, il aurait été absolument impossible d'exécuter une locomotive, et si, par des miracles d'intelligence et de travail, on était parvenu à le faire, ce résultat n'aurait pu être obtenu qu'à des prix exorbitants. Il aurait fallu des années et des millions pour faire et faire mal ce que nos ateliers de construction bien montés peuvent produire pour moins de cent mille francs et en moins d'un mois, y compris la garniture en bois, le revêtement en tôle ou en cuivre, la peinture et le vernis ; car dans l'atelier de Chaillot on fait aussi la toilette des locomotives, toilette utile, car le revêtement en bandes de bois qui entoure la chaudière, l'isole et l'empêche de se refroidir, car la peinture et le vernis qui recouvrent le fer et la tôle le conservent en l'empêchant de s'oxyder.

Les tenders, presque entièrement construits en chandronnerie de tôle, se font et se terminent à Grenelle.

La fabrication des locomotives, et en particulier des machines dites *Crampton* et mixtes, est une des grandes préoccupations de la maison Cail : elle y excelle et en livre à l'industrie nationale ou étrangère une quantité considérable tous les ans ; mais cette fabrication n'est qu'une des branches de la maison. Grâce à son admirable outillage, grâce à son personnel expérimenté, elle peut monter toutes les machines que peut deviner l'intelligence des inventeurs. Elle fait surtout les machines à vapeur de tous systèmes et de toutes puissances, verticales à balancier et à entablement, horizontales pour souffleries de hauts fourneaux, pour purgerie par le vide des sucreries, à changement de marche pour moulin à cannes des colonies et pour épuisement de mines. Ce dernier système de machines horizontales, qui est aujourd'hui le plus généralement employé dans l'industrie à cause de sa simplicité, du peu d'espace qu'il occupe, et de la facilité avec laquelle on peut l'installer, ce dernier système, s'exécute avec tous les degrés de perfectionnements mécaniques connus jusqu'à ce jour, de manière à réduire le plus possible la dépense du combustible. Ainsi, les machines à vapeur système horizon al que l'on construit à détente variable et à condensation ne consomment qu'un kilogramme de houille par heure et par force de cheval. Lorsque la puissance de machine dépasse cent chevaux de force, cette consommation s'élève à 1 kilogr. 5 et à 2 kilogr. 5 pour les machines de cent à seize cents chevaux. Toutes ces machines se font à haute pression.

Après les locomotives, la plus grande fabrication de l'usine est la construction d'appareils divers pour sucreries et raffineries à l'usage de tous les pays. La maison Cail livre ces usines entièrement complètes, prêtes à fonctionner. L'appareil tubulaire à triple effet pour les sucreries, qui utilise toutes les vapeurs perdues de l'usine dans laquelle il est installé, est une spécialité de la maison ; il donne une grande économie de combustible. Un autre appareil très-important est l'appareil distillatoire continu, système Ch. Derosne, perfectionné et appliqué aux distilleries agricoles, spécialité du système Champonnois.

M. Champonnois s'est appliqué à disposer au meilleur marché possible des appareils qui permettent aux agriculteurs de distiller eux-mêmes leurs betteraves et les autres plantes qui peuvent donner de l'alcool. Cette distillation sur place a de grands avantages. On évite d'abord les risques et déchets du transbordement des matières premières, on en retire toutes les parties utiles avant que le temps ne les ait décomposées. Les frais de transport ne frappent plus que l'alcool fabriqué, et ne sont plus supportées par les betteraves entières ou autres matières encombrantes ; enfin, grande et très-importante considération, les bestiaux de la ferme trouvent dans les pulpes même une abondante nourriture très-propre à leur engraissement. Il serait à désirer que l'on agît de même pour les fécules des pommes de terre et pour toutes les industries agricoles traitant des matières premières pour en retirer les carbures d'hydrogène seuls (sucres, alcools, amidons, fécules, huiles, etc.). Ce serait en effet la manière d'exploiter sans appauvrir le sol, et en répartissant utilement toute la végétation récoltée. Comment, en effet, ces choses se passent-elles ? Une plante, pour se développer, prend au sol les parties terreuses nécessaires à sa constitution, soude, potasse, alumine, etc. Elle lui prend aussi un peu d'azote, elle emprunte à l'atmosphère du carbone, de l'hydrogène et la plus grande partie de son azote.

Si, par des procédés analogues à celui de M. Champonnois, on soustrait à cette plante la partie industrielle de ses carbures d'hydrogène (alcool), qu'on fasse manger par les animaux les pulpes contenant d'autres carbures et des parties azotées, et qu'on rende ensuite à la terre les fumiers obtenus, on ne lui aura presque rien enlevé, et on aura pour bénéfices les alcools, sucres, amidon, fécules, huiles, et, de plus, la viande des bestiaux, dont on aura même pu utiliser le travail, soit pour

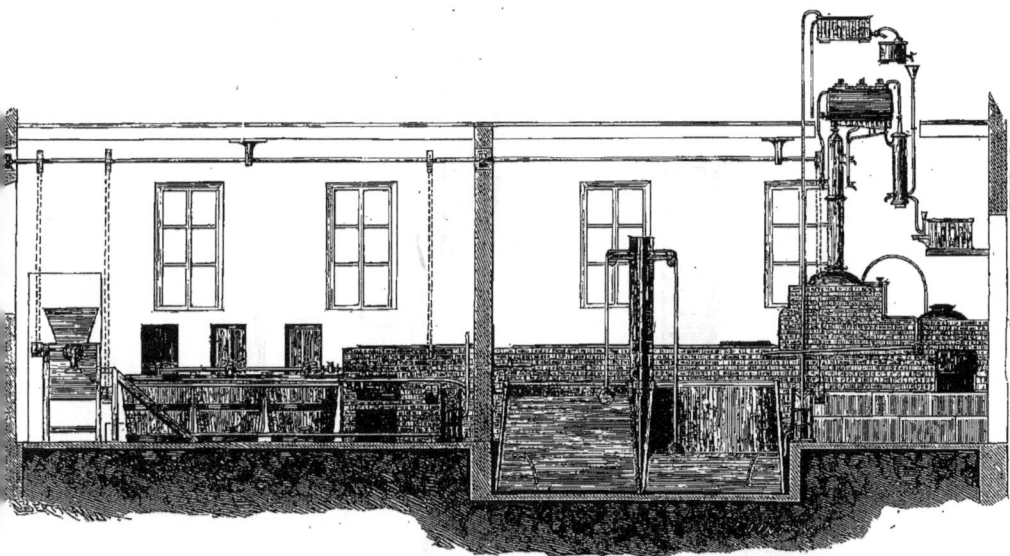

Ensemble des appareils Champonnois.

le transport des récoltes, soit pour la préparation du sol.
Les procédés Champonnois ont obtenu un grand succès, sur-

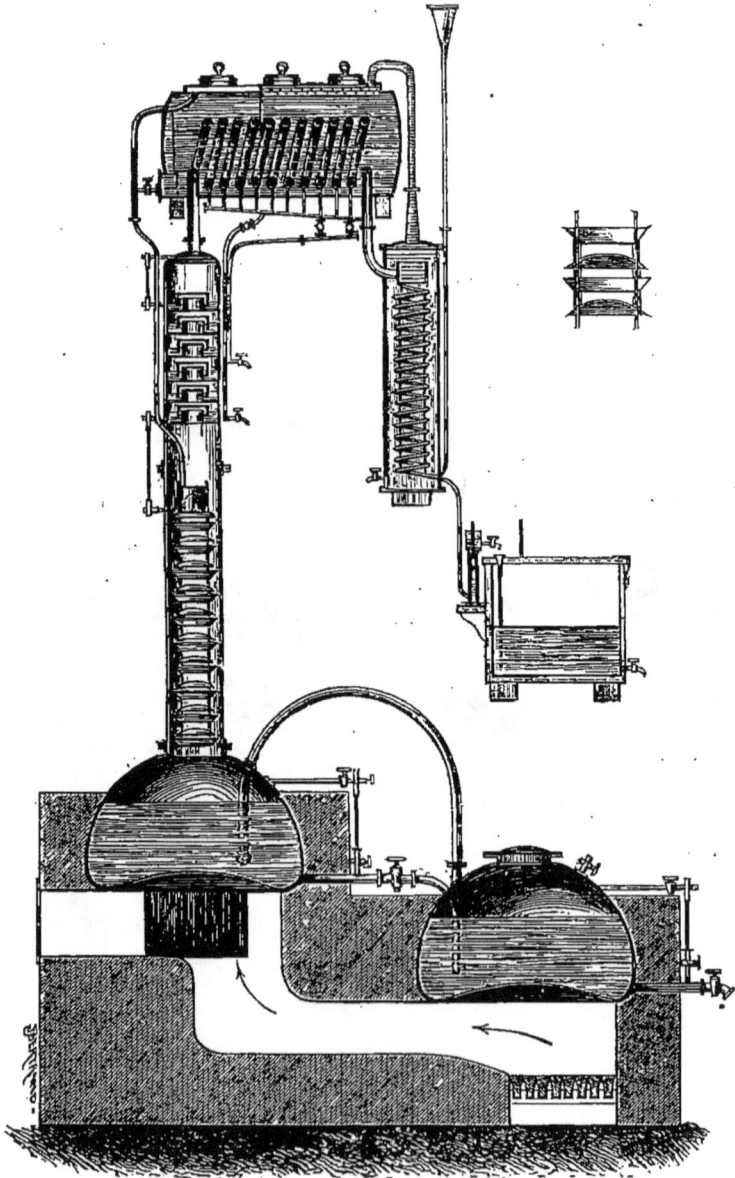

Appareil à distiller.

tout depuis que l'oïdium a attaqué la vigne et, dit M. Fries dans
son compte rendu de l'exposition agricole de 1860 ·

« Depuis l'exposition de 1856, de grands perfectionnements ont été apportés à la distillerie agricole, qui est aujourd'hui la plus utile annexe des exploitations rurales, auxquelles elle fournit, d'une part, un produit immédiatement transformable en argent ; de l'autre, des aliments pour le bétail et un engrais pour le sol. Le Concours de 1860 nous montre plusieurs appareils inventés par M. Champonnois, dont le nom est bien connu dans l'industrie spéciale qui nous occupe. La division de la betterave destinée à la macération est une opération qui doit satisfaire à plusieurs conditions indispensables, telles que la régularité dans l'épaisseur des rubans la rapidité dans l'exécution du travail, et aussi, bien qu'en seconde ligne, l'économie de force et la simplicité de l'outillage.

» Tous les anciens coupe-racines à disques étaient loin d'offrir les avantages que M. Champonnois obtient par l'application d'une idée simple qui consiste à présenter la betterave seulement par sa pesanteur à des couteaux qui dégagent facilement les rubans par la force centrifuge : ainsi a été évitée toute forme de trémie qui puisse engager la betterave et la forcer contre la paroi agissante. L'expérience de ces coupe-racines durant trois années a confirmé leur bon fonctionnement. La pression étant toujours la même, l'effet des couteaux est sans cesse en rapport avec leur saillie, et il suffit de les régler pour une épaisseur donnée, pour que la division soit toujours régulière. Par une disposition particulière de la pièce qui porte les paliers, cet instrument s'applique à toutes les positions que commande l'arbre de transmission ; il peut donc être expédié partout sans que l'on ait à s'occuper de la position de cet arbre, et il suffit de faire tourner la plaque qui roule sur le bâti et de présenter au sens de l'arbre des poulies qui en reçoivent le mouvement.

» Afin de remédier aux inconvénients qu'offrait l'ancienne disposition des cuviers destinés à réaliser la macération, l'inventeur a substitué aux cuviers successifs des cuviers indépendants. La vinasse sortant de la chaudière se distribue sur plusieurs cuviers et jamais sur moins de deux. Il résulte plusieurs avantages de cette disposition. Les cuviers étant plus grands, les chargements sont moins fréquents et le service est plus facile et plus économique de main-d'œuvre. La vinasse étant répartie sur plusieurs cuviers à section transversale plus grande, l'écoulement à travers la masse est plus lent, et les lois de la pesanteur spécifique s'exercent plus exactement. En coulant toujours sur deux cuviers au moins, les alternatives de la température du jus coulant à la cuve n'existent plus, parce qu'il se trouve toujours, avec un cuvier neuf, un cuvier ancien dans lequel le jus a déjà acquis une certaine température, ce qui donne une moyenne très-favorable à la régularité de la fermentation. L'expérience a appris qu'il fallait au minimum six heures de coulage à chaque cuvier pour obtenir l'épuisement et que huit heures valaient encore mieux, en supposant d'abord une division régulière de la betterave en rubans de 2 millimètres d'épaisseur. M. Champonnois a aussi appliqué dans le service des cuviers une modification qui n'est pas sans importance, soit pour la qualité du travail, soit pour la facilité d'exécution. Il dispose au-dessus des cuviers un réservoir dans lequel on entrepose le soir les jus faibles que l'on a pompés des cuviers épuisés, et ces jus, distribués sur un ou plusieurs cuviers au moyen de robinets qui en règlent l'écoulement, entretiennent la macération et la fermentation, qui se continuent jusqu'au lendemain.

» Pour ce qui est des appareils à distiller, des modifications essentielles ont été apportées par M. Champonnois. Jusqu'à présent, les chauffe-vins, généralement construits en serpentins verticaux, ou horizontaux en cuivre, exigeaient un grand emplacement qui obligeait à des dispositions de charpentes coûteuses et quelquefois embarrassantes. Les réfrigérants également à serpentin demandaient aussi un grand développement de tuyau. Aux tuyaux ronds du chauffe-vin on a substitué un serpentin plat, contourné en spirale, qui se loge facilement dans le haut de la colonne, et contient dans un petit espace de grandes surfaces de cuivre, qui ont une grande énergie sur l'analyse des vapeurs par leur contact plus immédiat. Le nettoyage en est aussi plus facile, puisqu'il suffit de passer un balai entre les spirales pour détacher des surfaces en contact avec le vin toutes les parties solides qui ont pu s'y fixer, ce qui entretient l'action du liquide toujours constante. Le même principe, c'est-à-dire division de la vapeur en couches minces, a été appliqué au réfrigérant. La vapeur est condensée dès son entrée dans la surface annulaire étroite qui existe entre les deux cylindres, et le liquide condensé s'écoulant en couches minces le long des parois, participe promptement de la température de ces surfaces et arrive toujours à la sortie de l'éprouvette à la température du liquide réfrigérant.

» Toute la surface de cuivre est ainsi complétement utilisée, tandis que dans les serpentins le liquide condensé et chaud ne coule que sur une faible partie inférieure des tuyaux ronds et laisse tout le reste sans utilité. La forme des calottes a reçu aussi une modification essentielle qui augmente la division de la vapeur et ses points de contact avec le vin.

» Il s'agissait encore d'assurer la conservation de la fonte qui, bien que composée de diverses substances inattaquables aux acides, se recouvrait après quelque temps de service d'une couche de carbure qui, malgré les précautions prises, se détachait pendant le chômage des appareils et laissait à nu une nouvelle surface de fonte. Par l'observation attentive et l'analyse des dépôts qui se formaient, M. Champonnois est parvenu à produire un dépôt régulier et qui peut garantir aux appareils une durée indéfinie. Des spécimens de pièces ainsi recouvertes sont exposés au Palais de l'Industrie, et l'on voit que les incrustations, très-adhérentes à la fonte, ne peuvent se détacher par plaques, comme le ferait une simple application ; ce qui permet de supposer qu'il s'y passe un fait chimique particulier dont le secret reste à découvrir.

» La substition des grands cuviers aux petits ou plutôt l'accroissement de durée de la macération a amené diverses améliorations importantes. Avec les petits cuviers il fallait, pour obtenir en peu de temps une macération exacte, augmenter l'énergie du liquide macérant, et dans ce but on conservait à la vinasse toute sa chaleur et on rechauffait les jus faibles. Cette pratique avait l'inconvénient de cuire fortement la betterave et d'augmenter la dépense de manipulation et de combustible.

Appareil d'évaporation dans le vide, à double effet. (Condensation par évaporation.)

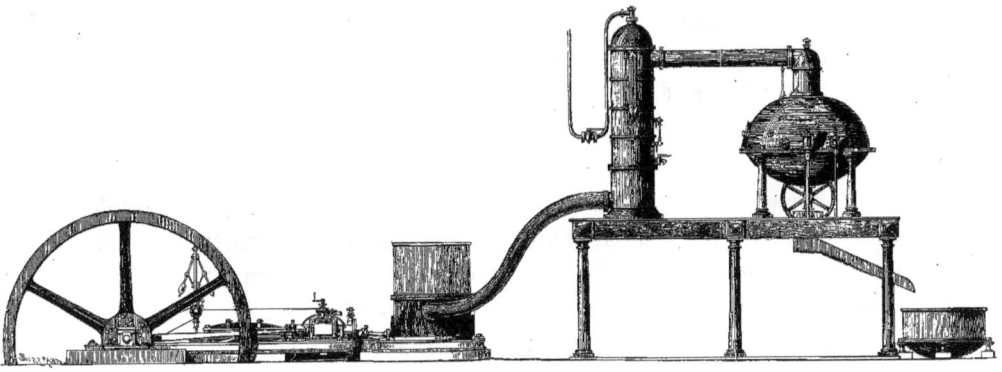

Appareil d'évaporation dans le vide (Condensation par injection d'eau.)

Avec les grands cuviers ou une durée plus longue de la macération, une haute
température du liquide n'est plus nécessaire, on peut même avec avantage l'abaisser à 70 ou 75°. Il en résulte que la betterave n'est pas désorganisée et qu'elle
a encore assez de fermeté et de corps pour supporter le transport et se conserver en
silos avec un faible déchet ; tandis que ce déchet est au contraire très-fort, quand
la betterave est très-cuite et réduite en quelque sorte à l'état de bouillie.

» Pour se débarrasser de cette chaleur inutile de 20 à 30 degrés, on faisait circuler la vinasse au sortir de la chaudière dans des conduits ouverts et exposés à des
courants d'air. On a substitué à ce moyen un appareil qui abaisse à la fois la température de la vinasse de 25 à 30 degrés et utilise cette chaleur pour la marche de
l'appareil à distiller. Cet appareil nouveau se compose d'un faisceau de tuyaux dans
lequel passe le vin qui va entrer en distillation, après avoir produit son effet au réfrigérant ; autour de ces tuyaux circule méthodiquement la vinasse qui sort de la
chaudière. Dans ce contact, il y a échange de température : la vinasse abandonne
de 25 à 30 degrés que le vin prend avant son entrée au chauffe-vin, où il acquiert
rapidement la température de l'ébullition avant de s'engager dans la colonne. Il
résulte de cette disposition une économie proportionnelle de combustible, en même
temps qu'un accroissement de forces productives de l'appareil.

» Une combinaison nouvelle qui a été essayée cette année dans quelques distilleries, promet de grands avantages à la distillation agricole, sous le point de vue
de l'utilisation complète et économique des menus grains, pommes de terre, résidus de féculerie et farines de toutes sortes. Elle consiste à employer exclusivement
l'acide à la macération et à utiliser préalablement cet acide pour la saccharification
des farineux.

» Voici comment se pratique, et sans difficulté, cette opération. Le jus faible qu'on
extrait des cuviers épuisés, pour le transporter sur des cuviers neufs, est pompé dans
une petite cuve placée au-dessus de ces cuviers. On délaye dans ce jus les farineux
et l'acide, et on y injecte de la vapeur en barbotage pour le maintenir en ébullition.
Quand la saccharification est terminée, on arrose, avec ce liquide sucré et acide,
les rubans de betteraves, soit au coupe-racines, soit aux cuviers, et l'on procède
au déplacement comme à l'ordinaire. Toutes les conditions utiles se trouvent satis-
faites. Le jus faible employé au traitement des farineux est déjà chaud et n'exige
qu'une faible quantité de vapeur pour se maintenir à l'ébullition. Il peut s'employer en grande proportion, ce qui est utile pour une prompte et complète
saccharification. L'acide employé ne coûte rien, puisqu'il vient remplir ultérieurement son rôle utile dans la macération. Il n'est pas besoin de saturation,
puisque cette réaction est obtenue par la macération de la betterave. il n'y a point
d'allongement de jus, et par conséquent pas de dépense de distillation, puisque
c'est le jus même de la betterave qui s'emploie au lieu d'eau, et qu'il n'y a qu'enrichissement des vins. Pas de distillation de matières pâteuses, puisque le mélange
se fait au cuvier, et dans les conditions les plus favorables à une bonne filtration.
Enfin, utilisation complète de toutes les matières alcoolisables des farineux qui

sont entraînés à la cuve par le lessivage de la betterave, et la conservation dans la masse des résidus de toutes les matières nutrives qui y restent interposées, tels sont les résultats que l'on obtient. »

L'usine Cail construit aussi ces locomobiles dont l'usage est devenu si fréquent depuis quelques années. Locomobiles de deux à vingt chevaux, à détente variable dans tout son ensemble. Ce système de machine, dont le but est d'avoir un moteur mobile pouvant se transporter d'une usine à l'autre pour transmettre un mouvement quelconque sans autres frais que d'y atteler un ou plusieurs chevaux, se compose d'un petit générateur tubulaire semblable à ceux des locomotives ; d'un train de quatre roues montées sur des essieux supportant la chaudière : le train d'arrière étant fixe comme dans un chariot ordinaire, et celui d'avant mobile et muni d'un brancard ; d'une machine à vapeur, horizontale, dont le bâti est solidement fixé sur le corps de la chaudière ; enfin, de la tuyauterie, mettant la chaudière en communication avec la machine, et de deux volants poulies transmettant le mouvement au moyen de courroies.

Les ateliers de Grenelle se livrent aussi à la construction spéciale de chaudières à vapeur de tous systèmes, et surtout à l'application à l'industrie du système tubulaire d'une construction perfectionnée.

L'avantage incontestable du générateur tubulaire résulte de ce que dans ce procédé on a une très-grande surface de chauffe par l'emploi des tubes qui, en traversant la masse d'eau contenue dans le corps du générateur, la divisent en petits espaces ou couches minces qui sont promptement chauffées, et par suite réduites en vapeur.

Cet avantage avait été déjà reconnu à un certain degré dans les locomotives ; mais les proportions particulières qu'exigent les locomotives, pour remplir leur but, ont empêché que l'on puisse bien apprécier tout l'avantage de ce système.

Il y a quelques années seulement, ayant dû augmenter sa pro-

Locomobile montée sur son train.

duction de vapeur, et ne disposant que d'un espace restreint pour installer de nouveaux générateurs ordinaires, la maison Cail songea à utiliser le système tubulaire; elle fit, à cet effet, étudier une chaudière dont les dispositions fissent rendre à l'appareil toute la somme d'avantage qu'elle pouvait comporter en industrie; au point de vue d'une application générale l'on en fit immédiatement l'essai dans les ateliers du quai de Billy; les résultats ayant dépassé les prévisions, une deuxième chaudière fut exécutée, et toutes deux fonctionnent aujourd'hui dans ces mêmes ateliers, vaporisant continuellement de 9 à 10 litres d'eau par kilogramme de houille. Comparés aux générateurs les mieux installés, ils donnent une économie de 35 à 40 0/0 sur le combustible.

L'espace occupé par ce système de chaudière est beaucoup moins grand pour une même puissance comparativement aux chaudières ordinaires; le déplacement en est très-facile, au besoin ; cette chaudière étant dépourvue de toute maçonnerie, le nettoyage intérieur des tubes où passe la chaleur se fait très-promptement, au moyen d'un jet de vapeur, qui peut être renouvelé aussi souvent que cela est nécessaire sans perte de temps : l'installation est beaucoup plus simple, et le prix d'achat total est sensiblement le même que celui d'un générateur ancien tout installé dans sa maçonnerie ; on a de plus l'économie du combustible et la promptitude de vaporisation. Une série de générateurs tubulaires de toutes sortes a été étendue et arrêtée, de manière à en généraliser l'emploi dans l'industrie.

Outre les chaudières à vapeur ou générateurs, l'usine Cail exécute toutes sortes de travaux en tôle ou en cuivre de toute dimension.

Quant à la construction spéciale de machines et outils de toutes sortes, c'est surtout à Chaillot qu'on les termine après en avoir ébauché les pièces à Grenelle par la fonte ou la forge; les principales sont :

Raboteuses longitudinales de toute dimension à plateau mobile, et à outil mobile avec fosse pour les grosses pièces.

Raboteuses transversales dites étaux limeurs.

Machines à mortaiser de toute dimension.

Tours en l'air de toute dimension, tours à roues de locomotives, tours à charioter et à filer.

Machine à aléser et tourner les faces des coussinets des têtes de bielles.

Machine à faire les mortaises dans les têtes de bielles (système Sharp).

Machine à aléser les trous des boutons de manivelles des roues de locomotives lorsqu'elles sont emmanchées sur leurs essieux.

Machine à ramer les arbres de transmission et les essieux de locomotives.

Machines à poinçonner et cisailler de toute dimension, machines à percer de toute dimension.

Machines à aléser les cylindres à vapeur de locomotives et autres de toute dimension.

Machine spéciale pour aléser les boîtes à graisse de locomotives.

Presses hydrauliques verticales et horizontales pour sucreries et huileries: application du système horizontal à l'emmanchement des roues de locomotives sur leurs essieux, et, en général, de tout objet cylindrique tourné dans le trou alésé qui lui est destiné, lorsque cet objet demande une grande solidité; ainsi, dans les ateliers du quai de Billy, il existe une presse hydraulique horizontale, avec laquelle on emmanche sur leurs essieux des cylindres de moulins destinés à écraser la canne à sucre aux colonies. Comme cette opération offre une grande résistance, les essieux sont emmanchés avec une pression de trois ou quatre cent mille kilogrammes

Marteaux-pilons à vapeur pour forges, de petites et moyennes dimensions.

Appareils à force centrifuge pour la purgation et le clairçage des sucres, spécialité de la maison Cail.

L'outillage et l'organisation de l'établissement Cail permet fa-

cilement de construire et livrer par année : cent locomotives
diverses munies de leurs tenders ; cinq cents appareils à force
centrifuge, et enfin machines à vapeur, appareils divers pour
sucreries et raffineries, outils de tous genres, pour une somme de
16 à 20 millions.

L'atelier du quai de Billy, qui termine et livre tous les objets
de mécanique, emploie pour ce travail deux cent cinquante machines et outils divers ; une seule machine à vapeur horizontale,
dont la puissance peut varier de cent à cent cinquante chevaux,
qui fait fonctionner tous les outils, cinq à six cents ouvriers seulement. Il y a trois ans à peine, avant que l'outillage fût aussi
complet et l'organisation si bien entendue, il fallait mille à douze
cents ouvriers pour faire la même quantité de travail.

L'atelier du quai de Billy occupe une superficie de 12,000
mètres.

L'atelier de Grenelle, dans lequel sont réunis les forges, la
fonderie de fer, la fonderie de cuivre, la chaudronnerie de cuivre
et un atelier de tours, qui sert à préparer les pièces brutes qui
doivent subir plusieurs opérations avant d'être livrées à l'atelier
du quai de Billy. Cet atelier de Grenelle, qui a une superficie de
27,000 mètres, occupe mille ouvriers. Grenelle possède en outre
un établissement pour la construction spéciale de ponts en fer
forgé et laminé pour chemins de fer ou pour service ordinaire ;
ce genre de construction, qui exige un grand espace de terrain,
s'exécute également à Grenelle, sur un terrain qui n'est séparé
des autres ateliers que par la largeur d'une rue. Un chemin
de fer met les deux établissements en communication facile ; ce
dernier atelier occupe une superficie de 18,000 mètres et un
personnel de cinq cents ouvriers en moyenne.

On voit, par ce rapide exposé, à quel développement sont arrivés aujourd'hui les ateliers de construction en France. Nous
aurons, dans le cours de cet ouvrage, à visiter un grand nombre
d'établissements qui travaillent également et avec succès à la
construction des locomotives, tels que le Creusot, dont la réputa-

tion est si justement méritée, les établissements Gouin, aux Batignolles, qui prennent tous les jours un accroissement de plus en plus considérable.

D'autres ateliers importants, comme ceux de Graffenstaden, en Alsace, et ceux de MM. Decoster, Farcot et Calla, à Paris, s'occupent de la construction des machines-outils : enfin, nous visiterons dans le plus grand détail les merveilleux établissements de la marine impériale, qui nous fourniront les plus beaux exemples de machines-outils.

Depuis que cette étude a été livrée à l'impression, les ateliers du quai de Billy ont été la proie des flammes. Toute l'usine Cail est maintenant tout entière transportée dans les ateliers de Grenelle. Lorsque leur installation sera complète, une seconde édition des GRANDES USINES *racontera les nouvelles machines-outils et leur aménagement.*

FIN DES ÉTABLISSEMENTS DEROSNE ET CAIL

FILATURE DE LAINE

DE M. DAVIN

Lanam fecit !... C'était le plus grand éloge que les anciens aient fait d'une femme. Aussi chez tous les peuples c'est le nom d'une femme que l'on retrouve à l'origine de la filature.

Avant le déluge, Noëma, sœur de Tubal–Caïn, Isis en Égypte, Minerve en Grèce, Arachné en Lydie, Mama Oella au Pérou, en Chine la femme de l'empereur Yas, passent pour avoir, les premières, assemblés les filaments crochus et adhérents de la laine pour en étirer et tordre les fils. Des témoignages importants tels que celui de M. Bezon dans son *Histoire des tissus*, de M. Bernoville dans son *Rapport sur l'Exposition de 1851*, affirment que la laine fut la première matière filée. — Cela ne nous paraît pas absolument certain ; il nous paraît en effet plus simple de réunir les fibres du lin et du chanvre, dont la nature rouit presque spontanément les tiges, cela suppose un art moins avancé que la tonte des brebis qui exige des ciseaux ou au moins une sorte de rasoir très-tranchant, — à moins que l'on n'ait eu d'abord l'idée d'arracher les poils aux peaux qui servaient de vêtements pour se débarrasser de leur cuir devenu raide et gênant. Quoi qu'il en soit, l'usage de la laine, qui avait commencé par le feutrage perfectionné à un degré perdu de nos jours, jusqu'à résister au fer et au feu, arriva bientôt à la filature et l'élève du mouton occupa une partie de l'ancien monde.

La *Bible*, l'*Odyssée*, l'*Énéide* sont remplies d'allusions à la récolte et au travail de cette utile matière. — Les Egyptiens, possesseurs de nombreux troupeaux qu'ils tondaient deux fois l'an, étaient d'habiles tisseurs, et avaient appris aux Hébreux tous les arts textiles.

Les Grecs avaient un si grand soin des moutons qu'ils les habillaient comme on le fait encore quelquefois aujourd'hui en Angleterre pour les conserver pour la beauté de leur laine.

Les Romains, loin de négliger la production des races ovines, l'augmentèrent encore. La Pouille, la Sicile, le pays des Tarentins, en étaient couverts, si bien que sous le règne d'Auguste, un patricien lui fit cadeau de deux cents mille moutons par son testament. Les belles laines étaient encore plus estimées et par conséquent bien plus chères qu'aujourd'hui. Les manteaux de sénateur se confectionnaient avec de la laine à 90 francs la livre, venant de l'Italie méridionale; la belle laine teinte en pourpre de Tyr, se vendait 834 francs.

Les Gauloises filaient et tissaient ces étoffes rayées ou à carreaux comme les plaids. Les femmes de la maison royale fabriquaient celles de la famille régnante, et la femme du moindre laboureur préparait la braie de son mari.

Aujourd'hui, il ne s'agit plus de cela; les dames ne filent plus et à plus forte raison ne tissent plus, elles se contentent, pour la plupart, de remplir tant bien que mal le fond de canevas dont les fleurs et les ornements sont déjà placés.

Les femmes de la campagne tricotent encore les bas de la famille, mais elles achètent les laines toutes filées. A peine trouverait-on autour de Montrejeau et dans certains coins bien enfoncés de la vallée de la Neste, quelque vieille tricoteuse entêtée qui n'a pas voulu confier le filage de sa laine aux filateurs à façon établis sur la rivière.

Comment donc se prépare aujourd'hui cette effrayante quantité de laine qui constitue les bas, les chaussons, les flanelles,
les habits noirs, les paletots, les casquettes, les bonnets, les
tapis, les rideaux, les meubles, les couvertures, les garnitures de
voitures, les épaulettes et tout ce que nous oublions. — C'est ce
que nous allons étudier aujourd'hui ; et pour cela nous n'avons
pas besoin d'aller bien loin. Quittant le boulevard à la porte Saint-
Martin et à trois cents mètres de ce monument, élevé à la gloire
de Louis XIV, entre la rue du faubourg Saint-Martin et le canal,
nous trouvons, rue Albouy, une des plus importantes filatures
de laine de France, nous pourrions même dire du monde entier,
surtout si l'on a égard à la qualité et non à la quantité des produits fabriqués. Fondée par M. Griolet, en 1832, la filature de la
rue Albouy fut fermée en 1848. — Rachetée, en 1849, par M. Frédéric Davin, honorable tisseur de Saint-Quentin, elle fut profondément modifiée. Aujourd'hui elle est un type à peu près parfait
de l'industrie des laines peignées, l'une des industries où la France
excelle. — Elle a, du reste, en 1855, remporté la 1re médaille
d'honneur, et aujourd'hui son chef a eu l'honneur d'être désigné
comme membre des divers jurys de l'Exposition de Londres.

Ce fut pour nous un très-vif étonnement de trouver à Paris et
si près du centre de la ville un établissement industriel si considérable, une filature de seize milles broches — bâtie sur un terrain
si cher, représentant un loyer si considérable. — Mais M. Davin
trouve que la proximité du marché, que la facilité à se procurer
des ouvriers intelligents, des mécaniciens habiles, compensent
tous les désavantages matériels que peut causer la situation. —
Entreprenant et artiste, possesseur d'un des plus curieux musées
contemporains, membre influent de la société d'acclimatation,
partisan à outrance du progrès et de la perfection, M. Davin ne
veut pas s'éloigner de Paris, où il trouve tous les éléments nécessaires à son activité.

Aidé par son neveu, M. Bernier, auquel nous devons les renseignements qui nous ont permis de comprendre bien claire-

ment l'importance de la filature de laine, M. Davin peut, tout en surveillant son usine, donner son attention à toutes les améliorations possibles dans la filature, à l'invention de nouveaux tissus, la création de laines plus fines et plus belles, l'emploi de nouvelles toisons.

L'achat de la matière première est en effet dans beaucoup d'industrie, une opération capitale, mais dans aucune fabrication il n'est plus important que dans la filature de laine. — Faire ses achats avec discernement, savoir non-seulement choisir mais encore assembler les différentes natures de toisons, est pour ainsi dire la condition indispensable et absolue de l'exécution de beaux produits.

Nous trouvons dans le rapport du jury mixte international les réflexions suivantes qui mettront le lecteur au courant du problème proposé mieux que nous ne pourrions le faire nous-même :

Les laines de l'Exposition universelle de 1855 proviennent de l'Allemagne, de l'Espagne, du Portugal, de l'Italie, de la France, de la Grande-Bretagne, des deux extrémités de l'Afrique (le cap de Bonne-Espérance et l'Algérie), enfin de l'Australie. — Les laines des deux Amériques ne sont représentées par aucun échantillon. Il en a été de même, on se l'explique facilement, des laines de la Pologne, de l'intérieur de la Russie et de la Russie méridionale.

La presque totalité de ces laines appartient au type mérinos plus ou moins pur, qui a d'ailleurs subi, selon les contrées où on l'entretient, diverses modifications qui seront indiquées plus loin.

Un exposé sommaire des causes qui influent forcément sur les caractères des laines n'est pas hors de propos pour expliquer d'une manière générale les motifs qui ont déterminé le jury dans ses appréciations; il est même d'autant plus utile de commencer par l'indication de ces principes, qu'ils ont leur consécration dans les faits que permet de recueillir l'Exposition universelle de 1855.

La finesse de la laine est en relation directe avec le peu d'épaisseur de la peau, moins la peau a d'épaisseur, plus fine est la laine qu'elle sécrète. Mais il est extrêmement difficile d'obtenir que ce produit soit alors aussi abondant.

Il est très-difficile également que les races mérines de grande taille et d'un grand poids aient le derme aussi fin que les races plus petites. En augmentant par une nourriture abondante les dimensions des animaux d'une race donnée, on accroît les dimensions de la peau, tant en épaisseur qu'en surface, et l'on obtient, en définitive, une laine moins fine.

La finesse habituelle de la peau des petites races mérines rend facile la production des laines fines. A cette considération, il faut ajouter que tout cultivateur qui substitue des moutons de petite race à des moutons de race volumineuse augmente l'étendue de l'organe sécréteur de la laine. Si deux moutons du poids de 25 kilogrammes chacun sont substitués à un mouton du poids de 50 kilogrammes, les deux peaux des deux petits animaux de 25 kilogrammes dépasseront de beaucoup en étendue celle du mouton de 50 kilog.

Cependant, ces petits mérinos ont deux défauts fort graves. Il est extrêmement probable que toutes les races de petites dimensions ne s'entretiennent pas proportionnellement à leur poids avec la même dose d'aliments que celle qui suffit à l'entretien des races de dimensions plus grandes ; c'est-à-dire, dans l'exemple cité, que deux moutons de 25 kilogrammes demanderont plus d'aliments qu'un mouton de 50 kilogrammes. D'un autre côté, il faut remarquer que les petites races mérinos, pour conserver peu de taille, doivent être modérément nourries pendant leur période d'accroissement ; il en résulte que leur accroissement est alors plus lent, qu'elles demandent plus de temps pour acquérir tout leur développement et la disposition à s'engraisser ; on conçoit dès lors aisément qu'elles donnent moins de produits pour la boucherie.

En examinant les laines de l'Exposition universelle, il est facile de reconnaître que les toisons les plus fines sont en même temps les plus petites, et qu'elles sont produites par les pays du monde où l'on tire peu de parti de la chair des animaux ; telles sont l'Allemagne et l'Australie, comparativement à la France, où la viande a tant d'importance et se trouve si recherchée, que non-seulement on y achète chèrement toute celle qui s'y produit, mais qu'on en fait venir une notable quantité de l'étranger.

En partant de ces idées, la troisième classe a été conduite à proposer de récompenser principalement, parmi les exposants allemands, ceux qui produisent la laine la plus fine, et de prendre en grande considération pour la France, non-seulement le degré de finesse des toisons, mais aussi leur poids.

L'élévation du poids des toisons, dans les petits animaux médiocrement nourris, ne peut-être obtenue que par le développement démesuré de la peau qui forme des plis sur le cou, sur les cuisses et sur d'autres parties du corps ; mais il arrive alors que la laine est fort grossière sur ces plis et que la toison est fort peu homogène, tandis que, sur de fortes races largement alimentées, l'accroissement du poids des toisons peut provenir, et provient en effet souvent de l'allongement des brins de laine et de leur consistance plus grande. Dans ce cas, la laine devient plus longue, et, mise dans les machines où elle est peignée et filée, elle supporte une plus forte traction avant de se rompre ; elle convient davantage pour le peigne. Les laines mérinos françaises deviennent ainsi fréquemment d'excellentes laines pour le peigne ; les laines mérinos étrangères plus fines, plus courtes, plus élastiques, nous ont présenté plus fréquemment les qualités les meilleures pour subir l'action de la carde et entrer dans la fabrication du drap. Dans l'appréciation des unes et des autres, la troisième classe a été aidée par des manufacturiers de la vingtième classe.

Après avoir pris pour éléments de ses jugements la finesse de la laine, son élasticité et sa force, le jury a tenu le plus grand compte du degré de conservation de ces qualités. Pendant sa croissance, la laine est garantie du contact et de l'action des corps étrangers qui peuvent l'altérer par une matière grasse sécrétée par la peau, et qui entoure chaque filament de laine depuis sa racine jusqu'à sa pointe. Plus cette matière se conserve dans la toison, moins la laine s'imprègne d'eau pendant les temps humides, moins elle se dessèche par une température opposée. L'action successive de l'humidité et de la sécheresse altère considérablement les laines fines ; non-seulement elle les grossit, mais elle diminue leur consistance et leur élasticité. Il est constaté que la pluie qui imprègne et lave les toisons entraîne avec elle une partie de leur matière grasse. Cette disparition de la matière grasse est, en outre, très-grande quand les toisons sont pénétrées par du sable et de la poussière, ce qui arrive d'autant plus que les bêtes à laine habitent et voyagent dans des pays plus sablonneux, et portent des toisons moins tassées. Chaque grain de sable qui pénètre dans la toisons lui ôte une partie de l'enduit qui défend la laine ; celle-ci en devient sèche et cassante. L'examen comparatif des laines plus ou moins exposées à ces causes d'altération démontre combien leur action peut-être fâcheuse. Dans quelques départements du midi de la France et dans la majeure partie de l'Espagne, les troupeaux voyagent chaque année pour tirer parti, l'été, de pâturages montagneux et, l'hiver, de pâturages plus bas, situés sous un climat moins froid. Les laines envoyées à l'Exposition par les départements des Bouches-du-Rhône et des Pyrénées-Orientales, toutes celles qui ont été envoyées par l'Espagne, offrent à des degrés variés les altératious dont il vient d'être parlé. Dans quelques-unes, elles s'étendent jusqu'à la racine des brins ; dans quelques autres, elles se bornent à la pointe des mèches. La nécessité existe cependant de tirer parti de ces pâturages qui donnent le moyen d'entretenir à très-peu de frais des bêtes ovines ; seulement, les laines très-fines s'y altérant plus que toutes les autres, on conçoit l'utilité d'accorder alors la préférence à des mérinos porteurs d'une laine de finesse intermédiaire.

Si l'exposition des laines d'Australie eût été plus nombreuse, et surtout accompagnée de plus de documents, on eût pu étudier les effets que produisent sur les laines les différents climats et les sols différents de cette partie du monde, leur influence était incessante par le motif que les animaux vivent constamment en plein air. On peut seulement remarquer que si la plupart des échantillons envoyés par l'Australie n'ont pas été détériorés par des corps étrangers minéraux et végétaux, ces laines n'ont pas le même degré d'élasticité que les laines du nord de la France et de l'Allemagne, ce qui peut dépendre de ce que les troupeaux ne sont jamais abrités dans des bergeries.

Dans le centre et dans le nord de la France, dans les parties de l'Allemagne qui ont soumis des toisons à l'appréciation du jury, la production des bêtes ovines cesse de constituer une industrie pastorale pour devenir une partie de l'agriculture. De là proviennent l'usage des bergeries et la formation d'approvisionnements de fourrages pour y nourrir les troupeaux et pour former des fumiers; de là provient aussi le parcage des moutons sur les terres labourées, où il déposent des engrais de la plus grande activité. De ces diverses pratiques, la dernière seule a de l'inconvénient sur la qualité de laine; le contact de la terre, sur lequelle couchent les moutons, n'altère pas toute la longueur des mèches, mais il peut nuire à leur extrémité. C'est le cas de faire remarquer que la pratique du parcage est beaucoup plus fréquente en France que dans les provinces de l'Allemagne qui nous ont envoyé des laines.

Plus le mouton est domestique, plus il est abrité dans les bergeries, plus les laines fines conservent leurs qualités. L'habitation dans les bergeries étant tout à fait nécessaire, pendant une grande partie de l'année, dons les pays froids où l'hiver est fort long, on conçoit que ces contrées sont précisément appelées à produire la laine qui a le plus de valeur. Voilà pourquoi les laines mérines espagnoles, autrefois en grande réputation, ont baissé de valeur, tandis que celles de la Moravie, de la Silésie, de la vieille Prusse, etc., sont aujourd'hui beaucoup plus recherchées. Dans l'appréciation des laines que comprend l'Exposition universelle, on voit que le jury a dû tenir compte des conditions fort diverses dans lesquelles elles sont formées.

« Rolland de la Platrière, dit M. Bernoville, classait ainsi, vers le milieu du dix-huitième siècle, les laines brutes des diverses nations, suivant leur degré de mérite :

1º Espagne;
2º Hollande;
3º Angleterre;
4º Saxe, Hanovre, Marche de Brandebourg, Prusse actuelle, Silésie;
5º Palatinat;
6º Danemark (belle, mais sans nerf), Suède;
7º France;
8º Italie;
9º Etats barbaresques;
10º Possessions de la Turquie;
11º Russie.

Nous ne venions qu'au septième rang. »

Nous possédions cependant de belles laines dans le Roussillon

et le Bigorre. Louis XVI commença, sous l'impulsion de Dauben-
ton, les croisements de mérinos.

« Napoléon disait : « L'Espagne a 25 millions de mérinos ;
je veux que la France en ait 100 millions. » Aussi fit-il établir
soixante succursales de Rambouillet, où l'on se procurait gratis
des béliers espagnols; et, par un décret de 1811, il obligea les
propriétaires de troupeaux de race pure à livrer aux succursales

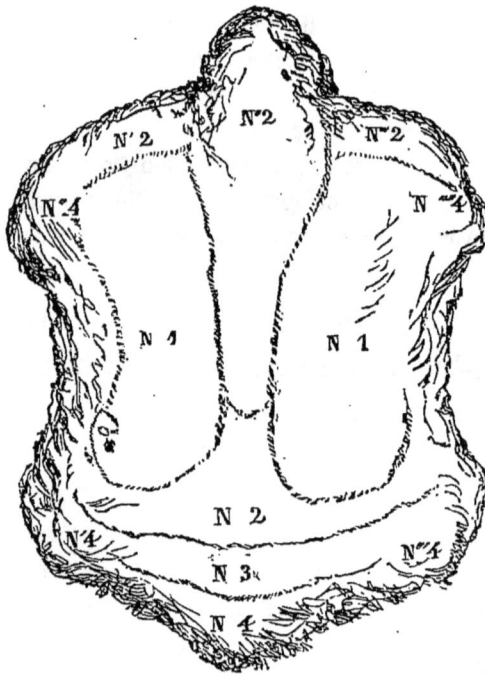

Toison.

les béliers dont ils pouvaient se passer. Sous l'empire de ces croisements, nos qualités s'améliorèrent promptement; cependant,
en 1812, les progrès de l'agriculture étaient moins sensibles que
ceux de l'industrie manufacturière de la laine, bien que, dans
cette année, la production de la laine brute se soit élevée, selon
Chaptal, à 81 millions de francs.

» Nos désastres interrompirent ce progrès : beaucoup de nos

Atelier du septième étage.

bergeries furent dépeuplées au profit de l'Allemagne, et, en 1814, la sortie de nos bêtes à laine ayant été autorisée, tous nos voisins avancèrent rapidement sur nos traces ; mais, à la faveur de la paix, le mouvement d'amélioration reprit et se continua avec une nouvelle énergie. »

Aujourd'hui la situation est bien changée, car, sauf certaines laines d'Australie, c'est en France que M. Davin s'approvisionne des plus belles sortes.

La laine brute achetée en ferme ou au marché se présente habituellement sous deux aspects : la laine en suint provenant des fermes de la Brie et du Soissonnais contient habituellement de 70 à 72 0/0 de matières étrangères, qui sont principalement le suint, c'est-à-dire ce corps gras dont chaque poil de laine est revêtu, puis la terre, le sable qui a adhéré à ce corps gras ; en sorte qu'après avoir lavé complétement 100 kilogr. de laine achetée en suints il restera environ 28 à 30 kilogr. de laine propre à être soumise au travail des machines. Quelquefois les fermiers lavent la toison sur le dos du mouton quelques jours avant la tonte ; dans ce cas, la laine est dite lavée à dos. Ce lavage est très-imparfait ; il a emporté une grande partie de la terre et du sable qui souillaient la toison, mais il en reste un peu, et il reste surtout une portion notable de suint, portion qui n'était pas soluble dans l'eau froide, qui reste adhérente aux filaments de laine, se durcit au contact de l'air et devient par cela même plus difficile à enlever complétement par la suite. Les laines lavées à dos dans la Bourgogne, notamment, contiennent encore 33 à 35 0/0 de matières étrangères, en sorte que 100 kilogr. de ces laines ne donnent, après un lavage complet, que 65 à 67 kilogr. de matière employable.

Dans l'usine de la rue Albouy, le triage des laines, arrivant en ballots. Le triage se fait à la main, sur des claies placées dans un endroit bien éclairé ; deux ouvriers desservent une claie ; ils prennent la toison et commencent par l'ouvrir et l'étendre sur la claie sans la déchirer, de sorte que chaque partie se trouve bien à sa place, comme si la toison adhérait à la peau de l'animal ; ils la partagent alors en quatre ou cinq parties qui sont classées suivant leur degré de finesse et désignées sous les noms de :

No 1 ou 1re qualité.
No 2 ou 2e   do.
No 3 ou 3e   do.
No 4 ou 4e   do.
No 5 comprenant les parties inférieures.

Le no 1 est tiré des flancs de l'animal ; le no 2 des épaules, des reins et des parties qui bordent immédiatement les flancs ; les nos 3 et 4, du ventre et des parties postérieures de la toison ; et le no 5, des parties tout à fait communes, comprenant les extrémités sous le nom de pointes, les cuisses, les abats, lorsque ces différentes parties sont suffisamment fines, car, dans le cas contraire, elles sont mises à part et revendues, avec des débris de toute espèce, sous le nom de déchets, pour la fabrication d'étoffes communes. La laine partagée ainsi en quatre ou cinq qualités, ces quatre ou cinq qualités sont mises séparément en œuvre pour être filées à part.

Voici, au hasard, le résultat du triage d'un lot de *laine en suint* de Brie :

No 1. . . . . 10,088 kil.
No 2. . . . . 10,400 do
No 3. . . . .   6,546 do
No 4. . . . .   3,385 do
No 5. . . . .   1,855 do
Pailleux. . . . .   3,073 do
Abats, parties communes,
    crottes, ficelles, etc. . .   3,250 do
                1,054 évaporation et dessous de claie.
            ————————
            39,651 kil.

Le lot comprenait 39,651 kil. en tout : donc il y a un déficit de 1,054 kil., qui représente une partie de l'humidité contenue dans la laine et qui s'est évaporée, et aussi une certaine quantité de sable qui s'est détachée et qui en est tombée sous les claies des trieurs.

Les laines triées sont descendues au dégraissoir, lequel se compose de trois grands baquets en bois, pouvant contenir chacun environ trois mètres cubes d'eau ; chaque baquet aboutit à un cylindre lamineur supportant une très-forte pression et destiné à exprimer les liquides que contient la laine au sortir du bac. Ces appareils sont disposés de telle sorte que la laine sortant d'un bac est placée sur une toile sans fin qui la conduit sous le cylindre, et ainsi de suite, jusqu'au dernier, où l'opération complète du dégraissage est terminée ; cette opération se compose donc de trois lavages successifs qui s'appellent le trempage, le débrouillage et le repassage.

Les deux premières opérations se font dans de l'eau contenant un alcali caustique à petite dose, et la troisième dans un bain de savon. L'eau employée a été préalablement chauffée à 55°, puis épurée avec un alcali au moyen duquel on a précipité la chaux, et décanté dans les bacs de dégraissage. Pour la première opération, celle du trempage, on met environ 200 kilog. de laine en suint, ou 100 kilog. de laine déjà lavée à dos, on laisse séjourner la laine dans l'eau pendant une demi-heure, puis on la passe au cylindre lamineur, et l'opération se continue sans temps d'arrêt jusqu'au repassage inclusivement ; la laine alors sort parfaitement blanche et dépouillée du sable, des matières étrangères de toute espèce et du suint qu'elle contenait ; par conséquent on conçoit qu'elle a perdu une partie considérable de son poids ; en effet, si on a employé des suints de Brie, par exemple, on ne trouve plus que 28 ou 30 kil. de laine blanche et bonne au travail pour 100 kil. de laine mis au dégraissage, c'est donc une perte en poids d'environ 70 0/0, et cette perte varie suivant que la laine achetée contenait plus ou moins de sable, plus ou moins de suint ; il importe donc que le fabricant qui achète la laine puisse se rendre compte à première vue du rendement, c'est-à-dire de ce que cette laine achetée brute lui rendra en laine lavée à fond.

Au sortir du dégraissoir, la laine contenant encore une certaine quantité d'humidité est portée à la sécheuse ; là une ouvrière l'étale sur une toile sans fin qui parcourt lentement une longue étuve de 10 mètres de long, chauffée à la vapeur; des ventilateurs lancent l'air chaud sous la toile sans fin, et lorsque la laine a parcouru l'étuve, elle retombe à l'autre extrémité de la machine contenant encore de 12 à 10 0/0 d'humidité, ce qui est nécessaire, car une laine desséchée à fond se briserait dans les opérations suivantes. Une seule sécheuse de Pasquier suffit pour toute la laine employée.

Toutes les laines, au sortir du dégraissage, subissent, avant d'être placées sur la peigneuse, une série d'opérations qu'on peut désigner sous le nom de préparations de peignage, et qui varient suivant le système de peignage et aussi suivant les établissements. M. Griolet, le fondateur de l'établissement de la rue Albouy, fut un des premiers qui introduisirent le peignage mécanique en France; sa peigneuse, qui commença à fonctionner en 1840, était une modification du peignage Collier; en 1852, M. Davin supprima complétement le système du peignage Griolet pour le remplacer par la peigneuse Heilmann et Schlumberger, qui venait de faire son apparition, et il remplaça, par une préparation de cardes, les loups dont se servait son prédécesseur; depuis lors, ce système de peignage n'a pas reçu de modification d'ensemble. La laine, en sortant du dégraissage, est mise en rubans par des cardes fabriquées par Mercier, l'habile constructeur de Louviers, puis ces rubans subissent un dégraissage *à blanc* qui les débarrasse de quelques traces d'huile que la laine avait dû recevoir pour passer aux cardes; après ce dégraissage à blanc, elles sont remises en bobines et placées sur la peigneuse Schlumberger.

La laine se compose de filaments longs et de filaments courts; les longs sont seuls utiles pour la confection du fil de laine peignée. Les filaments courts s'enchevêtrent entre eux et forment de petits boutons que les machines ne pourraient détruire, et qui, se retrouvant dans le fil et par suite dans le tissu, le rendraient irrégulier et d'un aspect inégal. Les filaments courts qui ne forment pas de boutons auraient l'inconvénient de ne pouvoir s'enrouler en spirales assez nombreuses pour former un fil à la fois fin et solide. Or le fil peigné doit non-seulement être lisse, il faut aussi qu'il soit fin et solide ; la peigneuse mécanique est une machine qui permet d'arriver à ce résultat en séparant les filaments courts des filaments longs ; ces derniers sont déposés par la machine en nappes régulières ; plusieurs de ces nappes sont ensuite réunies, par une machine appelée réunisseuse, en un seul ruban parfaitement propre, parfaitement net, ne contenant plus ni boutons ni débris de paille : c'est ce qu'on appelle le cœur ou le peigné. Quant à la laine courte, aux boutons laineux, aux pailles, graines et autres impuretés que contenait la laine cardée, le tout est réuni par la peigneuse en gros flocons qui tombent sous la machine dans une boîte destinée à les retenir : c'est ce que le peigneur appelle *la blousse ;* et cette blousse n'est pas perdue ; elle est vendue aux fabricants de drap qui l'emploient pour la fabrication des étoffes de leur fabrication : 100 kilogrammes de laine lavée à fond produisent habituellement 80 à 85 kilogrammes de *cœur* et le reste en *blousse.*

Pour faire de ce peigné du fil, il faut le faire passer par l'atelier de préparation de filature pour obtenir un ruban fin et régulier destiné au mull-jenny.

Cet atelier comprend quatre assortiments pouvant préparer chacun 120 kilogrammes de laine par jour. L'assortiment lui-même se compose de quatre machines étireuses et sept bobinoirs frotteurs, le tout ensemble formant neuf passages, ce qui, joint à deux passages que reçoit le peigné au sortir des peigneuses, sur des étireurs du système Schlumberger, forme en tout onze passages ; c'est-à-dire que le ruban de peigné, avant d'arriver sur le mull-jenny, est obligé de passer sur onze machines consécutives, qui ont pour but de le réduire, en l'allongeant, à un diamètre déterminé à l'avance ; et en le combinant avec d'autres deux par deux, puis trois par trois, d'obtenir une régularité parfaite dans le même diamètre.

Le filage se fait sur des métiers mull-jenny de 320 broches chaque. Cinq salles contiennent ces métiers; une sixième salle, celle du septième étage, renferme quatre métiers dont les broches sont mues par engrenages. Ces quatre métiers, de 380 broches chaque, ont été fabriquées par Léopold Muller, constructeur à Thann, et ajoutés à la fi'ature de M. Davin en 1853. — Ces métiers sont accouplés deux par deux, de façon qu'un seul fileur et deux rattacheurs suffisent pour deux métiers, c'est-à-dire pour 640 broches. — M. Griolet, fondateur de la filature de la rue Albouy, qu'il fit construire en 1832, fut un des premiers industriels qui adopta cette combinaison de métiers deux par deux. Depuis lors, cet exemple a été suivi par d'autres industriels du Nord. L'établissement renferme 16,000 broches.

Le nombre des ouvriers occupés aux diverses manipulations de la laine dans l'établissement de la filature est de 300 en moyenne, partagé à peu près également quant au sexe.

Quant aux salaires, ils sont de 6 francs par jour pour les fileurs, 3 francs pour les rattacheurs, 4 francs à 5 francs pour les ouvriers divers occupés au triage, au dégraissage et aux réparations ou à l'entretien. Les enfants employés comme bobineurs reçoivent un salaire de 1 franc 50 centimes; les soigneuses reçoivent 2 francs en moyenne.

La production en fil est en moyenne de 450 kilogr. par journée de travail, ce qui donne 2,250 kilogr. par semaine, ou par année 117,000 kilogr. en n° moyen de 50 à la livre (ancien numérotage), ce qui correspond à 117,000 kilog. de fil mesurant 71,000 mètres par kilogr. Il se fabrique donc par an une longueur de fil représentée par 8,300,000 kilomètres, ce qui donne 213 fois le tour de la terre et 22 fois la distance de la lune à la terre. Il faudrait 17 années de travail pour faire un fil allant de la terre au soleil.

Si maintenant nous considérons la quantité de matière première mise en œuvre pour obtenir ce résultat, nous trouvons qu'il faut 1,800 à 1,900 kilogr. de laine brute en suints, rendant au lavage de 28 à 30 0/0 comme les suints de Brie, pour produire 450 kilogr.

de fil. Le poids moyen d'une toison de suints de Brie étant de 4
kilogr. 50, il faudra environ 400 toisons pour 450 kilogr. de fil.
Pour 260 jours de travail, c'est-à-dire pour l'année entière, il
faudra 400 × 260, soit 104,000 toisons, c'est-à-dire la dépouille de
104,000 moutons, — heureux M. Davin si ces 104,000 moutons
pouvaient tous être de ces fameux Graux-Mauchamps dont il fait
de si merveilleux fils et de si jolies étoffes, qu'elles ressemblent
à de la soie, et pour la propagation de la race desquels il fait de
si grands et si persévérants efforts.

Bélier Graux-Mauchamp.

BOULANGERIE CENTRALE

DE

L'ASSISTANCE PUBLIQUE DE LA SEINE

———————

Au commencement de ce livre, nous avons décrit les moulins
de Saint–Maur, établissement où MM. Darblay et Cie ont réuni
les derniers progrès de la science meunière. Nous allons aujourd'hui étudier la boulangerie de la manutention des hôpitaux
de Paris, usine ancienne, mais où toutes les innovations sont
examinées, essayées et jugées. La préfecture de la Seine, dans
sa sollicitude pour l'alimentation de la population parisienne, a
fait de sa boulangerie le laboratoire intelligent et sévère de tous
les procédés qu'on préconise; les uns à tort, les autres avec raison.
Ce n'est pas petite chose, en effet, que le pain, et dans ces
derniers temps surtout, l'imagination des inventeurs s'est fort
exercée sur ce produit fondamental de l'industrie humaine ;
mais c'est surtout dans les questions d'alimentation, et principalement quand il s'agit du pain, que la plus grande prudence est
nécessaire. Déjà la production même de la farine a fait d'immenses progrès, si l'on considère l'usage, ou plutôt la mode
actuelle : il est en effet convenu et adopté aujourd'hui que le
pain doit être blanc, absolument blanc, sans aucune teinte, et les

meuniers livrent aux boulangers de la farine avec laquelle ceux-ci
font du pain blanc; mais est-ce cela qui réellement est un progrès? C'est ce que nous examinerons à la fin de cette étude.

L'origine de la panification remonte aux patriarches. Abraham
dit à Sarah : « Pétrissez trois mesures de farine, et faites cuire
des pains sous la cendre. » Mais ces pains différaient beaucoup
du nôtre, aussi bien pour la forme que pour la matière. Il fallut
un temps très-long, même après que les hommes eurent eu l'idée
de ranger en sillons réguliers les grains de même espèce, même
après avoir inventé la meule, pour qu'on arrivât à découvrir ce qui
fait l'essence du pain actuel, c'est-à-dire le levain (a). Le plus
souvent on grillait les grains et on ne les pulvérisait qu'après la
torréfaction, comme on fait pour le café aujourd'hui. On en faisait de la bouillie, des sortes de *puddings* avec des œufs, de la
graisse, du safran, du miel; il en fut de même en Grèce, en
Egypte, à Rome; le pain d'Athènes était célèbre. La profession
de boulanger était, du reste, fort honorée. On fonda à Rome un
collège de boulangers qu'on dota fort bien; ils pouvaient même
être sénateurs, mais pas davantage. Malgré ces honneurs, les
premiers boulangers n'étaient que des pâtissiers ou des fabricants de
biscuits de mer. Il est probable qu'un reste de pâte sucrée, oublié
pendant quelques jours, se mit à fermenter, et, mêlé à une pâte
nouvelle, lui communiqua cette fermentation, ou bien qu'un hasard
fit ajouter du moût de raisin (b); le levain fut trouvé, étudié,
perfectionné, et la boulangerie fut définitivement constituée.

(a) « L'Asie, peuplée avant les autres parties du monde, dut trouver et perfectionner avant elles
les arts de nécessité première. Deux Béotiens y apprirent dans un voyage celui de faire le pain.
Ils l'apportèrent dans leur patrie, où leurs concitoyens, par reconnoissance, leur dressèrent à
chacune une statue. De la Béotie, le secret se répandit dans la Grèce, qui le perfectionna singulièrement ; et de la Grèce il passa dans la Gaule avec cette colonie de Phocéens qui vint y fonder
Marseille...
« Les Egyptiens attribuoient à Ménès, leur premier roi, l'invention du pain, des moulins,
de la charrue et de tous les instruments du labourage, ainsi que la culture de la vigne et du lin,
et l'art de filer la laine pour les étoffes. » (*Legrand D'Aussy.*)
(b) « On jette dans l'eau, dit Champier, des grappes de raisin (sans doute blanc); le lendemain,
« on y écrase celles qui flottent, et cette eau vineuse qu'on fait entrer dans la confection du pain le
« rend plus délicat et plus agréable. D'autres, ajoute Champier, prennent de la farine de millet
« qu'ils pétrissent avec de l'écume de vin nouveau, lorsqu'il fermente et qu'elle sort par la bonde
« du tonneau. Ils en forment des petits pains qu'ils laissent sécher au soleil et qu'ils gardent
« ensuite pour le besoin quand ils boulangeront.
« Le dernier procédé se trouve dans Pline, qui dit que ce levain de millet se conservoit une

Le pain devint alors d'un usage si général, même dans les classes les moins aisées, que, chez tous les peuples et chez tous les souverains, l'idée de la réglementation naquit et s'implanta. Aucune profession n'a été plus surveillée, plus délimitée, et ne donna naissance à plus de lois.

« Il y avait dans chaque boulangerie, dit *l'Encyclopédie*, un premier patron ou surintendant des serviteurs, des meubles, des animaux, des esclaves, des fours et de toute la boulangerie; et tous ces surintendants s'assemblaient une fois l'an devant les magistrats, et s'élisaient un prote ou prieur chargé de toutes les affaires du collége. Quiconque était du collége des boulangers ne pouvait disposer, soit par vente, donation ou autrement, des biens qui leur appartenaient en commun; il en était de même des biens qu'ils avaient acquis dans le commerce ou qui leur étaient échus par succession de leurs pères; ils ne les pouvaient léguer qu'à leurs enfants ou neveux, qui étaient nécessairement de la profession : un autre qui les acquérait était agrégé de fait au corps des boulangers. S'ils avaient des possessions étrangères à leur état, ils en pouvaient disposer de leur vivant, sinon ces possessions retombaient dans la communauté. Il était défendu aux magistrats, aux officiers et aux sénateurs d'acheter des boulangers mêmes ces biens, dont ils étaient maîtres de disposer. On avait cru cette loi essentielle au maintien des autres, et c'est ainsi qu'elles devraient toutes être enchaînées dans un état bien policé. Il n'est pas possible qu'une loi subsiste isolée. Par la loi précédente, les riches citoyens et les hommes puissants furent retranchés du nombre des acquéreurs. Aussitôt qu'il

---

année entière. Quelquefois les Romains employoient, au lieu de millet, du son de froment pétri de la même manière. Huit onces de ce levain-ci suffisoient pour un boisseau de farine. Quant à la façon de s'en servir, le naturaliste prétend qu'on délayoit les pastilles dans de l'eau avec de fine-fleur de farine, et sur le feu, comme nous faisons pour la bouillie, et qu'ensuite on pétrissoit la pâte avec cette sorte de brouet.

« Si réellement ces levains vineux avoient, comme l'écrit Champier, la faculté de se conserver secs ; s'ils étoient aussi bons que ceux dont nous nous servons, comme d'ailleurs ils sont bien autrement agréables que les nôtres, et surtout bien plus que la levûre, qui communique toujours au pain un goût d'amertume, on ne voit pas trop pourquoi on a cessé de les employer en France, et même dans les provinces à vignobles, telles que la Bourgogne, où l'on n'a point encore admis le levain de levûre. Cette même Bourgogne fait de la moutarde au moût de vin ; pourquoi ne fait-elle plus de levain au moût? » (*Id.*)

naissait un enfant à un boulanger, il était réputé du corps;
mais il n'entrait en fonction qu'à vingt ans; jusqu'à cet âge, la
communauté entretenait un ouvrier à sa place. Il était enjoint
aux magistrats de s'opposer à la vente des biens inaliénables
des sociétés de boulangers, nonobstant permission du prince et
consentement du corps. Il était défendu au boulanger de solli-
citer cette grâce, sous peine de 50 livres d'or envers le fisc, et
ordonné au juge d'exiger cette amende à peine d'en payer une
de deux livres. Pour que la communauté fût toujours nombreuse, aucun boulanger ne pouvait entrer même dans l'état
sacerdotal; et si le cas arrivait, il était renvoyé à son premier
emploi : il n'en était point déchargé par les dignités, par la
milice, les décuries, et par quelque autre fonction ou privilége
que ce fût. Cependant, on ne priva pas ces ouvriers de tous
les honneurs de la république : ceux qui l'avaient bien servie,
surtout dans les temps de disette, pouvaient parvenir à la dignité de sénateur; mais dans ce cas, il fallait ou renoncer à
la dignité ou à ses biens. Celui qui acceptait la dignité de
sénateur, cessant d'être boulanger, perdait tous les biens de la
communauté : ils passaient à son successeur. Au reste, ils ne
pouvaient s'élever au delà du degré de sénateur. L'entrée de
ces magistratures, auxquelles on joignait le titre de *perfectissi-
matus,* leur était défendue, ainsi qu'aux esclaves, au comptables
envers le fisc, à ceux qui étaient engagés dans les décuries,
aux marchands, à ceux qui avaient brigué leur poste par argent,
aux fermiers, aux procureurs et autres administrateurs des biens
d'autrui. On ne songea pas seulement à entretenir le nombre
des boulangers, on pourvut encore à ce qu'ils ne se mésal-
liassent pas. Ils ne purent marier leurs filles ni à des comé-
diens ni à des gladiateurs sans être fustigés, bannis et chassés
de leur état, et les officiers de police permettre ces alliances
sans être amendés. Le bannissement de la communauté fut
encore la peine de la dissipation des biens. Les boulangeries
étaient distribuées, comme nous avons dit, dans les quatorze

quartiers de Rome; et il était défendu de passer de celles qu'on occupait dans une autre sans permission. »

Comme nous venons de le voir, les Romains avaient établi une corporation dès le règne de Numa; les grains n'étaient déchargés des vaisseaux que par des *saccarii* enrégimentés, et ils ne sortaient des greniers publics pour se rendre à la boulangerie que sur les épaules d'une autre corporation nommée les *catabolenses*. Un magistrat spécial, investi de pouvoirs dictatoriaux et nommé préfet de l'annone, surveillait avec pleins pouvoirs tout le commerce de la boulangerie. La féodalité fit mieux, elle installa près du château fort un four, et défendit de cuire autre part. Les seigneurs prétendirent que les incendies étaient multipliés par la négligence des vassaux, et instituèrent ce qu'on appelait le four banal. Les maisons religieuses seules se trouvaient hors de l'atteinte féodale (c). Les souverains ne s'occupaient guère de la boulangerie qu'au point de vue de la moralité de la population; une ordonnance de Charlemagne, rendue en 800, enjoint aux juges des provinces de veiller à ce que le nombre des boulangeries fût toujours complet et à ce que les ouvriers de cette profession ne fussent reçus que des bons sujets. En 1180, Philippe-Auguste permit aux boulangers des villes de ne plus cuire aux fours des seigneurs. Il défendit les fours banaux dans les villes et donna pour chef à tous les boulangers de France son grand panetier (d).

(c) « Bientôt cependant les fourneaux étendirent leur profession. Non-seulement ils eurent chez eux de petits moulins domestiques pour pouvoir moudre comme les meuniers, mais ils se firent en même temps marchands de farine; enfin ils vendirent du pain. On trouve la preuve de ceci dans une ordonnance de Dagobert II, année 630. » (*Legrand D'Aussy.*)

(d) Il n'est fait aucune mention d'apprentissage ni de chef-d'œuvre dans les anciens statuts des boulangers. Il suffisait, pour être de cette profession, de demeurer dans l'enceinte de la ville, d'acheter le métier du roi, et, au bout de quatre ans, de porter au maître boulanger ou au lieutenant du grand panetier un pot de terre neuf et rempli de noix et de nicule, fruit aujourd'hui inconnu, casser le pot contre le mur en présence de cet officier, des autres maîtres et des gindres, et boire ensemble. On conçoit de quelle conséquence devait être la négligence sur un pareil objet; les boulangers le sentirent eux-mêmes et songèrent à se donner des statuts en 1637. Le roi approuva ces statuts, et ils sont la base de la discipline de cette communauté.

Par ces statuts, les boulangers sont soumis à la juridiction du grand panetier. Il leur est enjoint d'élire des jurés le premier dimanche après la fête des Rois; de ne recevoir aucun maître sans trois ans d'apprentissage; de ne faire qu'un apprenti à la fois; d'exiger chef-d'œuvre, etc.

Les anciens états de la maison de nos rois font mention de deux grands officiers, le dapifer ou sénéchal, et le bouteiller ou échanson. Le dapifer ou sénéchal ne prit le nom de panetier que sous Philippe-Auguste. Depuis Henri II, cette dignité était toujours restée dans la maison de Cossé de Brissac. Les prérogatives étaient importantes. Le grand panetier ou sa juridiction

Philippe le Bel permit à tout bourgeois de Paris d'avoir un four chez lui, en 1305. Les seigneurs luttèrent contre ces libertés; les chanoines de Saint-Marcel, les derniers, conservèrent jusqu'en 1675 le droit de banalité sur leurs vassaux. Il fallut une ordonnance de Louis XIV, en 1703, pour mettre fin à l'obligation de banalité pour tout le royaume de France. Trois rues rappelèrent par leur nom la persistance de cette servitude (e).

La réglementation n'en continua pas moins, et se perpétua jusqu'à nos jours à peu près dans les mêmes conditions que sous les premiers rois. L'*Encyclopédie* disait en 1780, à propos des lois qui régissaient alors la boulangerie :

« Au reste, la profession des *boulangers* est libre parmi nous : elle est seulement assujétie à des loix, qu'il étoit très-juste d'établir dans un commerce aussi important que celui du pain. Quoique ces loix soient en grand nombre, elles peuvent se réduire à sept chefs : 1° la distinction des *boulangers* en quatre classes; de *boulangers* de villes, de *boulangers* des fauxbourgs et banlieue, des *privilégiés* et des *forains*; 2° la discipline qui doit être observée dans chacune de ces classes; 3° la juridiction du grand panetier de France sur les *boulangers* de Paris; 4° l'achat des bleds ou

croisait continuellement celle du prévôt de Paris, ce qui occasionnait beaucoup de contestations qui durèrent jusqu'en 1674, que le roi réunit toutes les petites justices particulières à celle du Châtelet. (*Encyclopédie*.)

« J'observerai seulement ici une cérémonie singulière qui se pratiquoit quand un boulanger étoit reçu à la maîtrise et dont il est mention dans les statuts que leur donna saint Louis. L'aspirant, accompagné des anciens maîtres et jurés de sa communauté, venoit présenter au lieutenant du grand-panetier un pot de terre neuf rempli de noix et de nieules (sorte d'oublie dont il sera parlé ailleurs). Toute l'honorable assemblée sortoit dans la rue pour aller casser ce pot contre la muraille. Quand elle étoit rentrée, chacun payoit un denier au lieutenant, lequel étoit tenu de leur fournir du feu et du vin, et l'on buvoit ensemble.

« Au commencement du xviiie siècle s'étoit établi un autre usage tout aussi étranger à la profession et non moins ridicule. Le nouveau maître, à la troisième année de sa réception, étoit obligé de venir, le premier dimanche après les Rois, présenter au grand-panetier un pot neuf rempli *de poids sucrés* (dragées), avec un romarin aux branches duquel étoient supendues diverses sucreries, des oranges, et les fruits que comportoit la saison. Cette offrande fut changée ensuite en une rétribution d'un louis d'or. » (*Legrand D'Aussy*.)

(e) « On en connoît trois. Rue du *Four-Saint-Honoré* tire son nom du four bannal de l'évêque de Paris, situé près l'église Saint-Eustache. Le lieu où il étoit assis s'appeloit l'hôtel de la maison du Four. C'est dans la même rue et contre cet établissement qu'étoit situé l'hôtel du grand-panetier de France.

« Rue du *Four-Saint-Germain*, ainsi nommé du four bannal des religieux de l'abbaye Saint-Germain-des-Prés, qui étoit bâti au coin de la rue Neuve-Guillemin.

« Rue du *Petit-Four-Saint-Hilaire*, quartier Saint-Benoît, doit son nom au four bannal de Saint-Hilaire. » (*De Roquefort*.)

farines dont ces marchands ont besoin; 5° la façon, la qualité, le poids et le prix du pain; 6° l'établissement et la discipline des marchés où le pain doit être exposé en vente; 7° l'incompatibilité de certaines professions avec celle de *boulanger*. Les *boulangers* étoient aussi désignés autrefois sous le nom de *talemeliers*, ou *talemiers*, ou *talemandiers*; mots synonymes en latin, *talemetarius, seu talemarius;* mot qui dérivoit de *taleâ metari*, compter sur une taille; parce qu'en effet, les *boulangers* sont dans l'usage de marquer sur des tailles de bois la quantité de pain qu'ils fournissent à crédit. Les statuts donnés par saint Louis aux *boulangers* de Paris, et leurs lettres de maîtrise, leur donnent la qualité de *boulangers talemeliers*. L'ordonnance du roi Jean, du penultième février 1530, tit. 3, art. 8, dit que nuls *boulangers*, ou *talemeliers*, ne pourront mettre deux sortes de bleds dans le pain; et art. 9, que les prud'hommes qui visiteront les pains, ne seront *mi talemeliers*. Le titre 4 des talemeliers et pâtissiers porte, article 1ᵉʳ, que toute manière de talemeliers, fourniers et pâtissiers qui ont accoutumé à cuire pain à bourgeois, le prépareront ès maisons desdits bourgeois, et l'apporteront cuire chez eux. »

Vers le xvIIᵉ siècle, on commença à se servir de la levûre de bière pour hâter la fermentation dans la pâte du pain. La question émut la ville entière. La Faculté de médecine, après un plaidoyer de Perrault pour la levûre et un de Gui Patin contre (*f*), désapprouva l'usage immodéré de ce levain, dans une assemblée du 24 mars 1668. Mais un arrêt du parlement du 21 mars 1770 leva l'interdit, et l'usage de la levûre se répandit avec le goût de ces petits pains très-légers et très-spongieux qu'on appelle pains à café. Cette pratique, que Pline prétend avoir

(*f*) « La Condamine a mis en jolis vers l'histoire de cette dispute. Elle est intitulée : *Origine du pain mollet.* Il se moque du docteur Brayer qui avoit condamné l'usage de la levûre.

Il conclut que la mort voloit
Sur les ailes du pain mollet.

« Ainsi, l'on vit successivement paroître des pains mollets de toute forme et de toute qualité : *pain blême, pain cornu, pain de Gentilly, pain de condition, pain de Ségovie, pain d'esprit, pain à café, à la mode, à la duchesse, à la citrouille, à la Montauron* (du nom de ce financier fameux à qui le grand Corneille a osé dédier Cinna). » (*Legrand D'Aussy.*)

été connue des anciens Gaulois, après avoir eu un grand succès pendant le siècle dernier, semble être abandonnée maintenant de toute la boulangerie proprement dite, et réservée à la pâtisserie et aux pains de fantaisie.

Le moyen âge fut très-amateur de ces pains dits *de fantaisie*, et, dans notre siècle de prétendus progrès et de complication

Une boulangerie au XVIIIe siècle.

certaine, on est loin de se figurer combien nos pères avaient de pains différents (*g*). Les citations suivantes, empruntées au livre si remarquable de Legrand D'Aussy, donneront une idée de cette incroyable variété :

« D'anciennes chartes du XIIe et du XIIIe siècles, citées dans le Glossaire de du Cange, au mot *panis*, parlent *de pain primos*,

(*g*) Athénée, dans son *Traité des Aliments*, compte jusqu'à soixante-douze sortes de pains qui étoient en usage chez les Grecs. Il est probable cependant que dans ce nombre il y avait plusieurs sortes de gâteaux ou de pâtisseries sèches.

Boulangerie centrale de l'assistance publique.

*de pain de pape, pain de cour, pain de la bouche, pain de
chevalier, pain d'écuyer, pain de chanoine, pain de salle pour
les hôtes, pains de Pairs, pain moyen, pain vasalor ou de
servants, pain de valet, pain truset, pain tribolet, pain
férez, pain maillau, pain de mait, pain chœsne, pain chonhol,
pain denain, pain salignon, pain siméniau.* » (Ce dernier se
crioit et se vendoit dans les rues par les oublieux.)

« Il y avoit des *pains matinaux* qui se servoient à déjeuner;
des *pains du Saint-Esprit*, nommés ainsi parce qu'on les donnoit en aumône aux pauvres dans la semaine de la Pentecôte;
des *pains d'étrennes* que les paroissiens offroient en présent à
leur curé vers les fêtes de Noël; enfin des *pains de Noël*,
sorte de redevance qu'en certains endroits les vassaux étoient
tenus de payer vers ce terme à leur seigneur. Quand les
pains de redevance se payoient dans un autre temps de l'année, on les appeloit simplement *pains féodaux*. Les chartes du
temps font souvent mention de celui-ci.

« On trouve encore, dans les anciens statuts des boulangers,
le *pain doubliau* ou *doublet*; le *pain pole*, le *pain blanc* ou
pain de Chilly; le *pain bourgeois*, nommé aujourd'hui pain de
ménage; le *pain coquillé* ou *bis-blan*, et le *pain bis*, qu'on
nommoit aussi *pain faitis* ou *pain de brode*.

« Il est question de *biscuit*, ou pain cuit deux fois, dans
une ancienne chronique du règne de Charlemagne.

« Il y eut à Paris, vers le même temps (xvie siècle), un
pain particulier et fort blanc qui, sans être aussi dur que le
biscuit, étoit néanmoins d'une pâte si ferme qu'on ne pouvoit
la pétrir qu'avec les pieds, ou même avec une brie ou barre
de bois, ainsi qu'on fait encore pour les pâtes d'Italie. Son
inventeur fut un boulanger du chapitre de Notre-Dame, ce
qui le fit nommer *pain de chapitre*. Il n'est plus d'usage
aujourd'hui; et, en général, il se mange beaucoup moins de
pain de pâte ferme qu'autrefois. C'est ce qui fait que l'on
donne actuellement beaucoup de croûte, et qu'alors, au con-

traire, on faisoit de la croûte si peu de cas qu'aux tables des gens riches, dit Liébaut, on avoit toujours soin de chapeler le pain.

« Vers la fin du xvie siècle, on ne débitoit à Paris que cinq sortes de pain : 1° le pain mollet, dont la vente n'étoit pas autorisée juridiquement, mais seulement tolérée, parce qu'étant plus friand et plus savoureux que les autres, à cause du sel qu'on y mettoit, on en consommoit davantage. Du reste, il étoit léger, spongieux, petit, et de forme ronde comme presque tous les pains de ce temps-là (h); 2° et 3° le pain bourgeois et le pain de chapitre. Ces deux-ci ne différoient qu'en ce que l'un étoit un peu plus élevé et moins plat que l'autre ; 4° et 5° enfin, le bis-blanc et le bis. Tout le monde sait que ce dernier n'y est plus d'usage aujourd'hui. La police de cette grande ville est si admirable que le bas peuple y mange du pain blanc.

« Outre ces pains faits dans la capitale même, il en arrivoit encore des villages voisins, d'autres qui se vendoient dans les marchés publics. Il en venoit jusques de Corbeil par la Seine ; et ce genre de commerce avoit déjà lieu pour Corbeil sous saint Louis, comme on le voit par les statuts qu'il donna aux boulangers.

(h) *Boulangère.*

La boulanguière, qui est sage,
Fera tortel.
Poés., manusc.

« Ce mot *tortel* doit être l'origine du mot *tourte;* car, d'après de Roquefort : les montagnards du Forez, du Lyonnois, du Bourbonnois, de l'Auvergne, du Dauphiné, de la Savoie, donnent le nom de *tourte* à un pain de seigle d'une grandeur démesurée, dont le diamètre est de trois à quatre pieds, et souvent d'une plus grande dimension. Ce pain, qui est lourd et indigeste, se garde pendant plusieurs mois, et les montagnards prétendent que la saveur de la *tourte* augmente à proportion de sa vieillesse, qui lui donne une couleur jaune comme de la cire, surtout si l'on prend soin d'entasser ces gros pains les uns sur les autres au sortir du four, et de les charger encore de quelques poids bien lourds. La *tourte* pèse de trente à quarante livres. »
Cette mention des pains gardés plusieurs mois se retrouve dans Valmont-Bomare :
« M. Bartholin, médecin danois, dit qu'en certains pays de Norwége on fait une sorte de pain qui se conserve pendant quarante ans; et c'est, dit-il, une commodité, car, quand un homme de ce pays-là a une fois gagné de quoi faire du pain, il en cuit pour toute sa vie, sans craindre la famine. Ce pain de si longue durée est une sorte de biscuit, fait de farines d'orge et d'avoine pétries ensemble, et que l'on fait cuire entre deux cailloux creux. Ce pain est presque insipide au goût : plus il est vieux et plus il est savoureux; de sorte qu'en ce pays-là l'on est aussi friand de pain dur qu'ailleurs on l'est de pain tendre; aussi a-t-on soin d'en garder très-longtemps pour les festins, et il n'est pas rare qu'au repas qui se fait à la naissance d'un enfant on mange du pain qui a été cuit à la naissance du grand-père. »

« Olivier de Serres fait encore mention de plusieurs autres espèces de pain, tels que le *pain de Gonesse,* le *pain Chalan,* le *pain de ménage,* le *pain Rousset,* puis le *pain des chiens* et le *pain bigarré de blanc et de gris.*

« Il y en avoit un surtout qu'on employoit ordinairement en guise de plat ou d'assiette, pour poser et couper certains aliments. Humecté ainsi par les sauces et par le jus des viandes, il se mangeoit ensuite comme un gâteau.

· « L'usage des *tranchoirs* (c'est ainsi que les siècles postérieurs nommèrent ces pains-assiettes, sans doute à cause de leur destination) s'est maintenu fort longtemps. Il en est mention dans une ordonnance du dauphin Humbert II rendue en 1336. Il veut que tous les jours on lui serve à table des *pains blancs pour sa bouche, et quatre tranchoirs.* Froissart les appelle *tailloirs;* nom qui, comme l'autre, annonce quel étoit leur usage. En parlant du comte de Foix, dont le fils, trompé par Charles le Mauvais, avoit reçu, sans le savoir, une poudre empoisonnée, l'historien dit que le comte *prit la poudre et en mit sur un tallouer de pain et appela un chien et lui en donna à manger.*

« Les tranchoirs étoient usités à la table des particuliers opulents et des gens en place comme celle des souverains. Martial de Paris, auteur des *Vigiles de Charles VII,* après s'être demandé quelle vaisselle ont les évêques, et avoir répondu qu'ils ont de grands et beaux buffets d'or et d'argent, des pots, flacons, etc., du même métal, demande encore :

> « Hé ! qu'ont les povres? — Ils ont les tranchouers
> « Qui demeurent du pain dessus la table. »

Nous n'avons insisté sur ce long historique que pour faire ressortir une fois de plus que l'idée de la prétendue barbarie ou simplicité des générations précédentes est absolument fausse et erronée ; — nous aurons cent fois, dans le cours de cet ouvrage, l'occasion de le démontrer.

Voyons maintenant le passé de cette Boulangerie de l'assistance publique où la science et l'industrie moderne s'étudient aujourd'hui à tâcher de résoudre ce problème si difficile : fabriquer le pain le meilleur possible et au meilleur marché possible.

La Boulangerie centrale de l'assistance publique (i) occupe l'emplacement d'un ancien hôtel dont la construction remonte au règne de Henri III, et dont on voit encore aujourd'hui quelques restes. Cet hôtel appartenait à Scipion Sardini, gentilhomme lucquois qui vint en France entraîné par la grande immigration d'Italiens qui eut lieu du temps et à la suite de Catherine de Médicis. De là le nom de boulangerie *Scipion*, sous lequel on désigne cet établissement.

La famille des Sardini ne conserva pas longtemps cet immeuble, qui, à cette époque, était hors de l'enceinte de la capitale ; dès les premières années du règne de Louis XIII, on en parle déjà comme d'une maison servant d'hôpital. La date de cette transformation n'est pas bien précise ; mais, déjà, en 1610, il est question de pauvres et de mendiants enfermés à Scipion. Un arrêt du parlement du 15 septembre 1636 porte qu'une partie des pestiférés qui encombrent la Conciergerie sera transportée dans cet établissement. Lors de l'organisation de l'hôpital général qui eut lieu en 1656, l'ancien château des Sardini fut du nombre des maisons comprises dans cette organisation, et on continua à y enfermer des pauvres et des vagabonds. Plus tard, en 1663, on y avait installé des femmes grosses et des enfants à la mamelle ; enfin, en 1675, les directeurs de l'Hôpital général y établirent la boulangerie et la boucherie des différentes maisons qui relevaient de leur autorité, telles que la petite et la grande Pitié, la Salpêtrière, la Savonnerie et Bicêtre (Bissestre, comme on écrivait à cette époque, par corruption de Wincester.) Il y a donc aujourd'hui près de deux siècles qu'on fabrique du pain à l'Hôtel-Scipion, et cela avec une telle régularité qu'il n'y a point eu de changements sensibles

(i) Nous devons cet historique à l'obligeance de M. Salone, directeur actuel de l'établissement.

dans l'organisation intérieure de cet établissement depuis 1675 jusqu'en 1801.

En 1801, lorsque le premier consul réunit l'Hôtel-Dieu à l'Hôpital général pour ne former qu'une seule et même administration, la boulangerie se ressentit de cet accroissement de consommateurs, et le nombre des fours augmenta. Mais de 1801 à 1856, elle se contenta de ce premier accroissement et se borna à fournir le pain nécessaire aux hospices et hôpitaux civils de la ville de Paris dont elle dépendait.

A peine remarque-t-on, aux époques néfastes et tristes de la première moitié de notre siècle (1814, 1815, 1830 et 1848), une petite augmentation de fabrication pour subvenir aux besoins de l'armée, des blessés et des pauvres que ces temps de misère multipliaient. Aujourd'hui cet établissement, qu'on nomme Boulangerie centrale de l'Assistance publique, depuis le décret de réorganisation de décembre 1848, est entré dans une phase de complet développement.

Il occupe une superficie totale de.................... 8,136 mètres cubes.

Savoir : Les constructions et bâtiments............ 4,246   —
         Le chantier..................................... 2,940   —
         La cour d'entrée............................ 775   —
         Les passages et communications........... 175   —

                 Total.............................. 8,136   —

Il emploie actuellement 101 ouvriers, savoir :

Pour le moulin................ 12 meuniers.
        —   2 mécaniciens.
        —   2 chauffeurs.
        —   6 hommes de peine.
Pour la boulangerie........... 20 brigadiers.
        —   40 pétrisseurs.
        —   5 fariniers et panetiers.
        —   11 hommes de peine.
        —   1 braisier.
        —   2 chauffeurs.

        Total................ 101

Aux sept fours qui existaient depuis nombre d'années, on en

a ajouté trois autres, ce qui en porte le nombre à dix. Le pétrissage à bras, dur pour l'ouvrier et répugnant pour le consommateur, a été remplacé par le pétrissage mécanique. Dix pétrins — un pour chaque four — de l'invention de M. Roland, mélangent, frasent, pétrissent la pâte tout aussi bien et beaucoup plus proprement que le boulanger le plus expérimenté.

On fabrique là de 22 à 23,000 kilogrammes de pain par jour, qu'on livre, d'abord aux établissements qui dépendent directement de l'Assistance publique, au nombre de 28, puis :

Aux sapeurs-pompiers, à la garde de Paris, au collége Chaptal, au collége Rollin, aux établissements de Saint-Nicolas de Paris et Issy, au petit séminaire de Paris, et à quelques autres petits établissements de charité privée. La boulangerie fournit encore le pain que la ville de Paris fait vendre sur treize marchés de la capitale, à cinq centimes au-dessous de la taxe. Cette fourniture seule s'élève à 6 ou 7,000 kilogrammes de pain par jour. Dans les temps de cherté, elle a atteint le chiffre de 10,000 kilogrammes.

Avant d'entamer l'histoire de la fabrication de tout ce pain, il est nécessaire de connaître la nature des éléments qui le composent. Les recherches récentes faites par des chimistes et des manufacturiers ont éclairci cette question absolument inconnue avant les progrès de la chimie organique et de la physiologie végétale. Le grain de froment est, comme tous les grains de céréales, composé d'une enveloppe, d'une amande et d'un germe. — Comme dans toutes les graines, les parties nourrissantes se trouvent près de l'enveloppe. La mouture a pour but d'enlever cette enveloppe ligneuse et de réduire en poudre très-fine les parties de l'amande qu'elle contient. Les substances qui composent la farine obtenue sont : — des carbures d'hydrogène hydratés, tels que l'amidon, la dextrine, le glucose et la cellulose; — des matières organiques comprenant, outre le carbone, l'hydrogène et l'eau, une certaine quantité d'a-

zote; ce sont : la glutine, l'albumine, la fibrine et la caséine.
Une petite quantité de matières grasses et d'huile y est aussi contenue. Lorsqu'on les brûle, leurs cendres renferment quelques
phosphates de magnésie et de chaux, divers sels de soude et de
potasse, un peu de silice. Les parties de l'amande placées sous
l'épiderme, dures, grisâtres, d'apparence cornée, renferment les

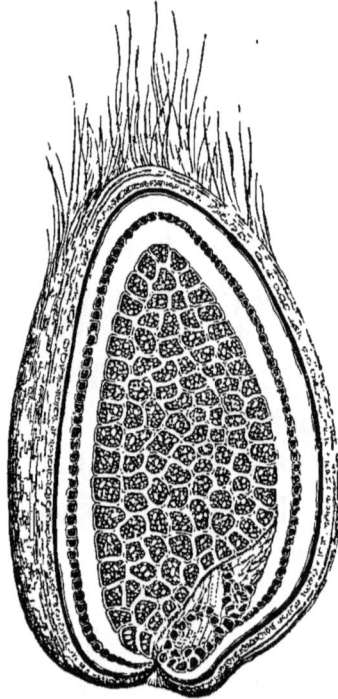

Grain de bled vu au microscope.

substances azotées, les matières grasses et les substances terreuses.
L'épiderme est presque entièrement composé de celluloses non
digestibles ; le centre, d'un beau blanc, est presque entièrement
constitué par l'amidon. De tout temps, cette blancheur des parties
centrales du grain a séduit l'œil, et c'est généralement à l'éclat
qu'on juge les farines. Autrefois on écrasait le grain, on le sassait et on constituait ce qu'on appelait alors la fleur, destinée au
pain du riche, très-beau et très-blanc, mais presque sans azote.
On laissait au son la partie la plus nourrissante, qui servait à

engraisser les bestiaux. Des édits consacrèrent plus tard des idées erronées et interdirent l'emploi des gruaux, c'est-à-dire la partie grise et cornée qui reste en granules et ne peut se réduire en poudre blanche qu'au prix d'une seconde mouture. On fit alors mêler à la première farine ce second produit, qui lui rendit ses qualités nourrissantes, et aujourd'hui ce serait au contraire une sorte de fraude que d'employer seulement le résultat de la première mouture.

Nous avons vu, en décrivant les moulins de Saint-Maur, quelles précautions l'on prend pour nettoyer le grain avant de le réduire en farine. Ces précautions ne sauraient être poussées trop loin ; les impuretés de toutes sortes, des graines malsaines, des insectes, de la terre, seraient réduits en poussière comme le grain. L'intérêt du meunier marchand de farine le conduit naturellement à prendre toutes ces précautions. Mais les petits moulins à façon qui existent encore sur nos cours d'eau n'y regardent pas de si près, et c'est en grande partie ce qui donne au pain des campagnes du nord et du centre de la France la vilaine couleur grise qui en dégoûte l'habitant des villes. Dans le midi, on est bien plus délicat; le blé est toujours lavé avant d'être livré à la meule, et la température permet de le sécher sur de grandes aires en briques qui accompagnent chaque maison. Aussi le pain de la Provence est-il généralement prisé, malgré sa teinte légèrement safranée.

Mais ce ne sont pas seulement ces impuretés étrangères au grain qui ont causé ce qu'on appelle la couleur bise du pain de mauvaise qualité. Il y avait là depuis longtemps une cause naturelle d'étonnement pour les chimistes et les manufacturiers; quant au public, il croyait que tout pain bis était fait avec du pain de seigle, ou plutôt il acceptait ou n'acceptait pas cette couleur, suivant son goût ou ses nécessités. M. Méges-Mouriès, dont les procédés de panification sont employés aujourd'hui à la Boulangerie centrale, sauf une légère modification, est venu éclairer les savants par ses études sur l'anatomie et la physiologie du grain de blé; — études dans lesquelles il a été aidé par les recherches microscopiques de M. Bertsch.

La partie centrale du grain ou endosperme est composée de grandes cellules remplies de gluten, au milieu duquel des granules d'amidon se trouvent enchâssés. La partie centrale de cet endosperme contient plus d'amidon, moins de gluten, est plus friable et plus blanche; elle forme environ 50 p. 100 de la matière totale obtenue dans la mouture. Le reste de l'endosperme est beaucoup plus dur, presque corné, grisâtre et plus résistant à la meule. L'embryon, qui doit être un jour la petite plante, se trouve à la base du grain, et est composé des éléments des matières azotées, animales, hydrogène, oxygène, carbone, azote, soufre, phosphore, corps gras, et se continue autour de l'endosperme par une pellicule très-mince nommée membrane embryonnaire. Cette membrane est imprégnée d'une base végétale nommée *céréaline*, qui servira plus tard à activer la végétation; la céréaline et la membrane embryonnaire agissent d'une manière identique sur les farines, c'est-à-dire qu'elles attaquent le gluten, développent la fermentation lactique, qui se change bientôt en fermentation ammoniacale. La température de la pâte s'élève et il se produit de l'acide butyrique, le gluten se détruit ou se dissout, et, pendant la cuisson, l'acide carbonique qui a soulevé la masse, n'étant plus retenu par le gluten, sort de la pâte; — le pain perd sa constitution réticulaire, s'épaissit, — l'amidon forme de l'empois, se transforme en glucose et en dextrine.

Lorsqu'on retire ce pain du tour et qu'on le coupe, l'action de l'air fait apparaître immédiatement une couleur brune, résultat de la présence de l'ulmine; ce pain est donc désagréable à la vue à cause de sa couleur, mauvais au goût, grâce à la dextrine et aux produits ammoniacaux qu'il contient, grâce aussi à sa texture épaisse et visqueuse, et enfin il est répugnant à l'odorat, car le résultat de cette fermentation est fétide.

Quant au pain blanc, il n'a pas les défauts apparents du pain bis, lorsqu'il a été bien préparé et que la fermentation

acide ne s'est pas développée outre mesure; il est bon au goût,
à l'odorat, agréable à la vue, mais il est assez difficilement diges-
tible lorsqu'il est mangé seul; il contient beaucoup d'amidon et
peu de gluten.

Le pain normal, tel que le désirent les économistes et les hy-
giénistes, doit résulter de la réunion des matières diverses qui
composent et le pain blanc et le pain bis; mais pour cela il faut
enlever de la farine la céréaline et la membrane embryonnaire qui
la contient. M. Méges-Mouriès avait eu l'idée d'opérer ce résultat
par la voie humide : il prenait, d'une part, les farines blanches
à 70 p. 100 d'extraction, d'autre part, des gruaux blancs ou
bis des recoupes et même des sons gras; il avait donc ainsi
toutes les parties constitutives du grain de blé. Pour enlever
les matières inutiles ou nuisibles, il jetait dans l'eau les recoupes
et le son. L'enveloppe ligneuse surnageait, la membrane embryonnaire contenant la céréaline surnageait aussi; il était facile
de les séparer, et l'on avait dans l'eau toutes les parties utiles
perdues autrefois. En mélangeant cette eau avec les farines
blanches, on pouvait panifier de 85 à 90 p. 100 du grain de
blé sans crainte de voir se produire la fermentation ammoniacale,
la couleur brune et tous les inconvénients inhérents à l'ancienne
fabrication.

Théoriquement, ce procédé était parfait; mais dans l'application il offrait quelques difficultés et surtout le maniement
de masses d'eau considérables. La direction de la Boulangerie
centrale dut apporter quelques modifications. Le sasseur aspirateur de M. Périgault vint justement donner un moyen de se
débarrasser de la membrane embryonnaire. Ce système est basé
sur l'extrême différence de pesanteur spécifique entre cette membrane et les autres parties de la farine.

Voici comment on agit : dans une caisse en planches hermétiquement fermée tombe la farine, reçue sur un tamis animé
d'un mouvement de va-et-vient; en haut de la caisse une turbine à air forme un puissant ventilateur qui attire la poussière

produite par le sassage. Cette poudre se dépose sur des planchettes étagées entre le tamis et l'aspirateur; les parties les plus lourdes se déposent sur les planchettes inférieures, les parties les plus légères sur les supérieures; or, il se trouve que ces poudres les plus légères sont justement le produit des fragments de la membrane embryonnaire. On les enlève avec soin et on

Sasseur-aspirateur Périgault.

peut se servir ensuite de toute la farine, fleur ou gruau, sans craindre aucun mauvais résultat. La pratique de ce procédé n'a pu être exécutée que par l'adjonction, à la Boulangerie centrale d'un moulin mû par la vapeur, dans lequel douze paires de meules réduisent chaque jour en farine près de deux cents sacs de blé.

Le pétrissage des farines s'opère dans dix pétrins mécaniques de M. Boland, mus par une machine à vapeur de dix chevaux, disposés dans une belle salle où se trouvent également les fours. La farine arrive par de longues poches s'ouvrant à l'étage supérieur et vient d'elle-même sur la table, où l'ouvrier la reçoit.

Une dernière modification, désirée par M. Boland père, quelques instants avant sa mort, et réalisée depuis par M. Boland fils,

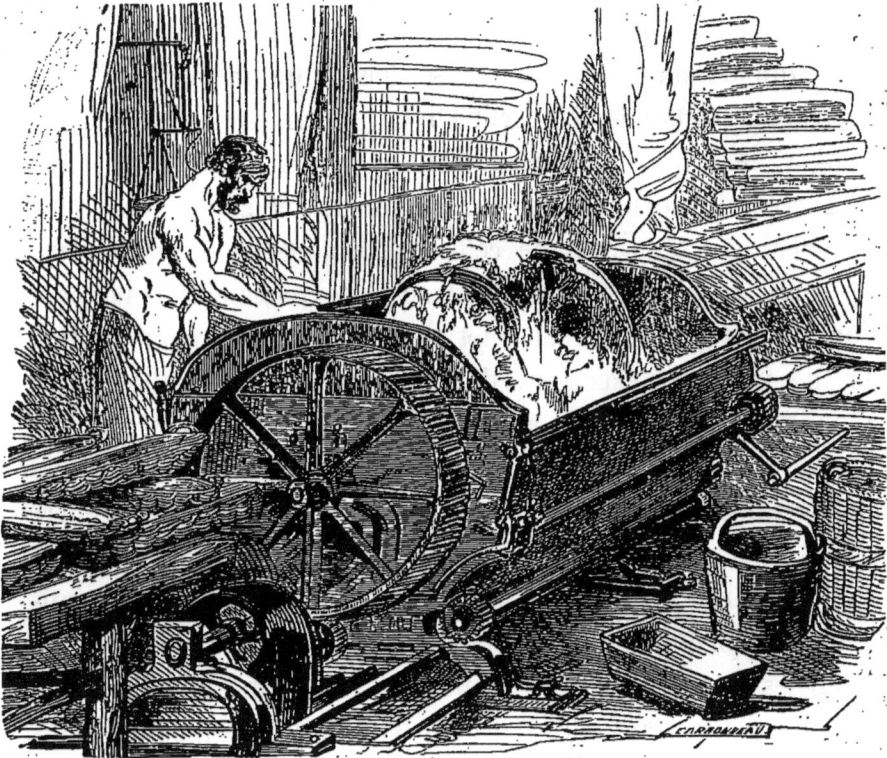

Pétrisseur mécanique en mouvement.

vient de donner à cet appareil une perfection presque absolue, et a réalisé enfin un progrès que l'on avait toujours cru impossible : — c'est-à-dire le pétrissage purement mécanique ; — on comprend en effet que l'on ait cherché depuis longtemps à délivrer les ouvriers boulangers de ce rude labeur. *Le geindre*, qui, encore aujourd'hui, dans presque toutes les boulangeries des grandes villes, exerce sa malsaine profession dans des caves humides, est presque toujours condamné à des affections rhumatismales d'une extrême gravité. A la consultation des hôpitaux de Paris, on reconnaît dès son entrée l'ouvrier boulanger à son teint grisâtre et décoloré, et le plus heureux aussi, on peut constater chez lui une altération profonde de tout le système artériel. — Heureux encore quand il n'est pas emporté par le rhumatisme aigu.

Dès l'an 1760, on avait essayé un appareil destiné à remplacer le travail manuel dans le pétrissage, mais ce fut sans succès (a). Plus tard, en 1811, Lembert, boulanger à Paris, inventa la lembertine, caisse quadrangulaire en bois, tournant autour d'un axe horizontal; dans cette caisse se faisait un mélange et non un pétrissage, aussi la lembertine n'eut aucun succès. Un autre boulanger de Paris, nommé Fontaine, ajouta à la lembertine deux barres de bois, placées en diagonales et se croisant sans se toucher; on se servit de cette machine avec assez d'avantage, mais deux circonstances principales nuisaient à la perfection de ses produits : en effet, le délayage, opération importante, ne pouvait s'exécuter; de plus, comme l'opération avait lieu en vase clos, l'air n'agissait plus sur la pâte, et la fermentation s'arrêtait. M. Boland, auteur du meilleur livre sur la boulangerie, boulanger expérimenté comme son père, et préparé par ses études d'architecture aux recherches de la mécanique, trouva l'appareil qu'il décrit ainsi lui-même dans son livre intitulé : *Traité pratique de la boulangerie.*

« Sur les deux extrémités d'un pétrin demi-cylindrique est placé un arbre hexagone en fonte, tournant dans des coussinets fixés extérieurement pour éviter l'épanchement des huiles dans la pâte; sa

---

(a) « Un sieur Solignac avoit entrepris de la réduire à très-peu de chose par le moyen d'une machine de son invention, laquelle devoit pétrir à la fois une très-grande quantité de farine. Il la présenta, en 1760, à l'Académie des sciences. C'étoit une sorte de herse qui agitoit et remuoit la pâte en tournant circulairement. Si l'on avoit besoin de plus de force, on la faisoit mouvoir avec une manivelle ou avec des chevaux. Solignac fit ainsi, en quatorze minutes, en présence de l'Académie, un pain qui fut trouvé très-beau et très-bon.

« L'année suivante, un boulanger de Paris, nommé Cousin, présenta une autre machine du même genre dont l'épreuve eut lieu à l'hôtel des Invalides. On donna à Cousin une certaine quantité de pain à faire avec la sienne, tandis qu'en même temps, et avec la même farine, un autre boulanger en faisoit à la manière ordinaire. Le pain du premier fut trouvé moins blanc, ce que les académiciens qui présidoient aux deux épreuves expliquèrent en disant que Cousin n'y avoit point introduit assez d'air, défaut que devoit avoir aussi le pain du sieur Solignac. »

rotation, qui doit être rigoureusement de six tours à la minute, le moins, pour les pâtes *fermes*, et de dix tours pour les pâtes *douces*, a lieu au moyen d'un pignon, d'une roue d'engrenage et d'un volant à manivelle. On pourrait, s'il est besoin, pour augmenter la force en diminuant la vitesse, ajouter une roue communiquant le mouvement au pignon. A chaque extrémité de l'arbre, dans l'intérieur du pétrin, s'élèvent à l'une et s'abaissent à l'autre perpendiculairement deux lames en fer formant rayons ; ces deux lames ne sont pas fixées carrément à l'arbre, elles obliquent en sens inverse l'une de l'autre dans la direction de deux autres lames courbées et chantournées en section de spirale. Ces dernières partent de l'extrémité supérieure des lames perpendiculaires auxquelles elles sont liées et reviennent se fixer à l'arbre vers leur base. Ces courbes sont spiralées de manière qu'une partie de l'une parcourt la moitié de la paroi intérieure du pétrin avant de se joindre à l'arbre, et l'autre, la seconde moitié, en ramenant la pâte l'une vers l'autre. Quatre rayons courbés, deux dans la direction d'une des lames perpendiculaires et deux dans celle de l'autre, tous les quatre chantournés vers l'arbre sur lequel ils sont répartis également sur un plateau en spirale, unissent l'arbre aux courbes spiralées.

La pâte ne doit toujours être que soulevée, allongée et tirée, mais jamais déchirée et macérée ; elle doit être aussi alternativement déplacée.

On remarquera que toutes les parties agissantes de ce pétrisseur plongent de flanc et successivement dans la pâte pour en diminuer la résistance, se croisent en tous sens sans heurter le mouvement général, soulèvent, allongent et étirent la pâte, et produisent un déplacement rationnel auquel un mouvement déréglé qui occasionnerait le déchirement et la macération de la pâte ne peut être comparé.

Ce perfectionnement ajouté par son fils consiste dans la suppression de l'hélice sur laquelle s'appuyaient autrefois les bras du pétrisseur, qui maintenant ne s'appuient qu'à ses deux extrémités, sur un tourillon en fer forgé, mû par un engrenage. Avant cette amélioration, qui empêche la pâte de s'accumuler sur l'arbre de l'hélice, l'appareil était déjà excellent, car neuf pétrisseurs mécaniques de l'ancien système sont encore en usage à la Manutention, et tous ceux qui, comme nous, ont mangé le pain des hôpitaux, savent combien il est bon, beau et savoureux.

A côté des pétrins mécaniques, on vient d'installer provisoirement un appareil Dauglish, employé sur 200 kilogr. de farine.

Pour bien comprendre en quoi consiste la nouvelle méthode, il

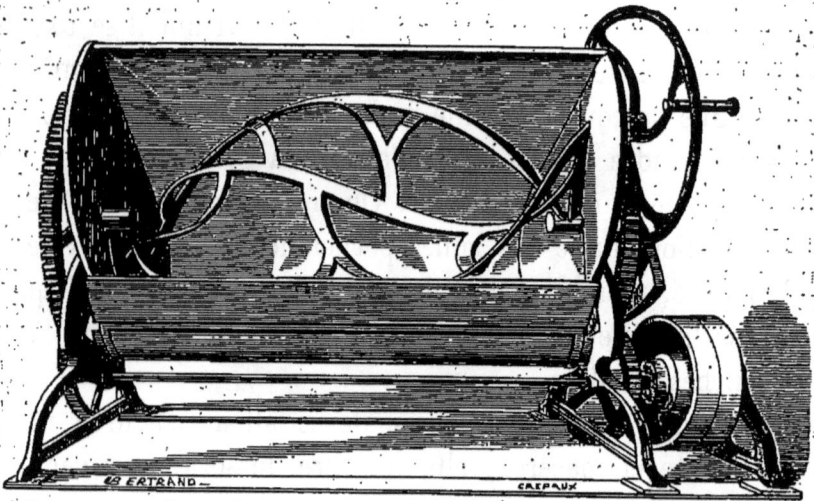

Pétrin mécanique de M. Boland.

faut se rappeler que le pain acquiert sa légèreté et sa constitution cellulaire aux dépens d'une fermentation qui détruit une partie des éléments de la farine, et justement les plus assimilables. L'acide carbonique, dont le dégagement détermine les cellules dans la pâte, est le résultat de la réaction de la diastase du levain sur le glucose de la farine. Lorsque cette fermentation est incomplète, le pain ne se lève pas; quand elle dépasse une certaine limite, elle commence une sorte de putréfaction; de toute manière, elle demande un temps assez considérable pour s'effectuer. L'inventeur du procédé Dauglish a voulu remédier à ces divers inconvénients. Il a cherché, en portant directement l'acide carbonique dans la

Silos du système Haussmann père.

pâte, à produire l'état cellulaire et cloisonné du pain sans faire usage de levain; voici de quelle manière on procède :

Par la réaction de l'acide sulfurique sur le blanc de Meudon, dit blanc d'Espagne, on produit de l'acide carbonique qu'on accumule dans une réserve d'eau sous la pression d'environ sept atmosphères; puis on fait pénétrer cette espèce d'eau de Seltz dans une sphère en métal où elle est absorbée par de la farine complétement privée d'air au moyen d'une pneumatisation préalable. Grâce à cette absence d'air et à la pression sous laquelle se fait l'opération, le pétrissage s'exécute dans la sphère au moyen d'un agitateur, et sans dégagement aucun de l'acide carbonique qui se trouve ainsi emprisonné dans la pâte. Lorsqu'on juge le mélange suffisamment brassé, un ouvrier se place sous la sphère, tourne un robinet adapté à la partie inférieure, et laisse échapper par deux ouvertures de 4 centimètres de haut sur 2 1/2 de large, un mince filet de pâte. L'acide carbonique enfermé dans la pâte, se dégageant brusquement, la gonfle, en fait un gros rouleau boursouflé que l'ouvrier, armé d'un couteau, découpe en parties autant que possible égales, et dépose successivement dans des pannetons portés immédiatement au four. Toutes ces opérations doivent s'exécuter très-rapidement. On comprend, en effet, que la pâte, encore un peu liquide et artificiellement boursouflée, s'affaisserait assez vite si elle n'était pas brusquement saisie par la chaleur du four. Le pain ainsi obtenu est bon au goût quoique un peu fade, se rassied lentement, montre une coupure parfaitement cellulée, une teinte légèrement safranée qui passe au bout d'un ou deux jours. Nous en avons mangé de dur et de frais, et nous l'avons trouvé également bon à ces divers états, moins agréable cependant que le pain de Provence ou que le pain à grigne de certains boulangers de Paris, quand ls veulent bien s'occuper de leur fabrication, — mais incontestablement préférable aux neuf dixièmes des pains de la France. Ce système, connu depuis quelques années, a été perfectionné et se perfectionne encore tous les jours dans les ateliers de l'Assistance publique. Les inventeurs croient pouvoir atteindre une économie de 20 p. 100, c'est-à-dire que, pour le même prix, le consommateur achetant aujourd'hui quatre pains pourrait en acheter cinq. On voit quelle serait l'importance de cette amélioration, si l'on pouvait arriver à la réaliser complétement. L'économie considérable compenserait bien, dans la plupart des cas, une petite différence dans le goût, appréciable seulement pour quelques amateurs difficiles ; mais en ce moment les essais se continuent, et c'est dans le pétrin Boland que se fait encore la pâte.

Lorsqu'elle est prête, l'ouvrier renverse le pétrin et divise en deux parts le produit obtenu ; il en garde une pour lui servir de levain à l'opération suivante, et forme immédiatement le reste en pâtons de diverses formes (environ dix-huit), suivant celle qu'il destine au pain. Le plus souvent ce sont des pains allongés, sur la surface supérieure desquels l'ouvrier, au moment d'enfourner, ouvre à la main trois ou quatre fentes peu profondes ; quant au pain à grigne, il n'est pas fendu par le milieu comme dans les boulangeries ordinaires ; il offre deux rouleaux, un gros et un petit. Le tournage de ces pains se fait en les saupoudrant de farine de riz, qui empêche la pâte de coller ; les pains, déposés dans des corbeilles répondant à leurs formes, sont approchés de l'ouverture du four dont le chauffage a été exécuté préalablement au bois, soit de bouleau, soit de pin. Le chauffage à la houille est aussi très-bon quand on peut se procurer du combustible à longues flammes, comme, par exemple, le lignite. Le four a été, de même que le pétrin, l'objet de la préoccupation des chercheurs, mais, malgré toutes les études, on en est encore presque partout aussi avancé que du temps de sainte Austreberte, dont voici la légende, rapportée par Legrand-d'Aussy :

« Dans la plupart des couvents de femmes, les religieuses étoient, comme les moines, obligées de cuire leur pain, et chacune d'elles s'acquittoit successivement de cette fonction. La vie de sainte Austreberte offre un miracle fait dans une occasion. pareille. Un jour qu'elle avoit pétri, dit le légendaire, s'étant aperçue que le fer chauffoit trop, elle y entra elle-même, ramassa avec les manches de son habit les charbons et le bois enflammé, et sortit sans la moindre apparence de brûlure. L'aventure du four se trouve aussi dans la vie de saint Guillaume, moine de Gellone, ou le roman de Guillaume d'Orange, surnommé au *Court nez*, et elle prouve la même chose. »

On a bien inventé le four à sole tournante, qui permet, après l'enfournement de chaque pain, de faire mouvoir cette sole de façon à en présenter alternativement toutes les parties à la bouche du four ; mais cette pratique, malgré ses avantages, a des inconvénients qui y ont fait, sinon renoncer, au moins ne pas s'y livrer exclusivement. Quant au four aérotherme, dont la théorie est si juste, son usage a malheureusement pour effet de dessécher beaucoup trop le pain, et quoi qu'on en ait fait ou dit jusqu'aujourd'hui, il en est arrivé pour le pain ce qui est vrai aussi pour la viande ; tout le monde sait qu'il y a une différence très-grande entre un rôti exécuté à la flamme directe d'un foyer alimenté surtout avec du bois, et le même rôti fait au four. Il y a cependant de grands inconvénients au mode actuel d'enfourner, surtout en grande masse, comme à la Boulangerie centrale, et l'on cherche à le remplacer ; n'y aurait-il pas lieu d'appliquer à cet enfournement soit un grand tiroir mobile qui viendrait se charger à l'extérieur et se décharger à l'intérieur du four, soit le procédé employé à Saint-Gobain pour recuire les petites glaces ? Dans ce dernier cas, les pains, placés sur un petit chemin de fer continu, traverseraient lentement un long four chauffé méthodiquement, et la fabrication pourrait ainsi ne plus avoir un seul temps d'arrêt. L'administration ne s'en tient pas à la panification seulement. Toutes les découvertes qui peuvent améliorer son matériel, développer sa frabrication, assurer la conservation de ses matières premières et de ses produits, sont immédiatement adoptées par elle dès qu'elle en a reconnu l'incontestable utilité.

C'est pour conserver ses blés pendant un certain nombre d'années qu'elle a acheté six silos de l'invention de M. Haussmann père.

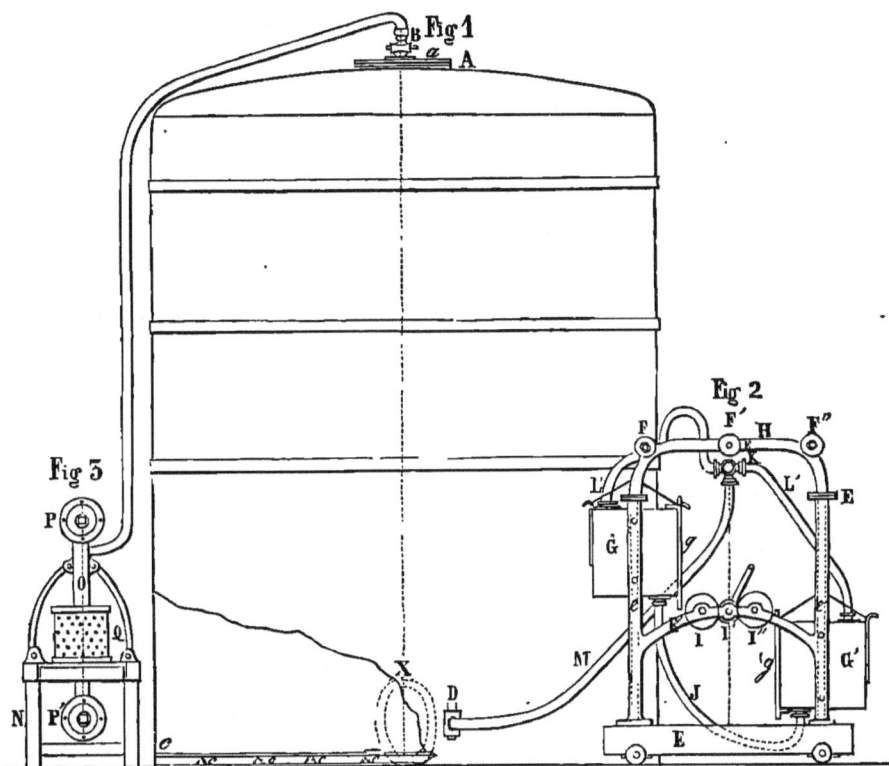

Cet appareil se compose de trois parties : la première, appelée par M. Haussmann le silo, comprend :

A Trou d'homme supérieur, servant à l'introduction du grain.

a Couvercle fermant hermétiquement.

B Robinet à raccord par lequel l'air désoxygéné pénètre dans le silo.

B' Tuyau mobile en caoutchouc, s'adaptant par des accords au robinet B et au tube en cuivre R, par lequel le gaz désoxygéné arrive.

C Double fond mobile, percé de gros trous, recouvert d'une toile métallique, et qui reçoit le grain tombant par le trou d'homme A.

c,c,c Supports des feuilles mobiles du double fond, au-dessous duquel se réunit l'air à extraire.

D Robinet à raccord, communiquant avec la cavité du double fond, et auquel s'adapte le tuyau mobile en caoutchouc M, conduisant à l'aspirateur l'air à extraire du silo.

La seconde, nommée aspirateur, *consiste en :*

EE Bâti en fonte reposant sur un chariot, et qui supporte le mécanisme de l'appareil.

FFF Poulies en fonte, montées sur des arbres tournants, sur lesquelles passe la chaîne H.

GG' Caisses en tôle, de la contenance de 200 litres chacune, placées entre les faces internes du bâti E, où se font leurs mouvements d'ascension et de descente. — La caisse G, représentée au sommet du bâti, est pleine d'eau et se vide dans la caisse G' : l'air que contient celle-ci s'échappe par un robinet non représenté, placé à sa partie supérieure, et qui s'ouvre, à la descente, par un mouvement automatique ; il se refermera aussi de lui-même quand G', remplie de l'eau qui s'écoule de G, sera remontée au sommet du bâti en même temps que G en sera descendue.

Un semblable robinet à air, placé à la partie supérieure de G, subit les mêmes manœuvres.

H Chaîne à la Vaucanson, servant à la manœuvre des caisses GG''.

I,I,I Roues dentées, transmettant la force motrice qui fait simultanément descendre G et monter G'.

J Tuyau fixe et flexible en caoutchouc, unissant les parties inférieures des deux caisses et faisant écouler alternativement l'eau de l'une dans l'autre.

K Robinet à trois eaux, dont la clef, recevant ses mouvements par la chaîne de Vaucanson, a constamment une de ses deux ouvertures latérales en communication avec la partie supérieure de la caisse pleine d'eau, G ou G', qui arrive au sommet du bâti, en fermant l'autre à la caisse qui descend ; tout en restant, par son ouverture inférieure, en rapport permanent avec le tuyau M, qui lui amène le gaz à extraire du silo. — Ce gaz va donc toujours remplacer dans l'une des caisses l'eau qui s'écoule dans l'autre, ce qui donne une aspiration de 200 litres de gaz par chaque évolution, dont la durée est au plus de trois minutes.

La troisième, nommée désoxygénateur, *est ainsi composée :*

N Bâti en bois, surmonté d'une plaque en fonte à travers laquelle est placée la cornue O, supportée par un rebord externe, et maintenue par deux arcs-boutants.

O Cornue en fonte, de forme elliptique, destinée à recevoir une couche d'éponge de fer dont l'échauffement facilite l'oxydation par l'oxygène que lui abandonne le courant d'air extérieur dont elle est traversée de bas en haut. — Le gaz désoxygéné, composé principalement d'azote, se dégage par le tuyau de cuivre R.

P Gros robinet, placé horizontalement au faîte de la cornue O et surmonté d'un entonnoir dans lequel se trouve une certaine quantité d'éponge de fer fraîche. Un cliquet permet de faire tourner la clef concave qui recouvre l'enveloppe de cette pièce, dont l'ouverture correspond à celle de la cornue. Quand cette ouverture se trouve béante sous l'entonnoir, la cavité se remplit d'environ 5 kilogr. d'éponge, qu'elle verse dans la cornue alors qu'une demi-révolution lui est donnée.

P' Robinet analogue à P, placé à la partie inférieure de la cornue et destiné à recevoir une quantité cubique d'éponge oxydée semblable à celle d'éponge fraîche introduite. — Il diffère du précédent en ce que l'enveloppe et la clef concave sont percées d'une infinité de trous de dimensions suffisantes pour laisser passer à travers l'éponge oxydée, mais encore incandescente, l'air extérieur nécessaire pour opérer l'oxydation de l'éponge fraîche qui se fait plus rapidement quand cet air est déjà chauffé.

Q Fourneau mobile entourant la cornue à sa base et destiné à élever la température de l'éponge fraîche au début de l'opération ; ce fourneau devient inutile dès qu'elle est en train, la température se maintenant d'elle-même au degré de chaleur nécessaire.

R Tuyau de cuivre par lequel le gaz désoxygéné se rend au tuyau de caoutchouc B', qui le porte au sommet du cylindre, où l'attire l'aspirateur.

Ces silos sont en tôle de fer de 3 millimètres d'épaisseur. Leur hauteur est de 6 mètres 15 centimètres, leur diamètre de 3 mètres 50 centimètres, leur contenance de 600 hectolitres, leur prix de revient de 3,000 francs, c'est-à-dire de moitié de ce que coûtent les greniers solidement bâtis. — Le blé y repose sur un double fond percé de petits trous, qui permettent à un aspirateur, à l'effet énergique et prompt, d'extraire à peu de frais, par la partie inférieure du cylindre, l'air atmosphérique contenu dans les interstices du blé, en même temps qu'un courant d'air désoxygéné, par un procédé fort simple, et qui arrive par la partie supérieure, vient remplacer les gaz expulsés. L'opération cesse quand on a constaté que l'aspirateur n'amène plus que de légères traces d'oxygène, absorbées facilement par le blé. Cette transfusion d'atmosphère, à laquelle suffit un ouvrier intelligent, n'occasionne qu'une dépense, *une fois faite*, de *six centimes* par hectolitre de blé ensilé ; il est inutile de la répéter, quelle que soit la durée de la conservation. Le blé, introduit par le trou d'homme pratiqué à la partie supérieure et qu'on ferme ensuite hermétiquement, se vide par un autre trou d'homme situé à la paroi inférieure du silo ; il s'écoule de lui-même avec la plus grande facilité. Le regard ménagé à la partie moyenne du cylindre permet d'introduire une sonde et de tirer tous les échantillons dont on a besoin. Si l'on entretient avec soin leur peinture extérieure pour éviter l'oxydation, ces appareils peuvent durer indéfiniment sans exiger d'autres dépenses, car le contact du blé ne saurait les détériorer, et l'azote dont ils sont habituellement remplis préserve lui-même le fer de toute altération. Ces silos ont pour résultat : 1° de soustraire le grain à l'action dévorante des animaux rongeurs et des insectes parasites, qui font tant de ravages dans les greniers ; 2° de mettre un égal obstacle à toute fermentation et à la décomposition lente, mais constante, de la denrée, qu'opère son contact avec l'oxygène de l'air atmosphérique ; 3° de produire une économie de moitié dans les frais de magasinage et de la totalité des frais causés par les manœuvres de l'entretien actuel, qu'on supprime complétement. Toute fermentation résulte principalement du concours de l'humidité, de l'oxygène et de la chaleur. — Or, dans les silos de M. Haussmann, l'humidité exubérante du grain lui est enlevée par l'introduction d'un courant d'air atmosphérique désoxygéné et parfaitement sec, qui vient successivement remplacer l'atmosphère naturelle éliminée. Une expérience fortuite, authentiquement constatée au moment où furent établis près d'un silo des fours de campagne, prouve que les silos remplis de grains ainsi asséchés, mais non pas desséchés, et dont l'oxygène a été extrait, peuvent impunément rester exposés à des températures de 40 à 45 degrés, dépassant les plus hautes températures de nos climats méridionaux. Quant à la décomposition du blé par le contact de

l'oxygène, M. Doyère, ayant recueilli, par une température de plus
de 20 degrés, tout le gaz acide carbonique fourni par une couche
de blé laissée en repos, dit avoir constaté l'émission de 120 milligrammes de ce gaz par chaque kilogramme de blé et par jour, et de
408 milligrammes pour le blé soumis à l'influence d'un courant d'air
constant. Ces quantités de gaz, en admettant qu'elles soient dues
à la fermentation alcoolique, supposeraient, pour un mois de
durée, une perte de glucose de 5 pour 1,000 pour le premier cas,
et de 25 pour 1,000 pour le second cas.

Nous n'insisterons pas sur les bons effets de l'ensilage, bien connu
des anciens, adopté aujourd'hui encore par les Arabes et les Circas-
siens, exécuté par les Chinois dans des trous qu'ils dessèchent préalablement par un grand feu de fagots. Les expériences faites dans le
siècle dernier sur le blé enfoui à Metz depuis le règne de Henri III,
celles qui se font encore tous les jours sur les blés de Momie, prouvent
que le blé bien traité peut se conserver presque indéfiniment. Pourquoi donc rester toujours sous la dépendance des greniers de Hambourg et de Hollande qui nous revendent du blé pourri, quand nous le
leur vendons sec et sain ? Déjà, en 1750, « un sieur Maréchal, chevalier de Saint-Louis et commissaire principal des guerres, » avait
construit à Lille, sur l'ordre de d'Argenson, une étuve qui donnait
de bons résultats. En 1753, M. Duhamel inventa un genre de
conservation muni d'un ventilateur ; — en 1780, M. du Mesle,
intendant des îles de France et de Bourbon, consommait en pain,
qu'il dit être excellent, du blé enfermé en 1774 et 1775 dans
des caisses contenant « cinquante quatre milliers pesant. » De
nouveaux essais ont été tentés dans ces derniers temps, et enfin,
grâce aux silos de M. Haussmann et aux vastes magasins qui ont été
ajoutés l'année dernière aux constructions déjà existantes, on peut
aujourd'hui avoir à la Boulangerie centrale un approvisionnement
constant de 5 à 6,000 sacs de blé et de 10,000 sacs de farine.

FIN DE LA BOULANGERIE CENTRALE DE L'ASSISTANCE PUBLIQUE.

ÉTABLISSEMENT THERMAL

DE

VICHY

TRANSPORT DES EAUX. — EXPLOITATION DES SELS

Notre intention n'est pas de traiter ici l'histoire et la géologie des sources dont les propriétés curatives sont si universellement connues. Nous ne voulons pas non plus discuter leur composition et apprécier leurs différents mérites. Nous accepterons donc les sources telles que la nature les donne, et nous allons voir comment l'industrie a pu les recueillir, les disposer pour être employées en bains, les enfermer en vases clos pour être expédiées au loin, et enfin en extraire les sels précieux qui doivent être employés, soit en pastilles, soit en bains. Une véritable usine, dont le personnel dépasse cinq cents employés, est affectée à ce service, dont les produits s'envoient jusqu'aux pays les plus éloignés. Nous étudierons d'abord ce qui regarde l'extraction des sels, puis la mise en bouteilles de l'eau destinée à la boisson, et enfin tout ce qui tient aux bains d'eau ou d'acide carbonique.

Six sources viennent fournir aux besoins divers de l'usine : la plus éloignée, source Rosalie ou de l'Hôpital, fournit environ 60 mètres cubes d'eau par jour ; la plus abondante et la plus rapprochée, dite le Puits-Carré, fournit de 180 à 200 mètres ; la

Grande-Grille, qui émerge un peu à l'est, en donne 90; le Puits-Lucas, qui vient de l'hôpital militaire, donne 100 mètres; le Parc donne de 20 à 25; Mesdames, 30.

Pour réunir ces richesses éparses, autrefois si difficiles à exploiter, il a fallu créer d'abord un système de galeries-aqueducs qui parcourt environ 6,000 mètres d'étendue; des caniveaux en briques revêtues de ciment conduisent les eaux dans de vastes bassins cimentés qui peuvent contenir environ 300 mètres cubes chaque; c'est là qu'au fur et à mesure des besoins, les pompes viendront chercher l'eau minérale. Dans le cas où, par extraordinaire, les 500 mètres cubes d'eau, fournis journellement par les sources, ne suffiraient pas aux bains demandés, d'énormes citernes, contenant 2,400 mètres, et parfaitement closes, viendraient largement compenser l'insuffisance de l'eau. Ces bâches occluses se remplissent facilement pendant le commencement de la saison des bains, avec le trop plein des eaux du Puits-Carré et des autres sources. Mais ce n'était pas tout que de rassembler les eaux minérales, il fallait aussi avoir l'eau douce que les médecins prudents conseillent de mêler aux eaux curatives, quoique en réalité il n'y ait pas à Vichy d'eau complétement exempte de sels de soude; l'eau même de l'Allier, quand elle arrive aux réservoirs, a traversé des couches évidemment solubles, qui l'ont chargée de de divers sels. Un système de pompes et de conduits amène ces eaux douces.

L'extraction et la préparation des sels contenus dans les eaux de Vichy offrent un grand intérêt, non-seulement pour les malades qui, ne pouvant pas se déplacer, reçoivent, à quelque distance que ce soit, les médicaments dont ils ont besoin, mais encore pour toutes les industries qui extraient des eaux naturelles les sels qu'elles peuvent contenir : l'opération est assez délicate, car il s'agit de récolter, non pas tous les sels que renferme l'eau, mais les sels utiles seulement; en effet, le carbonate de chaux, qui donnerait à l'eau l'apparence lactescente et en modifierait la transparence, n'a aucune vertu curative.

L'extraction des sels est donc une division importante de l'usine, appelée à prendre un très-grand développement. En effet, grâce à cette opération, on peut envoyer dans les villes les plus éloignées du globe, sous un petit volume, un traitement complet qui, s'il n'a pas toute l'efficacité de la cure faite sur place, peut la remplacer utilement dans le plus grand nombre de cas, et toujours en continuer les effets salutaires.

Les eaux de Vichy contiennent un grand nombre de principes, tels que : soude, chaux, potasse, magnésie, fer, etc., mais le bicarbonate de soude est le plus abondant de tous les sels que l'on puisse en extraire; les autres se trouvent pris dans sa cristallisation et y sont retenus par une sorte d'interposition. M. Bouquet, auquel on doit les tableaux que nous reproduisons ci-après, évalue à plus de 5,000 kilogrammes la quantité de sels que l'ensemble des diverses sources pourrait donner par jour; d'après ces tableaux, on voit aussi que la proportion de carbonate de chaux est encore assez considérable. Le premier temps de l'extraction consiste donc à enlever ce sel insoluble, sans action thérapeutique, et qui ne ferait que charger inutilement le poids des sels expédiés. Les eaux destinées à être évaporées sont prises l'hiver directement à la Grande-Grille, où la température de 0,38 degrés économise d'autant le combustible employé; l'été, l'eau est prise à une température moindre dans les bâches de recette.

Élevée par une pompe dans un réservoir supérieur, l'eau descend dans de grands bacs en tôle où on la laisse séjourner quelque temps. Tout l'acide carbonique s'évapore, tous les carbonates de chaux se déposent : un siphon conduit alors ces eaux, qui ne sont plus calcaires, dans un grand bac où on les fait bouillir à feu nu. Cette opération, bien simple au premier abord, demande à être conduite avec une certaine habileté; en effet, si on laisse déposer au fond de la chaudière une croûte de sels, cette croûte se fendille, et l'eau, brusquement en contact avec une surface rouge, entre instantanément en vapeur, et provoque des explosions. Lorsque l'ébullition a suffisamment duré pour que les eaux soient réduites à 24 degrés environ à l'aéromètre, on les fait descendre dans des cristallisoirs, aux parois desquels se déposent de grands cristaux translucides. On a utilisé, pour servir de récipient, les baignoires en pierre massive de l'ancien établissement thermal, et cela produit un effet assez étrange de voir ces grands bacs de forme bizarre revêtus à l'intérieur de cristaux à facettes brillantes. On dirait d'anciens sarcophages.

Dans cette première salle de cristallisation, les eaux ne laissent déposer, à peu de chose près, que du carbonate de soude; ces cristaux, ne contenant aucune matière terreuse, sont destinés à être employés soit en boisson, soit à la fabrication des pastilles que nous verrons bientôt. Au moyen d'une pompe, on remonte les eaux mères qui ne laisseraient plus rien cristalliser, et on les amène dans un

TABLEAU COMPRENANT LES QUANTITÉS DES DIVERS COMPOSÉS SALINS, HYPOTHÉTIQUEMENT ATTRIBUÉS A 1 LITRE DE CHACUNE DES EAUX MINÉRALES DU BASSIN DE VICHY.

DÉNOMINATION DES SOURCES.	GRANDE-GRILLE.	PUITS CHOMEL.	PUITS CARRÉ.	LUCAS.	HÔPITAL.	CÉLESTINS.	NOUVELLE SOURCE DES CÉLESTINS.	PUITS BROSSON.	PUITS DE L'ENCLOS DES CÉLESTINS.	VAISSE.	PUITS D'HAUTERIVE.	PUITS DE MESDAMES.
Acide carbonique libre.........	0,908	0,768	0,876	1,751	1,067	1,049	1,299	1,555	1,750	1,968	2,183	1,908
Bicarbonate de soude...........	4,883	5,091	4,893	5,004	5,029	5,103	4,101	4,857	4,910	3,537	4,687	4,016
— de potasse...............	0,352	0,371	0,378	0,282	0,440	0,315	0,231	0,292	9,527	0,222	0,189	0,189
— de magnésie.............	0,303	0,338	0,335	0,275	0,200	0,328	0,554	0,213	0,238	0,382	0,501	0,425
— de strontiane............	0,303	0,003	0,003	0,005	0,005	0,005	0,005	0,005	0,005	0,005	0,003	0,003
— de chaux....	0,434	0,427	0,421	0,545	0,570	0,462	0,699	0,614	0,710	0,601	0,432	0,604
— de protoxyde de fer........	0,004	0,004	0,004	0,004	0,004	0,004	0,044	0,004	0,028	0,004	0,017	0,026
— de protoxyde de manganèse.	traces	traces	traces	traces	traces	traces	traces	traces	traces	traces	traces	traces
Sulfate de soude..............	0,291	0,291	0,291	0,291	0,291	0,291	0,314	0,314	0,314	0,243	0,291	0,250
Phosphate de soude........... ..	0,130	0,070	0,028	0,070	0,046	0,091	traces	0,140	0,081	0,162	0,046	traces
Arséniate de soude.............	0,002	0,002	0,002	0,002	0,002	0,002	0,003	2,002	0,003	0,002	0,002	0,003
Borate de soude.	traces	traces	traces	traces	traces	traces	traces	traces	traces	traces	traces	traces
Chlorure de sodium...........	0,534	0,534	0,534	0,518	0,518	0,534	0,550	0,500	0,534	0,508	0,534	0,355
Silice.......................	0,070	0,070	0,068	0,050	0,050	0,060	0,065	0,055	0,534	0,041	0'071	0,032
Matière organique bitumineuse...	traces	traces	traces	traces	traces	traces	traces	traces	traces	traces	traces	traces
TOTAUX........	7,914	7,959	7,833	8,797	8,222	8,°44	7,865	8,601	9,165	7,755	8,956	7,811

bac en tôle également à feu nu, où on les chauffe jusqu'à 36 degrés à l'aéromètre. Depuis ce degré, en continuant l'opération sur un feu doux et en enlevant, au moyen d'une drague, les sels à mesure qu'ils se manifestent, on termine l'opération jusqu'à siccité. Ce qui reste d'eau mère s'échappe par égouttement, et, peu à peu, les sels se dessèchent assez pour n'avoir plus besoin que d'un passage à l'étuve avant d'être mis dans les vases de tôle émaillée qui doivent les préserver du contact de l'air. Les sels obtenus ainsi par ébullition et dessiccation, destinés aux bains, sont loin d'avoir la propreté et la blancheur des cristaux réguliers obtenus par dépôt ; c'est une sorte de cristallisation confuse, renfermant dans ses mailles des impuretés qui en ternissent la couleur. L'administration des eaux de Vichy se propose de les blanchir par le passage à l'hydro-extracteur, mais

TABLEAU COMPRENANT LES PROPORTIONS DES DIVERS PRINCIPES, ACIDES ET BASIQUES, CONTENUES DANS 1 LITRE DE CHACUNE DES EAUX MINÉRALES DU BASSIN DE VICHY.

DÉNOMINATION DES SOURCES.	GRANDE-GRILLE.	PUITS CHOMEL.	PUITS CARRÉ.	LUCAS.	HÔPITAL.	CÉLESTINS.	NOUVELLE SOURCE DES CÉLESTINS.	PUITS BROSSON.	PUITS DE L'ENCLOS DES CÉLESTINS.	VAISSE.	PUITS D'HAUTERIVE.	PUITS DE MESDAMES.
Acide carbonique..............	4,418	4,429	4,418	5,348	4,719	4,705	4,647	5,071	5,499	4,831	5,640	5,029
— sulfurique...............	0,164	0,164	0,164	0,164	0,164	0,164	0,177	0,177	0,177	0,137	0,164	0,141
— phosphorique............	0,070	0,038	0,015	0,038	0,025	0,050	traces	0,076	0,044	0,088	0,025	traces
— arsénique	0,001	0,001	0,001	0,001	0,001	0,001	0,002	0,001	0,002	0,004	0,001	0,002
— borique	traces	traces	traces	traces	traces	traces	traces	traces	traces	traces	traces	traces
— chlorhydrique............	0,334	0,334	0,334	0,324	0,324	0,334	0,344	0,344	0,334	0,318	0,334	0,222
Silice	0,070	0,070	0,068	0,050	0,050	0,060	0,065	0,055	0,065	0,041	0,071	0,032
Protoxyde de fer....	0,002	0,002	0,002	0,002	0,002	0,002	0,020	0,002	0,013	0,002	0,008	0,012
Protoxyde de manganèse........	traces	traces	traces	traces	traces	traces	traces	traces	traces	traces	traces	traces
Chaux	0,169	0,166	0,164	0,212	0,222	0,180	0.272	0,230	0,276	0,265	0,168	0,235
Strontiane	0,002	0,002	0,002	0,003	0,003	0,003	0,003	0,003	0,003	0,003	0,002	0,002
Magnésie	0,097	0,108	0,107	0,088	0,064	0,105	0,177	0,068	0,076	0,122	0,160	0,136
Potasse.....................	0,182	0,192	0,196	0,146	0,228	0,163	0,120	0,151	0,273	0,115	0,008	0,008
Soude	2,448	2,536	2,445	2,501	2,500	2,560	2,124	2,500	2,486	1,912	2,368	1,957
Matière bitumineuse..........	traces	traces	traces	traces	traces	traces	traces	traces	traces	traces	traces	traces
TOTAUX...............	7,997	8,042	7,916	8,877	8,302	8,327	7,951	8,687	9,248	7,835	9,039	7,866

.nous ne croyons pas qu'elle fasse bien, et, selon nous, il vaudrait mieux laisser les sels à l'état gris : car on enlèverait peut-être avec les impuretés justement la partie curative des eaux.

Les beaux cristaux de sels obtenus par dépôt ne pourraient être employés tels qu'ils sont; on les porte dans une chambre close, dans laquelle on fait arriver de l'acide carbonique, recueilli en grande abondance à l'orifice des sources. Comme cet acide, plus lourd que l'air, entraîné par son poids, s'accumule à la surface du sol, on dispose sur le plancher les cristaux translucides : bientôt, absorbant avec avidité l'acide carbonique, ils se changent en bi-carbonate opaque et d'une désagrégation extrêmement facile. Pour compléter et rendre plus pénétrante l'action de l'acide carbonique sur les cristaux, on prépare en ce moment un appareil dans lequel on les enfermera avec de l'acide carbonique comprimé à cinq atmosphères; grâce à cette pression, la modification arrivera jusqu'au noyau des cristaux. Après avoir été pulvérisés, ces sels, presque parfaitement blancs, sont empaquetés pour pouvoir être divisés en doses qu'on met fondre dans l'eau, et qui constituent ainsi une eau de Vichy moitié naturelle, moitié artificielle; une grande quantité de cette poudre est employée dans la confection des pastilles.

Cette dernière fabrication, assez restreinte autrefois, a pris aujourd'hui une telle extension qu'il a fallu emprunter, à diverses professions, tout un outillage mécanique pour régulariser et activer la production, arrivée à plus de 100,000 pastilles par jour. L'atelier, entouré de belles tables en marbre blanc, comprend . une scie circulaire pour tailler le sucre, qu'on préfère autant que possible cristallisé en cristaux très-petits et à structure très-dense : un moulin à pulvériser, dont les roues de marbre tournent dans un mortier couvert, remplace l'ancien pilon, produisant davantage et n'ayant pas l'inconvénient de cet instrument primitif, dont la percussion changeait en amidon les molécules de sucre. L'écrasement par les meules détermine encore quelquefois cet effet, ainsi qu'on peut s'en assurer en versant une petite quantité d'iode dans une solution de ce sucre en poudre, mais en bien moins grande quantité.

La poudre de sucre, tamisée dans un blutoir de moulin, forme la base d'une mixture composée de 30 kilogrammes 200 grammes de sucre, empâtée avec 300 grammes de gomme dissoute dans 3 kilogrammes 200 d'eau; on ajoute 5 kilogrammes de sels de Vichy en poudre, quelques gouttes de parfum, et l'on malaxe le tout sur une table en marbre, entre deux règles d'acier, d'abord à la main, puis avec un rouleau de bronze; enfin on l'étale en une galette régulière allongée que l'on porte à la machine à mouler les pastilles.

Cet automate, fort ingénieux, construit par M. Derriey, se compose d'un marbre sur lequel on dépose la pâte, d'un cylindre qui l'entraîne en la laminant vers une toile sans fin : entre la toile sans fin et le marbre se trouve un second cylindre, qui porte aux extrémités d'un même diamètre deux plaques planes, creusées chacune d'une ligne de vingt matrices. Au moment où la pâte se trouve en contact avec l'une de ces surfaces planes, un excentrique fait descendre une ligne de poinçons correspondants qui pressent la pâte et la refoulent dans les matrices; le cylindre fait une demi-révolution pendant laquelle les poinçons remontent, une autre demi-révolution ramène le porte-matrice de l'autre extrémité du diamètre, et les pastilles de la première surface tombent de leur propre poids sur une toile sans fin placée sous l'appareil : l'opération se continue, et la pâte, découpée par le poinçon, est entraînée par un dernier cylindre sur la toile sans fin qui continue le plan du marbre. Cette machine est empruntée à la typographie, et les poinçons sont serrés dans une sorte de composteur comme les caractères dans une forme. Au-dessus du cylindre qui reçoit la pâte à son arrivée, on place une petite auge en laiton brillant, analogue aux encriers des presses à indiennes; de cette auge s'échappe, par une fente imperceptible, de la poudre d'amidon qui empêche la pâte d'adhérer au cylindre.

Cette petite machine automatique, mue par la vapeur, fonctionne avec une régularité et une propreté remarquables; on récolte les pastilles sur la toile sans fin inférieure, au fur et à mesure de la production; on les étale sur des cadres en percaline lustrée fortement tendus, et on les porte dans une étuve qui enlève toute l'eau qu'elles peuvent contenir. Quand elles sont bien desséchées, on les range dans des boîtes faites à l'établissement, par un atelier de cartonnage nombreux et bien conduit. La mise en boîte est assez compliquée pour les pastilles, comme pour tous les produits qui doivent quitter l'usine. La Compagnie fermière étant sous la surveillance de l'État, propriétaire des sources, doit compte au gouvernement

Machine à faire les pastilles.

de sa production, et en reçoit en échange une protection contre la contre-façon. Chaque boîte est donc entourée d'une bande contenant un sceau particulier et qui ne doit être ouverte que par l'acheteur; un fil, porteur d'un cachet de plomb, est emprisonné dans cette bande, au niveau de l'ouverture du couvercle, et en détachant ce fil on ouvre le papier, ce qui autrefois devait se faire avec un instrument tranchant. Outre les pastilles, pour se confor-

Ateliers des tisseurs de paille.

mer au goût des acheteurs, la Compagnie, fait confectionner toutes
sortes de bonbons saturés de sels de Vichy. Tout l'atelier consacré
à l'extraction des sels et à leur préparation est mû par une char-
mante petite machine motrice verticale, à la chaudière de laquelle
nous avons vu pour la première fois appliquer l'ingénieux appareil Dumery (a).

Comme l'extraction des sels, l'envoi
de l'eau dans les bouteilles est devenu
une des branches importantes de l'exploitation ; en 1853, on envoyait environ 380,000 bouteilles ; en 1863, plus
de 1,500,000 ; et ce n'est pas une petite affaire que de laver, remplir, boucher, capsuler, étiqueter et emballer
près de un million et demi de bouteilles ! Ce sont en général des verres
venant de Rive-de-Gier, de Brassac
ou de Souvigny. Le lavage se fait mé-

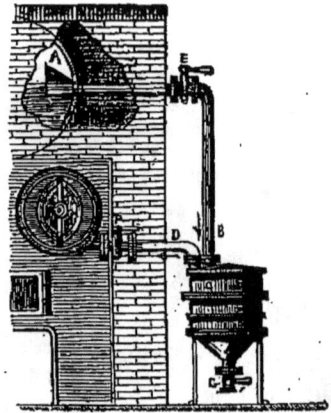

Appareil Duméry.

thodiquement dans trois bassins à courant continu, par trois équipes,
dont la première lave les bouteilles une première fois dans le bassin
inférieur, la seconde dans le bassin moyen, la troisième dans le bassin
supérieur, qui reçoit l'arrivée du courant d'eau. A la suite de ces trois
lavages répétés et, quelles que soient les distractions ou la paresse des

(a) « Les fonctions de cet appareil découlent toutes des lois de la physique, et se produisent
d'elles-mêmes, sans le secours d'aucun auxiliaire mécanique. Elles reposent presque exclusive-
vement sur cette remarque, que les matières étrangères à l'eau sont, tant que dure l'ébullition,
soulevées et maintenues à la surface de l'eau par les bulles de vapeur qui cheminent toutes de
bas en haut ; il se forme entre les bulles de vapeur et les matières calcaires une sorte de jeu de
raquette relevant incessamment celles des molécules solides qui voudraient redescendre. Or, ceci
établi, si l'on perce à la chaudière un trou à la partie supérieure, à la hauteur précisément où
la vapeur maintient les matières solides ; si l'on perce également un trou à la partie la plus
basse des bouilleurs, et que, par un tuyau reliant ces deux trous, on établisse entre ces deux
ouvertures un mouvement de circulation, toutes les matières qui se trouvent à la surface seront
entraînées dans ce courant, et rentreront indéfiniment à la chaudière avec l'eau qui les charrie,
si rien ne les arrête en chemin. Mais si, dans l'intervalle de ce circuit, on place un appareil qui
oit pour résultat de les retenir, il n'y aura que l'eau complétement débarrassée de son impureté
qui retournera à la chaudière. Tel est le but du récipient qui est représenté plus haut à côté du
générateur. C'est donc, comme nous l'avons expliqué, par une circulation établie dans le plan
vertical que les matières sortent de la chaudière ; — c'est, de même, par un circuit, mais dans le
plan horizontal, qu'elles sont empêchées d'y rentrer. Voici comment : L'eau chaude, on le sait,

ouvriers, l'administration peut être sûre que ses bouteilles sont propres ; on les laisse sécher et on les place 50 par 50 dans des cadres qui doivent les transporter aux diverses sources pour y être remplies. Ces cadres portent à leur face intérieure deux rails en bois qui s'emboîtent exactement dans les cannelures correspondantes pratiquées aux voitures sur lesquelles on les charge. Arrivés aux sources, on remplit les bouteilles et on les bouche avec une machine à genouillère, qui enfonce le bouchon si énergiquement qu'il faut presque toujours pour les déboucher se servir d'un tire-bouchon à levier ou à vis : les bouteilles remplies retournent à l'usine, et sont livrées à une autre équipe d'ouvriers rangés de la façon suivante : le premier est assis, ayant devant lui un pot de résine ; il prend chaque bouteille, goudronne le bouchon, le recouvre d'une capsule d'étain poinçonné qu'un gamin a préalablement posée sur chaque bouteille ; il la frappe de manière à la fixer et la passe à son voisin, qui place le col de la capsule dans une petite machine ingénieuse et simple qui étrangle l'étain et le fixe sur le goulot de la bouteille : cette petite machine se compose d'un double anneau en corde dont une pédale rapproche et serre les deux demi-cercles ; la bouteille vient ensuite entre les mains d'un troisième ouvrier qui y applique l'étiquette, marque d'origine au timbre de l'État (b). Les bouteilles,

est plus légère que l'eau froide et se maintient au-dessus de celle-ci. Or, l'eau de la chaudière recevant l'action de la chaleur, tandis que celle du récipient n'est pas chauffée, c'est l'eau sortant de la chaudière qui surnage, c'est-à-dire qui occupe la partie supérieure du récipient. De la sorte, l'eau chargée des matières calcaires sortant de la chaudière, circule au-dessus de l'eau contenue dans le récipient, et c'est dans le trajet qu'elle a à faire au sommet du récipient que les matières trouvent le temps de graviter. Or, si le récipient représentait une simple boîte unie à l'intérieur, le chemin à parcourir depuis le point d'entrée jusqu'au point de sortie serait trop court pour que les matières eussent le temps de se précipiter, et elles rentreraient encore à la chaudière ; mais si, sous le couvercle de ce récipient, on a appendu des cloisons qui forcent l'eau à parcourir un chemin suffisamment long pour que les matières solides aient le temps d'abandonner l'eau qui les charrie, celles-ci iront occuper le fond du récipient, et il n'y aura que l'eau complétement débarrassée des matières calcaires qui rentrera à la chaudière : c'est ce qui a lieu. On le voit donc, ce petit appareil, en tant que réalisation matérielle, se compose tout simplement de deux circuits : l'un dans le plan vertical, faisant sortir les matières de la chaudière ; l'autre dans le plan horizontal, les capturant, les empêchant d'y entrer. La vapeur, de son côté, se chargeant, d'une part, de provoquer le mouvement de tout le système ; d'autre part, de soulever les matières et de les porter à la surface. » (*Description de M. Dumery.*)

(b) L'Établissement thermal de Vichy appartient à l'État. La concession en a été faite, en 1853, par une loi, à une Société en commandite Lebobe-Callou et Cⁱᵉ. — Cette Société, en 1858, est dé-

aussitôt bouchées vont immédiatement à l'emballage; autrefois, on les emballait 50 par 50 dans des lits de paille, aujourd'hui, on a trouvé plus simple de préparer à l'avance un petit vêtement de même matière dont on coiffe la bouteille, et qui constitue une enveloppe égale, régulière : on a pu ainsi gagner environ 5 kilogrammes par caisse, ce qui a une certaine importance pour des colis qui vont quelquefois jusqu'à Sanghaï ou Rio-Janeiro.

L'atelier où se font ces petits paillassons nous a paru assez ingénieux pour que nous en donnions le dessin à nos lecteurs. C'est un véritable tissage : un métier composé de quatre bobines d'où, descendent deux à deux des fils de chaîne, est mû au moyen d'une pédale par un ouvrier qui, d'une main, place les brins de paille égalisés par un découpoir et, de l'autre main, fait mouvoir le mécanisme qui tord les deux fils de chaîne, maintenus écartés par un arc en fer tournant sous la direction d'engrenages fort simples; le tissu est interrompu entre chaque largeur d'enveloppe par une petite palette en bois qui permet de séparer l'étoffe de paille, juste à la grandeur voulue : pour donner aux enveloppes la forme d'un cône

venue A. Callou, Vallée et Cie, puis ensuite Société anonyme, par décret du 27 décembre 1862.

Le capital social est de cinq millions environ.

La loi de concession de 1853 avait fixé la durée de la jouissance à trente-trois années ; une nouvelle convention entre la Compagnie et S. Exc. le Ministre des travaux publics, ratifiée par la loi du 7 mai 1864, a prolongé de dix-huit années cette durée de la concession.

Le prix du fermage payé annuellement par la Compagnie à l'État est de 155,000 francs par an, et de plus, à la fin de la concession, l'État restera propriétaire de tous les travaux faits par la Compagnie sur le domaine de l'État, c'est-à-dire d'une somme qui a déjà aujourd'hui atteint trois millions de francs.

Outre cette somme de 155,000 francs, la Compagnie paye en outre, chaque année, à l'État une somme de 3,300 francs pour frais de surveillance et de contrôle des sels et pastilles; — les imprimés viennent tous de l'Imprimerie impériale.

Les caisses d'eau minérale sont de 50 bouteilles ou demi-bouteilles. Le prix de chacune, emballage compris, est, pour les premières, de . . . . 30 francs.

Pour les secondes, de . . . . 25 —

Au-dessous de 50 bouteilles, l'emballage se paye en sus.

Chaque rouleau de sels pour bains, 500 grammes, coûte 1 50

Le kilogramme de pastilles. . . . . 10 »

Les bains et les douches de l'Établissement, comprenant 350 cabinets de bains et douches thermales, se divisent en trois classes. — Le linge est compris dans les prix :

La première classe coûte 3 francs. — La seconde, 2 francs. — La troisième, 60 centimes.

Le service des bains ne peut commencer avant quatre heures du matin ni se prolonger après neuf heures du soir. En 1863, l'Établissement thermal a donné plus de 200,000 bains, et la buanderie blanchi 840,000 pièces de linge.

fermé, on les dispose sur un moule de bouteille, de manière à ce que les brins dépassent le goulot et se trouvent pris dans l'ouverture de deux anneaux de fil de fer qu'une pédale resserre pendant qu'un ouvrier arrête avec un fil la paille rapprochée. Il ne reste plus qu'à ébarber les deux extrémités, et on obtient un petit vêtement qui a juste la forme·de la bouteille, et qui peut resservir plusieurs fois. Un contre-maître intelligent mène cet atelier, presque complétement composé de gamins et confectionne les enveloppes à raison'de 2 francs 25 centimes le cent.

L'administration de la Compagnie fermière a, du reste, le très-bon principe de payer aux pièces ; sans cela la casse, déjà considérable, n'aurait pas de limites : elle ne paye les ouvriers chargés de l'emplissage, du bouchage et de l'emballage des bouteilles, que les caisses rendues en gare, et, malgré cela, elle doit compter sur 8 ou 10 pour 100 de casse.

Pour manœuvrer et distribuer les eaux, soit thermales, soit douces, destinées au service des bains, huit fortes pompes, assemblées sur un même bâti, sont mues par une machine de 20 chevaux, servie par trois générateurs. Quatre de ces pompes, chargées d'aspirer l'eau douce, sont à piston libre ; les quatre autres, destinées aux eaux minérales, sont à piston plein, pour empêcher autant que possible l'acide carbonique de s'échapper. Ces pompes aspirantes et foulantes envoient l'eau par plusieurs conduits : d'abord de l'eau froide pour le service des arrosements ; de l'eau douce, destinée à être échauffée dans de vastes réservoirs en tôle fortement boulonnés et qui peuvent contenir jusqu'à 200 mètres cubes ; l'eau de ces réservoirs est échauffée par des serpentins de vapeur qui la maintiennent à une température de 80 degrés environ. Dans le même bâtiment et au-dessus se trouvent les bâches reservées aux douches, l'une également chauffée à la vapeur, l'autre renfermant de l'eau minérale envoyée par les pompes. Des flotteurs, correspondant avec la salle des machines, indiquent aux chauffeurs à quel niveau sont, et les citernes où ils puisent, et les bâches qu'ils remplissent ; une canalisation en fonte et en cuivre différente de celle qui a amené les eaux des sources, conduit, sous les deux établissements de bains, les eaux minérales et douces ; les galeries, très-claires et très-aérées, permettent d'examiner facilement l'état des tuyaux et de constater les fuites qui pourraient se produire dans les joints ; trois énormes artères en cuivre, de 30 centimètres de diamètre environ, conduisent l'un l'eau minérale, un autre l'eau douce, le troisième l'eau chaude, et viennent, circulant au-dessous des baignoires, recevoir l'embranchement de trois petits tuyaux qui correspondent aux trois robinets de chaque cabinet. Des soupiraux, ménagés de distance en distance, donnent de l'air et du jour dans les galeries ; cette canalisation donne de grandes facilités pour le maintien en bon état des tuyaux, dans lesquels il se fait perpétuellement des dépôts de différents sels, malgré le séjour, quelquefois assez long, des eaux minérales dans les citernes et les bâches.

Un service de 324 bains par heure, sans compter cent vingt-cinq douches, peut être ainsi conduit sans aucune interruption pendant tout le temps de la saison. Nous laisserons ici de côté tout ce qu'on pourrait dire à la louange du personnel en contact avec le public pour l'administration de ces bains ; nous ne pouvons cependant pas méconnaître le parfait aménagement des cabinets de bains et la véritable perfection du service de lingerie ; et nous nous hâtons de retourner à la partie industrielle de l'Établissement, et nous allons voir comment sont lavées et préparées les différentes pièces de ce service.

La buanderie occupe toute la partie ouest des bâtiments industriels ; nous donnerons une juste idée de son étendue et de son activité, en disant qu'on y blanchit et sèche de 9 à 13,000 pièces de linge par jour, soit toile du Mans pour les fonds de bain et les peignoirs, soit toiles imitation anglaise de cannelures diverses pour les serviettes. Toutes ces pièces, au retour des bains, passent d'abord dans un bassin d'essangeage, puis placées dans quatre cuves en bois dans lesquelles un tuyau mobile sur son axe, en quatre directions, vient verser à tour de rôle une lessive qui s'échappe par une ouverture aplatie en éventail ; de là, on passe les pièces dans un lavoir mécanique composé d'un tambour vertical à quatre compartiments tournant dans un bassin d'eau de savon.

Au sortir de cette roue à laver, le linge est rincé dans un bac d'eau fraîche, puis essoré dans des appareils centrifuges (c) tournant, à frottement sans engrenage, au moyen de deux cônes dont la surface est calculée de façon à ce que, pendant leur révolution, ils restent toujours tangents. Cet essorage dessèche rapidement le linge, qui est porté dans des séchoirs dont l'air chaud est aspiré par en bas, et dans lesquels le linge se débarrasse de l'eau qu'il pouvait contenir.

Hydro-extracteur de MM. Buffaud.

De ces séchoirs, les peignoirs et les serviettes descendent par des trous carrés garnis de toile comme ceux des chambres d'un moulin

(c) Par un ingénieux système de débrayage, Messieurs Buffaud frères, de Lyon, se dispensent de l'emploi d'une poulie folle et d'une poulie fixe. Le débrayage, représenté par le dessin, a été rendu plus simple encore et plus efficace par une nouvelle disposition qu'ont adoptée récemment les constructeurs, et, sous ce rapport, leurs machines présentent toute la perfection qu'on peut désirer. Au lieu de la tige butant contre l'extrémité de l'arbre et la repoussant pour débrayer la roue de friction, cette extrémité bute contre une rondelle d'acier appuyée sur un ressort en caoutchouc ; lorsque le ressort métallique placé de l'autre côté de l'arbre, est libre d'agir, il maintient l'arbre et force le caoutchouc à céder ; mais en faisant cesser l'action du ressort métallique au moyen d'une tige taraudée qui le traverse et qui permet de régler sa tension, et au besoin de la supprimer, l'arbre horizontal, devenu libre, cède à son tour à l'élasticité du caoutchouc, et la roue de friction se trouve alors écartée d'au moins un millimètre du cône, ce qui suffit pour opérer le débrayage.

à farine et tombent sur des tables, où ils sont examinés attentivement pour que chaque pièce déchirée soit immédiatement portée au raccommodage. Les fonds de bains qui ne pourraient être séchés à l'essoreuse et au séchoir, parce que les fortes toiles qui les composent y prendraient la rigidité du bois, sont séchés dans un étendage fort ingénieux et d'un maniement très-facile. Au lieu de pièces de bois et de cordes, on a tout simplement préparé des barres de fer rondes, pointues d'un côté, et percées d'un trou de l'autre ; quand on veut disposer l'étendage, on pique le côté pointu dans une rangée de troncs d'arbres enterrés dans le sable, et dans l'anneau qui termine l'autre extrémité, on fait passer un fort fil de fer galvanisé, puis on assujettit le tout au moyen de roidisseurs. Tout le linge reconnu bon retourne immédiatement aux divers établissements et rentre en service ; toutes les pièces déchirées sont portées au raccommodage, joli petit atelier très-clair et bien disposé, dans lequel se trouvent une machine à dévider le fil et quatre machines à coudre qui fonctionnent sans relâche, tandis qu'autour d'elles, une vingtaine d'ouvrières préparent ou complètent le travail.

Grâce à ces minutieuses précautions prises pour assurer le comfort des baigneurs, grâce à l'intelligente installation du service des sels et de l'envoi des eaux en bouteille, et surtout grâce à la persévérance de la Direction qui ne recule devant aucune opposition pour développer l'établissement confié à ses soins, l'Usine de Vichy est appelée à prendre un développement de plus en plus considérable, et à devenir un des établissements industriels les plus importants de notre pays.

FIN DE L'ÉTABLISSEMENT THERMAL DE VICHY

TEINTURERIE DE SOIE

GUINON, MARNAS ET BONNET

A LYON

L'établissement de MM. Guinon, Marnas et Bonnet est situé à Lyon, dans le quartier des Brotteaux, c'est-à-dire sur la rive gauche du Rhône.

La maison a été fondée en 1831 par MM. Guinon et Chabaud; elle occupait alors environ vingt ouvriers, chauffait ses chaudières à feu nu, pompait à bras l'eau de son puits, et envoyait au Rhône faire ses lavages à grande eau. Au bout de six mois, elle avait triplé son personnel, porté à cent hommes en 1834; en 1839, elle appliquait le bleu au cyanure double de fer et d'étain, qu'elle nommait bleu Napoléon, au moment de la translation des cendres de l'Empereur. En 1842, M. Guinon resta seul, modifia complétement ses appareils, supprima les foyers directs et les remplaça par la vapeur, établit des hydro-extracteurs, créa des lavoirs intérieurs et fit les premières applications de l'acide picrique pour teindre la soie en jaune. Une médaille d'argent en 1844, une médaille d'or en 1849.

En 1851, le *prize medal* et la croix de la Légion d'honneur; la grande médaille en 1855 récompensèrent ses efforts. En 1856, il s'associa MM. Marnas et Bonnet, ses employés et contre-maîtres depuis plusieurs années. M. Marnas, élève de l'école La Martinière et chimiste distingué, chargé déjà de recherches de laboratoire, a continué de s'en occuper et a beaucoup contribué aux progrès qui se sont successivement réalisés dans la maison.

En 1857, la maison créa la pourpre française ; en 1860, l'azuline ; en 1863, la coralline, employée en impression pour remplacer la cochenille ; et dans la même année la viridine, le premier-né des verts dérivés de la houille. Voici, du reste, l'appréciation faite par les comptes rendus des diverses expositions qui, avec plus d'autorité que nous, apprécient l'important établissement dont nous nous occupons aujourd'hui :

Exposition de 1851. — « Les chefs-d'œuvre de la teinture de Lyon étaient on ne peut mieux représentés par les produits sortis de l'établissement de M. Guinon, qui a puissamment contribué, dans ces dernières années, aux succès de cette industrie. Cet habile teinturier avait encore exposé, outre un très-bel assortiment de flottes de soies teintes dans les principales nuances, simples et composées, avec leurs dégradations, des soies teintes en violet au campêche, d'une richesse de ton remarquable ; d'autres en jaune et en diverses nuances complexes, réalisées par le fustet, à l'aide d'un procédé qui lui est propre ; d'autres en jaune pur, à l'acide picrique ; d'autres enfin en couleurs délicates et tendres, rose, bleu, jaune, vert, etc., dont la pureté est due à ce que la soie a été préalablement blanchie par un procédé découvert par M. Guinon, procédé qui consiste à débarrasser la soie, au moyen de l'alcool, des dernières parties de corps gras qu'elle retient toujours lorsqu'on emploie les procédés ordinaires. Enfin, ce qui n'a pas été moins remarqué dans les produits exposés par le même industriel, c'étaient des flottes de soie grège blanchies par l'acide sulfurico-nitreux, acide dont il a fait connaître les propriétés décolorantes dans un mémoire adressé à l'Institut. »

Exposition de 1855. — « Dans tous les grands centres industriels où l'on emploie la soie à la fabrication des étoffes, il existe des teinturiers dont les moindres efforts, s'ils sont heureux, ne manquent jamais de réagir sur l'industrie qu'ils sont appelés à servir.

La splendide exposition de Lyon, où, dans le succès obtenu. l'on ne peut dissimuler la part du teinturier, nous en offre aujourd'hui un éclatant exemple. Dans ce grand centre d'industrie, il existe un homme qui, tout en suivant avec beaucoup de zèle les travaux de l'établissement qu'il a fondé, travaille sans cesse à de nouvelles découvertes. On l'a vu successivement introduire l'emploi de l'acide picrique dans la teinture, faire connaître un nouveau procédé de blanchiment, purifier, mieux qu'on ne l'avait fait jusqu'à lui, la soie destinée à recevoir des nuances tendres et pures (bleu et rose), et tout récemment il vient d'employer de nouvelles substances pour la teinture du gris et du marron d'un éclat et d'une pureté que l'on ne peut atteindre par les anciens procédés. Enfin, à l'aide d'un traitement préalable qu'il fait subir à la soie, il la rend apte, toutes circonstances égales d'ailleurs, à recevoir des couleurs plus vives et plus intenses. Cet habile teinturier lyonnais, auquel le jury décerne une grande médaille d'honneur, est : M. Guinon (n° 2998), à Lyon (France). »

Exposition de 1863. — « A la suite de nombreux travaux entrepris par divers chimistes sur l'orseille, MM. Guinon, Marnas et Bonnet ont songé à mieux préciser les conditions dans lesquelles la matière colorante des lichens se modifie, et sont arrivés à la transformer en un produit violet insensible aux acides faibles, lesquels font virer si fortement au rouge les violets d'orseille obtenus par les procédés ordinaires. Le produit que ces chimistes sont parvenus à isoler présente, tant par ses propriétés physiques que par les couleurs constantes auxquelles il donne naissance, tous les caractères d'une matière bien définie. Il a été breveté et vendu sous le nom de pourpre française. »

Aujourd'hui, la teinturerie de la rue Bugeaud a pris un développement qu'elle était loin de prévoir à ses commencements fort modestes. L'usine n'est donc pas renfermée dans des bâtiments monumentaux; elle a été construite au fur et à mesure des besoins. Une fabrique de produits chimiques située hors de la ville sert à la fabrication des savons et à la préparation des matières tinctoriales; l'établissement des Brotteaux est entièrement consacré à la teinture de la soie. Cette matière textile, très-différente de la laine et du coton, demande une série d'opérations qui précèdent et qui suivent la mise en couleur proprement dite de la fibre; aussi l'industrie du teinturier en soie est-elle compliquée et difficile. La matière première étant d'un prix très-élevé, il a fallu nécessairement diviser les professions qui la travaillent, depuis sa production par l'éleveur de vers à soie jusqu'à sa vente au consommateur par le marchand de nouveautés. Les maisons qui achètent en gros le coton ou la laine, les filent, les teignent et les tissent, sont assez communes, parce qu'elles agissent sur des matières dont le prix en brut ne dépasse guère 8 à 9 francs le kilogramme, tandis que la soie, variant de 80 à 150 fr. pour le même poids, constituerait un stock formidable dont on a été forcé de diviser les risques; ainsi, le négociant en cocons vend au filateur de soies, qui vend à des négociants en soies filées, lesquels vendent à des négociants fabricants qui achètent au fur et à mesure de leurs besoins, ne font teindre que les quantités nécessaires, pour faire exécuter par des tisseurs presque toujours libres les commandes des négociants en tissus de soie.

C'est donc de ces négociants-fabricants très-nombreux et très-divers que MM. Guinon, Marnas et Bonnet reçoivent les soies filées, assemblées sous la forme de gros écheveaux nommés *pantimes*, composant quatre à quatre des paquets appelés *mains*. A chaque partie est attaché un billet indiquant le poids de la matière, la couleur désirée, et si elle doit être *cuite* ou *assouplie;* nous dirons, dans le cours de notre étude, ce que signifient ces deux expressions. Les soies qui arrivent au magasin de réception sont de toutes natures et de toutes provenances, la plupart, d'origine étrangère : elles sont blanches, jaunes, grises; elles sont filées résistantes pour faire les chaînes, plus fines et moins tordues pour faire la trame; toutes sont composées en partie d'une matière visqueuse, mélange de gélatine et de résine qui constitue à peu près 25 pour 100 de leur poids; celles qui sont filées en Chine ont de plus des épaississants ajoutés pour frauder sur le poids, presque toujours de la colle de riz.

Il est donc bien important de ne pas rendre à l'un ce qui a été confié par l'autre; pour cela, il faut, avant de livrer les parties aux ouvriers, qu'elles aient été reconnues, classées et marquées de signes qui puissent les suivre dans toute la série d'opérations jusqu'au moment où elles sortent de la teinturerie. Un contre-maître prend chaque partie une à une, en détache le billet, le pèse, constate que le poids porté au billet est bien exact, puis, avec un lacet de fil, fait un nœud, sur les pans duquel il imprime un chiffre reporté sur un livre journal : ce nœud de lacet, qui suit la soie dans toutes les opérations de la teinture, sert de marque pour constater son identité.

Pour indiquer quelle couleur doit recevoir la matière, le même contre-maître y attache une cordelette à longs bouts, sur lesquels il fait un ou plusieurs nœuds dont la disposition et le nombre constituent un alphabet que saura lire le contre-maître de la teinture; ainsi, un seul nœud simple indique le gris, un ou plusieurs nœuds d'amour indiquent les différentes teintes de couleurs dites *mode*, les nœuds de cordeliers indiquent le brun, etc. Voici donc les parties mises en sûreté contre toute erreur; elles subissent alors un premier classement, suivant qu'elles ont été indiquées pour être cuites ou seulement assouplies. Les soies destinées à être cuites sont d'abord dégommées, c'est-à-dire débarrassées de toute matière étrangère à la fibre même; cette opération s'exécute par le passage le plus rapide possible, suivant la qualité de la soie, dans quatre chaudières doublées de cuivre rouge, munies de serpentins à vapeur, et dans lesquelles est maintenue à la température de l'ébullition de l'eau chargée de savon blanc, environ 25 ou 30 pour 100 du poids de la soie à dégommer. On commence toujours l'opération par les soies destinées à la teinture en blanc, qui ont besoin d'une grande pureté de bain; l'eau savonneuse traite ensuite les soies destinées aux couleurs claires, et enfin celles qui doivent recevoir les couleurs foncées. Pour ce passage en cuve, les pantimes, groupées par *mateaux* (c'est-à-dire masses que peut contenir la main d'un ouvrier), sont disposées sur des bâtons qui permettent de les remuer sans les toucher; ces bâtons, qui jouent un très-grand rôle dans toute la teinturerie, constituaient autrefois une dépense assez considérable : car, se trouvant exposés à des alternatives de chaleur, d'humidité, et à une série de réactions chimiques, ils étaient rapidement altérés, et, par conséquent, remplacés. Aujourd'hui, au lieu de se servir des bâtons indigènes, très-facilement altérables, on emploie des baguettes d'un bois dur analogue au gaïac, tournées en Angleterre, qui coûtent trois fois plus que les anciens bâtons, mais dont le service est beaucoup plus long. Les écheveaux trempent dans le liquide et sont supportés par le bâton, dont les deux bouts s'appuient sur le bord de la cuve. Quand on juge le dégommage suffisant, on commence la cuite.

La cuite, opération pratiquée presque toujours sans qu'on s'en soit expliqué la théorie, donne à la matière textile cette sorte de raideur qui la rend craquante et lui fait prendre une rigidité si recherchée dans les étoffes. La soie acquiert ces qualités en absorbant de 1 à 2 pour 100 de son poids de la matière grasse contenue dans le savon. La cuite s'opère de différentes façons et dure plus ou moins longtemps, suivant la nature des matières traitées, et suivant les usages auxquels elles sont destinées. La plupart sont mises dans des chaudières à double fond, au milieu d'un bain bouillant d'eau de savon blanc, après avoir été toutefois enveloppées dans des sacs de toile; cette immersion peut durer d'un quart d'heure à deux heures et demie. Les soies du Japon, résistantes et tenaces, peuvent supporter cette longue ébullition, tandis que d'autres soies seraient altérées au bout d'une demi-heure.

Après la cuisson, les soies sont envoyées au lavoir. Celles qui sont destinées aux couleurs foncées passent directement du lavoir à la teinture; les autres, qui doivent être entièrement décolorées pour recevoir les nuances tendres et claires, vont aux soufroirs. Ces appareils sont des chambres revêtues de plomb soudé au gaz, dans lesquelles les mateaux, disposés sur de gros bâtons de tilleul, doivent être soumis au contact de la vapeur d'acide sulfureux. La production de ce dernier agent se fait de la manière la plus simple, en allumant du soufre dans de grandes coupes en fonte que l'on place dans le soufroir, fermé ensuite aussi hermétiquement que possible. Les soies restent 48 heures exposées à cette fumigation qui pourrait leur être très-dangereuse, si les appareils n'étaient pas parfaitement clos; il se produirait, en effet, de l'acide sulfurique qui détruirait les fibres textiles.

Au sortir du soufroir, les mateaux sont déposés sous des couvertures, dans une pièce dite chambre chaude, où, à l'abri de la lumière, ce qui restait d'acide sulfureux se dégage, et, en s'éloignant, exerce une dernière action sur la soie, en la blanchissant complétement. On la descend alors aux lavoirs, où elle est passée à grande eau.

Les lavoirs sont de grands bacs en pierre creusée, munis, à l'une des extrémités, d'une vanne conique, fermant et s'ouvrant par le jeu d'une tige en pas de vis; ils sont creusés, à l'extrémité opposée, d'une auge dont le bord supérieur maintient le niveau de l'eau dans le lavoir; l'eau vient à profusion de grands réservoirs dans lesquels deux puissantes pompes à vapeur ont accumulé l'eau d'un puits qui mérite une mention particulière. Pour un établissement de teinture, un puits est chose sérieuse, car, sans eau à discrétion, toutes les opérations qui accompagnent la teinture ou la constituent deviennent sinon impossibles, du moins très-gênantes. Ce fut en 1856 que le puits actuel fut commencé et conduit à 14 mètres de profondeur sur 3 mètres 20 de diamètre intérieur, et cela à 1 mètre 50 des fondations de la maison voisine, et dans une petite cave noire où l'on pouvait à peine se retourner. On imita, pour l'établissement de ce puits, les procédés employés pour fonder les piles du pont Napoléon, c'est-à-dire, l'air comprimé, refoulant l'eau dans un tube de fonte chargé à la partie supérieure, et s'enfonçant sous un poids énorme. Après bien des difficultés, on arriva à descendre ainsi jusqu'à 14 mètres, ce qui donne toujours 12 mètres d'eau à l'étiage. Les pompes enlèvent 6 mètres cubes par minute, et, malgré cette énorme quantité, le niveau du puits ne descend pas plus de 1 m. 70. Au fond sont entassées des roches qui empêchent l'invasion du sable.

Comme l'eau du pays contient un peu de bicarbonate et sulfate de chaux, elle emporte assez facilement les dernières traces d'acide sulfureux; au troisième lavage, on ajoute du chlorure de barium, qui, se décomposant, devient sulfate de barite, et empêche la soie d'être translucide. Les mateaux destinés au blanc reçoivent encore un bain d'eau saturée d'albâtre en poudre, dans lequel on ajoute un peu de cochenille ammoniacale et de bleu d'indigo, et ce dernier passage leur donne le blanc conventionnel, légèrement azuré, qui est accepté par l'acheteur, le blanc absolu, sans aucune teinte, n'étant pas d'un bel effet. Les écheveaux entassés dans l'hydro-extracteur sont essorés, et n'ont plus qu'à être égalisés et chevillés avant de sortir de l'usine.

L'égalisage a pour but de répartir uniformément entre tous les brins l'eau colorante que l'essoreuse y a inégalement distribuée; il se pratique à la main, en passant les écheveaux de soie, d'un côté sur une grosse cheville de bois fixée à un fort madrier nommé pilier, et en la tordant au moyen d'un bâton, appelé chevillon, passé à l'autre extrémité; cette torsion, systématiquement conduite et renouvelée, après avoir fait opérer un mouvement circulaire à l'écheveau autour de la cheville, met en contact successivement tous les brins bruns avec les autres. Après l'égalisage, les soies sont suspendues dans de vastes séchoirs où elles perdent le reste de leur eau; en cet état, elles sont rudes au toucher, mates et ternes; elles sont loin de donner à l'œil ces reflets chatoyants qui les font rechercher. Le chevillage va leur donner ces qualités : c'est une sorte de torsion, friction, dans laquelle les brins de soie, comprimés et frottés les uns sur les autres, s'étirent en devenant parallèles, s'égalisent en se polissant l'un l'autre.

Nous venons de voir comment étaient traitées les soies dites cuites, voyons maintenant comment sont préparées celles qui doivent être assouplies; ces dernières perdent seulement la matière colorante; elles doivent conserver toute leur gélatine non dissoute, mais modifiée, désagrégée et gonflée. Un simple lavage au savon à froid débarrasse la matière textile des impuretés étrangères : quand la soie est primitivement blanche ou grise, elle est passée dans un bain d'eau additionnée d'eau régale; quand elle est primitivement jaune,

au sortir de l'eau régale, elle monte au soufroir, est ensuite sa-
vonnée, et, suivant qu'elle est destinée, soit à être teinte en blanc,
soit à recevoir des couleurs de plus en plus foncées, est soumise à
des savonnages et à des passages au soufre plus ou moins répétés;
celles qui sont destinées aux couleurs foncées sont simplement passées dans un bain dans lequel on a lavé les soies saturées d'acide
sulfureux; ce bain se conserve indéfiniment, grâce au passage con-

Chevillage des soies.

tinuel de ces matières sulfurées. Les soies assouplies destinées au
blanc sont encore resavonnées et resoufrées avant la teinture, puis
teintes dans une eau tiède acidulée d'acide sulfurique dans lequel on
jette un peu de cochenille et d'indigo, ainsi que pour la teinture des
soies cuites; et comme elles n'ont pas perdu leur gélatine et qu'elles
ne sont pas, ainsi que ces dernières, devenues translucides, on n'a-
joute pas d'albâtre au bain.

Il nous reste maintenant à décrire comment on met en couleur les soies cuites ou assoupiies, qui ne sont pas réservées au blanc. La description des procédés employés, l'étude des matières colorantes exigeraient plusieurs gros volumes qui ne donneraient pas encore un résultat bien satisfaisant, car la teinture est presque aussi peu descriptible que la peinture. Demandez à un peintre comment il a produit un tableau, il vous dira bien de quels pinceaux il s'est servi, quelles couleurs primitives il a déposées sur sa palette, mais quant aux mélanges infinis créés sous l'inspiration du moment, il lui serait impossible de vous le dire lui-même, et à plus forte raison aux spectateurs qui l'observent.

Il y a cependant des procédés généraux dont nous allons essayer de donner une idée. Comme nous l'avons dit au commencement de cette étude, les soies ont été marquées non-seulement de leur numéro d'ordre, mais encore de l'alphabet de nœuds qui doit indiquer au teinturier la couleur demandée; on remet en outre au contremaître une carte sur laquelle est un échantillon de cette couleur, pour qu'il puisse recourir à ce type pendant tout le temps que durent les opérations. La teinture se fait soit à l'eau froide, dans des bains en bois pour les blancs, les roses, les ciels et autres couleurs tendres, soit à l'eau chaude, dans de petites cuves carrées en cuivre rouge, nommées *peyrolles*, ou dans de grandes cuves de même métal appelées *barques*. L'usure de ces récipients est si rapide, que les plaques qui les composent, primitivement d'un demi-décimètre d'épaisseur, arrivent en quelques années à la minceur d'une feuille de papier; aussi a-t-on cherché à remplacer le métal par la terre cuite à température assez forte pour être en quelque sorte vernissée. Les barques en terre réfractaire ne s'usent pas, mais le vernis, attaqué peu à peu par les acides des bains, laisse à nu la terre poreuse, au travers de laquelle l'eau s'infiltre et s'écoule.

Les barques et peyrolles sont réparties dans de vastes ateliers, au centre desquels se trouve un puissant générateur de vapeur qui, par un vaste système de tuyautage, envoie l'agent d'ébullition à toutes les places où il est nécessaire. De grands tonneaux ou des réservoirs

munis de robinets mettent les solutions colorantes à la portée des
ouvriers; à leur portée aussi se trouvent les essoreuses pour sécher
les soies imbibées, les lavoirs pour les passer à l'eau claire, et les
piliers garnis de leurs chevilles, pour qu'ils puissent de temps en
temps paralléliser leurs écheveaux, que le passage dans les divers
liquides tend sans cesse à gripper et à embrouiller; de grandes tables
reçoivent les soies, avant, pendant et après les différentes opérations
de la teinture.

Sur ces tables, les contre-maîtres disposen es soies blanches en
tas plus ou moins considérables, suivant la commande; chaque tas
est destiné à une couleur, et, suivant son poids, es livré à un teinturier aidé d'un plus ou moins grand nombre de manœuvres. Les
fortes cuvées faites dans les grandes barques emploient jusqu'à dix
hommes. Les pantimes, groupées par mateaux, sont passées sur les
bâtons et plongées dans le bain où elles sont incessamment retour-
nées, de manière que le dessous devienne le dessus, et réciproquement, ce qui s'appelle *liser*. Le bain a été composé à vue d'œil
par le teinturier, en versant la matière tinctoriale au moyen d'une
grande cuiller en cuivre appelée *casse*. Ici l'opération échappe à la
description exacte; c'est en effet au jugé que le teinturier verse la
quantité de couleur proportionnelle à la hauteur de ton qu'il veut
obtenir, proportionnelle à la quantité d'eau du bain quand la couleur
est simple, et proportionnelle aussi à la quantité des autres matières
colorantes quand le ton cherché est dû au mélange de deux ou trois
de ces matières; aussi n'arrive-t-il pas toujours juste du premier
coup, et, après une quinzaine de *lises*, est-il obligé de retirer un des
mateaux qu'il dessèche en le tordant fortement sur la cheville et le
compare à son échantillon, en tenant compte des changements que
doit encore opérer une dessiccation plus complète. S'il n'est pas arrivé juste, il doit *reponchonner*, c'est-à-dire ajouter à son bain, en
le modifiant de manière à atteindre la nuance de l'échantillon.

Bien que les tons et les nuances produits par le teinturier soient
pour ainsi dire infinis, les matières colorantes employées par lui sont
assez restreintes; la soie, étant teinte en fils avant le tissage, doit con-

server une cohésion et une souplesse qui excluent un grand nombre de matières employées dans la mise en couleur des papiers et des indiennes. Ainsi les poudres, comme le charbon, ne peuvent être employées ; presque tous les oxydes métalliques qui deviennent pulvérulents s'en iraient au tissage ou détruiraient la matière textile elle-même. De plus, les matières insolubles déposées sur la soie lui enlèveraient son poli, qui fait son mérite, et la rapprocheraient de la laine et du coton. La soie, substance organique, se marie très-bien à d'autres substances organiques, mais elle n'accepte qu'un petit nombre de substances minérales, et encore présentées de certaines manières. Les matières colorantes destinées à la soie sont toutes à l'état de solution, soit par l'eau pure bouillante, comme l'orseille, le brésil, le campêche, le fustet, la gaude, le bois jaune, le quercitron, l'acide picrique, soit dans une eau alcaline, comme le rocou, soit dans l'alcool, comme les couleurs d'aniline, bleu, violet et vert, qui ont maintenant presque entièrement remplacé les anciennes couleurs et tendent à être presque exclusivement employées.

Ainsi, autrefois l'indigo à l'état de sulfate d'indigo faisait presque tous les bleus ; remplacé d'abord dans les tons foncés par le cyanure de fer et par le cyanure double de fer et d'étain, dit bleu Napoléon, il a dû céder la place à tous les dérivés de l'aniline.

Les rouges anciens sont presque tous remplacés par la fuchsine ; cependant on fait encore une belle gamme de rouges, du rose au ponceau, par le safranum fixé à l'acide citrique, et à meilleur marché, des ponceaux de cochenille fixés par l'étain. Excepté le cramoisi fin, la plus solide des couleurs sur soie, et qui se fait avec la cochenille fixée par l'alun, les nuances groseille et autres nuances plus ou moins violettes, qui s'obtenaient autrefois avec le safranum pur ou allié avec la cochenille ammoniacale pour les qualités fines, et pour les qualités moins chères avec différents bois rouges fixés par l'étain, s'obtiennent aujourd'hui presque entièrement avec de la fuchsine pure ou alliée à d'autres rouges.

Les jaunes de belle qualité sont teints à la gaude, fixée par un bain aluné et un savonnage, les bon marché par le curcuma, et la plus grande partie au moyen de l'acide picrique, dérivé de la houille. Les jaunes inclinant vers l'orangé sont d'abord préparés au rocou, puis recouverts, soit au safranum, soit à la cochenille, soit au brésil.

Le violet se fait aujourd'hui complétement avec le violet d'aniline ; il se faisait autrefois par une solution très-concentrée de campêche dans un bain d'étain très-acidulé, procédé imparfait, dépassé de beaucoup par la pourpre française, tirée de l'orseille par MM. Guinon, Marnas et Bonnet, qui, depuis 1856 jusqu'à l'application des découvertes de Perkins et d'Hoffmann, inondèrent le marché de cette matière tinctoriale, produisant les nuances pensée, violet, lilas et le mauve nommé *impératrice*, alors à la mode. Au violet doivent se rattacher presque toutes les teintes de gris, qui ne sont guère que des lilas très-clairs ou des lilas bleu rabattus, conventionnellement appelés gris.

Les verts, dont quelques-uns se font encore en mêlant des bleus d'indigo avec les jaunes de curcuma, de gaude, de bois jaune ou d'acide picrique, sont faits, soit par la viridine, soit par d'autres verts d'aniline dont l'éclat est rehaussé par la lumière artificielle, qui le plus souvent éteint ou modifie les autres verts. De 1855 à 1860, les verts clairs destinés à être portés le soir se teignaient avec le lockao ou vert de Chine, extrait du nerprun.

Quant aux couleurs dites modes ou fantaisie, ou, pour parler d'après M. Chevreul, les nuances rabattues, qui varient depuis le bronze foncé jusqu'au cannelle clair et au gris poussière, en passant par la scabieuse, la giroflée, le marron, le havane, le feutre, etc., elles sont faites par des mélanges de rouge, de bleu et de jaune assemblés en quantité variable, et dans lesquels on emploie pour les couleurs claires la cochenille ammoniacale et l'orseille mêlées au sulfate d'indigo avec une solution d'épine-vinette et de fustet. Les couleurs foncées reçoivent un fond de cachou développé par le chromate de potasse ou par l'acide azoto-sulfurique, et sont terminées par des bains d'orseille et d'indigo.

Les noirs ne sont pas encore atteints par les dérivés de la houille, mais leur teinture présente en général une particularité que les esprits malveillants seraient disposés à traiter de fraude, si elle n'était pas déjà si connue, si universellement adoptée, et si son résultat n'était pas, en diminuant considérablement le prix des étoffes de soie, d'en vulgariser l'usage. Nous regrettons bien, quant à nous, les belles étoffes inusables qui coûtaient à nos aïeux 25 ou 30 fr. le mètre, mais nous ne trouvons pas non plus très-mauvais qu'il y ait des étoffes à 4 fr. qui durent trois mois; aussi dirons-nous que dans la teinture en noir il y en a de plusieurs sortes, le non chargé et le chargé, et même le surchargé.

Le noir non chargé se fait en général sur bain de savon, au campêche et gaude, fixés par les sulfates de fer et de cuivre; le noir bleu pour velours se fait en alunant la soie et en y fixant du campêche additionné de savon, avec une très-petite quantité de gaude ou de bois jaune.

Le chargeage des noirs a pour but d'augmenter le poids des soies et par conséquent le volume des brins, ce qui fait naturellement qu'il y en a un moins grand nombre pour une surface donnée de tissu. Cette manœuvre, véritable fraude quand elle était inconnue, s'exécute en ajoutant au bain de teinture une matière que la soie retient et qui y adhère intimement; anciennement on employait la noix de galle ou l'extrait de châtaignier, que l'on virait sur un bain de fer, dit *pied de noir*, composé d'une infinité d'ingrédients qui, la plupart du temps, se détruisaient l'un l'autre; aujourd'hui ce pied de noir est remplacé par le protoacétate de fer, qui donne des résultats constants, et qui ne s'emploie que pour les soies assouplies. Quant aux soies cuites, on leur donne, par les moyens ordinaires, un fond de cyanure de fer, puis on les passe sur un bain concentré de rouille, après quoi elles sont trempées dans un bain de cachou à 0,90 degrés, lavées à grande eau, savonnées dans un bain à 50 pour 100 de leur poids, et enfin lavées avec de l'eau acidulée d'acide chlorhydrique.

Ce procédé fait retrouver à la soie cuite les 25 pour 100 qu'elle avait perdus dans la chaudière; en ajoutant 2 pour 100 de protochlorure d'étain au moment du passage dans le cachou, la soie en absorbe davantage; cette plus-value de 25 pour 100 n'a pas satisfait encore les marchands de soieries, et, pour arriver au prix infime auquel on vend certaines étoffes, on a poussé la surcharge jusqu'à 55 pour 100, c'est-à-dire que 100 grammes de soie perdant 25 grammes à la cuisson se trouvaient, après teinture, peser 130 grammes et quelquefois même 150. Voici comment ce miracle se produit : on donne un fond de cyanure de fer, on passe trois fois dans un bain de rouille à 30 pour 100 avec des intervalles de lavage et de savonnage bouillant, on repasse au cyanure, on donne un bain de cachou à 250 pour 100, on savonne, et enfin on avive l'acide chlorhydrique.

Les couleurs modes et les bruns se chargent au tannin, noix de galle ou cachou. Une nouvelle surcharge, que nous ne pouvons cependant approuver entièrement, consiste dans un passage en un bain de sucre qui se dépose sur la soie, augmente environ son poids de 10 à 12 pour 100 sans lui enlever son éclat, grâce à la translucidité de la matière employée, glucose pour les couleurs foncées, sucre de canne pour les couleurs claires. Une légère addition de coloquinte suffit à rendre cette surcharge méconnaissable au goût. Un passage à l'hydro-extracteur dessèche les mateaux entre ces différentes opérations et après leur entier accomplissement.

Les soies une fois teintes, avant d'être rendues au fabricant, doivent encore être égalisées, comme nous l'avons dit des soies blanches, et chevillées. Les soies colorées ne sont pas chevillées à la main. Une très-ingénieuse machine, inventée par MM. Lyonnet et Prenat, de Saint-Étienne, se compose d'un pilier fixe garni de chevilles d'acier surmontant des crochets mobiles sur pivot : on passe les mateaux de soie par l'extrémité supérieure autour de la cheville, par l'extrémité inférieure autour du crochet; un mouvement de va-et-vient, faisant tourner le crochet, tord la soie tantôt dans un sens, tantôt dans l'autre; au moment du changement de direction, la cheville supérieure fait une demi-révolution qui déplace alternativement chaque portion des fils et égalise l'effet de la torsion. A la suite de ces opérations et d'un séchage dans de grands séchoirs, les soies remontent au bureau, où, après avoir été reconnues et classées au moyen du numéro d'ordre qui ne les a pas quittées, elles sont assemblées par des femmes et rendues à leur propriétaire.

· Les manipulations de la teinturerie Guinon, Marnas et Bonnet occupent environ 360 ouvriers dont le salaire varie de 4 à 5 francs par jour ; les femmes employées (de 40 à 50) gagnent un minimum de 2 fr. 25 cent. Dans les moments de presse, le travail se prolonge quelquefois dans la soirée, et les heures supplémentaires sont payées à raison de 60 centimes. Le travail de la teinturerie, depuis l'invention des hydro-extracteurs et de la machine à cheviller de MM. Lyonnet et Prenat, n'est pas très-pénible, mais il demande de la part des ouvriers teinturiers une extrême sagacité de l'œil, sagacité qui se perfectionne quand elle est naturelle, mais à laquelle se refusent complétement certaines organisations. Environ 800 kilogrammes de soie sont traités par jour dans l'établissement de la rue Bugeaud, ce qui fait par an pour plus de 30 millions de cette précieuse matière, devant constituer après le tissage 50 millions d'étoffes au moins.

En 1851, une société de secours a été constituée par un premier versement fait par la maison, et ensuite il a été versé dans la caisse une somme de 2 francs pour chaque employé, mais non prélevée sur les appointements. Les malades ont pu ainsi recevoir une allocation de 2 francs par jour, et en cas d'événements graves et de positions particulièrement intéressantes, des secours importants ont pu être distribués.

FIN DE LA TEINTURERIE DE SOIE

FAIENCERIE DE GIEN

La faïence que l'on fait à Gien n'est pas la même que celle dont nous avons raconté la fabrication en décrivant l'usine de M. Signo-ret, à Nevers; cette dernière est une terre cuite rouge ou jaune recouverte d'un émail stannifère opaque, et dans laquelle la cou-leur blanche est obtenue par l'émail. La faïence de Gien est une terre blanche revêtue d'un émail translucide et presque tou-jours incolore qui laisse apercevoir le ton du biscuit sousjacent; cette faïence, très-usitée en Angleterre, a été appelée d'abord cailloutage, parce qu'elle est presque toujours composée en partie de cailloux pulvérisés; on l'appelle aussi porcelaine opa-que, à cause de sa blancheur sans transparence, et parce qu'elle renferme une notable proportion de kaolin. Jusqu'à présent, bornée à la fabrication des objets d'usage domestique du plus bas prix, la faïencerie de Gien vient, depuis quelques années et sur-tout depuis quelques mois, de consacrer une partie de ses forces à l'exécution de produits d'un ordre plus élevé et cependant d'un bon marché relatif qui ont eu à l'Exposition de cette année un très-grand succès. Elle a de plus renouvelé complétement son installation et est arrivée à se placer au premier rang parmi les établissements similaires.

La faïencerie a été fondée à Gien, en 1822, par M. Hall qui venait de vendre la fabrique de Montereau et celle de Creil, installées par lui ; comme le contrat de vente indiquait la défense d'établir une nouvelle faïencerie dans un rayon déterminé, M. Hall, trouvant à Gien un ancien couvent de Minimes, dont les bâtiments vastes pour l'époque lui semblaient propices à l'établissement d'une usine, il s'en rendit acquéreur et commença une fabrication de faïence. M. Geoffroy succéda à M. Hall ; il put se procurer à Neuvy-sur-Loire une terre fort convenable disposée en amas enfouis à une profondeur de cinq à huit mètres : terre d'une plasticité excellente, mais qu'il est impossible d'exploiter en galeries, à cause de sa disposition en masses irrégulières ; conduite par M. Geoffroy, la fabrique prospéra et sa réputation s'étendit dans tout le centre, l'ouest et le midi de la France.

Encore aujourd'hui, les ustensiles de toilette, les assiettes, les saladiers, les bols, les pots à confitures diffèrent peu de forme et d'ornementation ; certaines pièces se sont reproduites et se reproduisent indéfiniment, à la condition de rester identiques ; d'autres se modifient plus ou moins suivant la mode du jour, et tout en maintenant sa fabrication de fond, Gien a subi, comme tous les autres établissements industriels, les influences de la mode.

Gênés dans le développement et dans l'application des moyens mécaniques modernes par la disposition des bâtiments de l'ancien couvent, les administrateurs actuels de l'usine l'ont reconstruite presque en entier sur des données mieux conçues et cela sans cesser de produire, sans interrompre une fabrication croissante. Ce tour de force, auquel sont tenus tous les anciens établissements qui se transforment est plus difficile encore pour une fabrique aussi complexe qu'une faïencerie ; cependant Gien n'a pas cessé son travail, les fours ont été allumés comme à l'ordinaire et l'on a pu maintenir la proportion voulue, pour la bonne économie du travail, entre les pièces ébauchées, cuites, émaillées et livrées aux décorateurs ; encore quelques mois et Gien, complétement rajeuni, sera une de nos usines les mieux montées et les plus intelligemment agencées.

Les matières premières employées dans la pâte de la faïence de Gien sont d'abord : de l'argile plastique de Neuvy, qui arrive par bateaux et est déchargé sur le quai qui borde la Loire et sépare seul le fleuve des portes de l'usine ; à côté de l'argile arrive le kaolin, non de la Haute-Vienne, mais de l'Allier où des gîtes assez considérables sont exploités entre Gannat et Montluçon ; la troisième matière contenue dans la pâte se trouve dans la Loire même, ce sont les cailloux siliceux du fleuve que l'ou ramasse pendant les basses eaux. Ils sont calcinés dans des fours et broyés à l'eau dans des moulins établis sur de petits cours d'eau à deux lieues de Gien. Pour épargner une partie de cette main-d'œuvre assez chère, la faïencerie va les remplacer par des quartz kaoliniques, kaolins non lavés, dans lesquels se trouvent en assez grande abondance de petits cailloux de quartz. La glaise donne à la pâte la plasticité, le kaolin la blancheur, le quartz la résistance au feu et la rigidité au biscuit. Ces trois matières sont pesées à sec et jetées dans une cuve en proportion variable, suivant le degré de plasticité des terres.

Dans cette cuve tourne un malaxeur qui agite et mêle aussi uniformément que possible les trois matières soulevées par une abondante addition d'eau. Au sortir de la cuve, l'eau entraîne les terres délayées ; elle passe au travers de deux tamis, l'un en toile métallique, l'autre en fil de soie tout à fait semblable au canet qui garnit les blutoirs des moulins à farine ; les tamis retiennent toutes les parties encore sableuses et ne laissent passer que les particules d'une extrême ténuité ; l'eau qui les entraîne est conduite par des tuyaux jusqu'à des fosses pouvant contenir environ 260 mètres cubes ; ces fosses sont en maçonnerie parfaitement étanche, et séparées par des murs qu'il est nécessaire de faire très-solides si on ne veut pas qu'ils cèdent à la poussée de l'énorme masse d'eau qu'ils ont à porter.

En séjournant dans ces fosses, les matières terreuses en suspension dans l'eau se déposent lentement, et l'eau qui reste à la surface s'évapore ou est décantée ; plusieurs coulées successives suivies de plusieurs décantages finissent par remplir la fosse dans laquelle la pâte reste environ trois semaines avant d'atteindre la consistance nécessaire aux opérations suivantes.

Enlevée alors au moyen d'une pompe Letestu, la pâte liquide est envoyée dans une presse anglaise fort ingénieuse qui se compose de deux forts montants entre lesquels sont logés vingt-quatre compartiments en toile. Dans le bâtis qui le limite se trouvent des gouttières dans lesquelles l'eau s'écoule. Un tuyau commun communique par des robinets avec les vingt-quatre compartiments ; dans ce tuyau monte la pâte liquide qui remplit les cavités circonscrites par la toile ; la pâte chassée continuant à arriver par la pompe foulante, il s'établit une sorte de pression hydraulique sans cloisonnage intermédiaire, la colonne d'eau faisant elle-même l'office de piston. Sous cette pression, l'eau contenue dans les compartiments commençant à filtrer au travers de la toile, les parties terreuses restent nécessairement en dedans.

D'abord l'écoulement est compensé par l'arrivée de nouvelle pâte liquide, mais il vient un moment où l'arrivée dépasse la sortie, une pression plus énergique se manifeste. La presse serait bientôt cassée si une soupape avec contre-poids calculé ne s'ouvrait latéralement pour laisser le trop-plein s'écouler et retourner au réservoir d'où l'on a chassé la pâte ; les terres finissent par remplir entièrement les compartiments et subissent alors une véritable pression hydraulique qui en chasse presque toute l'eau. Au bout de quatre heures l'opération est terminée et la pâte suffisamment desséchée est versée dans de grands bacs au fond de caves où elle séjourne aussi longtemps qu'il est possible au fabricant de les y laisser.

Pendant le séjour de la pâte dans les caves, elle s'égalise, prend une consistance uniforme, et au dire de tous les céramistes, subit une sorte de fermentation lente qui en développe les qualités plastiques. Les traditions chinoises racontent qu'il faut laisser cent ans dans les caves, les terres destinées à faire la porcelaine ; avec la rapidité de l'industrie contemporaine, c'est tout au plus si les terres de Gien séjournent plus d'un mois dans le sous-sol. Le raffermissement des terres se faisait autrefois à Gien par une méthode beaucoup moins ingénieuse, mais qui cependant donnait encore d'assez bons résultats ; la pâte liquide était enfermée dans des sacs de toile et placée sous un énorme pressoir, par lits séparés au moyen de claies en feuilles de fer. Ce pressoir à engrenage mû à bras finissait par extraire l'eau, mais c'était une manœuvre lente et assez coûteuse que d'ensacher et de désacher ces terres par fractions de 15 à 20 kilogrammes environ. Il est du reste facile de se rendre compte, à Gien, des avantages et désavantages des deux procédés, car le vieux pressoir fonctionne encore à côté de la nouvelle machine.

Lorsque le moment de l'employer est venu, on passe la terre dans un malaxeur qui ressemble beaucoup à ceux que l'on emploie dans la fabrication des tuyaux de drainage, et que nous avons décrits dans notre livraison concernant la tuilerie de Montchanin. La terre sort en un gros boudin carré que l'on découpe en ballons de vingt-cinq kilogrammes environ. Gien emploie tous les jours cinq cents de ces ballons, quelquefois plus. Les ballons sont enlevés par des monte-charges et portés dans les ateliers où la terre doit être travaillée. Les manutentions sont différentes suivant l'objet à obtenir.

La fabrication courante la plus simple et la plus usitée à Gien, est celle des assiettes, dont il se fait chaque jour des milliers. De même que pour les saladiers, les cuvettes, les assiettes à soupe, les soucoupes, et toutes les pièces largement ouvertes le procédé n'offre aucune difficulté. L'ouvrier fait un certain nombre de galettes de poids aussi égal que possible, en applatissant la terre sur une table en pierre posée près de son tour, il empile ces galettes à portée de sa main et se place devant sa table fixée dans une embrasure de fenêtre et au centre de laquelle ressort, se mouvant sur un arbre vertical, une tournette circulaire faisant volant. La tournette porte le moule en plâtre dont la convexité doit recevoir la concavité de l'assiette. Un gamin placé près de l'établi pose la galette, nommée croûte, sur le moule, l'ouvrier la fait adhérer et imprime de la main un mouvement de rotation à la tournette.

Pendant cette rotation, il façonne la pièce avec un calibre en terre cuite Dans la nouvelle installation, les tournettes des faiseurs d'assiettes sont mues par une transmission de la machine à vapeur. Dans un espace de temps à peine appréciable, l'assiette est faite ; le gamin l'a posée sur des rayons placés au centre de la pièce et l'a remplacée sur le moule par une croûte nouvelle.

Quand un certain nombre de pièces sont moulées, l'ouvrier se fait apporter par le gamin les assiettes ébauchées, les place de nouveau sur le moule, les polit avec une éponge mouillée et un morceau de corne et en coupe les bords avec une lame de tôle. Le gamin les reporte sur les rayons d'un séchoir où elles reposent sur des surfaces unies et absorbantes en plâtre, pendant deux ou trois jours, suivant le degré de chaleur et d'hygrométrie de l'atmosphère ; l'hiver on chauffe le séchoir au moyen de calorifères. Par ce procédé presque entièrement manuel, puisque la tournette ne peut guère être considérée comme un moyen purement mécanique, un ouvrier et son aide font chaque jour de mille à douze cents assiettes, plus d'une par minute.

Il a été souvent question de remplacer ce travail par celui d'une presse automatique mue par la vapeur, mais tous les essais n'ont donné jusqu'à ce jour aucun résultat satisfaisant pour différents motifs. Le principal, c'est qu'il a bien peu d'intérêt à diminuer le prix d'une main d'œuvre déjà très-basse mais qui donne des résultats certains et connus, et que les fabricants hésitent avec raison à installer des appareils coûteux à établir.

Du séchoir, les assiettes passent au four où nous les retrouverons tout à l'heure jointes aux autres pièces obtenues par des procédés d'un autre genre.

Tous les vases ronds, comme les soupières, les tasses, les pots à confiture, les bols, les vases à fleurs, sont faites sur le tour par des ouvriers d'une grande habileté; avec leurs mains seule-ment et à l'aide de quelques outils d'une extrême simplicité, ils donnent à la terre toutes les formes qui dérivent du cercle; une équerre, quelques calibres leur suffisent pour produire des objets d'une régularité parfaite. Leur établi est fixé dans l'embrasure d'une fenêtre, comme les fabricants d'assiettes; du centre de la table sort un plateau porté par un arbre qui reçoit le mouvement d'une transmission de la machine à vapeur; une épaisse galette de plâtre est posée sur le plateau et varie de grandeur suivant les dimensions de l'objet qui est en cours d'exécution. Les ouvriers ébaucheurs font presque toujours le même genre de pièces; ainsi l'un ne fait que des bols, l'autre ne fait que des soupières

Les grands vases sont la spécialité d'un petit nombre. Rien n'est plus intéressant que de voir se former sous les yeux un vase de di-mension un peu élevée : l'ébaucheur place sur le plateau de son tour une forte portion de terre qu'il étreint avec ses deux mains pendant que le tour commence à tourner : la rotation combinée avec la pression des mains fait élever verticalement la pâte par un mouvement héliçoïde; si l'ébaucheur desserre un peu ses mains, le cône redescend et s'aplatit par la force centrifuge et le poids de la terre. Plusieurs fois l'ouvrier ouvre ainsi et resserre les mains, forçant les mollécules de la terre à se ranger dans un ordre voulu, pour que la pièce puisse résister sans se casser aux effets de dilatation et de rétraction de la cuisson. Lorsqu'il juge sa terre prête, il enfonce à la partie supérieure d'abord le pouce, puis l'une des mains, tandis que la main restée libre, continue à modeler l'extérieur.

Dans les grandes pièces, pour guider le travail, une tige de cuivre, s'élevant à quelque distance du plateau, porte deux minces baleines que l'on peut avancer ou reculer, assez flexibles pour ne pas déchirer la pièce, mais cependant assez raides pour marquer la largeur qu'elle doit avoir. La rapidité, la sécurité avec laquelle un ébaucheur donne à sa pièce la forme voulue, sont vraiment merveilleuses; et ce n'est pas seulement le galbe qui est obtenu, mais l'épaisseur des parois variables suivant tel ou tel point du vase, l'indication des filets, des rebords de certains our-

Le tournasseur.

lets. Quant aux anses, elles sont rapportées après coup par d'autres ouvriers, lorsque les pièces ont été tournassées dans un atelier spécial.

Le tournassage est une opération exactement semblable à celle qu'exécutent les tourneurs sur bois ou sur métal, cette opération a pour objet d'enlever toutes les ébarbures et de donner toute

la régularité nécessaire aux parois ; l'ouvrier pose à l'extrémité
d'un tour horizontal la pièce à tournasser sur laquelle il lève les
copeaux de terre avec une lame qu'il tient à la main.

Le troisième procédé est réservé à tous les objets céramiques

L'ébaucheur.

qui n'affectent pas la forme ronde ou bien dont les surfaces extérieures portent des reliefs, des côtes ou sont déprimés par des
parties planes. Tout ce qui est ovale ou carré, les plats longs, les
saucières, les sucriers pour sucre en poudre, certaines cuvettes,
un grand nombre de cache-pots se font par le moulage : on commence par faire un modèle complet en plâtre ou en terre cuite

soit simplement modelé, soit sculpté avec plus ou moins de talent, sur ce modèle on obtient un creux qui est encore travaillé au burin, et dans lequel on moule un modèle définitif qui
sert à obtenir le bon creux. Quand les objets doivent être répétés un très-grand nombre de fois, on est forcé de faire
plusieurs bons creux ; certains de ces moules servent presque
indéfiniment.

Que les pièces soient faites sur un moule, en rond de bosse,
ou dans un moule creux, ou bien ébauchées sur le moule, elles
reçoivent toutes leurs anses de la même manière. Les anses sont
fabriquées par pression dans des moules ou tirées à la filière
qui trace les filets et sont collées avec de la barbotine ; quand les
pièces sont garnies, on les met d'abord en cassette, boîte de terre
cuite fabriquée dans l'usine. Les grandes pièces ont chacune
leur cassette, les assiettes et pièces plus petites sont rangées plusieurs dans la même boîte et séparées l'une de l'autre par des
boudins ou des tasseaux de terre cuite. Le four de cuisson est
haut de cinq mètres et large de six, il est desservi par neuf allandiers, huit pour le tour, un pour le centre. La houille dont on
se sert à Gien est du charbon de Commentry, maigre, autant
que possible, à longue flamme, le chargement dure huit à douze
heures, la cuisson menée progressivement soixante-quinze heures,
le déchargement à quinze hommes environ quatre heures, le
refroidissement trois jours et trois nuits. L'intérieur d'un four
en faïence en charge diffère peu de celui dont nous avons donné
la figure dans la notice sur Sèvres ; au sortir du four, les pièces
à l'état de biscuit sont rigides et blanches à émailler

L'émail est un verre pulvérisé et broyé en particules si déliées
qu'elles peuvent rester en suspension dans l'eau : ce verre est
fabriqué préalablement par un mélange de matières fusibles. Il
se compose, dans des proportions variables suivant les idées du
fabricant de sable, de Fontainebleau qui fournit la silice, de
minium qui donne le plomb, de carbonate de soude acheté à
Saint-Gobain, de potasse perlasse, d'acide borique ou de borate

de chaux. Ce verre en pleine fusion est versé brusquement dans l'eau froide dont le contact l'effrite et facilite un broyage à la meule. Ce broyage se fait dans des moulins mus par la chute de petites rivières aux environs de Gien ; un broyage à l'eau réduit l'émail au degré de ténuité voulue ; si l'on veut des émaux de couleur, on mélange au verre des oxydes métalliques.

L'émail en suspension dans l'eau remplit de grands baquets dans lesquels l'ouvrier chargé de le répandre sur les pièces en biscuit, passe rapidement chaque objet ; il faut une grande habileté de main pour égaliser la couche, car le biscuit étant très-poreux, absorbe rapidement l'eau, et le dépôt s'épaissirait inégalement au moindre retard.

Après l'émaillage, on remet les pièces en cassette avant de les reporter au four, en ayant soin de les éloigner les unes des autres, car l'émail étant fusible, il résulterait une adhérence partout où il y aurait contact. Les assiettes sont séparées par des tasseaux triangulaires, de sorte qu'elles ne touchent que par trois points. Pour déterminer la fusion de l'émail, il faut moins de temps que pour cuire en premier feu, vingt heures suffisent : le feu est moins vif, mais mené très-bon train.

Le four est élevé de quatre mètres en hauteur sur quatre de large ; il est chauffé par huit allandiers, quatre de chaque côté, il n'y a point de foyer central. La conduite du feu est très-différente de celle qui est nécessaire pour le biscuit ; les allandiers sont munis de grilles de manière que l'on obtienne un tirage oxydant. Jusqu'à présent Gien avait pu suffire à sa consommation avec trois fours à biscuit et cinq à émail, mais en ce moment l'accroissement des commandes a déterminé la construction de dix autres fours qui desserviront les nouveaux ateliers établis sur une longueur de 175 mètres et larges de 14.

Les pièces dites en blanc ne subissent plus aucune préparation, et au sortir du four sont presque immédiatement emballées pour satisfaire les acheteurs. Mais une grande partie de ces pièces doivent être décorées· ce qu'on appelle le décor proprement dit est presque toujours peint ou imprimé sur émail cru ou cuit, mais il y a certaines colorations appliquées sur terre crue avant tout passage au four. Ce genre de décor, presque toujours monochrôme, est réservé le plus souvent aux tasses, bols et autres objets communs. L'exécution se fait, en général, au moyen de procédés extrêmement simples et avec des couleurs très-bon marché; ainsi, l'un des ornements les plus à la mode dans la clientèle de Gien, est ce qu'on appelle le tabac. On fait une décoction de tabac dans laquelle on délaye de l'ocre qui donne un liquide brunâtre : au moyen d'une petite éponge on laisse tomber des gouttes de ce liquide sur la surface du bol ou de la tasse à intervalles aussi réguliers que possible. Chaque goutte qui touche la surface s'infiltre dans la terre et y dessine des radicules extrêmement déliés qui figurent des herbes marines.

Un autre genre d'ornementation également très-usité est une sorte de marbrure imitant le jaspe ou l'agate. Voilà comment elle s'obtient : on verse dans une théière à trois ou quatre compartiments des liquides colorés presque toujours en brun variant du ton le plus clair au plus foncé, et l'on verse sur le bol ou la tasse ces liquides qui, en sortant des compartiments, se répandent sur la surface sans avoir eu le temps de se mêler ; on produit ainsi des veines en camaïeux qui ornent suffisamment. Après avoir ainsi coloré les pièces, on les fait cuire et on les recouvre d'émail transparent sous lequel apparaît l'ornement après la seconde cuisson.

On fait encore sur biscuit beaucoup de ces ornements communs : avec une petite éponge imprégnée de couleurs on obtient des taches étoilées; avec l'extrémité d'un petit bâton on figure des lignes gondolées, au moyen de pinceaux de grosseurs variables on peint des filets et des bandes circulaires ; pour tracer ce dernier ornement, l'ouvrière a devant elle un petit plateau pivotant sur un essieu vertical : elle place le bol ou la tasse sur le plateau auquel elle imprime un mouvement de rotation, puis plongeant dans le liquide coloré un pinceau étroit s'il s'agit d'un filet, large s'il s'agit d'une bande, elle appuie son bras droit sur une planche qui s'avance perpendiculairement à la table placée devant la tournette : elle approche alors sa main assez pour que le pinceau touche légèrement la surface de l'objet placé sur la tournette, et la bande est instantanément tracée. Cette opération se renouvelle avec la plus incroyable rapidité, et les tasses s'amoncellent bientôt autour de l'ouvrière.

Tous les ornements exécutés sur biscuit sont recouverts d'émail avant de passer au feu. La couleur se combine avec la couverte pendant la fusion et fait absolument corps avec la glaçure ; on ne décore pas ainsi seulement les objets communs; c'est sur bis-cuit que l'on imprime ou que l'on peint les personnages, les fleurs, les paysages de moyen et de grand luxe. La peinture se fait à la main après un décalque au crayon lithographique pour assurer les contours. L'impression est un art particulier qui demande un attirail assez compliqué : on n'imprime pas directe-ment sur le biscuit, bien qu'il nous semble cependant qu'au moyen des nouveaux procédés employés par les fabricants de papiers peints, et pour certaines formes, il serait possible d'épar-gner les frais et le temps des opérations préalables.

On commence par dessiner un modèle complet, en s'arran-geant, lorsqu'il s'agit d'ornements, de manière à ce qu'on puisse le diviser en un certain nombre de parties identiques ; puis on reporte sur une plaque de cuivre le dessin ou les fragments de dessin, et on les grave en creux en se servant du burin. On constitue ainsi une planche de taille-douce, sur laquelle on étale la couleur, qui est une pâte visqueuse composée de verre coloré pulvérisé, broyé avec de l'huile de lin. Ces verres sont colorés par des oxydes minéraux mélangés à des silicates addi-tionnés de fondants à base de borax; le bleu est fait avec du cobalt, le jaune au moyen de l'antimoine ou du plomb ; le vert est du chrôme, le rouge, du chrôme, de l'étain et de la craie ; le noir s'obtient par le cobalt, le fer et le manganèse ; les bruns sont le résultat de divers mélanges.

La pâte visqueuse, très-broyée, pénètre les cavités de la planche, et l'ouvrier enlève avec une râclette l'excédant de couleur, de manière à ne rien laisser sur le cuivre rouge et brillant. Ces opérations se font sur le plateau en fonte d'une table chauffée. A la surface supérieure de la plaque gravée, l'imprimeur étale une feuille d'un papier spécial, très-mince, et cependant très–résistant. Jusqu'à présent, ce papier est tiré de l'Angleterre, car, soit préjugé, soit expérience, nos faïenciers français n'ont pu encore trouver de fournisseurs indigènes.

Le papier une fois posé, on fait passer la plaque entre deux cylindres garnis de feutre, et l'on comprime la feuille qui, pénétrant dans les cavités de la gravure, se charge de la couleur. Les feuilles ainsi imprimées sont portées dans un grand atelier par des femmes et des jeunes filles qui appliquent sur le biscuit le côté revêtu de la pâte colorante.

Le biscuit est assez poreux pour retenir la couleur, et l'on peut dépouiller entièrement le papier par une immersion dans l'eau, à la surface de laquelle il vient surnager. C'est ainsi que sont faits les services, jardinières, cache-pots et autres objets à ornements bleus, jaunes ou noirs d'un seul ton. Quand on veut faire des décors multicolores, on commence par imprimer les contours comme un véritable décalque, et l'on fait à la main les rentrures. Le service à la corne, qui a eu à l'Exposition un si grand succès, est décoré par ce procédé.

Lorsque les couleurs peuvent résister au grand feu, après l'impression du contour, on les rentre sur biscuit; mais si elles n'ont pas la solidité nécessaire pour supporter longtemps la température de fusion, on les ajoute sur la glaçure, après cuisson, avec des couleurs dans lesquelles ce n'est plus l'eau qui est le véhicule, mais bien l'essence de thérébentine; plusieurs rouges, et les roses au chlorure d'or sont peints sur émail cuit.

La cuisson des couleurs ainsi rapportées s'opère dans des moufles, petits fours en terre cuite, chauffés au bois et autant que possible à longue flamme; on pousse la chaleur jusqu'au ramollissement de l'émail, suffisant pour que les couleurs à l'essence y puissent adhérer; par ce dernier procédé de peinture sur émail cuit, on obtient toutes les couleurs, et par conséquent on reproduit toute image, jusqu'aux tableaux ordinairement réservés à la peinture à l'huile, mais il est cher et ne peut être appliqué qu'aux pièces riches. Les objets d'usage ordinaire, sujets à des frottements ou à des chocs, doivent toujours recevoir leur décor sous émail.

En ce moment, les ateliers de décor de Gien contiennent plus de cent personnes, imprimeurs et imprimeuses, peintres et conducteurs de mouffles, qui se hâtent pour satisfaire les nombreuses commandes que l'Exposition a suscitées à la manufacture : les services à la corne, les services bleus ou multicolores, imitant le Rouen ou le Moustier, portant au centre le chiffre ou les armoiries, ont été, pour Gien, l'occasion d'un triomphe inattendu de ses directeurs eux-mêmes. A côté des grands dessins exposés par les autres fabricants, des reliefs épais, des couleurs voyantes, les ornements fins et sobres imités des anciennes faïences normandes ont paru plus applicables à des objets d'usage journalier. Tout étonnés d'avoir pour 8 ou 10 francs la douzaine les mêmes assiettes qui dans les ventes se payent de 20 à 100 francs la pièce, les gens de goût ont immédiatement compris la possibilité de se donner à peu de frais une excellente vaisselle très-élégante. Aussi Gien a-t-il été surpris par les commandes, et a-t-il dû s'organiser en toute hâte. D'autres produits destinés aussi à un grand succès, à la condition d'approprier les formes aux procédés de décor, ont fait également leur apparition au Champ-de-Mars, dans le pavillon de Gien : ce sont des objets irrisés par le procédé Brianchon.

La faïence de Gien se prête aussi à la peinture, et l'exposition de la fabrique a montré ce que des artistes de talent pourraient faire même avec un seul ton sur fond blanc : de grands plats exécutés en noir par Mme Robert, en bleu et en rose par Mme Gondouin, sont de beaux tableaux, qui ont de plus que les peintures

ordinaires le charme du glaçage et la certitude de l'inaltérabilité
Ce serait, suivant nous, une mode intelligente pour les personnes
sachant un peu dessiner et peindre que celle de se faire à soi-
même ou à ses amis des services de table et des ornements pour

Ouvrière traçant une bande au pinceau.

les parois des murs avec de ces faïences de Gien peintes sur
biscuit.

Gien occupe en moyenne 500 ouvriers, dont les quatre cinquièmes au moins sont des hommes et des enfants; les femmes
ne travaillent qu'au décor, à l'impression et au garnissage.

FIN DE LA FAIENCERIE DE GIEN

TAPIS ET TAPISSERIES

DE MM. REQUILLART, ROUSSEL ET CHOCQUEEL

A TOURCOING ET A AUBUSSON

La fabrication des tapis est aussi ancienne que la civilisation ; leur usage a commencé naturellement par l'emploi de fourrures et de toisons pour couvrir le sol, et garantir l'habitant de la tente des fraîches émanations de la terre ; aussi les nations qui entourent la Méditerranée, favorisées par la clémence du climat, n'ont pas dans cet art la première place comme dans presque toutes les autres inventions humaines. Ce furent les peuplades nomades voisines du golfe Persique et les industrieux habitants du nord de la Gaule qui développèrent le tissage des tapis et des tapisseries. L'histoire de ces deux fabrications est presque toujours unie dans les livres qui les décrivent ; nous essayerons, au contraire, de les séparer l'une de l'autre, et nous concentrerons nos études sur la production des tapis proprement dits, destinés à recouvrir le plancher, et non les parois des appartements. Longtemps abandonné pour le parquet glissant, ou pour les dalles dures et froides, le tapis prend aujourd'hui sa place dans le confort contemporain. La fabrication depuis vingt ans a passé en France de 3 millions de francs à 15 ; l'imitation des habitudes an

glaises et l'introduction dans notre pays de quantités considérables de marchandises peu solides, il est vrai, mais d'un bon
marché excessif, vient encore, cette année, nous habituer de plus
en plus à couvrir d'un tissu le sol de notre appartement. On commence à comprendre, sans se le formuler nettement cependant,
qu'il ne suffit pas d'orner richement les murs d'un salon ou d'une
chambre à coucher, — et les rapidités de la vie moderne ne permettent pas, dans un appartement loué, de faire établir et.entre-
tenir ces beaux parquets en bois de diverses couleurs, figurant
une riche mosaïque comme on peut en voir encore dans quelques
constructions du siècle dernier

On veut, avec raison, couvrir le sol qu'on foule, pour en maintenir l'aspect propre et gai. Rien, en effet, n'est plus choquant à
l'œil que la chaussée défoncée des villes populeuses ; dans les cercles, dans les cafés, dans les théâtres, les planchers et les escaliers, usés et souillés par la trace sans cesse renouvelée du passage
de la multitude, font un éffet d'autant moins agréablé, que les
murs sont plus chargés d'ornements. Combien, au contraire, la
vue d'un pré fraîchement coupé, la blanche et égale surface d'une
nappe de neige, réjouissent la vue et donnent une sensation d'ex-
quise propreté ! C'est une sensation analogue que donne, dans un
appartement, la vue d'un beau tapis à haute laine d'Aubusson ou de
Smyrne, cher il est vrai, mais doux, élastique, solide, et qu'il
suffit de déclouer et de battre pour le voir redevenir propre et
brillant. C'est là un beau et grand luxe que peuvent se donner les
fortunes assises. Pour les bourses moins rondes, il y a la moquette
qui, lorsqu'elle a été bien fabriquée à la main et au métier Jacquart, peut, à quart de prix, remplir un bon usage. Puis, à côté de
la moquette et souvent moins chère qu'elle, sont les veloutés de
Nîmes et le tapis dit *chenille*, qui ne sont plus fabriqués exclusivement pour descentes de lit ou devants de cheminée. — Puis
vient la moquette imprimée faite à la machine par des procédés
très-curieux que nous décrirons plus loin. Le tapis dit *écossais*
arrive ensuite, broché ou simplement nappé ; le *jaspé* ferme la

marche, grossier tissu plein et fort, dont la chaîne est une cordelette de lin filée avec des matières moins fines. A côté se trouve
le tapis imprimé sur feutre, excellent pour faire des dessus de table,
mais qui ne doit pas supporter longtemps la pression de chaussures : il y a plusieurs années, on faisait des tapis formés de toiles caoutchouquées, sur lesquelles on collait des tranches de
laine. Cette fabrication fut bien vite reconnue mauvaise par les
acheteurs, qui y ont renoncé déjà depuis quelque temps (a).

Il y a bien encore dans les magasins de MM. Requillart, Roussel
et Chocqueel d'autres tissus pouvant couvrir le sol soit des appartements, soit des escaliers et des antichambres; mais ce ne sont
pas à proprement parler des tapis : ce sont plutôt des toiles fortes
ou des nattes de jute, de maïs ou d'autres matières végétales communes. Les honorables industriels qui nous ont fourni tous les
renseignements de cette étude, et chez lesquels nous allons examiner la fabrication des tapis, ne vendent pas exclusivement leurs
produits. Utilisant leurs vastes magasins de la rue Vivienne, mettant à profit leurs relations avec toutes les manufactures d'étoffes
d'ameublement, ils sont entrepositaires de leurs concurrents et
de leurs rivaux, et les intermédiaires des maisons les plus considérables qui tissent les reps, les damas, les perses imprimées.
Leurs établissements de production se composent d'une fabrique
de tapisseries située à Aubusson, où se font les étoffes de haute
et basse lisse, en point des Gobelins ou de la Savonnerie, et d'une
manufacture de tapis établie à Tourcoing, où se tissent les tapis

_____

(a) Voici du reste, comment ce genre dit *mosaïque* est apprécié par M. Chocqueel dans son
Histoire des tapisseries et tapis :

« On voyait à Londres, en 1851, une espèce de tapis, dit *mosaïque*, qui a reparu également
à Paris en 1855, et qui, originaire d'Allemagne, a été fabriqué à Paris, puis à Tourcoing, où
les Anglais sont venus chercher des coloristes et des contre-maîtres. Ce tapis se produit de cette
façon :

» Deux plaques percées parallèlement de trous carrés sont placées l'une devant l'autre à une
distance voulue : par exemple, un mètre. De trou en trou, on passe des brins de laine colorée
dans l'ordre où les couleurs se trouvent sur le modèle. Lorsque tous les brins de laine ont été
introduits, on serre leur masse et on la coupe par tranches successives. Ces tranches forment
autant de surfaces de tapis qui sont placées sur un lit de caoutchouc et ensuite appliquées sur
toile. Le caoutchouc a été employé seul depuis ce temps. Aujourd'hui l'Angleterre seule fabrique
ces tapis d'une espèce particulière. La France n'aime guère à sortir des genres dont les qualités
sont sérieuses. »

au mètre, depuis les plus beaux et les plus riches jusqu'aux plus simples et au meilleur marché.

L'établissement de Tourcoing est le plus considérable en ce genre que la France possède. Tourcoing était cependant une ville bien mal située pour y établir une industrie quelconque; l'agent indispensable de tout travail manquait complétemeut, car on ne pouvait s'y procurer de l'eau qu'à des profondeurs considérables et au prix de travaux infinis; l'eau ne suffisait même pas aux chaudières des machines à vapeur, on ne pouvait donc en avoir pour les besoins de la teinture, partie importante de la fabrication des tapis; et cependant, grâce à la ténacité des habitants, les filatures importantes, des tissages d'une grande étendue ont prospéré, et les villes de Tourcoing et de Roubaix sont devenues assez riches pour aller chercher au loin l'eau d'une petite rivière nommée la Lys, qui est venue, au prix de frais énormes et de grands travaux, leur donner les moyens d'accroître encore leur richesse. Dans la fabrique Requillart, Roussel et Chocqueel, on avait creusé trois grands puits dont un de 40 mètres de profondeur : une machine à vapeur fait encore mouvoir les pompes qui vont chercher cette eau.

Quatre grands corps de bâtiments reliés par plusieurs annexes comprennent :

Des magasins où l'on reçoit la laine achetée à Manchester en vente publique et provenant en grande partie des Indes anglaises ou d'Australie ;

Une peignerie et une filature de laine très-bien installées, qui au besoin travaillent pour l'extérieur, et feraient à elles seules une usine importante;

Une carderie bien montée où se trouvent réunis les différents systèmes les plus perfectionnés pour travailler la laine et le lin ;

Une teinturerie où l'on colore et apprête les laines destinées aux tapis.

Les étages supérieurs sont occupés par les métiers à la main.

Enfin un vaste atelier renferme les métiers mécaniques qui tissent la moquette automatiquement, sans que l'ouvrier ait autre chose à faire qu'à surveiller la machine. Il y a donc dans la maison de Tourcoing deux filatures, un peignage de laine, une teinturerie, une imprimerie et deux tissages, l'un à la main, l'autre à la mécanique. Dirigée depuis 1829 par M. Requillart, dont l'activité ne cesse de la conduire encore aujourd'hui, la manufacture ne présente pas une apparence monumentale égale à son importance. L'ensemble des constructions échappe aux regards, et il nous a fallu, pour en donner une idée approximative, prendre un point de vue de la cour du collège de Tourcoing, magnifique maison d'éducation dont les portes nous ont été gracieusement ouvertes. Nous n'insisterons pas sur la description de la filature de laine dont nous avons déjà entretenu nos lecteurs à propos de l'usine de M. David, et sur laquelle nous reviendrons en décrivant l'usine de M. Mercier, de Louviers.

Nous commencerons notre visite par le tissage le plus commun, la fabrication des *jaspés*. On emploie pour les faire tout ce que les autres tissages ont laissé de moins fin : c'est tout simplement une toile dont la trame est un fil d'étoupes et dont la chaîne est une grosse laine teinte dans les cuves où des matières plus belles ont déjà absorbé ce que la couleur a de plus parfait; on ravive le bain dans lequel on trempe les fils destinés à tisser le jaspé. La largeur de ce tapis est d'un mètre environ, et il renferme fréquemment jusqu'à 750 grammes de laine au mètre; comme on le vend depuis 2 francs, et qu'il est en général très-solide, c'est véritablement le moins cher de tous les tapis. A côté de ce jaspé se trouvent dans les magasins de Paris des jaspés en jute, sorte de matière filamenteuse employée depuis quelque temps à différents usages. Les jaspés de laine se font dans toutes les villes où l'on fabrique des tapis; l'extrême simplicité du métier, le bas prix de la matière première permettent d'en faire partout où il y a des déchets de laine. Aubusson, Nîmes, Bordeaux et même Tours en livrent au commerce d'assez grandes quantités.

Au-dessus du jaspé se fait le tapis dit *écossais*, qui a eu un grand succès à cause de la modicité de son prix et de sa facilité d'entretien. Vers 1844, cette fabrication, que l'on exécute encore à Tourcoing, atteignait son apogée; mais depuis, le public, devenu plus difficile, commence à abandonner le tapis écossais, surtout quand il n'est pas fait en chaîne de laine. C'est un simple nappage tissé sur un mètre de large, le plus souvent à deux couleurs, et dont l'envers présente la disposition inverse de l'endroit; il se fait au jacquart à Tourcoing et à Nîmes. Dans cette dernière ville, on en fabrique un genre appelé *camaïeux*, où la troisième couleur ajoutée est tantôt lancée, tantôt brochée, et montre à l'envers ses fils non employés. Ces camaïeux se vendent de 5 fr. 50 cent. à 8 fr., tandis que l'écossais ordinaire ne coûte que de 4 fr. 50 cent. à 6 fr. La plupart sont rouges et noirs, ou verts et noirs.

Puis vient la grande série des moquettes dont l'histoire commence au siècle dernier. La fabrication de la moquette est à Tourcoing la principale occupation. Nous commencerons par décrire la moins chère, quoique en suivant l'ordre historique elle devrait être décrite la dernière, car c'est la dernière inventée.

Depuis longtemps on était parvenu à tisser mécaniquement les moquettes unies, mais ce n'était pas assez : un tapis sur lequel on marche ne peut être uni comme l'étoffe d'un vêtement; le jeu des couleurs n'est pas seulement un ornement, c'est en quelque sorte une nécessité indispensable; on chercha donc à imprimer les couleurs sur l'étoffe tissée, comme on l'avait fait sur les draps et les feutres.

M. Bright, le célèbre député de Manchester, crut pouvoir faire pénétrer la couleur dans ces tissus épais, mais son invention ne réussit qu'incomplétement. Ce qui se fait aujourd'hui en Angleterre sur une très-grande échelle, et à Tourcoing avec trente métiers, c'est le tissage de la chaîne imprimée. Voici comment cette opération se pratique : On commence par enrouler la chaîne sur d'énormes tambours, de façon qu'elle soit bien tendue, puis au moyen d'une rondelle mobile dans un encrier porté par un chariot glissant sur un rail, on fait sur ces fils tendus des stries transversales de la couleur du dessin qu'on veut obtenir; plusieurs allées et venues du chariot tracent des bandes plus ou moins larges à des places calculées d'avance mathématiquement et avec une extrême précision. On colore ainsi cette chaîne de toutes les couleurs qui entrent dans le dessin, et on la dispose sur l'arrière du métier à tisser; à l'avant se trouvent le rouleau qui entraîne le tissu fabriqué, et le cylindre porte-baguette. A chaque mouvement des harnais du métier, le cylindre lance une verge qui soulève la chaîne pour former une boucle de chaque fil; suivant la manière dont le fil de laine a été disposé, il se trouve que cette boucle est tantôt du fond, tantôt de différentes couleurs dont la juxtaposition forme des fleurs et des dessins parfaitement réguliers. Cette étoffe, dont le tissu est loin d'avoir la netteté de la moquette à la main, offre un aspect brillant, quoique les fonds en soient toujours un peu brouillés et que les couleurs imprimées ne puissent avoir la solidité des couleurs teintes. L'avantage obtenu est l'extrême rapidité du travail, qui donne environ 30 mètres par jour au lieu de 3; aussi peut-on vendre cette fausse moquette à un prix très-modéré, de 4 fr. 50 à 8 fr., suivant la richesse des dessins.

La fabrique de Tourcoing est la seule en France qui ait fait la dispendieuse acquisition des métiers Sharp, ainsi que de ceux de MM. Moxon et Glayton, et du droit de les exploiter. Dans certains de ces métiers, le porte-baguette, au lieu d'être à rainures, est un plateau horizontal qui lance la verge par un mouvement circulaire très-rapide; tels qu'ils sont, ils fournissent de grandes quantités de tissus et permettent de lutter, pour le bon marché, avec les tapis anglais analogues, dont la qualité laisse toujours à désirer.

La principale qualité de la moquette imprimée est la force du tissu et l'aspect chatoyant des couleurs. Mais ces tapis ne se composent que d'un quart de laine pour trois quarts de fils, ils sont donc secs et froids. Aussi le consommateur riche commence-t-il

Tambour à imprimer les chaînes. (D'après une photographie de Franck.)

Métier mécanique à tisser les chaînss imprimées.

à n'en plus vouloir, comme cela nous a été affirmé à nous-même par les vendeurs de certains établissements. Malgré les efforts des Anglais, qui sont arrivés à imiter merveilleusement les dessins les plus difficiles, les moquettes imprimées sont en défaveur, et les véritables connaisseurs commencent à ne plus regarder dans un tissu l'endroit brillant et flatteur à l'œil; ils examinent l'envers; si l'envers est uni et ne présente pas les stries colorées des moquettes à grilles, ils refusent les tapis et les laissent pâlir et se décolorer aux étalages.

La belle et grande fabrication de Tourcoing, celle qui a fait la gloire de la maison Requillart, Roussel et Chocqueel, c'est la moquette française, ou moquette à grilles.

« C'est une étoffe, dit l'auteur de la *Statistique générale de la France*, publiée en 1803, et citée par M. Chocqueel, dont la chaîne et la trame sont de fil de lin ou de chanvre, le velouté de laine et quelquefois de fil pour certaines couleurs. On l'emploie en meubles et en tapis. Il y a aussi des moquettes dans lesquelles le fil n'est pas coupé, ce qui produit un assez bon effet en tapis.

» Il s'en fabrique de trois sortes : 1° celles qui sont à très-grands dessins pour tapis de pied, qui sont plus fortes en laine que les autres; 2° celles qui sont à dessins plus petits avec fleurs unies, qui s'emploient en tapisseries et en fauteuils; 3° d'autres moquettes plus communes, à petits carreaux ou petites mosaïques, qui servent à garnir des chaises et des banquettes et à faire des sacs de voyage; 4° les moquettes ciselées et à fond ras, comme les velours ciselés : celles-ci ont double chaîne de fils de lin doubles et retors deux fois, qui forment le fond de l'étoffe, à l'aide de la trame, faite aussi de fil de lin; leur velouté est de laine, et plus haut que celui des moquettes ordinaires; 5° les moquettes unies pleines, c'est-à-dire d'une seule couleur ou rayées de plusieurs couleurs, qui sont gaufrées à l'imitation des velours d'Utrecht; elles s'emploient pour couvrir des chaises en tapisserie, et même dans les voitures. Leur velouté est aussi fait de laine sur une chaîne et une trame de fil de lin.

» Les moquettes de première qualité ont communément vingt pouces de large. On en fait aussi de vingt-cinq pouces, avec de longs poils à l'instar de celles d'Angleterre, et qui ne leur cèdent en rien. Cette largeur permet un dessin plus riche et plus varié. La longueur du velouté et la diversité des couleurs offrent une imitation des tapis de la Savonnerie. Toutes les moquettes de première qualité portent onze aunes à la pièce. Elles sont principalement destinées pour ameublements et tapis de pied assortis.

» Les moquettes en seconde qualité sont connues sous la dénomination de *pied court ;* elles portent dix-huit pouces de large, et les pièces douze aunes. Elles sont à petits dessins, à compartiments, ou en mosaïque. Leur destination principale est pour meubles, portemanteaux, sacs de nuit, etc., etc. Les moquettes connues sous le nom de *tripes* ont vingt pouces de large, et les pièces vingt-deux aunes. Elles se vendent ou unies, d'une seule couleur, et alors elles sont propres à friser et à ratiner les étoffes ; ou rayées, de deux à quatre couleurs ; ou enfin gaufrées, c'est-à-dire imprimées au cylindre d'un dessin quelconque ; alors elles sont propres pour meubles Le commerce de cette étoffe est très-considérable en France, les moquettes étant employées à une multitude d'usages. L'art de la faire s'est prodigieusement perfectionné, et l'on en fait dans les manufactures françaises qui sont d'une grande beauté et qui ne le cèdent en rien à celles d'Angleterre. »

Voici ce qu'en disait autrefois *l'Encyclopédie* dans son temps de travail encore compliqué et réglementé, mais actif et industrieux prélude du mouvement industriel contemporain :

« La moquette est une étoffe veloutée, à chaîne et trame de fil de lin ou de chanvre, comme un velours d'Utrecht, mais plus commun, écru, pour les moquettes ordinaires ; fort, le plus fort est le meilleur, lessivé pour les autres moquettes ; et velouté de laine plus ou moins commune, fabriquée en écru, en blanc, d'une ou de plusieurs couleurs ; en uni, rayée, à carreaux ou en tout autre petit dessin fait à la marche ; ou à grands dessins répétés, multipliés ou étendus, variés ou chargés de plus ou moins de couleurs, exécutées à la tire.

» En ce qui concerne le fond de la fabrication des moquettes unies et de celles à la tire, le travail est le même : quant au mécanisme de la tire, il ne diffère en rien de celui des étoffes à fleurs brochées par une, deux, trois ou quatre chaînes indépendantes de celles du fond, se liant avec elles et les unes avec les autres, d'envers comme d'endroit, se formant à fond croisé, glacé, satiné, ou de toute autre manière; en soie ou en fil, de telle ou telle couleur, pour faire ressortir les fleurs, relevées plus ou moins, suivant la hauteur des verges ; coupées ici ou là, partout ou nulle part.

» Le prix, comme la beauté et la richesse de ces moquettes, est déterminé par la nature des matières, celle des couleurs, leur variété et leur nombre : elles meublent très-bien et elles sont d'un grand usage en siéges et en tapisseries, surtout lorsque le dessin saillant se trace sur le fond de l'étoffe qu'il laisse à découvert et dont il se détache, mais aussi lorsque le velouté se tient de toute part, qu'il garnit et couvre ce fond en plein, et que les fleurs ne se tracent et ne se dessinent que par la diversité, la variété des couleurs, sur un fond qui lui-même fait partie du velouté.

» Dans ce dernier cas, les moquettes à la tire s'emploient aussi en tapis de pied : et ces tapis, inférieurs sans doute à ceux de Turquie, et singulièrement à ceux de Chaillot ou de la Savonnerie, sont bien meilleurs et beaucoup plus beaux que les tapis de moquettes unies, rayées ou à carreaux, faites simplement à la marche, ordinairement moins fournies en fils, de matières moins fines, moins frappées, et de verges ou de poil moins haut.

» Les moquettes unies, ou à la marche, qu'elles soient fabriquées, rayées à carreaux, ou en blanc, pour être mises en teinture et gaufrées pour meubles, ou qu'elles soient fabriquées en fils écrus et en laine ordinaire, pour être employées à couvrir la

table des frises à friser ou ratiner les étoffes, à garnir la table des
tondeurs de draps et autres étoffes, ou à quelque autre usage que
ce soit, se nomment particulièrement *tripes à gaufrer*, *tripes
fortes*, etc., et se fabriquent sur la largeur de vingt pouces, en
neuf cents ou mille fils de chaîne de fond, non compris les lisières
qui en contiennent vingt-six chacune; et quatre cent cinquante
ou cinq cents fils de chaîne de poil, doublés et retors fortement.
La chaîne de fond est alternée dans les lisses des deux lames, et
celle du poil qui ne passe dans aucune maille de ces deux lames
est toute comprise dans une troisième qui est en avant, du côté
de la chasse. Les lisières sont passées dans treize lisses et dans
cinq broches, savoir : deux fils en dent pour la plus proche de
l'étoffe, et six dans chacune des quatre autres. Le reste de la
chaîne est à trois fils en dent, deux de la chaîne de fond, et un de
celle de laine, qu'on nomme toujours *poil*, à cause du velouté
qu'elle produit.

» Cette étoffe est très-remplie de fils en chaîne, comme on voit,
puisqu'elle en a le double du velours d'Utrecht, eu égard à sa
largeur : elle ne doit pas être moins serrée pour la trame. Sa destination exige un poil dense, roide, et dont l'ensemble forme une
surface douce, mais un corps ferme, fléchissant cependant, mais
très-élastique, surtout dans l'usage de la frise, puisqu'elle supporte immédiatement l'étoffe à friser, et qu'elle la réagit continuellement contre la table chargée de la composition, dont le
trémoussement forme les boutons de la frise.

» Pour opérer cette grande force, non-seulement le métier est
court et la chaîne très-tendue : l'ensouple de celle du poil est en
dedans même des piliers du métier, pour la rapprocher davantage
du travail; mais les marches sont fixées sur le derrière du métier,
au-dessous des ensouples des chaînes, comme elles le sont généralement dans le métier de la toilerie, au contraire de ceux pour
la panne et le velours d'Utrecht, et l'ouvrier foule ces marches par
le bout qui se relève en avant, ce qui est beaucoup plus dur, mais
ce qui donne en même temps plus de force pour dégager un aussi

grand nombre de fils grossiers contenus dans un si petit espace. Indépendamment de cela, il y a les grandes et les petites contre-marches ou marchettes, pour faire monter l'une des lames et descendre en même temps les autres.

» Le fil de la chaîne et la trame des moquettes, à laines teintes ou à teindre en pièce, doit se teindre avant la fabrication, comme ceux pour le velours d'Utrecht. A l'égard de la chaîne de laine destinée à former le poil, les uns la travaillent toujours teinte, d'autres travaillent en blanc et ne font teindre qu'en pièce, lorsque c'est pour couleur unie, de même qu'au velours d'Utrecht.

» On pare la chaîne de fil, mais celle de poil, doublée et torse, n'a pas besoin d'être humectée.

» On fait les pièces de onze aunes et on les vend de 30 à 33 livres. »

Aujourd'hui ce n'est pas une fabrication aussi restreinte : les pièces peuvent avoir une longueur indéfinie, quoiqu'elles aient toutes une largeur uniforme de 70 centimètres. Il y a déjà long-temps qu'on ne fait plus de moquette pour vêtements; c'est à peine si on en fait encore quelques centaines de mètres pour meubles et sacs de nuit, tandis que cette étoffe s'empare tous les jours davantage du commerce des tapis.

Nous avons pu voir à Tourcoing plus de cent métiers tissant la moquette française la plus riche et la plus épaisse. Là, inverse-ment à la moquette anglaise, il n'y a presque jamais qu'un quart de fil pour trois quarts de laine.

Contrairement aux autres étoffes, où la chaîne est cachée et la trame apparente, c'est la trame qui est cachée, et la chaîne ou plutôt les chaînes qui, soulevées alternativement par le jeu d'un métier Jacquart, sont redressées par une vergette en cuivre, arrêtées par un fil de chanvre, rapprochées par le battement d'un grand peigne à main, puis coupées soit par un mandrin tranchant glissant dans une rainure de la verge elle-même, soit par les ciseaux en hélice d'une tondeuse.

On est arrivé ainsi à faire des tapis à huit chaînes. Le métier dont nous donnons la figure en a six, et tient une place énorme à cause de l'attirail des cartons nécessaires à son jeu.

Pour faire les moquettes moins riches, on se sert d'un métier en tout point semblable au grand jacquart que nous venons de décrire ; son mouvement peut se résumer dans le jeu alternatif que déterminent les cartons, et qui tirent tantôt les fils d'une chaîne, tantôt les fils d'une autre, amenant ainsi à la surface les couleurs qui doivent former le dessin. La baguette placée par l'ouvrier sous le fil de chaîne sert de moule, et la trame lancée à la main par la navette du tisserand vient arrêter la laine que le battement du peigne resserre quand la baguette est retirée. Ce travail, qui est fort simple au premier abord, une fois qu'il est commencé, et peut donner 3 mètres d'étoffe environ par jour, est d'une mise en train longue et difficile ; il faut calculer et tendre les chaînes, disposer les cartons de Jacquart, opération qui demande du temps et de l'habileté. Les étoffes faites ainsi seront toujours relativement chères, surtout quand elles n'auront pas été exécutées en très-grande quantité, car on passe à monter le métier un temps précieux pour la fabrication ; il en est de ce travail comme de l'impression de Mulhouse. Les Anglais, au contraire, qui reproduisent indéfiniment le même type, ont un grand avantage à employer les divers métiers automates plus ou moins perfectionnés dont la fabrique de Tourcoing possède divers spécimens. MM. Wood, Scharp et Crossley inventèrent ou perfectionnèrent des métiers qui atteignirent plus ou moins bien le but qu'on se proposait en les employant. Il fallait trouver un moyen de passer les baguettes nécessaires à la formation de la boucle. Quant au jeu de la navette et au battement du peigne, les métiers à tisser ordinaires avaient déjà donné des indications suffisantes. Le placement des verges se fait au moyen d'un cylindre à six rainures, d'où les baguettes s'élancent comme les balles d'un revolver, et vont se fixer sous la chaîne soulevée, qu'elles coupent à chaque passage.

Métier Jacquart à moquette française. (D'après une photographie de Franck.)

Ces nouveaux métiers mécaniques, dus surtout aux perfection-nements de M. Wood (a), fonctionnent très-bien, et sont surtout utiles pour la production des moquettes simples dont on ne change pas le dessin, et qui se vendent en si grande quantité pour les voitures, les chemins de fer et les grandes administrations. La moquette faite soit automatiquement, soit à la main, doit, pour être bonne, avoir dans son tissu au moins dix fils de chaîne de laine et dix fils de trame de lin, tant dans la largeur que dans la hauteur — quatre à cinq chaînes de laine nommées *grilles* dans la fabrication, que ce tissu soit à double duite, c'est-à-dire que le velours se trouve tenu par deux trames, ce qui assure sa soli-dité; — qu'il soit serré et compacte avant tout. Ce n'est pas la hauteur de la laine qui constitue la supériorité d'une moquette, lorsque la hauteur du brin est exagérée, c'est presque toujours aux dépens de la cohésion du tissu. Quand le tapis est à trop longue laine, il arrive fréquemment que le poil moins fourni s'affaisse sous la pression et miroite comme un velours trop lâche; la poussière s'y fixe trop facilement et l'étoffe ne tarde pas à se détériorer.

Un autre genre de tapis, dont la fabrication est devenue très-active à Tourcoing, est la chenille, qui permet de faire, sans trop de frais, des tapis d'un coloris très-varié. Ce tissu, autrefois presque entière-

(a) « M. Wood, dit le compte rendu de l'Exposition de 1855, présente un métier à tisser automate pour la fabrication des tapis bouclés, moquettes, etc., cet industriel est le premier qui ait appliqué la machine à vapeur au tissage des tapis. Dans l'ancien métier, également dû à M. William Wood et introduit d'après lui en France, on employait une série de verges (40 en-viron), toutes introduites et retirées successivement à la main; il en résultait d'excellents tapis, mais l'appareil, très-compliqué, était susceptible de se déranger. Un peu plus tard, M. Wood ré-duisit le nombre des verges; de plus, il les fixa à deux châssis horizontaux à glissement latéral dans des coulisses; disposition qui est actuellement mise en usage par les principaux fabricants de tapis en Angleterre et en France, auxquels l'inventeur a concédé ses droits à l'exploitation du brevet.

» Dans le métier actuel, les châssis et coulisses horizontales sont entièrement supprimés, et, en attachant les verges à autant de bras de levier à suspension verticale, on leur imprime le mou-vement oscillatoire directement, par un mécanisme à va-et-vient très-simple, purement automa-tique, et qui pour le velours opère simultanément le coupage des boucles, comme dans les an-ciens métiers à bras, c'est-à-dire au moyen des mêmes fils de fer qui servent à former les bou-cles, et qui sont armés, à l'extrémité opposée au levier, de petites lames acérées dont l'avance au travers de l'ouverture de la chaîne ou de la duite, est disposée de manière à éviter tout ac-cident.

» Enfin, le métier construit d'après la dernière patente de M. Wood marche à raison de 120 ré-volutions de l'arbre de couche par minute, vitesse double de celle des métiers ordinaires; ce qu produit jusqu'à 3 mètres par heure de tapis veloutés de la meilleure qualité, et 4m 50 dans le même temps, s'il s'agit de tapis tels qu'il s'en exécute ordinairement en France. »

ment réservé aux descentes de lit et aux devants de cheminée, a pris
sa place dans la fabrication courante, grâce au nouveau procédé dont
on se sert pour créer la chenille elle-même, que l'on introduit ensuite et que l'on tisse dans un canevas. On commence, en lisant un
dessin quadrillé, à disposer à côté les uns des autres des fils de laine
coupés d'une longueur égale à la largeur de l'étoffe qu'on veut tisser ;
ces fils sont de différentes couleurs suivant les parties du dessin qu'ils
doivent représenter. Lorsque l'ouvrière, choisie parmi les plus in-
telligentes de l'atelier, a préparé cette série, elle la livre à une tis-
seuse qui emprisonne chaque fil dans une chaîne très-lâche et la
fixe avec une trame très-serrée par un grand peigne battant à
main ; on pose l'étoffe ainsi produite dans une machine à découper,
dont la pièce principale est un cylindre à vingt couteaux circulaires
qui tranchent transversalement les fils de laine de chaque côté du
nœud qui les retient ; ces fils se redressent instantanément, et il se
forme ainsi de longs rubans de chenille que l'on découpe et que l'on
porte dans l'atelier des tisseurs. Le métier employé est fort simple et
ressemble à celui des tisserands de toile ; seulement, avant de faire
mouvoir les lisses, l'ouvrier introduit entre les fils de la chaîne sa
bande de chenille que la suite du travail vient fixer définitivement.
On obtient par ce procédé un tapis d'un bel effet, et dont le prix
s'élève de 9 à 20 francs ; c'est le plus variable de tous

Depuis quelques années, une sorte de tapis chenille, inventé à
Nîmes, s'est fait apprécier, grâce à la beauté de son aspect velouté :
nous avons pu voir, dans les magasins de la rue Vivienne, ces nouveaux tissus nommés *tapis veloutés à chaîne mobile*. M. Chocqueel
décrit ainsi leur fabrication dans le livre que nous avons déjà cité :

« Le dessin, étant mis en carte de grandeur naturelle, reçoit
sur chaque couleur un numéro qui désigne la nuance à employer. La mise en carte, ainsi préparée, passe entre les mains
d'un traducteur qui met dans une nouvelle carte, divisée en
carreaux de grandeur d'exécution, toutes les couleurs de la mise
en carte, représentées par des chiffres. Ce travail est remis
ensuite à un liseur qui place dans chaque carreau les fils de

ᴌaine des nuances désignées par les chiffres, et voici par quel
moyen. Si un dessin se compose de 400 coups de trame, on prépare 400 lamettes de bois, sur lesquelles sont collées, à la distance voulue, des tuyaux de carton séparés par un petit intervalle. Ces tuyaux correspondent aux carreaux de la carte en
chiffres et reçoivent les fils de laine à l'appel des numéros et à
tour de rôle. Les bouts de laine placés dans les tuyaux les dépassent à une extrémité de 2 centimètres environ, et, de l'autre,
de 2 mètres et plus, à volonté

» Ce sont les lamettes ainsi préparées et remplies de laine
qu'on appelle les *chaînes mobiles*. Elles sont placées sur des
cadres et remises à l'ouvrier tisseur, qui les fait pénétrer, l'une
après l'autre, dans une chaîne horizontale. Les bouts de laine y
sont fixés par une trame de liage. Une broche articulée fait
remonter la laine ; un ciseau la sépare des tuyaux, et un petit
mécanisme, placé au-devant du métier, laisse toujours sortir
2 centimètres de laine à l'extrémité des tuyaux, pour être employée
au tour suivant. La chaîne mobile, si elle est de 2 mètres, glisse
dans les tuyaux en laissant à chaque tour 2 centimètres pour
l'étoffe.

» On obtient ainsi une parfaite reproduction du dessin, les
tuyaux ne permettant pas à l'ouvrier de s'écarter de la place qui
lui est assignée et venant à chaque tour se placer mécaniquement
les uns au-dessus des autres. »

Quel que soit le procédé par lequel ils aient été tissés, tous les
tapis de Tourcoing passent à une tondeuse exactement semblable
à la machine qui sert à tondre les toiles ; une brosse en spirale
autour d'un cylindre enlève les fragments de laine qu'un couteau
également en hélice a détachés de la surface. Les tapis sont ensuite
apprêtés, cylindrés et roulés en pièces d'environ 40 mètres.

L'usine de Tourcoing produit par an plusieurs centaines de
mille mètres vendus soit à Paris, soit à Tourcoing, soit par des
commis voyageurs dans les pays qui entourent la France au nord,
la Belgique, la Hollande, l'Allemagne : l'Angleterre et l'Amérique

en reçoivent aussi de notables quantités. Sept à huit cents ouvriers, suivant la saison, gagnent dans cette industrie un salaire qui varie de 2 à 4 francs pour les hommes, de 1 franc 25 centimes à 2 francs pour les femmes, de 50 centimes pour les enfants.

A côté de cette fabrication considérable, dans laquelle la matière première entre pour plus de 60 0/0 dans le prix des produits, le travail d'Aubusson ne semble plus avoir d'importance; mais au point de vue spécialement français, il en a, au contraire, une très-grande; avec de l'argent, on peut se procurer les machines et la laine des tapis au mètre, mais aucune nation ne possède un personnel d'ouvriers capables de faire ce que l'on tisse à Aubusson. Il en est des ouvriers tapissiers comme des verriers, on dirait que l'aptitude se transmet dans la famille. Là, il n'y a plus de machines, si ce n'est le métier des tisserands des premiers âges, soit vertical, soit horizontal, tantôt grand, tantôt petit, mais basé sur les mêmes principes. Dans notre première étude, consacrée aux Gobelins et à la Savonnerie, nous avons déjà décrit le procédé manuel, exactement semblable à celui d'Aubusson. Pourquoi ces procédés se retrouvent-ils dans cette ville et non ailleurs? C'est ce que les historiens ont cherché à établir; quelques-uns d'entre eux prétendent que des Sarrasins échappés aux coups de Charles-Martel, sur les bords de la Vienne, se réfugièrent dans la Marche.

« Dès le mois de mai 732, dit M. Perathon, président de la chambre consultative des arts et manufactures d'Aubusson, après le sac de Bordeaux, les bandes de l'armée d'Abd-er-Rahman se jetèrent à travers l'Aquitaine dans toutes les directions, jusque dans l'Orléanais, l'Auxerrois et le Sénonais. L'émir ne put sans doute rallier tous les cavaliers, ni avant ni après la célèbre bataille qui fut livrée entre Loudun et Tours, un samedi de la fin d'octobre (732). La retraite fut tellement rapide, qu'un grand nombre durent être abandonnés au milieu des populations gallo-frankes, où leur souvenir est resté indestructible, et s'est confondu quelquefois avec celui des Romains. L'armée de l'émir d'Espagne renfermait des recrues et des volontaires qu'il avait appelés de

Établissement de Turcoing, vu de la cour du collége.

l'Egypte et de l'Asie, où l'usage des tapis et des tapisseries s'est maintenu dans tous les temps. Il n'est donc pas impossible que ces étrangers, accueillis par un seigneur d'Aubusson dans la vallée de la Creuse, y aient transporté leurs diverses industries.

» A Aubusson et à Felletin seulement, sainte Barbe est la patronne des tapissiers; ailleurs, c'est généralement saint Louis. On ne possède rien de certain sur la vie de sainte Barbe, et ses différents actes qui ont été publiés ne font qu'obscurcir son histoire. Il paraît seulement établi qu'elle était Syrienne d'origine, et qu'elle souffrit le martyre à Héliopolis en Egypte, sous le règne de Galère, vers l'an 306. Il y avait un ancien monastère près d'Edesse, qui portait le nom de Sainte-Barbe : elle est encore honorée d'une dévotion particulière chez les Grecs, les Russes et les Syriens. Il est constant que, à côté de sainte Barbe, on a toujours affectionné à Aubusson le patronage de quelques saints de l'Eglise orientale primitive, et qu'ils y possédaient des sanctuaires : tels sont saint Jean-Baptiste, saint Nicolas, sainte Catherine, sainte Madeleine. La fête de la sainte Croix est toujours la fête patronale d'Aubusson. Cette remarque paraîtra peut-être puérile ; mais est-il absolument impossible qu'il se soit rencontré quelques chrétiens d'Orient dans la petite colonie qui se fixa en 732 sur les rives de la Creuse, et qu'ils y aient conservé, avec leurs industries, les souvenirs chrétiens de leur pays natal ?

» Les armoiries de la ville d'Aubusson sont d'argent à un buisson de sinople, avec un chef d'azur chargé d'un *croissant* d'argent accosté de deux étoiles de même. Ce croissant ferait-il allusion à l'origine sarrasine de la cité? Le blason de l'antique famille Aubusson-Lefeuillade est surmonté d'une tête de More. Serait-ce quelque chose de plus qu'un souvenir des croisades? On a remarqué aussi que les personnages de nos anciennes tapisseries se détachent pièce à pièce et semblent rapportés, ce qui est en effet dans la manière des artistes orientaux. D'après Joullietton, une urne cinéraire avec inscription en caractères arabes, et, tout récemment, une monnaie d'or arabe de forme ancienne, et malheureusement fondue avant d'avoir pu être étudiée, ont été trouvees sur le sol de la Marche. Une des voies qui aboutissent au sud-est de la ville d'Aubusson est désignée par la tradition, et sur le tableau d'assemblage du cadastre, sous le nom de *voie sarrasine*. Il est vrai qu'elle porte le nom de *chemin des Beaulz*, dans le « terrier de la seigneurie de Saint-Marc-à-Frongier de 1565. »

D'après un autre historien, M. Joullietton, ce serait au temps du père d'Ebon, seigneur d'Aubusson, que les Sarrasins échappés au carnage de la bataille de Poitiers, se réfugiant au bord de la Creuse, trouvèrent les eaux de cette rivière favorables à la teinture, et établirent sur ces rives l'industrie de leur pays. M. de Château-Favier croit, au contraire, qu'un vicomte de la Marche fit venir à ses frais les meilleurs tapissiers de Flandre, et les établit à Aubusson. — Il se pourrait aussi qu'au retour des croisades quelques seigneurs du pays aient ramené de Terre-Sainte soit des modèles de tapis, soit quelques Sarrasins prisonniers ; sans même aller chercher si loin, on sait que les Vénitiens, ces hardis commerçants qui rivalisaient avec les villes hanséatiques jusque dans le centre de la France, avaient fondé à Limoges un comptoir dans lequel ils vendaient des étoffes du Levant. Le père Saint-Amable, dans l'histoire de saint Martial, rapporte que les Vénitiens faisaient conduire par voitures, de Marseille à Limoges, les tissus d'Egypte ; il n'est donc pas impossible que, de Limoges à Aubusson, des tapis et même des tapissiers orientaux soient venus se montrer ou s'établir. Depuis cette époque, avec des vicissitudes diverses, la corporation tapissière persista dans le pays. Au seizième siècle, Evrard d'Ahun célèbre ainsi sa prospérité :

« Le Busson ou Le Bussou, selon le vulgaire de maintenant, est une ville de grand bruit pour la fréquentation des marchands du lieu, qui y trafiquent souvent, menant et conduisant marchandises en d'autres et divers lieux et pays, et de ce que les habitants sont adonnés à de grands labeurs. La ville est grandement populeuse se lon son circuit, abondante en diversité de marchandises, et il y a des gens opulents et riches, grand nombre d'*artisans* et négociateurs

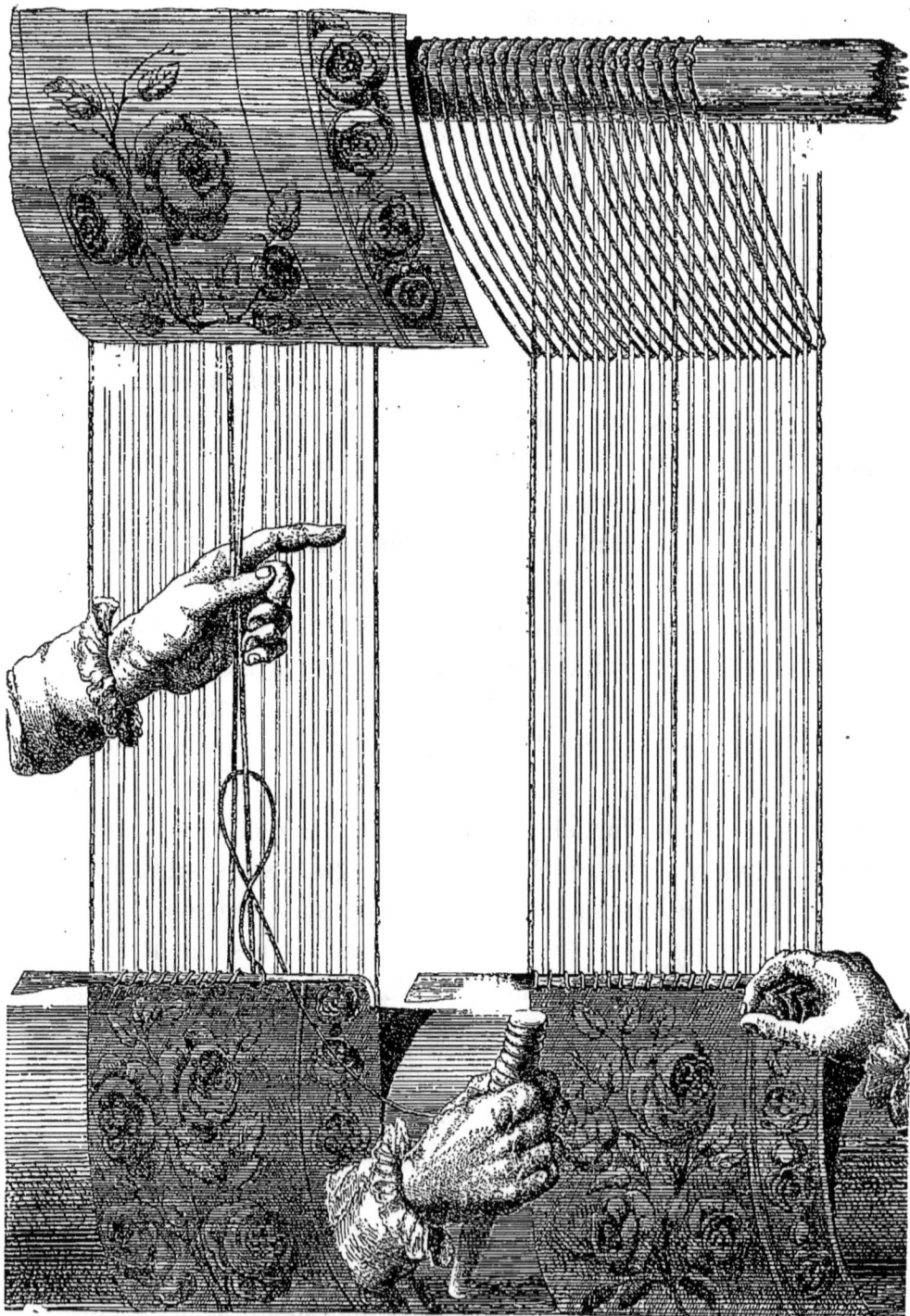

Travail des tapis veloutés d'Aubusson.

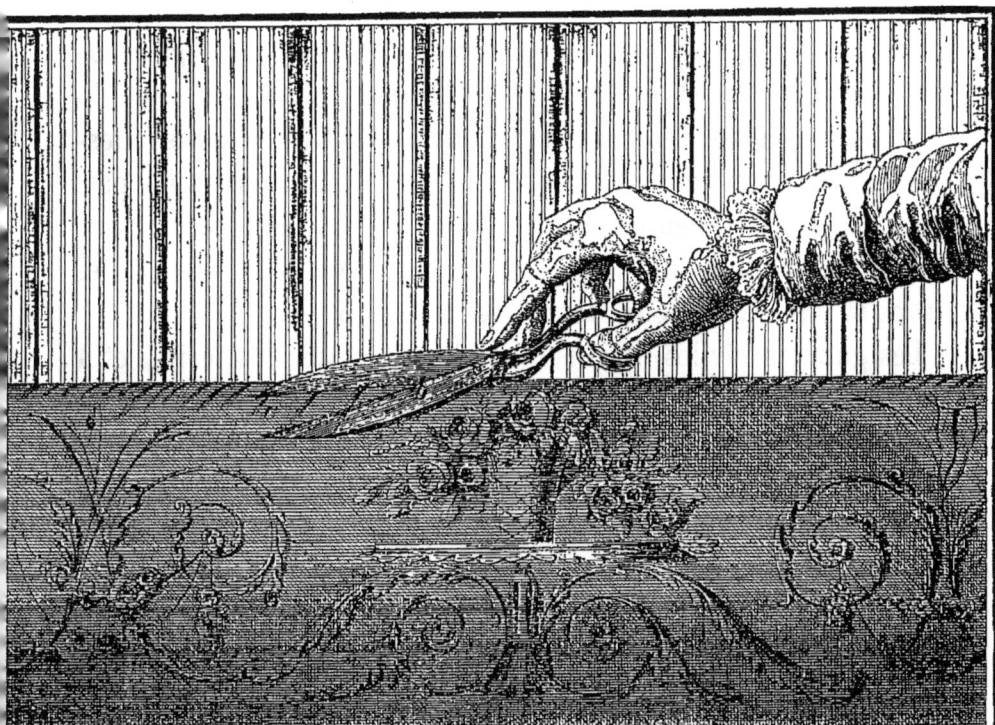

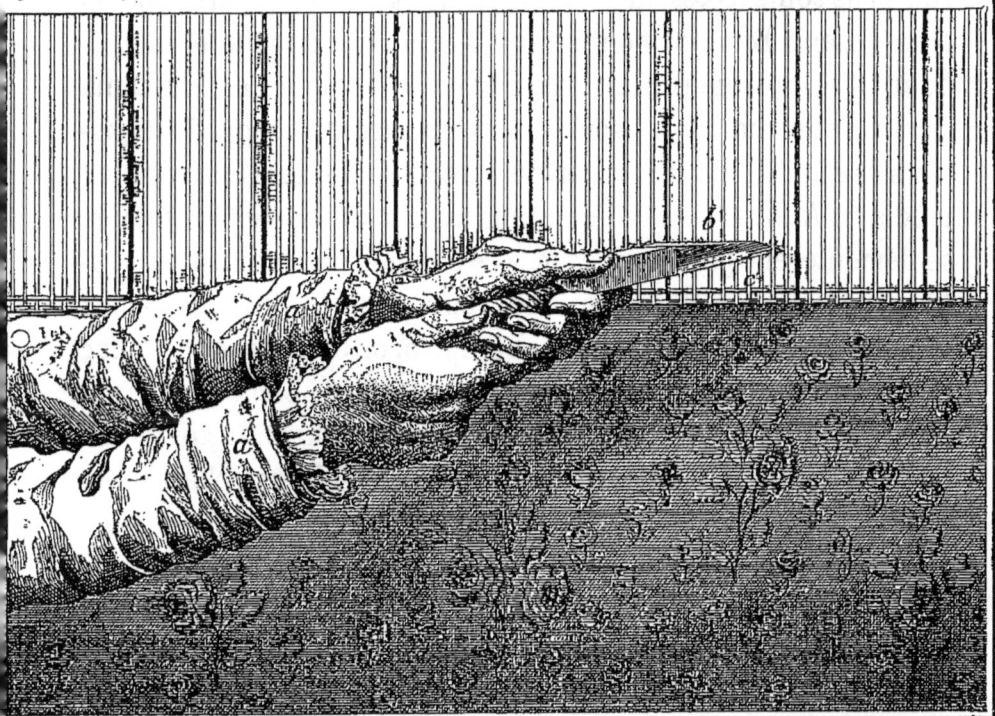

Travail des tapis veloutés d'Aubusson.

qui font grand trafic, principalement en l'art *lanifique et pilistro-mate* (draps et tapis), et dont ils tirent grand profit. Au flanc de laquelle ville coule lentement ledit fleuve de la Grand'Creuse, descendant des montagnes Filitinnées, distantes de deux mille pas, lequel fleuve est bien commode et propre en ladite ville, pour raison des moulins qui sont assis dessus, tant pour l'usage des draps et laines que pour moudre les grains. »

Les guerres civiles détruisirent bientôt cette prospérité, et il fallut la volonté de Colbert, soutenue par Louis XIV, pour lui rendre tout son éclat. Des lettres patentes de ce grand roi, pour le souvenir duquel on est si ingrat aujourd'hui, donnèrent aux ouvriers d'Aubusson des priviléges qui leur permirent de s'appliquer à leur industrie; le roi ordonna qu'il fût entretenu à ses frais un bon peintre ainsi qu'un maître teinturier. La révocation de l'édit de Nantes, et les guerres malheureuses qui attristèrent la fin du règne de Louis XIV empêchèrent l'exécution de ces promesses du roi, mais son successeur Louis XV, ayant rétabli la paix, nomma Jean-Joseph Dumont peintre et dessinateur de la ville et du faubourg d'Aubusson; protégés aussi hautement par la cour, les tapissiers d'Aubusson purent survivre au désastre qui frappa les tapissiers flamands. En 1784, la dernière usine belge cessa de travailler, tandis qu'Aubusson ne discontinua jamais. Cependant les métiers se démontèrent peu à peu, la misère commença, les émeutes troublèrent la ville industrielle, et la Convention, qui frappa les Gobelins, hésita à frapper Aubusson. Sous l'Empire, on continua à travailler, mais la prospérité croissante des moquettes vint bientôt porter un coup fatal aux tapis ras, très-beaux, mais très-chers. Jusqu'à 1740, on n'avait tissé que des étoffes rases, plus fines lorsqu'elles étaient destinées aux parois des murs, plus grossières lorsqu'elles devaient couvrir le sol. A partir de cette époque, on imita le tapis de la Savonnerie, tapis à longue laine dont la fabrication fut presque entièrement réservée aux femmes, qui déjà depuis longtemps s'étaient mises au métier de basses lisses, malgré les ordonnances de saint Louis et les statuts des anciennes corporations.

Ce fut M. de Bonneval qui fit monter huit métiers de tapis veloutés dont la production devait être achetée par des tapissiers de Paris, engagés à acquérir tous les tissus fabriqués. En 1746, MM. Mage et Dessarteaux, qui demeuraient à Paris, rue de la Huchette, reçurent le privilége exclusif d'acheter pendant dix ans à Aubusson et à dix lieues à la ronde tout ce qui serait fait en tapis veloutés; on leur fit en outre un prêt de dix mille livres, sans in-térêt, remboursable, trois mille livres dans la première année de leur privilége, trois mille pendant la neuvième, et quatre mille à la fin de la dixième année, dit M. Perathon. On voit que si l'ancienne administration était souvent méticuleuse et compliquée (a), elle était aussi parfois efficacement protectrice.

Aujourd'hui, de grands établissements élevés depuis quelques années ont rendu à Aubusson son ancienne richesse, mais ce ne sont plus seulement des tapisseries d'art et de magnifiques tapis de pied que l'on y produit, le plus grand nombre des chefs de fabrique y font tisser la moquette, l'écossais et même le grossier jaspé.

MM. Requillart, Roussel et Chocqueel, auxquels leur établissement de Tourcoing fournit ces sortes commerciales, se sont attachés, au contraire, à maintenir à Aubusson une fabrication tout artistique. Ils occupent, soit dans leur principal établissement, soit disséminés dans la ville, un grand nombre d'ouvriers. Pour l'exé-

· (a) *Extrait des Lettres patentes et arrest du conseil d'Estal du roy concernans la manufacture de tapisseries d'Aubusson.* A Moulins, de l'imprimerie de la veuve C.-P. Vernoy, et P. Vernoy fils, imprimeur ordinaire du roy et de monseigneur l'intendant. M. DCC. XXXIII.

Art. 10. Seront tenus les maistres fabricants et ouvriers de faire peigner et carder les laines avec de l'huile d'olive, et de les dégraisser en les faisant passer par une lessive douce, etc.

Art. 21. Ordonnons que les jurez-visiteurs feront quand bon leur semblera, au moins une fois la semaine, une visite générale chez tous les fabricants de tapisseries de la ville et fauxbourgs d'Aubusson et du bourg de La Cour, pour examiner si tant dans la chaîne que dans la trame, ils emploient des soyes et des laines bien teintes, sans aucun mélange de soyes ou de laines défectueuses, ou de laines de moutons ou de brehis mortes de maladies, ou de fil de coton d'Epiney, de lin ou de chanvre, ensemble chez les blanchisseurs de laines, pour connoistre s'ils dégraissent avec du savon et de la gravelée, et chez les teinturiers pour examiner s'ils se servent dans les teintures des ingrédiens proscrits par les reglements généraux de 1669, pour les teintures du grand et bon teint; et, en cas de contravention, voulons que lesdits jurez saisissent les matières de mauvaise qualité et les faux ingrédiens, et qu'ils en poursuivent la confiscation devant ledit juge, qui prononcera ou des amendes seulement, ou la confiscation avec amende des ouvrages et matières défectueuses et des faux ingrédiens, suivant la nature de la contravention.

cution des riches tentures, des belles étoffes de meubles, il faut les
laines les plus belles, les couleurs les mieux choisies, et cependant
la valeur de la matière première entre à peine pour 20 0/0 dans le
prix de l'objet terminé. Une portière de 1,000 fr. donne 800 fr. de
main-d'œuvre à l'ouvrier qui l'a faite ; les dessins les plus beaux,
les coloris les plus riches, sont parfois exécutés dans de petits logements de deux chambres, dont l'une contient le ménage de l'ouvrier et l'autre le métier, grand quelquefois de 6 ou 10 mètres.

Le point d'Aubusson est exactement le même, théoriquement,
pour les tentures verticales que pour les tapis ; la différence est
seulement dans la grosseur des fils employés et dans la composition du dessin. Aux tentures sont réservés les personnages, les
divers sujets, tandis que les tapis représentent le plus souvent des
fleurs, des fruits, des ornements plus ou moins riches. Ce point
s'exécute sur des métiers en basse lisse, dont la mécanique est la
même que celle des ateliers de cette espèce que l'on voit aux Gobelins. Cependant, depuis 1781, on a inventé un métier d'une
nouvelle forme qui réunit les avantages de la haute et de la basse
lisse par la possibilité à laquelle on est arrivé d'y adapter des
marches qui font mouvoir la chaîne par le jeu des pieds, comme
dans la basse lisse, avantage précieux qui, sans nuire aux autres
moyens de perfection offerts par la haute lisse ordinaire, rend en
outre la fabrication plus prompte et plus facile.

On peut réduire les diverses qualités des ouvrages en tapisserie
à quatre principales ; ces quatre qualités primitives sont désignées
sous le nom de *fond de soie, étein, double broché* et *fil simple.* La
chaîne de tous les ouvrages en tapisserie, quels qu'ils soient,
même des fonds de soie, est toujours en laine ; c'est la différence
de la qualité et de la préparation de ces laines sur la chaîne qui
donne lieu aux diverses dénominations ci-dessus, d'*étein, double
broché* et *fil simple;* le mot *étein* est un mot technique et local
donné à une espèce de laine préparée pour être employée dans
les ouvrages fins.

Quant au point de la Savonnerie, imité à Aubusson, et donnant

les plus beaux produits, il demande une description spéciale. Le
métier sur lequel se font ces tissus à haute laine se compose de
deux forts montants en bois de chêne, réunis en bas par une solide pièce de bois, et assemblés dans le haut par des brides de fer
qui les fixent au plafond; deux ensouples cylindriques, également
en chêne, tournent en haut et en bas du métier, et tendent la
chaîne sous l'effort de gros câbles mus par un treuil. En avant se
trouvent deux autres montants plus petits qui supportent une
perche de bois ronde sur laquelle s'attachent les lisses; les lisses
sont des ficelles dont chaque maille sert à mouvoir un fil de
chaîne. La laine de trame est disposée sur des broches en bois
dur, travail préparatoire qui donne de l'ouvrage aux enfants et
aux jeunes filles. Ces broches sont renflées à leur extrémité pour
empêcher la laine de s'échapper pendant le travail; lorsqu'elles
sont garnies, on les classe par nuances dans des boîtes qui sont
comme la palette du tapissier; c'est là que la main de l'ouvrier ou
plutôt de l'ouvrière va chercher le fil qu'on veut placer sur la
chaîne qu'on vient d'avancer au moyen de la lisse; on enroule ce
fil autour de la chaîne de manière à former un nœud, comme l'indique la planche page 88. En terminant ce nœud, on passe le fil
de trame autour du manche d'un instrument nommé *tranche-fil;*
c'est une sorte de moule en fer terminé d'un côté par un crochet,
et de l'autre par une lame tranchante qui doit être maintenue
très-affilée.

Lorsque ce moule est garni d'anneaux de laine dans toute sa
longueur, on passe la main dans le crochet, et l'on retire l'instrument qui tranche alors tous les fils qui l'entouraient; on obtient
ainsi un velouté assez régulier qu'il faut encore égaliser avec de
grands ciseaux. On coupe également les bouts de fils qui font
presque toujours saillie aux changements de couleurs. (Voir
page 89.) Lorsque la rangée des nœuds est achevée dans toute la
largeur du tapis, l'ouvrier qui se trouve à l'une des extrémités
passe des fils de chanvre qui doivent arrêter la laine. Ces fils
doivent être très-fins et très-résistants, car lorsqu'ils sont en

place chaque ouvrier frappe fortement avec le peigne pour serrer le plus possible l'un contre l'autre tous les éléments du tissu. C'est à ce rapprochement causé par le battage que l'on doit la beauté des veloutés les plus chers.

Aux Gobelins, le tapis haute laine, exécuté dans des conditions exceptionnelles et avec des salaires très-élevés, revient environ de 3 à 4,000 francs le mètre carré; à Aubusson; il est rare qu'il dépasse 400 francs. Cela dépend du dessin et surtout du fondu des nuances, car il est possible de composer chaque fil de trame de brins de laine de plusieurs nuances, de manière à en tirer un ton intermédiaire, qui permet alors d'imiter parfaitement le modèle.

On comprend facilement que, sur les mêmes principes, on peut faire des tapis d'un prix bien moins élevé. Si le dessin est moins compliqué ; si, au lieu d'imiter des fleurs à tons dégradés, il représente seulement des ornements à tons plats comme les tapis d'Orient ; si d'un autre côté, comme dans ces tapis étrangers, on emploie, au lieu de fils fins et très-serrés, de grosses cordelettes de laine moins belles, enlacées dans un tissu moins serré, on peut arriver à réduire le prix du velouté à 50 ou 60 francs le mètre carré; mais ce n'est pas là, selon nous, ce qu'on doit chercher à Aubusson, à moins que ce ne soit pour utiliser les apprentis. Il nous semble, au contraire, qu'il vaut mieux, par le choix des modèles et par la supériorité de l'exécution, chercher à créer des chefs-d'œuvre qui trouveront toujours un acheteur. Nous voudrions également voir revivre dans toute sa splendeur la fabrication des tentures, industrie que l'invention des papiers peints a si malheureusement remplacée.

Il y a environ quinze ans, un mouvement commencé par quelques peintres réagit contre la défaveur qui s'attachait aux anciennes tentures remplacées par le papier peint. Les gens du monde imitèrent peu à peu l'exemple des artistes, et les magasins où l'on conservait, sans espoir de les vendre, une quantité considérable de vieilles tapisseries des Gobelins, d'Aubusson, de

Bergame, de Flandre, furent bientôt entièrement dégarnis. Aujourd'hui, les fragments les mieux conservés des tentures anciennes se vendent un prix très-élevé et se vendraient encore bien plus facilement sans leur dimension qui dépasse celle des appartements étriqués de nos constructions modernes. Cependant, depuis quelques années, une meilleure appropriation des aménagements intérieurs, un sentiment plus vrai du confort, des constructions récentes élevées dans des quartiers nouveaux, sur une échelle moins mesquine, permettent la création de tentures d'appartements et surtout de portières. Comme il n'y en a plus d'anciennes, des acheteurs se trouveraient facilement pour de belles pièces fabriquées aujourd'hui. Deux obstacles, qu'on écarterait aisément, s'opposent à la renaissance d'un art qui, pour nous, réunit et le charme des yeux en présentant au regard de belles couleurs bien disposées, de beaux plis dans une étoffe bien drapée, et les nécessités de l'hygiène en supprimant les courants d'air et les refroidissements. Un de ces obstacles est l'élévation du prix; car, nous disait encore, il y a quelques jours, un des industriels qui dirigent la maison que nous décrivons, les modèles qu'on pouvait se procurer autrefois à des conditions modérées deviennent de plus en plus chers. Nous ne croyons pas ce dernier obstacle insurmontable; avec quelques encouragements il se créerait bien vite une classe de peintres dont le goût et l'habileté sauraient exécuter des modèles agréables, faciles à copier par le tapissier, sans trop de dépenses. Peut–être aussi pourrait–on reproduire certaines tapisseries de Lebrun et de son école, quelques anciennes verdures d'un charmant aspect, des paysages de Joseph Vernet, etc.

Le second obstacle, beaucoup plus sérieux, c'est que le fabricant ne veut produire ces tentures que sur commande,—les rapidités de la vie contemporaine ainsi que l'instabilité de l'habitation ne permettant pas de préparer au hasard des tapisseries fort chères qui encombreraient sans profit les magasins. Il s'est bien fait exceptionnellement dans ces derniers temps, dans de riches hôtels, de beaux ensembles de tentures : mais ce sont surtout les tapisseries pour meubles qui ont été les plus développées. Celles-là peuvent se placer partout : un fauteuil, un canapé, une chaise n'ont pas besoin de dimensions fixes. MM. Requillart, Roussel et Chocqueel ont exécuté en ce genre de très-élégantes étoffes dont les fables de La Fontaine ont fourni les plus heureux sujets.

Pour la belle fabrication, comme nous l'avons dit plus haut, la France n'a rien à craindre de la concurrence étrangère ; elle exporte au contraire un grand nombre de ses produits. On avait pensé avec quelque raison devoir craindre, pour les tissus moins chers, le bon marché excessif de la puissante industrie anglaise, dont quelques maisons emploient jusqu'à quatre mille ouvriers, et peuvent livrer des tapis suffisants pour deux ou trois schillings le mètre ; mais l'expérience de cette année vient d'être décisive, et, depuis le velouté le plus cher jusqu'au plus humble jaspés, la production française l'emporte d'une manière incontestable ; l'Orient seul pourrait lutter avec quelque avantage, et s'il n'y avait pas le prix élevé du transport, la concurrence serait redoutable. Une preuve bien évidente de la supériorité réelle de nos produits a été le résultat des dernières adjudications faites aux ministères de la guerre et de la marine. Des types avaient été donnés et tous les fabricants du continent avaient été appelés à fixer le prix le moins élevé pour obtenir la fourniture de quantités considérables de tissus répondant à ces types. Ce furent MM. Requillart, Roussel et Chocqueel qui soumissionnèrent le prix le moins élevé, les conditions anglaises ayant été beaucoup plus chères. La France aujourd'hui a donc la victoire, mais elle ne doit pas s'arrêter, car les Anglais savent faire des sacrifices, et comme disait un d'entre eux à la dernière exposition, si nous leur donnons quelquefois des leçons, ils savent les mettre à profit.

FIN DES ÉTABLISSEMENTS REQUILLART, ROUSSEL ET CHOCQUEEL.

ÉTABLISSEMENTS JAPY

A BEAUCOURT (HAUT-RHIN)

Beaucourt est situé à quelques kilomètres de Montbéliard, dans le massif de collines qui sépare la Franche-Comté de la Suisse ; ce bourg est le centre des opérations de la maison Japy frères, l'une des plus importantes et des plus intéressantes à étudier dans notre pays. Beaucourt n'est pas seulement le spécimen d'installations industrielles spéciales, mais le modèle à étudier et à suivre d'une organisation ouvrière fonctionnant depuis près de cent années à la satisfaction mutuelle des parties intéressées. Le nombre des ouvriers, la multiplicité des opérations exécutées, la variété des produits donnent à Beaucourt une vitalité puissante, sans cesse accrue par de nouvelles entreprises. Pour assurer à leur population ouvrière un travail constant, malgré l'inégalité naturelle de la demande, MM. Japy sont sans cesse à la recherche de nouveaux articles qui puissent remplacer immédiatement les objets démodés qui n'ont plus la faveur du commerce.

Les chiffres suivants donneront une idée de la production considérable des établissements Japy depuis cent ans :

Mouvements de montres. . .	depuis 1767. .	22,291,788 pièces.
Vis d'horlogerie.	» 1767 .	284,119,116 »
Vis à bois et boulons. . . .	» 1806. .	3,743,500,000 »
Cadenas.	» 1809. .	6,283,200 »
Mouvements de pendules. . .	» 1810. .	2,060,805 »
Pièces de quincaillerie. . . .	» 1818. .	163,800,000 »
Serrures.	» 1822. .	11,728,000 »
Ustensiles en fer battu . . .	» 1825. .	82,000,000 »
Pompes.	» 1848. .	54,000 »

Des forges, une tréfilerie, une fonderie, des moulins et d'autres usines accessoires complètent les dépendances de Beaucourt, dont l'ensemble occupe cinq mille cinq cents ouvriers ; la maison Japy n'a jamais renvoyé un seul d'entre eux à cause de chômages déterminés par absence de travaux.

Pour maintenir réunie pendant un siècle une population ouvrière si nombreuse, pour rassembler et faire grandir un personnel d'élite capable de soigner l'outillage, conduire les machines, exécuter à la main les opérations les plus délicates, il a fallu donner à cette population ouvrière des institutions qui la satisfassent; car c'est à ce prix seulement qu'on prépare le recrutement et que l'on prévient les défections. La première condition est d'offrir à l'ouvrier un travail permanent et la certitude qu'une fois engagé dans la maison, il ne sera point abandonné; mais, pour acquérir cette certitude, que d'efforts, que d'activité, que d'intelligence afin de trouver des débouchés rémunérateurs; quelle prudence et, en même temps, quelle hardiesse dans la direction des opérations commerciales, afin de conduire avec sécurité la prospérité financière sans laquelle rien ne serait possible.

A Beaucourt, l'administration nous a semblé atteindre le maximum de l'ordre et de la sage répartition de la force : on dirait que l'horlogerie, cette science de la division du temps, ait marqué son empreinte sur la maison toute entière. Les habitudes chronométriques ont donné aux idées une direction particulière qui fait de la maison une vaste horloge, dont tous les rouages concourent avec une régularité mathématique à produire l'effet demandé, tout fonctionne avec la vitesse extrême, pour éviter les non-valeurs des énormes capitaux engagés dans l'industrie de MM. Japy; et cependant, avec cette vitesse, la marche de la fabrication des pièces séparées est calculée de manière à produire un ensemble qui arrive simultanément à bonne fin.

MM. Japy ont été depuis de longues années préoccupés de cette question qui semble encore nouvelle aujourd'hui : la collaboration ouvrière obtenue par divers modes d'attraction; ils se sont donc occupés de tous les besoins moraux et matériels de leurs collaborateurs. Bien que nous nous soyons presque toujours abstenus de juger et de décrire longuement les institutions ouvrières des établissements que nous avons visités, nous avons trouvé celles de Beaucourt assez complètes pour nous croire autorisés à les développer plus que nous ne le faisons d'ordinaire.

Le personnel appartient aux deux cultes, desservis par une chapelle catholique et un temple protestant. Dès 1818, Beaucourt possédait une école mutuelle, dont la maison Japy subventionnait les instituteurs; quelques-uns des élèves ont été envoyés aux écoles professionnelles de Châlons, Mulhouse et Genève, et les meilleurs d'entre eux occupent les premières places dans l'administration de la fabrique. D'autres écoles, des salles d'asile ont été fondées depuis dans les usines succursales ; une société de patronage secourt les enfants pauvres et orphelins. .

Comprenant l'action civilisatrice de la musique, les chefs de l'établissement avaient fondé, dès 1830, une de ces sociétés instrumentales qui, sous le nom de fanfares sont devenues, depuis quelques années, si nombreuses et si florissantes.— Aujourd'hui deux chefs de musique, recevant de la maison un traitement annuel de 1320 francs, conduisent un excellent orchestre qui compte 25 membres à Beaucourt, 25 à Dampierre et à Lafeschotte, 25 à Badevel, 43 à Laroche. Nous avons entendu cet orchestre à Beaucourt, et nous avons été étonnés du goût, de l'ensemble et de la mesure avec lequel il exécutait des morceaux d'un ordre plus élevé que ceux des fanfares communales ordinaires

Depuis 1845, MM. Japy ont établi une boulangerie qui livre au personnel de la maison le pain et la farine au prix de revient; et depuis 1854, pour soustraire l'ouvrier à la rapacité des petits commerçants, ils ont annexé à cette boulangerie un magasin vendant à prix coûtant la plupart des denrées de la consommation domestique; les ouvriers de Beaucourt jouissent donc ainsi de tous les avantages des sociétés coopératives, sans avoir les soins d'une administration. Le magasin acheteur en gros obtient une économie de 20 à 25 0/0 sur les prix du détail et fournit non-seulement l'épicerie et les principaux comestibles, légumes, lard, huile, mais encore le bois de chauffage, la houille, les chaussures et certains vêtements appropriés aux besoins des ouvriers. Bien plus, ces ventes se font à crédit, avec mention sur le carnet de l'ouvrier, et le payement s'effectue à la fin de chaque mois au moyen d'une retenue sur les salaires. Le personnel de Beaucourt trouve dans cette combinaison le crédit indispensable à ceux qui manquent d'un premier capital, tout en obtenant la réduction qu'exige l'acheteur en gros et au comptant. On peut, sans exagérer, compter cette économie comme une élévation d'un cinquième environ sur le salaire; il est vrai que l'administration de la boulangerie et du magasin constitue une charge matérielle et surtout morale à laquelle bien des chefs d'usines ne voudraient pas se soumettre; d'un autre côté, beaucoup de populations ouvrières refuseraient systématiquement les bénéfices d'une semblable institution, pour ne pas aliéner leur liberté. Le fonctionnement de ce magasin fait en même temps l'éloge des patrons et de leur personnel.

La farine est aujourd'hui produite par des moulins appartenant à la maison même, qui achète le blé directement. Depuis l'établissement de la boulangerie il a été vendu 537,000 kilogrammes de farine et 15,455,000 kilogrammes de pain. Ce pain est très-blanc, parfaitement fait, et nous en avons mangé avec grand plaisir. Les autres denrées vendues depuis l'établissement du magasin jusqu'au 1ᵉʳ janvier 1867 donnent les chiffres suivants:

Huile pour l'éclairage.	413,000	kilogrammes.
Légumes secs.	253,000	»
Savon.	240,000	»
Sucre.	228,000	»
Sel.	216,000	»
Saindoux.	190,000	»
Lard.	182,000	»
Sirop.	152,000	»
Café.	91,000	»
Chicorée.	76,000	»
Huile à manger.	64,000	»
Riz.	60,000	»
Vinaigre.	51,000	litres.
Gaudes.	32,500	kilogrammes.
Chandelles et bougies.	25,300	»
Beurre.	22,700	»
Macaronis et vermicelle.	21,000	»
Chaussures (depuis 1864).	1,600	paires.
Bois de chauffage (depuis 1855 à 1857).	24,753	stères.

Ces ventes représentent un chiffre énorme de 7,430,551 francs.

Dans les années de disette 1817, 1846 et 1847, MM. Japy ont fait distribuer à leurs ouvriers à prix très-réduit, et gratuitement aux indigents de Beaucourt et des communes environnantes, de la soupe, de la viande et du pain. Pendant les fortes chaleurs de l'été, on donne gratuitement, au personnel, des boissons toniques.

Des pensions aux veuves, des secours aux malades, des allocations aux invalides, des sociétés de secours mutuels très-bien organisées complètent un ensemble de mesures protectrices fonctionnant sur une échelle considérable; plusieurs centaines de mille francs ont déjà été fournies par ces institutions (a).

(a) Moyennant une retenue de 1 fr. 0/0 sur leur salaire, les employés et ouvriers reçoivent gratuitement, pour eux et leurs familles, les médicaments dont ils ont besoin. Comme cette retenue est insuffisante, la maison Japy frères prend à sa charge l'excédant des dépenses qui s'élèvent en moyenne à 8,500 francs par an. (De 1848 à 1867, les dépenses pour achat de médicaments se son élevées à 246,056 fr. 25 c). Lorsqu'un indigent meurt, les frais de sépulture sont payés par la maison. L'horlogerie offre le grand avantage de pouvoir occuper tous les membres d'une même famille jusqu'à l'âge le plus avancé ; aussi, les ouvriers travaillent à peu près tous jusqu'au moment de la dernière maladie qui les enlève. Les rares invalides qui perdent l'usage de leurs bras, sont naturellement entretenus aux frais de l'établissement; ainsi, en 1866, des secours ont été accordés à trente vieillards, pour une somme de 3,600 francs. Des pensions sont accordées aux veuves, et en 1866, la manufacture en pensionnait cent dix, pour une somme 8,069 francs.

Cinq sociétés de secours se sont fondées parmi les ouvriers des établissements Japy. Une société

MM. Japy ont donné aussi tous leurs soins au logement de leurs ouvriers, et ont disposé pour eux de petits appartements avec jardins, pompes et buanderies : Chaque logement est loué à raison de 85 centimes le mètre par an. En 1864, ils ont fondé une société immobilière, dans le but de faciliter aux ouvriers qui voudraient se rendre propriétaires d'une maison et d'un jardin le placement assuré de leurs économies. Le terrain était donné gratuitement par M. Pierre Japy. Les maisons ont été établies la plupart au prix de 2,000 francs. Les propriétaires doivent les payer en onze années à raison de 21 fr. 55 c. par mois ; des tables ingénieusement calculées indiquent aux acquéreurs quel remboursement mensuel ils sont tenus d'effectuer dans le cas où, ayant quelques économies, ils voudraient faire un premier versement ou bien s'acquitter en moins d'années : ainsi pour s'acquitter en cinq années au lieu de onze, ils devraient payer 41 fr. 35 c. par mois, et s'ils pouvaient disposer d'une première somme de 1,000 francs, ils n'auraient plus qu'à verser mensuellement 11 fr. 50 c. pendant onze années.

Quelques-unes de ces constructions ont été exécutées sur une échelle un peu plus développée par certains ouvriers ou contremaîtres qui avaient des capitaux disponibles : quelques-uns d'entre eux ont fait eux-mêmes des améliorations et quelques décors. Nous avons visité ces maisons et nous avons pu constater combien elles étaient bien disposées et bien tenues. Toutes ont un jardin

---

de secours pour les hommes, à Beaucourt. Une société de secours pour hommes et femmes à Beaucourt. Une société de secours pour hommes dans chacune des succursales de Badevel et l'Isle-surle-Doubs ; une société de secours pour hommes et femmes dans la succursale de Laroche. Les membres de chacune de ces sociétés reçoivent pour chaque journée de maladie, une somme égale à leur cotisation mensuelle. Le tableau suivant résume les résultats obtenus par ces institutions.

SOCIÉTÉS		DATE de la formation.	NOMBRE de membres,		COTISATION mensuelle		Capital possédé par la Société	SOMME totale payée aux malades, depuis la création.
			hommes	femmes	hommes	femmes		
Hommes et femmes	Beaucourt	1er janv. 1857	197	278	1 fr.	0 fr. 05	6.498	37.218f 35
Hommes.	Beaucourt	1er janv. 1850	540	»	1	»	12.386	54.000,00
Hommes.	Badevel.	1er juin 1848	635	»	1	»	19.400	72.000,00
Hommes et femmes.	Laroche.	1er mai 1856	291		1	0 60	4.242	18.197.00
Hommes.	L'Isle.	»	76	»	1	»	»	5.180,00

presque toujours parfaitement cultivé, quelques-uns même arran-
gés avec beaucoup de goût. Pour que le bienfait fût tout à fait
complet, il faudrait, suivant nous, que chaque maison d'ouvrier
soit accompagnée d'un jardin de mille mètres, étendue suffisante
pour le potager d'une famille, mais il aurait fallu éloigner l'ouvrier
de son travail, et le terrain qui vaut à Beaucourt même jusqu'à
dix francs le mètre, coûte, à proximité, du bourg, trois, quatre
et même cinq francs.

Telles qu'elles sont, les maisons de la société immobilière de
Beaucourt sont infiniment préférables à tout ce que nous avons
vu en ce genre : riantes et bien exposées, elles sont loin d'avoir
l'aspect lugubre des cités ouvrières, qui éloignent bien plus
qu'elles ne les attirent ceux auxquels elles sont destinées.

Les promoteurs de ces constructions devraient bien donner
à chacune d'elles une diversité au moins extérieure affranchissant
l'ensemble de cette apparence uniforme qui les rend si désa-
gréables à l'œil. Tout en variant un peu la forme, on pourrait
cependant conserver une certaine régularité dans le tracé des
rues, dans la proportion des charpentes et des fenêtres, ce qui
permettrait de les établir à meilleur marché.

MM. Japy ont très-bien compris cette vérité : si l'on veut que
l'habitation plaise à l'acquéreur, il faut qu'elle ait quelque chose
de personnel, d'indépendant et de gai, qui diffère de la régularité de l'atelier. Ce n'est pas tout que de vouloir faire le bien,
il faut encore savoir le bien faire et ne pas le présenter sous
une forme déplaisante. En dehors de la Société immobilière, et,
soit pour construire des maisons, soit pour toute autre cause, la
maison Japy ouvre des crédits aux ouvriers dont elle connaît la
moralité. L'ensemble de ces avances, depuis onze ans, s'est élevé à
1,685,463 francs, qui sont remboursés par fractions men-
suelles.

Deux bibliothèques fournissent des livres, un cercle fondé
depuis 1827 facilite aux ouvriers l'emploi de leurs heures de liberté, enfin des fanfares dont nous avons parlé plus haut

constituent un excellent orchestre, toujours bien reçu, quand il se fait entendre.

Mais pour bénéficier de toutes ces mesures si bien comprises, il faut obéir strictement au règlement de police intérieure qui

peut entraîner le chômage de plusieurs autres : une fois l'engagement pris, il ne peut être rompu sans avertissement préalable de deux mois à l'avance. Tout ouvrier qui voudrait se soustraire à cette obligation devrait payer à la caisse de secours une somme

VUE DES ÉTABLISSEMENTS JAPY, A BEAUCOURT.

régit la manufacture ; ce règlement porte, comme premier article, qu'au bout d'un mois d'essai après l'admission dans les ateliers, l'ouvrier contracte vis-à-vis de la maison, et pour deux mois, un engagement qui est réciproque vis-à-vis de MM. Japy ; tout dans la maison étant si bien réglé et pondéré que le départ d'un ouvrier

égale à celle de son plus fort salaire mensuel. MM. Japy peuvent de même congédier un ouvrier en lui payant une indemnité égale à celle de son plus fort mois.

La durée du travail effectif est de douze heures par jour, les amendes punissent les retards, les désordres et les malfaçons au profit de la caisse de secours ; tous les mois les ouvriers rendent les pièces qu'ils ont fabriquées et reçoivent en échange du travail pour le mois suivant ; sauf impossibilité absolue par la nature de l'occupation, ils sont tous aux pièces et sont rétribués suivant leur habileté et leur activité. La plupart des travaux, surtout ceux de l'horlogerie, ne demandent aucune force physique, par conséquent les ouvriers de Beaucourt peuvent travailler depuis leur enfance jusque dans leur vieillesse la plus avancée. Appartenant à la haute Alsace, à la Franche-Comté et à la Suisse, races sérieuses et réfléchies, forcés de donner une extrême attention à leur travail, dominés presque toujours par l'emploi de machines de précision, les ouvriers apportent ce même espri d'ordre et de ponctualité que leurs chefs ont su montrer dans l'administration générale. Les ateliers, quoique encombrés de personnes et de machines, sont très-propres et très-clairs ; les femmes et les jeunes filles montrent beaucoup de soin dans leur tenue de travail, et en somme, la population de Beaucourt et surtout des succursales nous a paru dans les conditions de bien-être enviables pour la plupart des autres agglomérations ouvrières que nous avons déjà visitées.

Et ce n'est pas seulement du bien-être matériel que nous voulons parler, mais encore du bien-être moral. MM. Japy sont pénétrés de cette grande loi que tous les industriels d'une certaine valeur connaissent si bien, c'est que seuls ils sont peu de chose, et que renforcés par un corps d'employés d'élite, ils acquièrent la même puissance que l'unité suivie de plusieurs chiffres. —Aussi, laissent-ils à leurs employés une initiative qui met en jeu leur amour-propre et leur impose une responsabilité à laquelle ils ne veulent pas faillir. Chacun d'entre eux rivalise d'intelligence et d'efforts pour produire mieux et plus vite, car l'article 10 du règlement de Beaucourt porte que « tout ouvrier ayant inventé un procédé, trouvé une méthode ou un perfectionnement reconnu plus avantageux que ceux existants, aura droit à une récompense proportionnée à l'importance de la découverte. »Toute personne attachée à la maison est donc intéressée à inventer, à simplifier; la récompense est certaine. Cette tension de tous vers un même but a favorisé à Beaucourt la création, l'importation et le perfectionnement de toutes les machines automates qui remplissent les ateliers et dont quelques-unes sont douées de mouvements si extraordinaires qu'on les prendrait pour de véritables personnes.

L'horlogerie a été le véritable pionnier de la mécanique auto-matique moderne : ayant elle-même pour but de créer un véri-table automate, il était tout naturel que les fabricants cherchassent à en faire automatiquement toutes les pièces : on y a si bien réussi à Beaucourt, que dans plusieurs des ateliers la présence de l'homme est presque insignifiante, la machine fait tout ; ce qui frappe en entrant au milieu de tout le mouvement et de tout le bruit c'est l'absence presque totale de l'ouvrier; dans d'autres ateliers, l'intelligence et la main interviennent davantage, mais tous les jours un perfectionnement nouveau supprime une opération ma-nuelle et la remplace par l'action mécanique. MM. Japy n'hésitent pas à payer largement la propriété de machines-outils dont plu-sieurs, de provenance étrangère, ont coûté des sommes énormes : l'atelier de construction de Beaucourt est sans cesse occupé à en fabriquer de nouvelles.

Plus que tous autres, MM. Japy ont pu constater d'immenses avantages des automates qui, épargnant à l'ouvrier la fatigue phy-sique, laissent son intelligence libre et lui permettent de réfléchir sur son art. Ils ont dans cette étude cent ans d'expériences, car c'est en 1767 que Frédéric Japy vint créer à Beaucourt où il était né le 22 mai 1749, un petit atelier pour la fabrication des ébauches de montres qu'on faisait alors à la lime. Fils du maréchal-ferrant du village, Frédéric Japy doué de facilités exceptionnelles pour la mécanique, inventa et construisit des machines propres à con-fectionner rapidement et à bon marché ces ébauches qu'il vendit fort bien : Son établissement connu par ses bons produits prit ra-pidement un accroissement important eu égard à l'époque et au genre d'industrie Treize ans après sa fondation, en 1780, il li-

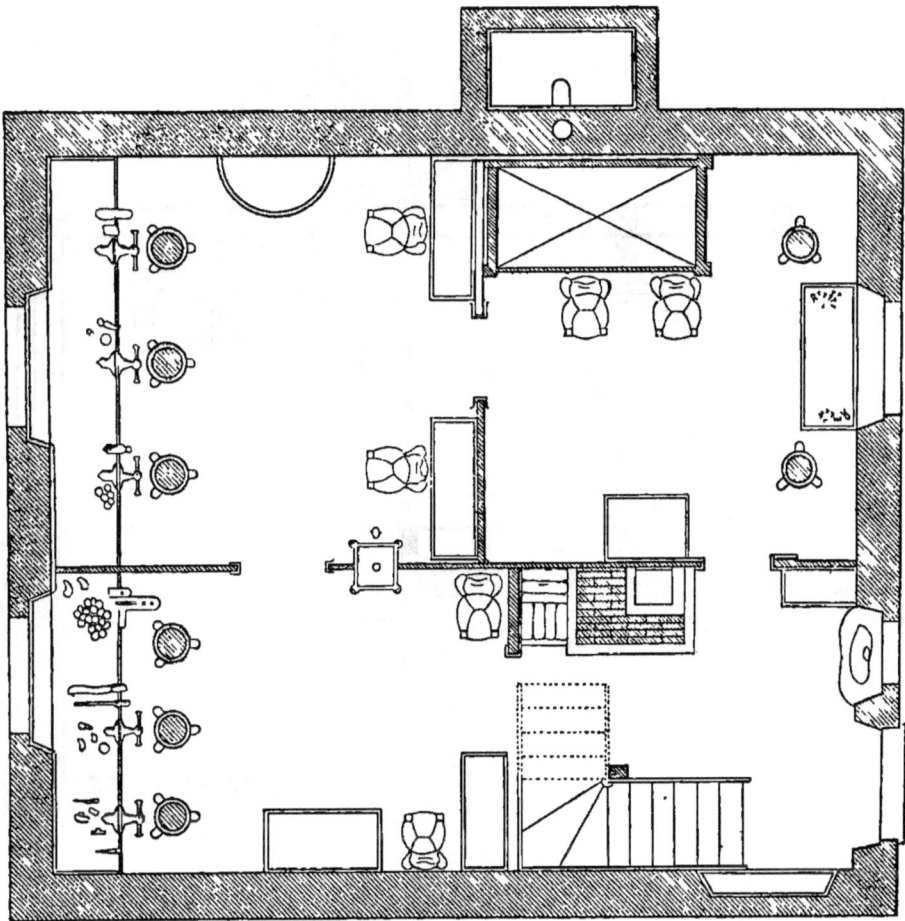

Maison ouvrière de Beaucourt. — Plan du rez-de-chaussée.

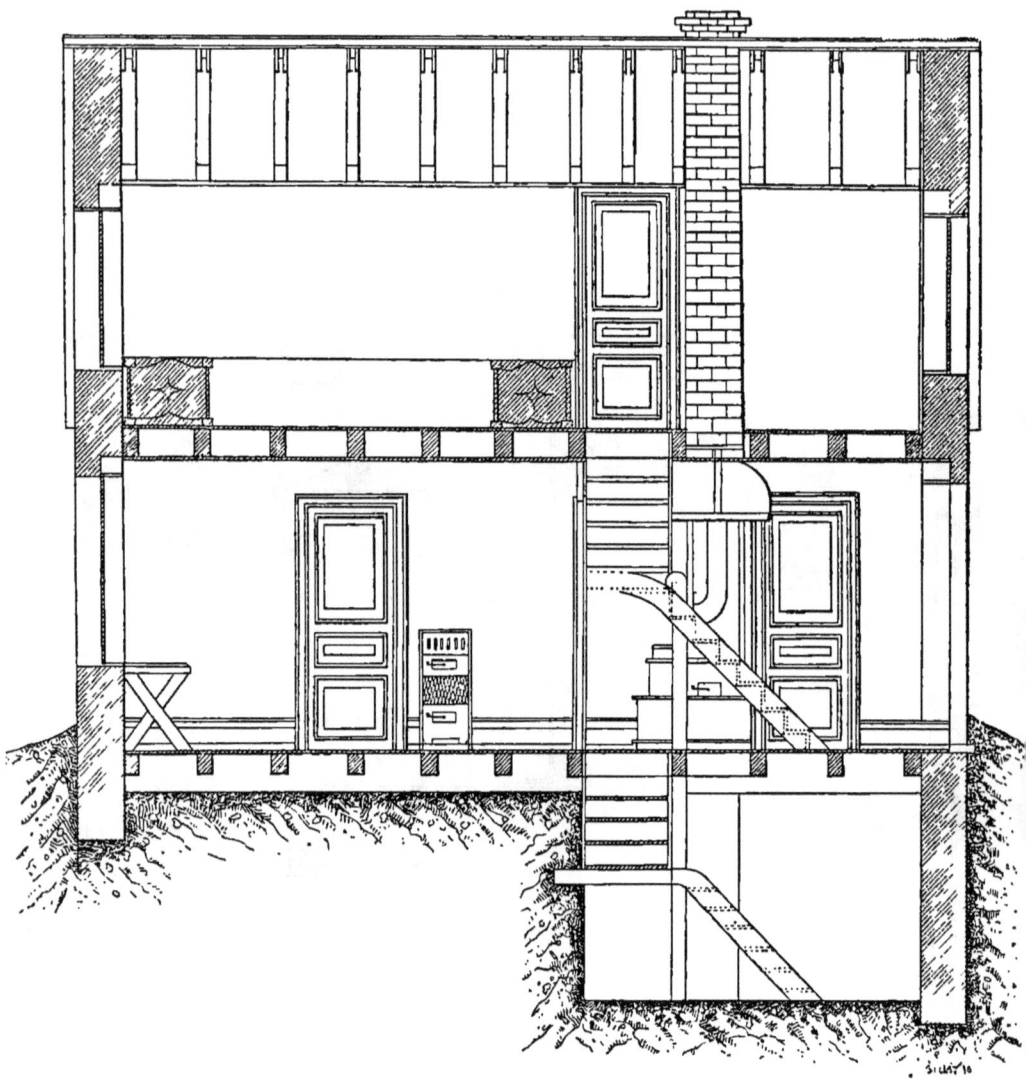

Maison ouvrière de Beaucourt. — Coupe longitudinale.

vrait déjà annuellement au commerce 3,600 douzaines d'ébauches.

Trois des fils de M. Frédéric Japy s'associèrent pour continuer
l'œuvre de leur père. M. Frédéric Guillaume Japy s'occupa spécialement de la partie commerciale. MM. Louis et Pierre de la partie
technique. Le développement continu de leurs établissements fut
interrompu en 1815 par une terrible catastrophe ; le 1ᵉʳ juillet, un
corps des armées alliées envahit le village fidèle à la fortune de
l'Empire et à celle de la France, pour le rançonner, le piller et
mettre le feu à la fabrique. L'incendie consuma les ateliers avec
toutes les machines qu'ils contenaient. La perte fut évaluée à
2,000,000 de francs, il fallut tout reconstruire, ateliers et machines,
mais grâce aux efforts des patrons et des ouvriers, l'établissement
reprit bientôt ses travaux non interrompus depuis cette époque.

L'industrie de MM. Japy se compose d'abord : de l'*horlogerie*,
petite et grande, l'une faisant les montres, l'autre les pendules,
les appareils électriques, et tout ce qui dérive du mouvement automatique produit par la force d'un ressort.

La *quincaillerie* qui comprend, outre la serrurerie et la cade-
naterie, tout l'outillage domestique de notre civilisation.

La *fabrication des vis et des boulons* sur une échelle considérable et par des procédés extrêmement ingénieux.

La fabrication de tous les ustensiles de ménage en *fer battu*,
émaillés, étamés ou vernis.

Enfin la construction des *pompes*, industrie relativement moins
importante comme production que les autres fabrications de
MM. Japy, mais qui cependant, occupe un assez grand nombre
d'ouvriers.

Nous allons examiner successivement ces diverses industries
en commençant par la petite horlogerie, origine de la maison.

Il serait impossible de décrire toutes les différentes espèces de
montre dont il y en a, dit-on, environ 40,000 modifications.
Nous décrirons seulement aussi rapidement que possible la montre appelée *démocratique* par MM. Japy, parce qu'elle pourra

être vendue à un prix inférieur à *neuf francs cinquante centimes.*
Cette montre comprend les éléments essentiels suivants :

La cage ou bâti. — Le barillet ou moteur. — Les rouages.
— L'échappement. — Le balancier ou régulateur. — La minuterie. — La boîte ou enveloppe de la montre.

La cage est formée d'une rondelle ou platine en laiton, supportant par trois colonnes ou piliers une deuxième platine plus
mince et plus petite que la première. Dans ces platines sont
pratiqués des trous pour recevoir les pivots des mobiles du mouvement.

Le barillet est composé d'une petite boîte circulaire, dont le
fond est une roue dentée, et recevant un couvercle qui la ferme
hermétiquement. Cette boîte reçoit le ressort ou moteur de la
montre, qui s'attache par un bout aux parois du barillet et par
l'autre à l'axe ou arbre du barillet. Un encliquetage placé sur
cet arbre, dans une creusure pratiquée à la petite platine sert à
faciliter le remontage. Cet encliquetage est recouvert d'un chapeau qui maintient tout le système en place et protége le mouvement contre la poussière pendant qu'on remonte la montre.

Le rouage comprenant trois roues et pignons a pour but de
ralentir l'effet du barillet et de transmettre son mouvement à
l'échappement. Cet échappement est lui-même composé d'une
roue dentée, dont chacune des dents vient se butter l'une après
l'autre à un petit cylindre portant une encoche parallèle à son
axe, destinée à suspendre et à rétablir alternativement et à intervalles égaux le mouvement du rouage.

Le balancier ou régulateur est formé d'une roue à trois bras
en laiton. Il suit et règle la marche de l'échappement par son
diamètre et par son poids, il oscille dans un sens et dans l'autre
entraîné qu'il est alternativement par le rouage et par un petit
ressort d'acier nommé spiral, qui le ramène à sa position première après chaque vibration. Ce balancier est supporté par un
pont ou coq en laiton, fixé à une pièce nommée chariot, susceptible de se mouvoir sur la platine, de manière à rapprocher

plus ou moins le balancier de la roue d'échappement et rendre par ce moyen les oscillations plus ou moins rapides. Ce coq est surmonté d'une aiguille d'acier qu'on appelle raquette, qui par deux goupilles fait varier la longueur utile du spiral et limite par conséquent la course du balancier, en fixant la durée des vibrations de la montre. Cette pièce sert à achever le réglage.

La minuterie a pour objet de traduire en heures et minutes les vibrations du balancier. Elle est formée d'un système de roues et pignons placés sur la platine du côté du cadran, et dont l'effet est de déterminer le rapport de la vitesse des deux aiguilles.

Toutes les pièces composant la montre subissent une série de mains-d'œuvre exécutées par des machines spéciales. Ainsi si nous prenons pour exemple la platine, voici les mains-d'œuvre principales par lesquelles elle passe successivement. Le laiton est d'abord laminé en planches, puis coupé en bandes pour être ensuite écroui par le laminage et le martinage. Ces opérations donnant à la matière sa plus grande densité, le métal conserve toute sa rigidité sous l'action des outils, les platines ne se voilent plus au tournage, les trous pour pivots forment d'excellents frottements et les vis ne se-desserrent pas comme dans le laiton non écroui. Dans les bandes de laiton ainsi écrouies, on découpe les platines qui sont ensuite :

Ebarbées pour enlever la bavure laissée par le découpoir. — Redressées. — Marquées pour fixer la place des trous.— Percées. — Tournées de grandeur. — Tournées d'épaisseur. — Creusées pour faire la place des roues.— Creusées pour pouvoir loger le barillet. — Taraudées pour recevoir les vis. — Adoucies ou polies. — Contrefraisées pour faire le réservoir d'huile. — Tournées pour faire un drageoir afin d'emboiter le mouvement. —Fraisées pour recevoir les pieds de cadrans.

On fait enfin l'entrée qui sert à placer la clé qui fixe le mouvement à la boîte. On peut voir d'après cette nomenclature le grand nombre de mains-d'œuvre que doivent subir les pièces de la montre finie. Ces mains-d'œuvre sont au nombre de 700. Il est vrai que la plupart des opérations se font à la fois et mécaniquement sur plusieurs pièces identiques. Cette grande division du travail a pour effet de rendre les ouvriers d'une habileté et d'une dextérité exceptionnelles. Deux petites filles font en un jour 4 à 500 douzaines de vis d'acier d'une dimension tellement petite, qu'il peut entrer 880 d'entre elles dans un centimètre

Visiteur de mouvements de montres.

cube, et il faut de plus que ces vis, grosses comme des grains de sable, aient la tête fendue, pour que le tourne-vis puisse les faire tourner et les fixer à la place qu'elles doivent occuper dans la montre. Lorsqu'on veut tracer cette fente, on les place l'une après l'autre dans un trou percé à l'extrémité d'une saillie ovoïde ; une petite fraise à dents imperceptibles fait le sillon, et la vis, rejetée hors du trou, est instantanément remplacée par une autre. Il faut une adresse de main inouïe pour prendre chaque vis, la

séparer des autres, l'enfoncer dans le bon sens, la tête vers la
fraise; nous en avions dans la main une pincée de sept à huit
douzaines; il nous semblait que c'était une pincée de poudre à
jeter sur l'écriture, et cependant tout cela était fileté et fendu.
Les pièces de la montre étant parfaitement préparées, sont
remises à des ouvriers habiles désignés sous le nom de replan-
teur, de repasseur, de remonteur et de régleur.

Les replanteurs mettent en place les roues et pignons du mouvement : les repasseurs vérifient toutes les pièces et leur donnent
le dernier poli : les remonteurs les rassemblent et les fixent dans
la boîte : les régleurs donnent à la marche de la montre la régularité et la précision. Les montres sont ensuite emballées par
douzaines pour être expédiées.

Ce genre de fabrication, monté sur une grande échelle, exige
un matériel immense de machines et d'outils propres à exécuter
chacune des mains-d'œuvre des pièces de la montre, tels que
laminoirs, martinets, découpoirs, tours de toutes sortes à tourner, à percer et à tarauder, burins fixes, machines à fraiser, à
tailler, à arrondir, etc., etc.

La fabrication de la montre à bon marché est réduite à sa plus
grande simplification. Il n'en est pas de même des montres actuellement en usage. La montre à roue de rencontre, l'ancien
oignon avec boîte laiton, était descendue au-dessous de dix francs
pièce. Aujourd'hui il n'est plus possible dans le commerce de se
procurer des montres à ce prix.

L'adoption générale du calibre Lépine amena la mode des montres plates et cette mode fut la cause du pas en arrière fait par la
petite horlogerie. Le peu de hauteur du barillet ne permit d'avoir
que des ressorts très-faibles ; de là la nécessité d'avoir aux pignons
des pivots très-délicats qu'on fit rouler dans des pierres pour obtenir les frottements les plus doux possibles. Ces dispositions, en
augmentant le prix de la montre, diminuèrent sa qualité. Les pivots
étant très-courts, l'huile gagne promptement les pignons et
cause une résistance qui met promptement les montres hors de

service. On est allé jusqu'à faire des pièces tellement plates que les roues, n'ayant pas entre elles les jours nécessaires, frottaient les unes contre les autres, l'introduction d'un grain de poussière les arrêtait. Aussi revient-on à la construction des montres épaisses.

Les fausses mains-d'œuvre subies par les montres actuelles du commerce sont encore une cause principale du prix élevé de cet article. Ainsi l'ébauche qui est fabriqué dans des ateliers spéciaux est démontée et remontée, une première fois pour faire le finissage, c'est-à-dire pour poser les pignons et les roues ; une deuxième fois par les faiseurs d'échappement ; une troisième fois par les ouvriers chargés d'ajuster la platine dans la boîte. Enfin, l'horloger chargé de la vente la démonte encore une fois pour y faire un nouveau repassage.

On conçoit comment l'ébauche, qui ne vaut pas un franc, est vendue quarante francs au détail à Paris, lorsqu'elle est placée dans une boîte d'argent. Si l'on ajoute qu'il existe plus de 40,000 calibres et dimensions de montres, on comprendra facilement, pour vulgariser cet appareil si utile, la nécessité d'éviter toutes les fausses mains-d'œuvre qui en augmentent inutilement le prix et de réduire toutes les montres à deux calibres de hauteur convenable : celui pour homme et celui pour femme. On n'a plus alors à se préoccuper que de reproduire indéfiniment le même modèle, ce qui est infiniment plus rapide et moins dispendieux.

C'est par ces simplifications que MM. Japy sont parvenus à fabriquer une montre excellente qu'ils peuvent livrer avec bénéfice raisonnable pour moins de dix francs. On comprend quel développement formidable va prendre la fabrication des montres par cet abaissement de prix : avec les habitudes modernes de régularité nécessitée par l'usage des machines à vapeur qui n'admettent aucun retard, aussi bien pour les chemins de fer que dans les ateliers où est employé ce moteur inflexible. Le mesurage de temps est devenu nécessaire pour tous, puisque c'est maintenant une marchandise qui se paye fort cher et dont on ne veut ni ne peut perdre la moindre parcelle. Depuis l'époque où Frédéric Japy, par l'emploi de machines, réduisit le prix d'une ébauche de mouvement de sept francs cinquante centimes à soixante-quinze centimes, il a été fait dans le monde entier environ cinquante millions de montres dont la moitié environ peut être considérée comme usée. MM. Japy admettent que cette quantité représente environ deux montres par cent habitants du globe et ils espèrent fournir cet instrument indispensable de civilisation à bon nombre de ceux qui n'en ont pas ou qui n'en possèdent que d'insuffisants

Les fabricants de Beaucourt ont bien voulu nous envoyer une des premières faites parmi ces montres démocratiques ; bien moins épaisse que l'ancien oignon, un peu plus grosse, cependant, que les montres ordinaires, elle marche avec une régularité bien plus parfaite que notre montre fort chère. Lorsque cette régularité, si précieuse dans certains cas, sera appréciée des personnes qui ont sérieusement besoin de savoir l'heure exacte, on les verra abandonner, comme un objet de luxe, leurs montres de cinq cents francs et prendre dans leur poche la montre de neuf francs cinquante, infiniment plus sûre et qu'on peut, du reste, perdre ou casser sans grand regret. Si votre montre de luxe est arrêtée par un accident quelconque, vous avez plus d'intérêt à la placer sur une étagère et à acheter une montre démocratique, qu'à faire reposer chez un horloger votre dispendieux chronomètre ; car il n'est pas de séjour d'une montre chez un horloger qui ne coûte au moins dix francs. Quant aux personnes qui ne peuvent mettre que dix francs à une montre, et elles sont nombreuses, c'est un véritable bienfait que de leur en fournir une à ce prix. Suivant nous, il manque cependant encore quelque chose à la montre démocratique : c'est d'avoir une boîte fermant, comme les montres dites de chasse. Le verre qui recouvre les aiguilles est sujet à casser dans la poche du voyageur ou de l'ouvrier, et le verre une fois cassé, il faudra avoir recours à un horloger pour le remettre, ou bien laisser sa montre inutile dans un tiroir; ainsi feront la plupart des gens très-occupés, et ce sera préjudiciable à eux et au fabricant. Que MM. Japy s'ingénient donc encore, qu'ils mettent leurs montres à dix francs au lieu de neuf francs cinquante, mais que le cadran soit protégé par une paroi solide.

Parallèlement à la fabrication d'ébauches qu'elle avait fondée à Beaucourt, la maison Japy créa une succursale à Badevel pour y faire les roulants de pendules de tous calibres et de toute dimension. On fabrique à Badevel toute espèce de mouvements courants d'horlogerie; de plus on y établit toutes les pièces qui y sont demandées sur les modèles les plus variés.

Indépendamment des mouvements d'horlogerie, on y fabrique aussi des mécanismes analogues pour compteurs divers, jouets d'enfants. C'est à Badevel que furent faits les premiers mouvements de lampes Carcel destinés à élever l'huile pour l'amener au niveau de la mèche.

On a fait dans cette fabrique : des horloges de clocher, des contrôleurs de garde de nuit, des métronomes, des mouvements de télégraphe (système Morse, Bréguet, etc.), des compteurs pour gaz, des tournebroches, des mouvements pour miroirs à prendre les alouettes, pour tourner les boîtes à musique et les poupées qui les surmontent, pour culotter les pipes, pour prendre les mouches, et mille autres inventions plus ou moins heureuses, mais toutes basées sur le mouvement de pendule. Depuis qu'on voyage beaucoup en chemin de fer, on fait à Badevel une grande quantité de réveille-matin, et cet article y prend chaque jour une plus grande extension. Il y a même quelques-uns de ces réveils dans lesquels une détente fait allumer une bougie au moment où le réveil se met en mouvement.

On rencontre à Badevel un matériel de machines pour la fabrication de la grosse horlogerie en tous points analogue à celui servant à Beaucourt à la fabrication des pièces de montres: machines à découper, à scier, à percer, à tarauder, à. arrondir, etc., **tours de toutes sortes appropriés à des mains-d'œuvre spéciales, machines automates de toutes espèces,** conduites par des jeunes filles et exécutant avec rapidité et précision les pièces qu'elles sont destinées à produire.

A côté de la fabrication de *blancs roulants* la maison Japy s'est décidée à fabriquer depuis quelque temps la pendule finie. La France n'avait pas fait jusqu'ici de pendules à bon marché.

Les États-Unis et l'Allemagne nous fournissaient cet article en quantité très-considérable depuis le traité de commerce avec le Zollverein, et les récentes tentatives faites à Berlin pour livrer à bon marché des pendules électriques en vue de supplanter l'industrie française ont excité l'émulation de Beaucourt C'est pour ne plus être tributaire de ces deux pays, quoi qu'il arrive, que la maison Japy a entrepris l'établissement des pendules d'un prix assez bas pour arrêter les invasions de marchandises étrangères. Le mécanisme de ces pendules a beaucoup d'analogie avec celui de la montre démocratique. Nous y retrouvons une cage, un barillet, le rouage, l'échappement et la minuterie. Le balancier à spirale de la montre est remplacé par un pendule dont la longueur varie au moyen d'une lentille mobile servant à régler le mouvement. A la boîte de la montre correspond pour la pendule un cabinet en fonte de fer ornementé, dont le cadran, venu de fonte avec ce cabinet, porte intérieurement des bossages ou plots sur lesquels vient se visser directement le mouvement.

Pour donner au barillet une force exceptionnelle, on a adopté une disposition particulière : les deux platines ont été rapprochées le plus possible, afin de réduire la longueur des pignons, le barillet étant saillant hors de la cage. Cette disposition, réunie à l'adoption du cabinet de fonte de fer et le procédé spécial d'emboîtage, pour lesquels la maison Japy est brevetée, donne une économie telle que bientôt on verra disparaître toutes les anciennes horloges à poids. Ces dernières, qui ne sont plus en usage que dans les campagnes, exigent beaucoup de place.

Elles demandent un cabinet de même longueur que les cordes qui soutiennent les poids : de plus, les horlogers ne les réparent que difficilement, parce qu'elles sont fabriquées par des ouvriers spéciaux dont le savoir-faire réside entièrement dans des tours de mains étrangers aux règles de l'horlogerie. Du reste, les pièces en bois entrant dans la composition du mouvement varient sous l'influence des variations atmosphériques, et sont par conséquent une cause permanente de perturbation dans la marche de ces pendules. Quant aux pendules américaines, elles se vendent très-bon marché, mais elles sont d'un rhabillage difficile, parce qu'elles sont montées par des ouvriers spéciaux, et surtout parce que les pignons sont à lanterne, système repoussé par l'horlogerie française.

La cause la plus efficace du bon marché des pendules de la maison Japy est l'ingénieuse disposition qu'elle a trouvée pour mettre les mouvements dans la boîte plus ou moins ornée qui renferme le mécanisme et sert en même temps d'ornement pour les cheminées.

Dans toutes les pendules ordinaires, l'emboîtage dans le cabinet se fait au moyen d'une fausse plaque rapportée au mouvement par de faux piliers. Les cabinets de MM. Japy se font en fonte de fer ornementée, imitant les bois, les marbres, les bronzes. Le cadran, avec sa lunette et ses heures, est venu de fonte avec le cabinet. On simplifie ainsi considérablement la fabrication, tout en obtenant l'économie du cadran, de la lunette, de la fause plaque, des faux piliers.

Jusqu'à ce jour, les mouvements de pendules étaient formés de deux platines parallèles, maintenues à l'écartement nécessaire par des piliers de même hauteur que tous les mobiles du mouvement, barillets et pignons.

Mais la hauteur convenable pour le barillet devient démesurée pour les mobiles plus petits. Les tiges des pignons sont exposées à se plier et à tourner irrégulièrement.

Le nouveau système consiste à réduire à leur longueur minima

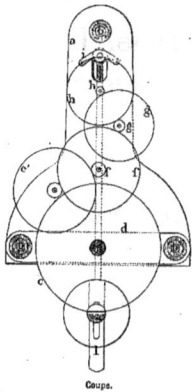

Coupe.

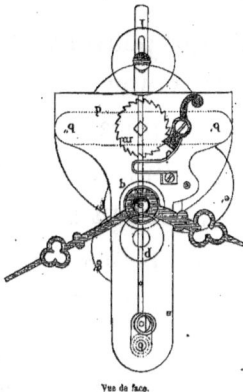

Vue de face.

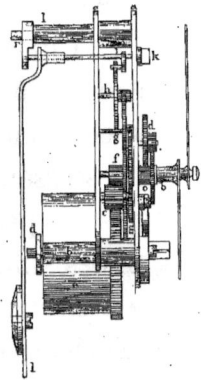

Vue latérale.

MOUVEMENT D'UNE PENDULE A 8 FRANCS 50 CENTIMES MARCHANT HUIT JOURS.

a a' Platines ou plaques dans lesquelles roulent les pivots des parties mobiles.

b" Piliers, montant qui réunissent les platines et les maintiennent à l'écartement nécessaire.

c Barillet, boîte circulaire fermée d'un côté par un couvercle et de l'autre par un fond denté commandant les rouages.

d Barette, plaque de laiton supportée par deux piliers et dans laquelle roule un des pivots de l'arbre du barillet.

e Pignon de grande moyenne engrenant avec le barillet, il a douze ailes et fait 3 tours et 9/13 par jour.

e' Roue de grande moyenne montée sur le pignon précédent, elle a 52 dents.

f Pignon de longue tige engrenant avec la roue de grande moyenne; il a 8 ailes et fait 24 tours par jours.

f' Roue de longue tige montée sur le pignon précédent, elle est taillée à 80 dents.

g Pignon de champ engrenant avec la roue de longue tige, il a 6 ailes et fait 320 tours par jour.

g' Roue de champ montée sur le pignon précédent, elle a 74 dents.

h Pignon d'échappement engrenant avec la roue de champ, il a 6 ailes et fait 3946 tours 2/3 par jour.

h' Roue d'échappement montée sur le pignon précédent, elle a 40 dents.

i Ancre d'échappement, pièce qui suspend et rétablit instantanément le mouvement de la roue d'échappement en laissant échapper les dents une à une.

r Barette d'échappement dans laquelle roule un pivot de la tige de l'ancre.

k Vite et lent. Petit excentrique servant à donner plus ou moins de prise à l'ancre d'échappement.

l Balancier, tige oscillante supportée par la tige de l'ancre d'échappement et terminée par une lentille, sa fonction est de déterminer par sa longueur la durée des oscillations, la lentille porte une rainure de forme spirale dans laquelle s'engage une goupille fixée à la tige du balancier; en tournant la lentille à gauche ou à droite on retarde ou on avance la pendule, le balancier fait 13133 oscillations simples par heure.

m Rochet, roue à dents inclinées empêchant avec le ressort masse, le ressort de se dérouler pendant le remontage.

n Ressort masse, pièce appuyant sur le rochet.

j Ressort d'encliquetage.

o Chaussée. Pièce ajustée à frottement dur sur la longue tige, et portant à carré l'aiguille des minutes. A l'autre bout la chaussée porte un pignon engrenant avec la roue de renvoi.

p Renvoi. Pignon et roue, commandés par la chaussée, et déterminant le rapport des vitesses des aiguilles.

q Canon. Pièce montée sur la chaussée portant à une extrémité l'aiguille des heures, et à l'autre une roue engrenant avec le pignon de renvoi.

les tiges des pignons, ce qui assure une economie de matière, tout en donnant à ces pièces une plus grande rigidité. De plus, cette disposition permet d'obtenir plus facilement le parallélisme parfait des mobiles, condition indispensable d'une marche régulière dans la pendule. On laisse aux barillets toute leur force, en les faisant saillir hors de la cage, et en faisant reposer leurs pivots dans une barette.

Malgré toutes les précautions prises et la bonne construction de leurs instruments, MM. Japy savent qu'il existe encore diverses causes et accidents qui peuvent en arrêter la marche. Ils ont donc, à ce sujet, rédigé une instruction détaillée. Comme elle contient d'intéressantes explications et qu'elle peut servir soit au possesseur même de la pendule, soit à l'horloger le plus voisin, peut-être peu expérimenté, surtout si l'on se trouve éloigné des grandes villes, nous la reproduisons presque entière :

« Les causes d'arrêt peuvent provenir : du barillet, des rouages, de l'échappement et de la minuterie.

» Le frottement du ressort contre le couvercle ou le fond du barillet peut produire une résistance capable d'arrêter la pendule ; ce cas se présente : quand le ressort est trop haut, quand les crochets d'arbre ou de barillet sont placés trop haut ou trop bas ; quand les entrées du ressort ne sont pas au milieu de la longueur ; quand le ressort, étant mal confectionné, se déroule par soubresauts.

» Il peut arriver que le crochet du barillet, mal rivé, se détache et empêche par cela même l'action du ressort.

» Un accident, un choc quelconque peut plier une ou plusieurs dents du barillet ou des roues du mouvement. Les engrenages peuvent être trop forts ou trop faibles ; c'est-à-dire qu'ils peuvent engrener trop ou trop peu. Dans le premier cas, il faut une force trop grande pour entraîner le rouage, et la pendule ne peut marcher que quand les huiles sont fraîches et le ressort complétement armé. Dans le second cas, les dents des roues fouettent et la pendule ne va que lorsque le ressort est complétement détendu, et ne produit plus les chocs des dents qui arrêtent le mouvement quand on vient de le remonter. Le mal rond du barillet et des roues peut encore être une cause d'arrêt pour la pendule. En fermant la cage d'une pendule sans précaution, on peut plier les pivots des pignons. Dans ce cas et lorsque les huiles sont fraîches, la pendule pourra peut-être marcher quand même, mais si les huiles sont épaisses ou si on incline le mouvement, la pendule s'arrêtera.

» Il est nécessaire, dans l'emballage, que le balancier soit toujours assujetti avec le plus grand soin, si l'on veut que l'achappement reste dans de bonnes conditions. Quand le balancier est libre, les chocs venant du transport ou même le simple poids de la lentille peuvent faire appuyer les palettes de l'ancre contre les dents de la roue d'échappement, et dans ce cas, les dents de la roue se plient, ou bien l'assiette du balancier tourne la tige de l'ancre et la pendule n'a plus d'échappement, c'est-à-dire que mise d'aplomb, elle boîte.

» Il peut arriver que la pendule s'arrête par suite du frottement du renvoi ou du canon contre le cadran. Il arrive parfois aussi qu'une pendule marche sans que les aiguilles changent de place sur le cadran. Cela provient de ce que la chaussée est trop libre sur le pignon de longue tige. Il suffit alors de resserrer un peu la lanterne de la chaussée. Dans le cas où l'assiette de la petite aiguille est trop libre, cette aiguille tombe et la grande aiguille seule marche.

» Quand la surface déterminée par les plots n'est pas parfaitement plane, la platine est voilée quand les vis d'emboitage sont vissées à fond. Dans ce cas, si les pivots des pignons sont trop justes dans leurs trous, la torsion de la platine les serre et arrête le mouvement. Il suffit alors, pour mettre la pendule en marche, de desserrer un peu les vis d'emboitage. »

Avec ces instructions, l'horloger le moins instruit, le mécanicien de l'usine, ou même le serrurier du village peuvent faire marcher la pendule démocratique.

MM. Japy ont exposé plusieurs modèles de ces pendules depuis six francs, marchant trente heures, et huit francs cinquante centimes, marchant huit jours, jusqu'à dix francs cinquante centimes avec des cabinets de luxe. Les mieux entendus sont les modèles carrés, borne, à tambour, et surtout le modèle œil de bœuf. — Nous engageons MM. Japy à donner une grande attention à ce dernier, et à s'efforcer d'en étendre le cadran de manière qu'il soit bien lisible même à distance. Déjà, il est arrivé à vingt-trois centimètres de diamètre, ce qui est bien pour une cuisine, une antichambre, et même une salle à manger ; si l'on pouvait l'étendre jusqu'à trente centimètres, il n'est pas d'industriel qui ne suspendît une pendule œil de bœuf de dix francs à la paroi de chacun de ses ateliers, pas un agriculteur aisé qui n'en plaçât dans la cour de sa ferme, pas un propriétaire de maison qui ne se donnerait le luxe d'en orner la cour de ses écuries, et si l'œil de bœuf pouvait sonner un peu fort et ne coûter que douze ou quinze francs, toutes les petites communes, et elles sont encore nombreuses en France, qui n'ont pas d'horloge, trouveraient certainement un bienfaiteur généreux qui en accrocherait une au portail de l'église.

Les irrégularités de la demande de la montre, ont conduit MM. Japy pour empêcher le chômage des ouvriers à certaines époques, à créer, en 1809, une fabrique de cadenas variés en fer et en laiton.

Ces cadenas sont :

A charnière, — système Brahma, — à combinaisons.

Les premiers, qui sont les cadenas ordinaires, exécutent la fermeture au moyen d'une anse faisant charnière d'un côté : L'autre côté porte une entrée qui reçoit le verrou : On les ouvre avec une clé forée. Les cadenas cylindriques, Brahma ou à pompe, dans lesquels le passage du verrou est empêché par des lames ou ressorts. La clé est forée et munie d'entailles de profondeurs inégales. Le fond de chacune de ces entailles vient appuyer sur une lame ou ressort de la quantité nécessaire pour laisser passer le verrou. Les cadenas à combinaisons, formés de plusieurs rondelles mobiles sur lesquelles sont gravés des chiffres ou des lettres. Pour ouvrir ce genre de cadenas, on tourne les rondelles de manière que les lettres ou les chiffres forment un mot ou un nombre connu seulement par le propriétaire du cadenas. Ces cadenas n'ont point de clé. Les cadenas en laiton présentent comme fabrication une grande analogie avec les pièces d'horlogerie. Quant aux cadenas en fer, les pièces sont préparées et finies sur des machines de manière à donner aux enfants chargés de les faire le moins de travail d'ajustage possible. L'atelier des cadenas sert à préparer les ouvriers qui deviennent plus tard les monteurs de serrures.

Le cadenas est encore avantageusement employé pour les fermetures d'objets qui ne sont pas destinés à voyager. Mais depuis les chemins de fer, cette défense est devenue complétement inutile pour les caisses et les malles dont on désire assurer la parfaite inviolabilité. Quelque solides qu'on les construise, ils sont toujours cassés, du moins faussés par la brutalité avec laquelle se font les manœuvres de chargement et de déchargement dans les gares. Les serrures étant cachées dans le bois de la malle sont un peu plus à l'abri. Voyons de quelles pièces se compose et comment se fabrique cet engin si indispensable à la conservation de la propriété :

L'extérieur d'une serrure est une *cage* en fer, en fonte ou en laiton. La face recevant la clé se nomme *palâtre*.

Les côtés, formant l'épaisseur de la serrure, se nomment *cloison* : la face opposée au palâtre reste ouverte, ou bien se ferme en tout ou en partie par une plaque, nommée *foncet*. Le côté de la cloison que traverse le verrou de la serrure se nomme *rebord*. Le plus souvent le rebord est d'une pièce avec le palâtre.

La cage renferme :

Un *verrou* ou plaque de fer ou de fonte traversant le rebord et mobile au moyen d'une clé.

Un *ressort* qui entre dans des coches pratiquées au verrou et le maintient en place.

Une *clé* servant à faire mouvoir le verrou en soulevant le ressort qui le tient.

Les serrures de portes ordinaires renferment en plus une pièce en fer ou en fonte, nommée *bec de canne*, dont l'extrémité taillée en chanfrein traverse le bord de la serrure. Cette pièce sert à la fermeture de la porte et se met au moyen d'une poignée ou d'un bouton monté sur un arbre traversant la serrure.

Les serrures peuvent être divisées en deux grandes catégories.

Les serrures sans cloison pour meubles.

Les serrures encloisonnées pour meubles ou pour appartements.

Les premières se placent en entaillant le bois qui doit les recevoir dans son épaisseur. Elles comprennent les *auberonnières* pour les cassettes et les pianos et dans lesquelles le verrou ne sort pas de la serrure, et les *serrures de commodes, tiroirs et armoires*.

Les serrures encloisonnées comprennent :

Les serrures de meubles encloisonnées

Les serrures d'appartement.

Les serrures de porte d'entrée.

Les serrures de meubles encloisonnées s'appliquent contre le bois sans l'entailler. Les serrures d'appartement ordinaires sont à manivelle, à poignée ou béquille, ou bien encore à bouton ou olive, selon les pays pour lesquels elles sont fabriquées. Les serrures de porte d'entrée peuvent aussi, dans certains cas, s'appliquer à l'intérieur.

Les principales sont :

La serrure *Brahma*, dont le principe est le même que celui du cadenas du même nom. Les serrures *gorges mobiles*, dans lesquelles le passage du verrou est intercepté par des lames que la clé déplace en tournant. Les serrures *Bénardes*, qui peuvent s'ouvrir ou se fermer des deux côtés sans autre moyen que celui de la clé et du verrou. Les serrures *Clinches* qui ont deux clés : une maîtresse clé commandant toute la serrure et une petite clé ne pouvant faire marcher que le bec de canne et le premier tour du verrou.

Les pièces arrivent à l'atelier de la serrurerie toutes préparées pour que les ouvriers aient le moins de travail d'ajustage possible à y faire. Elles sont découpées, percées, taraudées, limées, fraisées, meulées, polies sur des calibres fixes, de manière qu'une pièce quelconque appartenant à une espèce de serrure puisse s'adapter à une serrure quelconque de cette espèce et de cette dimension, sans qu'il soit nécessaire de l'y ajuster.

Le matériel servant à la fabrication des pièces détachées de serrurerie est composée : de découpoirs, de tours à percer, fraiser, tarauder, tourner, de meules et de polissoirs, de machines automates à découper, forer les clés et à tourner les moulures. Grâce à cet outillage, le prix des serrures a été tellement abaissé que le plus petit modèle ne coûte que trois centimes avec sa clé. On a pu réduire aussi considérablement le personnel de la serrurerie ; toutefois la nécessité de varier les clés pour que la même clé n'ouvre pas toutes les serrures d'une même provenance, ce qui arrive encore trop souvent, oblige les grandes fabriques de serrurerie à avoir un grand nombre d'ouvriers, pour y faire à la main les modifications nécessaires. A côté des différents genres de serrures dont nous avons parlé, les ateliers de Beaucourt fabriquent encore différents articles se rattachant à la serrurerie, tels que morailllons, targettes, verrouillets.

En visitant les ateliers de serrurerie de Beaucourt, en voyant l'adresse et la sûreté avec lesquelles les ouvriers ouvrent et démontent la serrure la plus compliquée, nous ne pouvions nous empêcher de trouver regrettable qu'en France plusieurs maisons de détention occupent leurs prisonniers à la fabrication des serrures. Ces maisons sont des espèces d'écoles où les détenus apprennent à pénétrer dans les maisons sans effraction. L'industrie de la serrurerie devrait être interdite à tout ouvrier ayant subi une condamnatiou et ne présentant pas de garantie suffisante.

La fabrication de l'horlogerie a conduit MM. Japy à la construction d'une foule de machines diverses. Après avoir pratiqué par
l'emboutissage dans un barillet de montre découpé, la cavité
destinée à recevoir le ressort, on fut amené par analogie à
découper et à emboutir de la même façon les casseroles et
autres ustensiles de ménage. C'est ainsi que bien souvent deux
industries, très-différentes dans leur but et leurs résultats, s'em

Tournage d'épaisseur des platines de montres.

pruntent des procédés de fabrication analogues; aussi les industriels de quelque profession que ce soit auraient tous grand
intérêt à la lecture de notre publication, dont le seul mérite est
de recueillir et signaler les procédés particuliers à chaque fabrication et à chaque maison : — et cependant la plupart ne veulent lire que ce qui semble avoir trait à leur profession personnelle. Il y a en apparence une grande différence entre une
rôtissoire et une montre, et cependant les procédés de production diffèrent peu en principe. On trouve dans la fabrication

de fer battu un outillage aussi varié et des mains-d'œuvre aussi divisées et aussi nombreuses que dans celle de l'horlogerie, pour arriver à une exécution qui ne laisse rien à désirer et à un bon marché à la portée de tous les consommateurs, c'est-à-dire de tous les ménages.

Si nous suivons par exemple la série des phases par lesquelles

Examen des pendules à 8 fr. 50.

passe la coupe d'un ustensile, nous voyons la tôle soumise aux opérations suivantes :

Les meilleures tôles de Franche-Comté et d'Angleterre sont découpées en ronds de dimensions convenables, au moyen de découpoirs ou de cisailles circulaires dont les couteaux découpent le rond de la tôle en se mouvant autour de sa circonférence.

Les ronds sont emboutis par pression ou par percussion sous des balanciers ou sous des marteaux pilons.

Dès qu'un rond est placé sur la matrice dans laquelle il doit s'emboutir, il se trouve pressé sur tout son pourtour par une bague ou virole mobile qui le maintient solidement sur les bords de la matrice jusqu'à ce que le mandrin soit descendu et ait fait prendre à la tôle sa forme convenable. Cette disposition empêche les bords de l'objet de se rétrécir et de former des plis.

Les pièces embouties sont portées au four à recuire afin de rendre à la tôle sa malléabilité primitive ; on les décape ensuite avec soin en les plaçant dans des bains acidulés et en les frottant avec du sable. On procède ensuite au planage, pour faire disparaître les plis résultant de l'emboutissage sur la surface de la tôle. Il s'exécute sur des tours armés de roulettes ; en appuyant constamment ces roulettes sur la surface de la pièce animée d'un mouvement de rotation rapide, on la rend parfaitement lisse dans toutes ses parties.

Les bords sont coupés au moyen de galets formant cisaille, et disposés de manière à dresser parfaitement le bord supérieur de la coupe. Pour y former un bord ou ourlet on la place sur un tour, plusieurs roulettes de formes différentes viennent successivement s'appuyer sur le bord de l'objet pour l'évaser un peu, puis le replier en forme de boudin. On perce au découpoir les trous qui doivent recevoir les rivets servant à fixer la queue ou les anses.

Les ateliers des découpoirs, des machines à emboutir et des tours sont établis dans de vastes halles en rez-de-chaussée, éclairées par la toiture, où les machines et outils sont rangés dans l'ordre des mains-d'œuvre que les pièces doivent subir, pour éviter les fausses manœuvres. Ces halles sont très-salubres, bien aérées ; l'absence de toute cloison facilite la surveillance aux chefs qui dirigent les travaux.

Les ustensiles de ménage sont polis à l'intérieur comme les poêles à frire, — étamés comme les casserolles, — vernis comme les plateaux des limonadiers, — émaillés comme les vases et les seaux destinés à recevoir les acides.

Le polissage s'exécute sur des tours automates portant plusieurs outils qui agissent simultanément sur les fonds et sur les parois de la pièce.

L'étamage se fait dans un atelier où les objets à étamer, étant décapés avec soin, sont plongés à trois reprises dans des bains d'étain en fusion, sur lesquels surnage un corps gras destiné à empêcher l'oxydation. A leur sortie, ils sont égouttés et frottés avec du son pour enlever la graisse qui reste sur le métal.

Le vernissage s'applique dans un atelier de peinture où les vernis sont étendus à la main sur les divers objets. Après chaque couche, ils sont exposés dans de grandes étuves, dont la température varie de 40 à 70 degrés centigrades. Sur les vernis on applique les décorations les plus variées, telles que paysages, fleurs, arabesques de tout genre, peintes ou dorées. Dans cet atelier, les travaux les plus délicats font suite aux mains-d'œuvre les plus grossières, et l'artiste vient donner le dernier fini aux pièces fabriquées par l'ouvrier.

Le vernissage de Lafeschotte est d'une perfection remarquable. Le noir et le rouge à rehauts d'or sont surtout d'un effet charmant, atteignant presque la finesse de la laque. Le chef de l'atelier est un peintre de talent qui ne voudrait faire que des produits parfaits et se désole d'être obligé d'exécuter rapidement les cabinets de pendules à bon marché et le vernis un peu grossier des vases en fer battu. Pour se consoler de présider à la confection de tant d'objets qu'il n'apprécie pas, il peint de temps en temps quelque vue champêtre au ciel bleu turquoise, à la verdure joyeuse, aux eaux fraîches et limpides, ou bien quelque oiseau des tropiques au plumage éclatant : et il a bien raison, il faut toujours, même dans l'industrie la plus rapide et la moins chère, conserver un idéal élevé, sans cela tout va bientôt à la dérive.

L'émail, appliqué sur les ustensiles destinés à recevoir les liquides corrosifs, empêche ces ustensiles d'être attaqués et présente ainsi une garantie pour leur durée. Cet émail est réduit en poudre impalpable sous des pilons organisés spécialement à cet effet. Les pièces à émailler sont recouvertes d'une solution gommeuse, puis saupoudrées d'émail, séchées dans des étuves, et chauffées au rouge cerise dans des fours.

L'émail entre en fusion et recouvre la pièce d'un enduit brillant, d'épaisseur uniforme et très-adhérent au métal. Au moyen d'oxydes métalliques, on donne à l'émail diverses colorations, blanche, bleue, granit.

Pour utiliser les déchets de tôle, Lafeschotte fabrique des jouets d'enfants qui sont des ustensiles de ménage en miniature. Ces jouets sont fabriqués mécaniquement par les mêmes procédés que nous venons de décrire.

MM. Japy fabriquent aussi les cuillers et les fourchettes. Ces pièces, découpées dans la tôle forte, sont aplaties aux deux extrémités sous de petits laminoirs appropriés à cet usage. Elles sont ensuite recuites pour rendre au métal toute sa malléabilité, puis embouties et passées à la meule pour enlever les bavures. On les étame ensuite et on les polit.

Les grands ustensiles formés de plusieurs pièces sont agrafés au moyen de machines. Celles-ci remplacent actuellement, dans la ferblanterie et la chaudronnerie, le travail du marteau et de la cisaille à bras. Sans l'outillage et les machines spéciales de l'établissement que nous venons de décrire, il faudrait porter son personnel à plus de vingt mille ouvriers pour produire les sept millions de kilogrammes d'ustensiles fabriqués annuellement.

L'ustensile de ménage en tôle étamée est meilleur marché et plus hygiénique que l'ustensile en cuivre. Il est moins lourd et moins fragile que la fonte. Il ne contient pas de soudure comme les articles analogues fabriqués avec du fer-blanc.

La peinture se conserve mieux sur la tôle que sur le zinc. Le zinc, par ses grandes dilatations, détruit l'adhérence du vernis, et s'oxydant facilement, se détériore avec rapidité.

L'ustensile en fer battu l'emporte donc comme qualité et

comme prix. Aussi en fait–on chaque jour de nouvelles applications et sa consommation s'agrandit-elle sans cesse aussi bien dans nos contrées que dans les pays étrangers et même chez les peuples nomades.

Le catalogue de la maison Japy, qui contient la figure, la dimension et le prix des objets en fer battus fabriqués à Lafeschotte au Rondelot, et à La Roche, est très-intéressant à feuilleter. On y voit la représentation d'une batterie de cuisine aussi complète qu'une ménagère puisse la désirer : les pièces varient de 1 fr. 80 c. à 3 fr. 50 c. le kilogramme. Des assiettes et des plats de 22 c. à 3 fr.; des vases à café, à thé, à chocolat, à sucre, des rôtissoires, des seaux à charbons, des chandeliers, des lampes de toute forme ordinaires ou professionnelles, depuis 30 c. la pièce; des marmites de campagne dans lesquelles on peut loger toute une batterie de cuisine et un service de table; des chauferettes, des bassinoires, tout l'outillage de la civilisation domestique.

En 1848, la maison Japy créa un atelier de quincaillerie pour utiliser les déchets de laiton produits dans la fabrication de l'horlogerie. Une grande quantité d'objets furent ajoutés plus tard à ceux qu'on fabriquait en laiton, les uns comme articles d'assortiment, les autres pour employer les nombreux déchets de tôle de la casserie.

Les principaux articles fabriqués dans cet atelier sont : des anneaux à vis, composés de fragments de fil de fer taraudés aux machines automates placés dans des moules où l'on vient couler la boule en laiton qui se tourne et se perce pour recevoir l'anneau; l'anneau, après y avoir été introduit est soudé, puis bruni. Pour les anneaux de sellerie en fer ou en laiton, le fil est roulé en hélice sur une baguette de manière à former une espèce de ressort à boudin de grosseur convenable. Au moyen d'une fraise, on vient scier ce ressort dans le sens de l'axe, de manière à obtenir autant d'anneaux ouverts qu'il y a de spires dans l'hélice. Ces anneaux sont soudés, puis étamés ou vernis s'ils sont en fer et décapés à l'eau forte s'ils sont en laiton.

Les bagues en laiton pour roulettes, après avoir été fondues en laiton, sont achevées entièrement sur le tour, si elles sont rondes; à la fraise et à la lime si elles sont carrées.

Les boucles de sellerie se font en fer ou en laiton. Celles en fer sont vernies ou étamées; les boucles cintrées sont en fonte malléable. Les petits rouleaux en tôle sont découpés dans les déchets de la casserie. Les gonds en laiton avec embase, les clous de sellerie et les boutons de toutes formes, sont faits en coulant une tête de laiton sur des bouts de fer taraudés; ils sont achevés par le tournage et le brunissage.

Les chaînes se font en tôle découpée ou en fil de fer. Les premières, dont les anneaux sont pris dans les déchets de tôle, sont les chaînes à chiens, chaînes pour balances et les chaînes à mouffles, dites à lin. Les chaînes en fil de fer sont à anneaux ronds ou à S. Toutes ces chaînes sont blanchies au tambour, étamées, noircies si elles sont en fer, brunies si elles sont en laiton.

Les pièces détachées, pied, tube, bouton des chandeliers en laiton massif sont fondus avec des déchets de laiton, puis tournées, percées, taraudées, brunies et montées. On les fait à cuvette ou à pied bombé.

La fabrication des charnières exige des tôles de première qualité, très-douces et très-malléables; la feuille de tôle est d'abord coupée en bandes au moyen d'une cisaille à galets; ensuite dans ces bandes on découpe sans déchet et automatiquement les pièces composant les charnières. Ces pièces sont pliées ensuite au moyen d'un outil, de manière à former parfaitement le nœud qui doit recevoir la cheville ou axe de la charnière

On obtient ainsi des demi-charnières que l'on marie deux à deux en y introduisant la cheville. On emboutit les charnières afin que la double feuille de tôle de chaque aile n'en forme plus qu'une seule; il ne reste plus alors qu'à les percer et à fraiser les trous devant recevoir les têtes des vis qui serviront à les fixer. On les met d'équerre à la lime ou à la meule et on les emballe pour les livrer au commerce.

Les crochets à manteaux sortent tout d'une pièce de la fonderie, on les perce et on les fraise pour recevoir les vis de fixage.
Ils sont en laiton ou en fonte de fer vernie et bronzée.

La fabrication des pitons est d'une grande importance; elle
exige l'emploi de fil de fer de première qualité. Le fil est coupé
de longueur et plié automatiquement par la machine; les pitons
sont ensuite emboutis, à froid pour les petits numéros, et à chaud
pour les grands, afin de fermer complétement l'œil qui les surmonte. Ils sont ensuite blanchis au tambour, puis taraudés aux
machines automates. Les pitons se font en fer ou en laiton.

Les crochets plats se découpent dans les déchets de tôle de la
casserie; les crochets demi-ronds se font en fil de fer ou de
laiton qu'on plie, qu'on emboutit, qu'on perce et qu'on fraise.

La maison Japy fabrique encore des moulins à café de toute
espèce, les uns avec boîte en tôle, les autres dits *de comptoir* avec
enveloppe de fonte de fer ou de laiton. La mouture s'opère en faisant passer le café entre deux organes coniques, l'un fixe et creux
qu'on appelle noix, l'autre mobile et plein qu'on appelle poire.
Ces deux organes sont taillés de deux espèces de dents, conduites en hélice, les unes, profondes, servant à amener le
café venant de la trémie, les autres, fines, opérant la mouture.
Les poires et noix de moulins sont en fonte dans les moulins
communs et sortent toutes finies de la fonderie: dans les moulins de qualité supérieure, on les fait en fer; des machines automates les taillent au moyen de fraises disposées de manière à
creuser les dents en hélice; on les trempe ensuite pour que
l'usure des pièces soit moins rapide. Ces moulins peuvent être
réglés, c'est-à-dire qu'une vis de rappel peut rapprocher ou
éloigner la poire de la noix, de manière à obtenir le café
moulu de la finesse que l'on veut. Quant à l'enveloppe, sa
forme varie suivant la place que doit occuper le moulin.
Les moulins dits américains, à manivelle de côté, se fixent
contre une paroi verticale; les moulins à deux cônes et les cylindriques se fixent à un rayon ou à une table; les moulins carrés

Le fondeur de laiton.

L'essayeur de pompes.

ordinaires sont portatifs, on les maintient entre les genoux pendant la mouture. Les moulins de comptoir sont destinés aux
commerçants ou aux cafetiers. Leur rendement est très-considérable à cause de la grande dimension de leurs organes ; leur
mécanisme est en fer trempé ; la trémie est en fonte émaillée
intérieurement ou en laiton poli ; la fabrication de ces derniers
moulins est plutôt du domaine de la construction des machines
que de la quincaillerie proprement dite.

Outre les articles dont nous venons de parler, la maison Japy
fabrique encore : les mouvements de sonnettes, les pivots, les
compas de table, ainsi qu'un grand nombre d'autres objets en
métal qui jouent un rôle dans la construction et dans l'équipe-
ment de la vie. Une de ses plus importantes opérations, celle qui
a motivé l'outillage mécanique le plus extraordinaire, est la fabrication des vis à bois, qui remplacent aujourd'hui le clou et la
pointe partout où le travail du bois est en progrès.

Avant 1806, la vis à bois n'était pas fabriquée en France. La
Westphalie nous fournissait une vis mal faite et taraudée à
la lime. En 1806, les frères Japy eurent l'idée de tréfiler sur des
bobines les fils de laiton, de fer et d'acier, dont ils avaient besoin
pour leurs ateliers d'horlogerie ; ils prirent à cette époque un
brevet pour remplacer par ces bobines les bancs à tirer à crémaillères au moyen desquels travaillaient les tréfileries. Cette invention, qui facilitait la fabrication des vis d'horlogerie, conduisit
la même année les directeurs de l'établissement de Beaucourt à
imaginer une série de machines propres à produire à bas prix la
vis à bois demandée auparavant à l'étranger et qui aujourd'hui
est si abondamment fournie par MM. Japy.

On lit dans le *Moniteur* de 1809, page 653 : « MM. Japy, en per-
» fectionnant la fabrication des vis à bois, ont affranchi la France
» du tribut qu'elle payait à l'étranger. Ils sont parvenus à établir
» cet objet à un prix extrêmement modique... MM. Japy ont rempli
» toutes les conditions, ils exécutent les vis à bois avec toute la
» perfection désirable. » C'est depuis 1806 que la jauge servant

à mesurer les diamètres de fil de fer est connue dans l'industrie sous le nom de jauge Japy.

L'outillage servant à fabriquer les vis à bois a été constamment perfectionné à Beaucourt; en ce moment il n'est composé que de machines automates. Ces machines sont de trois espèces et au nombre de 700.

Celles qui emboutissent, c'est-à-dire qui forment la tête de la vis.

Celles qui tournent et fendent la tête.

Celles qui la taraudent.

Les machines à emboutir prennent le fil de fer en bottes, le redressent, le coupent de la longueur voulue pour former la tête et refoulent celle-ci par pression pour lui donner la forme plate, conique ou bien demi-ronde ou hémisphérique. Le diamètre de la tête de la vis excède le double de celui du fil. Afin d'éviter toute fissure sur les bords de la tête de la vis, on ne se sert que de fer de meilleure qualité tréfilé et embouti à la succursale de l'Isle sur le Doubs.

Le tournage et le fendage de la tête de la vis se font sur une seule machine qui est une des merveilles de la mécanique moderne. Comme la machine à bouter les dents de carde, c'est un véritable animal en fer doué de mouvements plus qu'automatiques presque animés. La machine à vis est encore la plus étonnante à voir fonctionner, car elle semble douée de discernement. Les vis embouties sont jetées dans un plateau, sur lequel une longue fourchette vient les saisir pour les conduire dans un canal à l'extrémité duquel un échappement laisse passer les vis une à une. Cette fourchette est fendue et recourbée de telle sorte qu'elle ne retient dans sa fente que les morceaux de fer emboutis représentant la tête en haut, les autres retombent dans le plateau jusqu'à ce qu'ils se présentent convenablement. Ils sont donc régulièrement rangés lorsqu'ils glissent d'abord entre les deux dents de la fourchette, puis dans le canal à l'extrémité duquel ils sont saisies par une espèce de bec les plaçant dans la pince du tour, qui tourne la tête.

Cette pince vient se présenter en face d'une scie circulaire qui fend la tête de la vis ; la fente laisse une bavure qui est enlevée par le burin tourneur quand la pince est revenue dans sa position première. Ces trois opérations achevées, la vis est enlevée et portée dans un récipient de manière à être séparée de la tournure. Les vis se succèdent dans la pince avec une vitesse qui n'est modérée que par l'échauffement de l'outil.

L'opération du taraudage s'exécute par une machine automate analogue dans laquelle nous retrouvons le plateau recevant les vis avant la mise en œuvre, la fourchette qui transporte les vis dans un canal et le bec qui les place dans la pince du tour : un burin taraudeur vient faire le filet de la vis. Le mouvement le plus étrange pour le spectateur est celui où le bec vient présenter la nouvelle vis à la pince, en se saisissant en même temps de la vis terminée pour la descendre à l'étage inférieur de la machine. Il y a là réellement l'apparence d'une réflexion et d'une vie personnelle dans l'instrument.

Les vis sont ensuite nettoyées et polies brillantes dans des tambours remplis de sciure de bois. Le triage des rebuts se fait au moyen de machines automates.

Les vis sont enfin emballées par grosses dans des paquets en papier étiquetés, portant extérieurement un échantillon en nature, puis on les livre au commerce.

Au moyen d'une de ces machines, un ouvrier fait autant de travail que dix-huit avec les anciens procédés de fabrication, résultat bien supérieur à celui obtenu par les self-acting de la filature. Les machines automates à faire les vis pour métaux ne le cèdent en rien à celles servant à faire les vis à bois et sont aussi intéressantes à étudier.

La consommation de la vis à bois chez un peuple est un bon moyen de mesurer son activité industrielle et le fini de son travail. Sous ce rapport, les Etats-Unis sont beaucoup plus avancés que la France : ils consomment annuellement 860 millions de vis à bois, c'est-à-dire autant que la France et l'Angleterre réunies. Ces deux pays ne fabriquent guère chacun que la moitié de leur consommation, soit 430 millions par an.

La maison Japy frères fabrique aussi le boulon qui prend chaque jour plus d'extension, soit pour la construction des voitures de toute espèce, soit pour assembler les poutrelles de fer qui remplacent de jour en jour davantage le bois dans tant d'usages.

MM. Japy fabriquent des pompes à simple effet qui présentent sur les pompes ordinaires du commerce des avantages précieux. Sous un volume beaucoup plus réduit que la plupart des pompes, elles fournissent la même quantité d'eau que celles d'un diamètre de piston absolument égal.

Les pompes ont le plus souvent leur cylindre en fonte alézé, par conséquent le métal mis à nu s'oxyde très-rapidement, et en même temps la rouille durcit et ronge le cuir du piston avec rapidité : les pompes de Beaucourt sont, toutes, doublées d'un cylindre en laiton, et le cuir de leurs pistons n'étant pas exposé au contact de la rouille, conserve longtemps toute sa souplesse et sa solidité.

Les clapets sont rodés et à charnière métallique. Les articulations sont aussi grosses, aussi longues que possible, et le métal en est trempé. Le balancier peut se placer dans une position quelconque. Le prix de ces utiles instruments est pour un débit de 800 litres à l'heure, 20 fr. ; pour 2,000 litres, 34 fr. ; pour 3,000 litres, de 46 fr.

Il se fait encore à Beaucourt ou dans ses succursales, des poulies de toute espèce, des ressorts pour serrures, pour placards et pour sonnettes, des rondelles, des roulettes pour meubles, des tringles de rideaux, des viroles, des poinçons, des porte-forêts, des villebrequins, des marteaux.

Il est temps de cesser cette longue énumération, nous ne pourrions nommer l'un après l'autre les articles courants fabriqués par la maison Japy, car leur nombre s'élève à plus de 34,900, placés dans autant de casiers du magasin central de Fesches, casiers à plusieurs étages dont l'ensemble représente une surface d'environ 65,000 mètres carrés. C'est là qu'on classe tous les produits de Beaucourt, excepté l'horlogerie.

Ce magasin n'est pas moins extraordinaire que tous les autres établissements de la maison.

L'idée qui a présidé à sa construction et à son installation a été de fournir à tous les quincailliers de l'univers un entrepôt central où il y ait toujours un stock incessamment approvisionné, prêt à fournir à leurs besoins immédiatement et par le premier train de chemin de fer. Autrefois, les commandes étaient adressées deux ou trois fois par an, et il était nécessaire à chaque débitant d'avoir un magasin rempli : La cherté des loyers dans les grandes villes, la rapidité du transport par chemin de fer, et la facilité offerte par MM. Japy amèneront naturellement les quincailliers à s'embarrasser le moins possible d'objets d'une vente quelquefois tardive, et à faire leur commande chaque semaine. Le magasin, de cent soixante mètres environ de longueur sur cent de largeur, est rempli de casiers divisés en cinq groupes traversés par quatorze allées. Là est un véritable monde de quincaillerie, de casserie, de serrurerie, etc., tout cela très-bien rangé, très-bien éclairé, à portée des employés chargés de l'assemblage et de l'emballage des commandes qui se déposent sur de longues tables. L'installation ne serait pas complète, si des rails ne venaient pas amener les wagons à la porte même du magasin. Un chemin de fer en construction partant de Montbéliard va passer à Audincourt, Beaucourt, Fesches, Morvillars, Grandvillars, et aboutit à Delle, petite ville située sur la frontière suisse et traversée par la route de Montbéliard à Dôle. MM. Japy, comprenant l'importance de cette voie ferrée, contribuent pour 360,000 fr. dans les frais de la Compagnie de Lyon qui en a entrepris l'exécution.

Pour que les clients de Beaucourt puissent à leur aise et sans même avoir sous les yeux l'objet lui-même quand ils veulent se rendre un compte exact de ses dimensions et de son prix, MM. Japy ont fait faire une série d'albums qui sont aussi cu-

rieux à feuilleter que le magasin est intéressant à visiter.
Chacun de ces catalogues donne la figure exacte en lithographies parfaitement dessinées de chaque objet fabriqué à Beaucourt : non–seulement un type de chaque genre d'objets mais
une figure de chaque grandeur de ce genre, aussi tous les
numéros de vis droites et à crochet, de pitons, de cadenas, de
serrures, de pompes, de boutons de porte et tous les objets dont
la représentation exacte peut être contenue dans l'album, y sont
représentés en vraie grandeur.

Pour la batterie de cuisine, la grosse quincaillerie et les objets en fer battu dont l'image en grandeur naturelle serait trop
étendue, MM. Japy ont fait faire des réductions, mais à côté d'elles
se trouvent imprimées avec une exactitude scrupuleuse les dimensions de chaque numéro de l'objet dessiné. Ces catalogues
sont donc une sorte de représentation du magasin, dans lequel
les quincailliers et leurs clients peuvent choisir. Le grand album
de la serrurerie et des vis à bois est surtout remarquable d'exécution, les lithographies sont d'une vérité saisissante.

Bien que les objets fabriqués sortant de ce magasin soient
tous d'un petit volume, relativement aux autres produits de la
fonte, du fer et du laiton, la force employée pour les mettre en
œuvre équivaut à environ mille chevaux, obtenus par quelques
chutes d'eau et par un grand nombre de machines à vapeur disséminées dans Beaucourt et ses succursales.

Les forces ouvrières et mécaniques sont ainsi réparties :

	personnel.	force motrice.
Petite horlogerie. . .	1800	45
Grosse horlogerie. . .	800	70
Visserie et boulonnerie.	600	305
Serrurerie	300	25
Quincaillerie	120	10
Fonderie.	100	10
Charnières.	80	5
Pompes.	25	10
Moulins.	50	10
Casserie.	1300	220
Forges de l'Isle . . .	200	290
Magasins et bureaux. .	225	»
Total. . .	5500	1000

Nous aurions bien voulu demander à M. Adolphe Japy, qui nous a fait les honneurs de Beaucourt avec la grâce la plus hospitalière, et qui nous a donné tous ces détails avec la précision la plus nette et la plus claire, quel était aussi le mouvement des

E.BOCOURT.

L.CHAPON.

Polissage des cages de serrures.

forces de Beaucourt en capital argent, mais il nous a paru devoir être si considérable, que nous avons prudemment évité cette question peut-être indiscrète.

FIN DES ÉTABLISSEMENTS JAPY

FABRIQUE D'ARMES

DE M. LEFAUCHEUX

A l'exception des manufactures de l'État, il n'y a pas en France, à proprement parler, de grandes usines d'arquebuserie. Il y a bien des ateliers d'assemblage, mais les canons se font en général dans des établissements spéciaux et les pièces de platine chez les ouvriers dispersés.— La plupart de ces dernïers même viennent de Liége.

Le seul établissement important de l'industrie privée où l'on fabrique en France des armes, en s'aidant de machines-outils, est de création récente; il a été fondé par M. Eugène Lefaucheux, fils du célèbre armurier qui a donné son nom au fusil brisé, chargé par des cartouches à culots métalliques.

L'usine a été créée pour la fabrication des armes-revolver, amenées à un état de perfection qui en permet le développement industriel.

En 1854, M. Eugène Lefaucheux avait résolu ce problème, en fabricant un revolver dans lequel il était possible de charger les armes à plusieurs coups, fonctionnant par rotation, avec des cartouches *Lefaucheux*, en opérant successivement pour chaque coup, et sans qu'il fût nécessaire d'employer une baguette. Ces dispositions se marient avec l'emploi d'une culasse fixe, employée comme point d'appui et avec un mécanisme additionnel permettant de chasser la cartouche métallique si l'on éprouvait quelques difficultés à la retirer après la décharge.

M. Lefaucheux ne changeait rien à la disposition du canon et de la crosse des revolvers déjà connus : le mouvement même du cylindre s'effectuait toujours par l'armement du chien et par la saillie d'un ergot agissant sur une griffe hexagonale, de même que le temps d'arrêt de ce cylindre s'obtenait toujours au moyen de six encoches arrêtées par la tête d'un ressort saillant par l'armement de la batterie. Le cylindre portant les tonnerres était percé de six trous, plus d'une ouverture centrale servant à laisser passer la tige autour de laquelle s'effectue la rotation; chacun des canons était évidé à sa base pour former encoche afin de donner passage à la broche sur laquelle le chien s'abattait comme pour la cartouche de M. Lefaucheux père.

En arrière du cylindre était une culasse présentant la forme d'une demi-sphère, portant en outre une rigole pour l'abattement du chien, et sur le côté une porte s'ouvrant pour l'introduction des cartouches, que l'on place successivement dans chaque tonnerre, en faisant tourner le cylindre à la main.

Latéralement au long canon et dans une coulisse, se mouvait une targette destinée à refouler soit la cartouche complète lorsqu'on veut décharger l'arme sans s'en être servi, soit les fragments de la cartouche et le culot s'ils ne tombaient pas tout seuls.

Ce premier projet fut modifié quelques mois plus tard par l'addition d'un nouveau ressort servant à maintenir fermée la porte recouvrant l'ouverture pratiquée dans la culasse pour le passage des cartouches destinées au chargement des tonnerres. A la targette était substituée une petite baguette ronde munie d'un ressort qui la retenait sur son fourreau; déjà à cette époque, M. Lefaucheux se proposait d'employer des cartouches à percussion centrale dans lesquelles la broche ne servait plus de percutant mais bien d'enclume, et était fixée à la balle elle-même ou la douille. Ces dispositions très-nouvelles et très-ingénieuses ont servi de base aux travaux de M. Lefaucheux, qui, tout en fabriquant des quantités considérables d'armes sur ces données primitives, n'en a pas moins sans cesse tendu à perfectionner le revolver.

Il ne pouvait appliquer industriellement son invention, car M. Lefaucheux père, consacrant aux progrès de l'arquebuserie tous les profits qu'il retirait de sa maison de commerce, ne lui avait rien laissé; aidé par quelques personnes, il commença avec un petit capital la fabrication du nouveau revolver, et bientôt il avait pu créer à Paris même un atelier de construction d'armes possédant des machines-outils et appliquant autant que possible l'outillage mécanique moderne à l'arquebuserie, cette industrie si ingénieuse et si persistante dans ses recherches, mais si routinière dans les moyens de fabriquer.

Lorsque M. Lefaucheux voulut donner à ses ateliers l'extension que les commandes nécessitaient, il ne trouva pas dans Paris plus de soixante-dix ouvriers arquebusiers; en effet, à l'exception des canons dits de Paris, tous les autres canons et presque toutes les autres pièces de l'arme à l'exception du chien viennent un peu de Saint-Etienne et beaucoup de Liége, et les ouvriers sont occupés à Paris, non pas à fabriquer, mais à repasser et à assembler les pièces.

M. Lefaucheux avait soumis son invention au ministre de la marine, qui nomma des commissions et fit faire des expériences; le rapport de ces commissions fut favorable, et le revolver Lefaucheux fut adopté pour l'armement réglementaire de la marine impériale.

Cette adoption fut imitée par la marine marchande et par les gouvernements étrangers : l'Italie, la Russie, l'Allemagne, la Suède, l'Égypte imitèrent notre gouvernement, les ateliers de Paris employèrent jusqu'à 475 ouvriers et produisirent une moyenne de 150 revolvers par jour. La carabine du même système fut aussi fabriquée avec succès : enfin le chiffre d'affaires annuelles monta à 1,800,000 fr. pour un capital primitif de 15,000 fr. Avant de décrire la fabrication du revolver actuel auquel on est arrivé après une série de modifications, nous devons résumer les travaux antérieurs et contemporains sur cette question.

S'il est difficile de retrouver exactement l'histoire des poudres fulminantes, il l'est beaucoup moins de suivre les différentes modifications des armes. Il est peu de sujets sur lesquels le génie mécanique de l'homme se soit plus évertué; il n'y a qu'à visiter le musée de Saint-Thomas d'Aquin et celui de la Tour de Londres pour se faire une idée des inventions de toutes sortes, dont a été l'objet l'arme portative de guerre ou de chasse; c'est par centaines que se comptent les armes exécutées et les modèles de fusils, de carabines et de pistolets. Beaucoup d'entre ces armes offrent des ressemblances dans les principales dispositions, quelques-unes même semblent réinventer, à un ou deux siècles de distance, ce que nos ancêtres avaient trouvé.

De temps en temps cependant, dans l'histoire des armes, il surgit des formes arrêtées qui semblent résumer les efforts antérieurs, donnent un corps aux vagues tentatives et caractérisent une époque.

Ce fut d'abord un tube en fer assemblé pour le tir avec une boîte dans laquelle on mettait la poudre et qu'on reliait ensuite avec des bandes et des étriers en fer. Le chargement par la culasse est donc le mode originel du chargement des armes à feu; le premier perfectionnement fut de visser la boîte au tube. Pendant un certain temps, ces armes furent presque aussi dangereuses pour leurs servants que pour l'ennemi, aussi les plaçait-on sur des supports fixes, et, après les avoir mises en joue à peu près, on n'y portait le feu qu'après s'en être éloigné à distance respectueuse, ce qui n'était pas un moyen facile de tirer très-juste. Bientôt la confiance augmentant, on ajouta un manche en bois, un croc ou crochet pour fixer le tube sur un chevalet; plus tard on adapta la mèche dans les mâchoires d'un chien appelé serpentin, une détente approchait le serpentin d'un bassinet, et la mèche mettait le feu; puis vinrent le mousquet et le pistolet dits à rouet, à chien portant la pierre, et dans lequel les étincelles étaient produites par le frottement en rotation d'une rondelle d'acier. Le fusil avec chien et bassinet, remplaça le mousqueton à rouet, et dura longtemps.

L'arme à percussion d'un chien sur une capsule, autrement dite fusil à piston, forme un autre de ces temps d'arrêt. L'arme se chargeant par la culasse vient seulement d'être adoptée pour l'armée ; enfin le dernier perfectionnement, l'arme à répétition ou le pistolet et la carabine revolver venus d'Amérique et usités partout, sont encore peu connus en France. Entre ces différentes modifications fondamentales, et qui chacune sont incarnées dans un type suivi par toutes les nations, on peut placer une foule d'essais n'ayant donné suite à aucune application régulière et industrielle, et qui ne se retrouvent que dans les musées.

Le fusil à percussion est resté sans nom d'auteur, il n'en est pas de même du fusil de chasse brisé, qui s'appelle aujourd'hui fusil Lefaucheux dans l'univers entier, bien qu'il soit depuis longtemps tombé dans le domaine public. Les revolvers Colt et en dernier lieu le revolver Lefaucheux présentent un ensemble de dispositions typiques qui les constituent en machines complètes fonctionnant et marchant ils sont aux armes anciennes de dispositions analogues ce que la locomotive de Stephenson a été pour la marmite de Papin.

Il se trouve au musée de Saint-Thomas-d'Aquin plusieurs armes-revolver, mais dont le cylindre qui porte les tonnerres se meut toujours à la main et non par un mécanisme approprié ; trois d'entre elles sont à mèches, ce qui atteste qu'elles ont été fabriquées au commencement du dix-septième siècle : l'une est une petite arquebuse de chasse dont le canon est à pans, et le tambour est à huit tonnerres, la lumière qui correspond à chacun d'eux est fermée par un couvre-feu à coulisse ; un ressort à crochet arrête chaque tonnerre au moment où le serpentin vient allumer le feu. Elle porte le numéro 1251.

Le numéro 1252 est une arquebuse à mèche dont le tambour, contenant cinq charges, tourne sur un axe parallèle à celui du canon.

Le numéro 1253 est aussi à cinq tonnerres, mais n'a qu'un seul bassinet, dont on renouvelle l'amorce à chaque coup, tandis que le numéro précédent a un couvre-chef à chaque charge.

Le numéro 1254 est un mousquet allemand de la moitié du dix-septième siècle, dont l'inflammation se faisait au moyen d'un

Arme du quinzième siècle à culasse tournante et à mèche.

Pistolet à rouet de Woolwich.

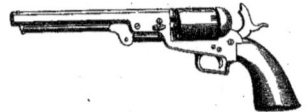

Arquebuse à mèche à cinq chambres.

Premiers revolvers de Colt.

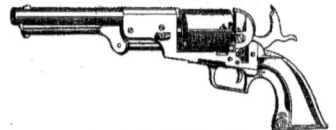

Arquebuse à rouet à six chambres.

Pistolet de Colt avec la platine ouverte.

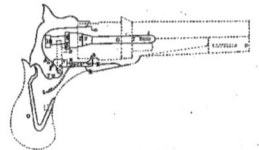

Fusil de John Dafte à six chambres.

Disposition du premier mécanisme de Colt.

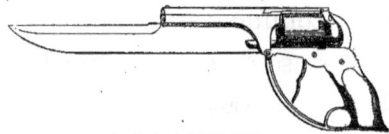

Arme d'Elisha Collier.

MODÈLES D'ARMES A RÉPÉTITION

Revolver de Colt avec coutelas.

rouet; il est à trois tonnerres tournant sur un axe parallèle à celui du canon.

Le numéro 1255 est un fusil français à silex, à tambour et à cinq coups, fabriqué au dix-huitième siècle; sur le corps de platine on lit : *Marchaux à Grenoble.*

De la même époque est un autre fusil à six coups marqué 1256; enfin au numéro 1260 est un fusil d'Elisha Collier, à cinq charges, dont le tambour tourne à la main, maintenu entre deux plateaux dont l'inférieur repousse le tambour vers le canon, le plateau supérieur ferme les tonnerres. La baguette servant à charger les culasses est placée dans la crosse; la batterie porte un magasin d'amorces placé dans un tiroir.

Nous reproduisons, d'après une brochure de Colt (*a*), quelques spécimens d'armes anciennes à culasse tournante :

La première, en haut de la page 266, est supposée appartenir au dixième siècle et se trouve dans le musée d'armes de la Tour de Londres; sa culasse tournante à quatre chambres est montée sur un arbre qui lui est parallèle et qui est fixé au canon de l'arme. L'extrémité postérieure de cet arbre est attachée au fût du fusil par une cheville transversale en clef, des entailles sont pratiquées dans une saillie à la partie antérieure de la culasse pour recevoir l'extrémité d'un ressort fixé au fût et qui s'étend en travers de la culasse, dans le but de la tenir en arrêt quand une de ces chambres est mise en ligne de prolongement exacte avec le canon du fusil. Cette pièce semble d'origine orientale; la batterie est à mèche. Chacune des chambres de la culasse est munie d'un bassinet et d'un couvercle mobile qui, avant de faire feu, doit être repoussé avec le doigt pour mettre la poudre du bassinet en contact avec la mèche. Pour procéder à une seconde décharge, on ramène en arrière la batterie à mèche et on tourne sa culasse avec la main, de manière à présenter une seconde chambre chargée en ligne de prolongement avec le canon.

(*a*) *De l'application des machines à la fabrication des armes à feu à culasse tournante,* par le colonel Colt, membre de l'Institut des ingénieurs civils.

La figure placée au-dessous est également à mèche. M. Colt l'a vue chez M. Forsyth, à qui elle avait été donnée par lord William Bentinck gouverneur général des Indes. La culasse, qui est tournée à la main, a cinq chambres dont chacune a un bassinet avec un couvercle mobile. L'arbre est attaché au canon, et l'extrémité qui touche à la culasse est plus grosse de dimension, de manière à correspondre avec le diamètre de la chambre tournante, à laquelle elle sert en quelque sorte de protection ou de pièce de recul. Mais pour diminuer les chances du danger qui, sans aucun doute, était à craindre, de la décharge simultanée de toutes les chambres, par suite du feu qui se répandait de la chambre qui faisait feu, ce qui devait être l'effet inévitable de cette sorte de garniture, l'ouvrier avait ménagé des issues pour les charges en perçant des trous à travers la partie plus grosse du canon, correspondant au chambres de charge de la culasse tournante.

La troisième figure est une arme en progrès nettement marqué sur les fusils précédents. Cette arme qui a été trouvée dans la galerie d'armures de la Tour de Londres, est munie d'une batterie de silex à roue et n'a qu'un seul bassinet commun à toutes les six chambres de la culasse tournante : ce bassinet est muni d'un couvercle glissant et est arrangé de telle manière que l'arête séparée d'une roue verticale s'y projette, dans la poudre du bassinet; cette roue reçoit un mouvement de rotation rapide, au moyen d'un ressort de détente, agissant sur un levier attaché à l'axe de la roue, dont les dents, frappant sur la pierre, engendrent les étincelles qui communiquent le feu à la poudre du bassinet. Le feu est communiqué alors latéralement à une traînée de poudre, d'une longueur d'environ deux pouces et demi, avant d'atteindre la charge qui est dans la culasse, et cette traînée de poudre, de même que celle du bassinet, a besoin d'être renouvelée, chaque fois, avant qu'on puisse faire partir la charge des chambres suivantes. Une cheville d'arrêt est faite de manière à entrer dans les orifices de la roue, pour arrêter son action, quand cela est désirable; quand on la retire, on presse la détente et le coup part. Dans cet échantillon également, on fait

tourner la culasse au moyen de la main, et le canon et la culasse
sont mis en contact au moyen d'un écrou de vis qui agit sur l'extrémité rayée de l'arbre de la culasse. En n'employant ainsi qu'un
seul bassinet d'amorce pour toutes les chambres de la culasse, et
par suite de la nécessité apparente de fermer l'arrière-extrémité de
la culasse au moyen d'une capsule de recul, de manière à ne laisser
ouverte qu'une étroite ouverture pour le passage de la poudre, du
bassinet à la culasse, les chances de voir toutes les chambres faire
feu simultanément étaient de beaucoup augmentées; et cela, parce
que la capsule qui recouvrait l'arrière-extrémité de la culasse, empêche que le feu ne s'échappe latéralement et forme, dans le fait,
un canal naturel qui conduit le feu, qui déviait, de sa ligne droite,
aux trous de communication de la lumière d'amorce de toutes les autres charges. Ce fusil n'a pas de fût sur le devant de la culasse; mais
contrairement à ce qui se remarque dans les échantillons précédents,
le canon est entaillé et découpé de chaque côté, de manière à laisser
la balle s'échapper, en cas d'explosion prématurée.

La quatrième figure est un fusil de Jonhn Dafte, de Londres, à
six chambres, avec baïonnettes enfoncées dans la périphérie de la
culasse.

La cinquième figure montre, dit le colonel Colt, l'échantillon
le plus récent que nous ayons d'une arme à culasse multiple, à
briquet, échantillon breveté en 1818 en faveur d'Elisha H. Collier,
des États-Unis d'Amérique; il accuse absolument tous les défauts
principaux de ces armes anciennes, bien que ces défauts principaux aient dû, déjà à cette époque, avoir été découverts et que
les armuriers anciens mêmes y aient porté remède. Les parties
les plus défectueuses de cette arme sont le réservoir d'amorce, le
tube qui doit conduire la traînée du feu circulairement à toutes
les lumières, et la capsule de devant de la culasse, qui doit avoir
pour effet de diriger le feu latéralement dans les chambres voisines.
La culasse est arrangée de manière à porter contre le canon, au
moyen d'un ressort en spirale, dont l'action peut bien être d'une
efficacité convenable tant que le fusil est propre et bien entretenu,

et chacune des chambres a une embrasure pour recevoir l'extrémité saillante du canon, et cela dans le but d'opérer une jonction plus étroite. La pression de la culasse multiple contre le canon est maintenue, pendant la décharge, à l'aide d'une cheville qui est poussée en avant par une lame fixée sur l'axe de la batterie, quand on pousse la détente; et cette pression demeurera suffisante pour un certain nombre de décharges, aussi longtemps que les parties entre la culasse et le canon, ou l'arbre sur lequel la culasse tourne ne se charge pas de crasse ou de rouille. En ce cas, l'action du ressort est sans effet. L'espèce de soupape, qui forme le fond du réservoir d'amorce, fonctionne d'elle-même, et fait rouler une certaine quantité de poudre dans le bassinet, lorsque le réservoir qui sert en même temps de couvercle pour le bassinet, et de briquet pour le silex, est placé dans la position droite. Quand on veut faire tourner la culasse, on relève le chien de la batterie au premier arrêt, alors que la culasse se trouve hors du contact avec le canon, et on peut tourner la culasse et amener une autre chambre chargée en ligne avec le canon.

Mais toutes ces armes sont loin de l'invention de Colt, que l'on peut considérer comme le véritable et sérieux initiateur des armes à feu à culasse tournante. Il a raconté lui-même dans une conférence, à l'institution des ingénieurs civils à Londres, que ce fut en quelque sorte la nécessité personnelle qui le conduisit à son invention : il demeurait dans le territoire frontière des États-Unis, à une époque où les Indiens, déjà dangereux par leur nombre, le devenaient bien plus encore par l'usage qu'ils avaient appris à faire des armes à feu. La tactique des Indiens consistait à attaquer en nombre très-supérieur les Européens, qui, après avoir déchargé leur fusil à un ou à deux coups, se trouvaient sans défense. En sacrifiant ainsi quelques-uns des leurs, ils étaient sûrs de détruire les soldats américains.

Dès 1829, Colt, sans avoir voyagé en Europe et, par conséquent, dans l'ignorance complète des efforts tentés précédemment, chercha à constituer une arme qui pût répéter ses coups, sans que l'on perdît de temps à la recharger ; il voulut aussi qu'elle tournât sur un axe non plus à la main, mais par le fait seulement de l'armement de la batterie.

La première arme, composée de six canons entiers, était trop lourde, et l'inventeur reconnut bientôt qu'il était préférable d'avoir un cylindre tournant, portant les tonnerres et venant les présenter l'un après l'autre à un seul canon commun.

La difficulté principale était d'empêcher le feu de l'amorce d'une des chambres de se communiquer aux capsules voisines au moment de l'explosion ; cette même communication avait lieu aussi par la bouche des tonnerres qui ne joignaient pas exactement avec la base du canon. Ce dernier accident se manifesta devant une commission du gouvernement américain. Colt, pour l'éviter, donna à l'orifice de chacune des chambres un chanfrein ou biais pour détourner en un angle extérieur, le feu qui s'étendait latéralement de leur bouche, de sorte que le feu rencontrant une arête en biseau n'était plus répercuté sur la charge comme elle l'était auparavant en rencontrant une surface quadrangulaire. De 1836 à 1842, les armes de Colt se fabriquèrent partie à la main, partie à la mécanique, dans une usine installée à grands frais à Ptterson.

Les revolvers de Colt furent essayés utilement pour la première fois dans la guerre entre les Américains et les Indiens seminoles, que les troupes régulières ne pouvaient réduire. Le corps des rangers à cheval, organisés par le général Harlett, fut armé avec les révolvers encore grossièrement fabriqués, et les indiens terrifiés se rendirent ou furent exterminés.

Pendant les escarmouches entre le Texas et le Mexique, les armes à culasse tournante continuèrent à se perfectionner ; mais ce qui mit le comble à la gloire et à la fortune de Colt, ce fut la guerre du Mexique en 1847 sous les ordres du général Taylor. Les rangers du Texas avec leurs armes à répétition vinrent à bout facilement des Mexicains avec leur mauvais fusils.

La quatrième figure de la page 267, montre la combinaison du mécanisme de l'arme à cette période primitive de la découverte. La batterie est montée sur la cheville A. La clef ou levier du cliquet

qui retient le cylindre est montée sur la cheville B. Le leveur
destiné à mouvoir le rochet est, par un mécanisme, en rapport
avec la batterie du côté gauche, au point C. Le bras D, du leveur,
s'engrène dans les dents du rochet, à droite. F représente le
rochet, quand il est en rapport avec la chaîne. FF sont les parties
du milieu et d'avant de la chaîne ou tige sur laquelle est placé le
rochet. G est l'arbre sur lequel tourne le cylindre; l'extrémité H est
l'écrou qui tient l'arbre en place. I représente l'extrémité antérieure
de l'arbre qui passe à travers la plaque et sa projection sur la
partie inférieure du canon, et le canon est attaché à l'arbre par une
clef au point J. K représente la cheville de la détente. L est le
ressort qui pousse la tige de rapport contre l'extrémité de la batterie. M est le ressort qui pousse la clef qui retient le cylindre.
O est le grand ressort. En tirant en arrière le chien de la batterie,
la broche Q agit sur l'extrémité de derrière de la clef ou levier du
cliquet qui serre le cylindre et le lève; conséquemment, l'autre extrémité R est écartée du cylindre, et le bras D du leveur commence à agir sur la dent S du côté du rochet, qui, étant en rapport
avec le cylindre, au moyen de la chaîne, tourne jusqu'à ce que la
chambre la plus rapprochée soit amenée en ligne de prolongement
avec le canon. Quand la broche P est écartée de la clef en passant
au-dessus de son extrémité supérieure T, la broche fait presser l'extrémité R de la clef, au moyen d'un ressort M, dans la garde suivante
du cylindre : au même moment, par l'action de l'extrémité inférieure du chien de la batterie U, sur la tige de rapport V, il se
produit un mouvement en avant horizontal de la tige, quand
l'extrémité W est mise en contact avec la projection supérieure de
la détente, et la déprime à la position propre pour le doigt, quand la
pince X, de la détente, s'accroche à la tige de rapport qui retient le
chien de la batterie, quand il est armé ou au repos, au moyen de
l'extrémité V, qui entre dans le loquet inférieur Y du chien. En
pressant la détente pour décharger le pistolet, la tige de rapport est
détachée du loquet du chien, le grand ressort pousse le chien en
avant et son extrémité supérieure va frapper la capsule d'amorce;

Paris. Typ. E. Plon et Cie.

pendant cette opération, le leveur, au móyen de son mouvement latéral vers la gauche, tombe sur la dent inférieure suivante du rochet :
par le mouvement latéral de l'extrémité postérieure R de la clef
qui retient le cylindre, la broche P du chien de la batterie retombe
de nouveau sous cette clef. Par la répétition de ce même mouvement de la batterie, le même effet se produit jusqu'à ce que, successivement, chacune des chambres de la culasse soit amenée à son
tour en ligne de projection avec le canon et déchargée. » (a)

Depuis, Colt a perfectionné graduellement son revolver, qui se
compose d'un canon unique, fixe, rencontrant à son extrémité postérieure un cylindre percé de six tubes parallèles tournant à frottement doux autour d'un axe.

Chacun de ces tubes est fermé à l'arrière par un tonnerre portant
une cheminée sur laquelle on place une capsule, le cylindre porte à
la face extérieure un rochet à six crans qui tourne d'un sixième de
circonférence, au moyen d'une pièce articulée avec le chien et qui
se meut en armant ce dernier ; pour charger chacune des alvéoles
du revolver, on met à la main de la poudre, puis une balle que l'on
force au moyen d'une baguette mue par un levier à genouillère re-
dressé au long du canon quand on ne s'en sert plus.

Le déchargement d'une alvéole, en cas de raté, présente de grandes
difficultés, il faut arracher par morceaux la balle forcée dans le
cylindre; il y a encore une certaine gêne dans le placement des
amorces; comme la cheminée qui les porte est séparée de sa voisine
par une forte saillie destinée à empêcher l'inflammation de se communiquer de l'un à l'autre, si on a les doigts engourdis, ou des gants,
il est difficile d'introduire la capsule et de la fixer sur la cheminée.

Tel qu'il est cependant, le revolver de Colt marque une grande
époque dans la construction des armes et dans l'histoire de la civilisation; il a joué et il joue encore un très-grand rôle dans l'armement des Américains du Nord, et sous la forme de carabines-

---

(1) *De l'application des machines à la fabrication des armes à feu à culasse tournante,* par le
colonel Samuel Colt.

revolver aussi bien que de pistolets, il a été l'un des coryphées de a
guerre de la sécession.

De l'autre côté de l'Atlantique, cette panacée universelle in-
tervient sans cesse dans la vie publique et privée, mais dans l'ancien
continent il n'est pas encore adopté généralement dans l'armement
les armées régulières.—Ce n'est pas dans le sens de la répétition, mais
vers le chargement rapide et facile que les armuriers européens
avaient dirigé leurs travaux.

M. Perrin avait bien fabriqué un pistolet à six canons
groupés autour d'un axe central, mais il se tournait à la main
et avait été peu répandu. En 1842 , M. Devisme avait fait
une carabine à six petits canons juxtaposés venant se décharger dans un canon unique : on introduisait dans chacun d'eux
par la partie postérieure de petits dés cylindriques en acier portant
la charge par leur face antérieure et la capsule par leur face extérieure ; cette capsule était portée sur une cheminée centrale et s'en-
flammait par la percussion d'une petite pièce cylindrique glissant
sous le choc du chien. Cette carabine, bien que très-ingénieuse, ne
se répandit pas plus que le pistolet Perrin et le pistolet Lenormant.
Il y eut aussi l'Hermann, le Mariette qui ne parvinrent pas à la célébrité. L'Adams seul d'Adams et Deane lutta sérieusement avec le Colt.

Les armuriers belges, si habiles et toujours prêts à s'emparer
d'une idée industrielle, voyant le succès du revolver Colt, furent
également amenés à fabriquer des revolvers ; quelques-uns d'entre
eux, reconnaissant les défauts de l'arme du colonel américain, cherchèrent à y substituer diverses combinaisons.

MM. Hartoy et Devos, en 1853, MM. Malherbes et Rissak
quelque temps après composèrent des revolvers, à cartouches Flo-
bert. Mais l'arme revolver, solide, facile à charger et à décharger à
monter et à démonter, et assez simplement construite pour être mise
dans les mains de soldats, était encore à créer. En effet le pistolet
américain, ceux d'Adams et ceux de Mangeot-Comblain, de Bruxelles,
ne donnaient pas des résultats entièrement satisfaisants ; il fallait des
soins beaucoup trop minutieux pour fixer au fond des chambres la

poudre par le forcement de la balle, et, pour la cavalerie, où les
pistolets placés dans les fontes se trouvent la bouche en bas, la
charge était trop exposée à se déranger et même à tomber, et le
danger d'inflammation accidentelle par communication n'était pas
assez complétement écarté.

Les revolvers fabriqués chez M. Lefaucheux dans les derniers
temps ne portent plus la cartouche à broche verticale; il avait été
reconnu que, pour le revolver surtout, elle était d'un usage moins
parfait que la cartouche à inflammation centrale arrivée au degré
de perfection où elle est aujourd'hui. L'arme se composait d'un
canon en fer foré et forgé d'un seul morceau avec une partie perpendiculaire à son axe que l'on vissait à angle droit au reste de la carcasse, en avant de la détente et au-dessous du niveau inférieur
du cylindre; cette carcasse, se prolongeant horizontalement pour
recevoir et porter les pièces de la détente, se relevait à angle droit
parallèlement à la pièce perpendiculaire à l'axe du canon et dessinait
ainsi un logement carré, ouvert par en haut, dans lequel on plaçait le
cylindre portant les tonnerres, dont la rotation s'effectuait autour
d'une tige parallèle à l'axe du canon, fixée en arrière dans la
culasse et traversant en avant une pièce nommée *nez*, attenant au
canon; le chien passait dans une encoche de la culasse, venait frapper,
au centre de la rondelle formant base de la cartouche, une capsule
insérée dans une chambre et portant à l'intérieur une enclume pour
déterminer l'inflammation du fulminate. Toutes les pièces de la
batterie étaient attachées sur la partie inférieure et postérieure de
la carcasse et presque entièrement cachées sous le bois de l'arme.

Ce revolver avait quelques inconvénients dans sa forme un peu
raccourcie qui ne donnait pas assez de jeu à la gâchette et ne permettait pas aux grosses mains gantées des gendarmes, par exemple, ou des cavaliers de l'armée, de faire mouvoir la détente avec
facilité. La baguette n'adhérait pas assez au canon et pouvait s'ac-
crocher au passage; le canon porté par le nez n'était rallié à la carcasse que par une vis et, se trouvant en porte à faux, était exposé
à se fausser en tombant. D'autres considérations purement de fabri-

cation ont déterminé M. Lefaucheux à modifier ce revolver et à adopter le modèle actuel dont voici la description :

La carcasse est fondue d'un seul morceau en fonte très-résistante, elle se compose, en allant d'arrière en avant, d'une plaque de trois millimètres d'épaisseur environ absolument plane du côté droit et évidée du côté gauche en laissant un rebord en saillie pour former comme une sorte de chambre plate ; elle se termine par un renflement formant la calotte au milieu de laquelle un trou reçoit la tige de l'anneau qui sert à suspendre l'arme ; cette platine dessine absolument la forme de la poignée du pistolet, elle sera ultérieurement recouverte par le bois.

Si l'on va toujours d'arrière en avant, la carcasse s'épaissit à droite pour porter diverses pièces, et s'élève sur deux centimètres environ d'épaisseur pour former la culasse ; cette culasse présente en arrière une fente dans laquelle doit se mouvoir le chien, elle s'évase à gauche en coquille pour couvrir la face intérieure du cylindre tournant et protéger les cartouches placées dans les tonnerres ; elle est à droite échancrée pour recevoir la porte par laquelle se placent les cartouches, et qui, une fois refermée, prolonge la coquille et remplit le même but de protection sur les cartouches du côté droit.

A sa partie antérieure, la culasse porte une petite fente pour le mouvement du mentonnet dont la pointe vient soulever l'arête du rochet servant à mouvoir le cylindre du revolver, elle porte aussi le trou dans lequel viendra s'enfoncer la tige servant d'essieu.

Après s'être élevée de six centimètres pour former ainsi la culasse, la carcasse s'infléchit à angle droit et s'avance horizontalement d'arrière en avant pendant cinq centimètres, à l'extrémité desquels elle se renfle, de manière à pouvoir porter le canon, le trou antérieur de l'essieu et le trou de passage de la baguette ; elle redescend jusqu'à la rencontre à angle droit de la partie inférieure s'avançant aussi angle droit de la base de la culasse et portant à sa face postérieure la gâchette, la sous-garde et le pontet.

Ainsi, au lieu de dessiner un cadre ouvert par en haut, la partie antérieure de la carcasse forme maintenant un cadre complet fondu d'un seul morceau, sans vis et sans joint, qui n'offre plus de point de rupture, ni de faussement. Cette carcasse se fond dans des moules à noyau, et lorsqu'elle sort du sable, elle a déjà sa forme très-indiquée, ses fentes et une partie de ses trous.

On commence par forer dans le massif placé à la partie antérieure et supérieure du cadre un trou pour loger le canon, et avec une machine à fileter, on trace dans ce trou le pas de l'écrou qui recevra le pas de vis pratiqué à l'extrémité postérieure du canon; sur la même machine, en déplaçant la carcasse dans une coulisse, on centre le trou de l'essieu; à l'aide d'un poinçon monté sur un balancier à découper, on débouche la fente du mentonnet qui est déjà indiquée de fonte sur la face intérieure de la culasse; avec une fraise à molette, on rectifie la fente du logement du chien indiquée déjà aussi sur la pièce au sortir du moule, on plane avec une autre fraise les quatre faces intérieures du cadre.

On fixe la carcasse dans une boîte complétement fermée et sur laquelle sont indiqués les trous qui devront être pratiqués dans la carcasse pour loger les différentes vis devant fixer le mécanisme. C'est le même procédé que nous avons vu employer dans l'horlogerie, chez MM. Japy, pour percer à coup sûr, dans la platine des montres et des pendules, les trous de pignon qui doivent se trouver tous à une distance mathématiquement calculée. On apporte donc cette matrice contenant la carcasse devant une machine à percer armée de forets de différentes grosseurs auxquels on présente successivement les faces de la boîte contenant la carcasse pour y pratiquer, en marchant d'avant en arrière, le trou de la vis du ressort de broche, le trou de la vis du ressort de porte, le trou de la vis de détente, le trou de la vis du chien, le trou de la vis fixant le pontet à la sousgarde, les deux trous des yeux pour les vis du bois et, tout à fait à l'arrière, le trou de la vis du grand ressort.

Quand ces trous sont fixés sur la partie plate, on relève la boîte portant la carcasse, on la présente verticalement au foret qui perce le trou de passage de la baguette. Quant au trou placé tout à fait à la partie postérieure de la lame postérieure de la carcasse, et par

lequel on peut mouvoir l'écrou fixant la tige de l'anneau de suspension, il est venu de fonte, on alèse seulement ses bords. Il ne reste
plus qu'à percer, à l'angle postéro-supérieur de la cage, le trou par
lequel le chien vient opérer la percussion pour que la carcasse
n'ait plus qu'à être polie avant d'être assemblée avec les autres
pièces de l'arme.

Le *cylindre* de trois centimètres de hauteur sur quatre de diamètre se découpe dans des barres rondes d'acier de MM. Petin et
Gaudet ; on se sert pour cela d'un tour dont le montant est percé
d'un trou dans lequel on engage la barre que l'on avance successivement vers le burin à mesure que chaque morceau est découpé ; le
burin, porté sur un chariot, est avancé graduellement de manière à
découper circulairement la barre jusqu'à un centimètre environ de
la partie centrale de l'acier pour la face antérieure du cylindre, et à
un centimètre et demi pour la face postérieure. Lorsqu'on a ménagé
ainsi deux saillies au milieu de chacune de ses faces, on coupe à
une hauteur de quelques millimètres la partie laissée par le burin ; il
se détache donc un morceau d'acier cylindrique portant une saillie
au milieu de chacune de ses faces planes. Ce bloc est percé par
le centre pour y ménager le trou de l'essieu, puis alèsée, on tourne
ensuite la circonférence et l'on plane les deux faces verticales.

On enfile le cylindre sur une tige s'élevant au milieu d'un plateau
que l'on place sous une machine à percer, au-dessus du cylindre on
enfonce un contre-plateau ou guide percé de six trous. Quand le
contre-plateau est fixé, on peut faire tourner l'appareil tout entier
et présenter successivement au foret les six trous du guide. Le foret
descend et marque les trous jusqu'à une profondeur de cinq millimètres. On ne continue pas l'opération avec les plateaux-guides,
mais on termine les forages commencés sur une machine à percer
ordinaire.

Ces trous formant tonnerre ne sont pas uniformes dans toute leur
longueur, ils présentent à un centimètre environ de l'ouverture
antérieure une légère saillie, de sorte que leur diamètre est un peu
plus étroit dans cette partie qu'à la partie postérieure formant une

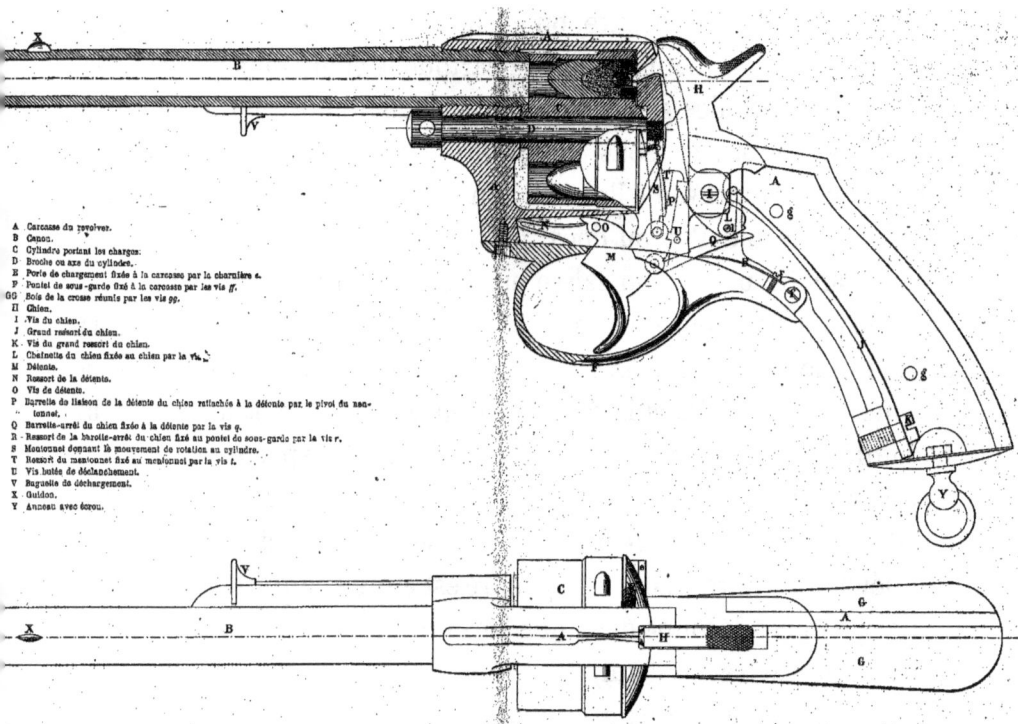

A Carcasse du revolver.
B Canon.
C Cylindre portant les charges.
D Broche ou axe du cylindre.
E Porte de chargement fixée à la carcasse par la charnière e.
F Pontet de sous-garde fixé à la carcasse par les vis ff.
GG Bois de la crosse réunis par les vis gg.
H Chien.
I Vis du chien.
J Grand ressort du chien.
K Vis du grand ressort du chien.
L Chaînette du chien fixée au chien par la vis l.
M Détente.
N Ressort de la détente.
O Vis de détente.
P Barrette de liaison de la détente du chien rattachée à la détente par le pivot du tenonnet.
Q Barrette-arrêt du chien fixée à la détente par vis q.
R Ressort de la barrette-arrêt du chien fixé au pontet de sous-garde par la vis r.
S Mentonnet donnant le mouvement de rotation au cylindre.
T Ressort du mentonnet fixé au mentonnet par la vis t.
U Vis butée de déclanchement.
V Baguette de déchargement.
X Guidon.
Y Anneau avec écrou.

REVOLVER LEFAUCHEUX. – DERNIER MODÈLE.

chambre, où se place la cartouche de cuivre : la balle engagée dans cette portion plus étroite du tonnerre éprouve un premier laminage avant de s'engager dans le canon. On diminue de cette façon les chances de coincement ou de coupure du plomb de la balle sur l'arêt due long canon, qui ne joint pas hermétiquement avec le cylindre, car si la juxtaposition était trop serrée, le mouvement de rotation ne s'opérerait pas avec autant de facilité.

Tout à fait à l'arrière de la chambre, à l'embouchure des tonnerres sur la face postérieure, on évide une rainure dans laquelle se loge la rondelle formant base de la cartouche et qui doit prévenir le retour en arrière des gaz de la poudre, il faut que cette rondelle disparaisse entièrement sous la rainure, sans cela la rotation du cylindre serait entravée à l'arrière. En tournant la circonférence du cylindre, on évide d'un ou deux millimètres de plus les deux centimètres antérieurs, et on laisse en saillie le centimètre postérieur, dans lequel on creuse les encoches devant être arrêtées par la petite saillie qui sort à la base du cadre lorsqu'on a ramené la détente en arrière. Dans la face antérieure, on fraise et on ajuste la bague qui doit recevoir l'essieu en avant, dans la face postérieure on divise la saillie médiane en six encoches à plan incliné, dont l'ensemble constitue le rochet qui devra être poussé par la pointe de l'ergot qui détermine la rotation. Le cylindre est alors envoyé au polissage.

Le canon est découpé dans une barre d'acier sur une longueur de quinze centimètres et demi, il est foré verticalement dans une machine où le canon, centré par quatre vis dans un étau, pivote sur lui-même, tandis que le foret reste fixe. Ce forage s'exécute en une seule passe, il est assez rapide pour que, dans une heure, on puisse percer dix canons sur une seule machine. L'alésage s'exécute avec une mèche carrée, avec coins de bois, comme l'alésage des canons de fusil ; le canon percé et alésé est posé sur un tour et mis à sa grosseur par un burin qui le rend légèrement conique d'arrière en avant, ce qui diminue un peu le poids de l'arme et lui donne une certaine élégance tout en conservant la résistance là où elle est nécessaire. La surface intérieure porte quatre rayures creusées à la machine sur une profondeur de trois dixièmes de millimètre, avec un pas de 1ᵐ 20, on soude, on brase le guidon et la coulisse de baguette, puis on envoie le canon au-dehors de l'usine dans des ateliers spéciaux, pour se faire polir avec les autres pièces. On polit également la sous-garde et son pontet. Ce polissage s'opère sur la roue de bois garnie de buffle, avec de l'émeri pour les premières passes et du rouge d'Angleterre pour les dernières.

Au retour du polissage, ces pièces apparentes du revolver seraient exposées à se rouiller au contact de l'air aussi bien dans les magasins que pendant le voyage ou la campagne, il est donc nécessaire de les préserver en trempant leur surface. Le cylindre et le canon sont mis dans un lit de cendres de braise de boulanger et chauffés jusqu'à ce qu'ils aient atteint le bleu persistant; de temps en temps on retire les pièces de la cendre et on les essuie pour qu'il ne se fasse pas sur la surface des dépôts de crasse de cendres.

La carcasse et le chien se trempent autrement parce qu'il est d'usage de donner à leur surface la couleur d'agathe jaspée assez justement recherchée des acheteurs d'armes, correspondant à un état particulier du métal, qui le rend inoxydable et d'une telle dureté de grain que, si on ne l'exposait pas à un recuit, la lime la plus acérée ne pourrait plus y mordre. On obtient ce jaspé en couchant les pièces dans des coffres en tôle sur un lit d'os de mouton calcinés et réduits en petits fragments et en les recouvrant de semblables fragments, de manière à ce que chaque pièce en soit entourée de tous côtés : les os d'un autre animal ne donnent pas un résultat identique.

Ces fragments d'os de mouton, après la calcination, sont noirs à l'intérieur, à l'extérieur blancs veinés de gris du plus clair au plus foncé, ce qui est le résultat d'une calcination incomplète. Après un passage au four et une immersion brusque dans une cuve d'eau, toutes les parties de la surface du métal qui étaient en contact avec le noir de l'os sont d'un brun foncé, toutes celles qui étaient juxtaposées avec les parties blanches, sont gris brunâtre clair, les autres reproduisent du clair au foncé le même jaspé qui apparaissait sur la surface des os à côté desquels elles se trouvaient placées. Après cette opération, le poli est fixé et la surface métallique peut impunément braver l'oxydation ; il ne reste plus qu'à assembler avec le canon le cylindre, la sous-garde et la carcasse, le bois et les pièces de la batterie.

Le bois consiste en deux plaquettes de noyer, d'inégale forme et d'inégale dimension ; la plaquette de droite est tout simplement le recouvrement exact s'appliquant sur la joue droite de la poignée de la carcasse ; elle est percée de deux trous, entourés de maille-chort, nommés yeux. La plaquette de gauche est épaisse et évidée de manière à former boîte, pour loger entre elle et la joue gauche de la poignée métallique de la carcasse le grand ressort et la base sur laquelle on le visse ; en avant, on y a pratiqué une petite cavité carrée qui protége la queue du chien ; elle est, de même, percée de deux yeux, par lesquels passent les vis qui, traversant la queue de la carcasse et la plaquette droite, relient ensemble ces trois pièces et forment la boîte de la batterie. Le mécanisme de cette dernière est aussi simple qu'ingénieux ; sa fonction n'est pas bornée seulement à faire mouvoir la détente dont l'échappement laisse retomber le chien ; la série des mouvements est plus compliquée et cependant le mécanisme entier ne se compose que de cinq pièces, en dehors du grand ressort. Ces cinq pièces sont : le chien et sa· chaînette, la détente, le mentonnet, plus deux barrettes ; l'une, barrette de liaison de la détente au chien, l'autre, barrette-arrêt du chien.

Le chien diffère de la pièce ainsi nommée dans les fusils à per-cussion en ce qu'il est terminé par un cône d'acier pointu, au lieu d'avoir à l'extrémité du bec une surface aplatie ; sa queue est atta-chée par une petite chaînette à l'extrémité du grand ressort, dont la mission est de tirer en l'air cette chaînette pour faire basculer le chien et sa partie antérieure ; il présente une saillie qui correspond à une anfractuosité de la petite pièce, appelée barrette, qui le rat-tache à la détente ; cette barrette est fixée à la détente par le pivot du mentonnet.

Le mentonnet est une pièce que le mouvement de bascule de la détente fait soulever, et comme sa pointe porte sur une des saillies du rochet, en s'élevant il fait lever ce cran et, par conséquent, tourner le cylindre. La détente porte, attachée à son angle postérieur, la barrette-arrêt sur laquelle sont pratiqués deux crans, l'un à l'extrémité, l'autre au milieu.

Voici maintenant comment ces pièces agissent l'une sur l'autre : si, en mettant le doigt sur la gâchette, vous l'amenez en arrière, le mentonnet S fait tourner le rochet, la barrette d'arrêt P se lève en même temps et ne retient plus fixée la queue du chien, qui s'abaisse pendant que sa tête se lève, la barrette de liaison Q bascule de bas en haut jusqu'à ce qu'une arête de la queue du chien vienne s'engager dans le premier arrêt situé à son extrémité. Le chien est alors, pour ainsi dire, au cran de sûreté. Si vous continuez à appuyer sur la barrette et à la ramener en arrière, la queue du chien passe par-dessus le second arrêt; la barrette alors d'horizontale redevient oblique, mais cette fois de haut en bas et d'avant en arrière; l'action du grand ressort devenant libre, il ramène vivement la queue du chien dont le bec vient frapper la capsule.

Si vous cessez de presser sur la gâchette lorsque le chien est retombé, vous voyez toutes les pièces reprendre leur place; la détente est ramenée en bas par le ressort N qui soulève son nez et la fait basculer autour de la vis O, le mentonnet redescend pour venir loger de nouveau son bec dans un des crans du rochet, et la barrette d'arrêt redevient oblique de bas en haut. Chacune des pièces est ramenée à sa place sous l'action d'un petit ressort qui lui est spécial; ainsi le ressort R repousse la barrette-arrêt du chien et l'applique de nouveau sur la base de la queue de celui-ci. Le ressort T appuie en même temps la barrette S vers le rochet, et la barrette de liaison P vers la saillie du chien.

Si l'on veut armer le pistolet avec le pouce sans faire usage de la faculté qu'on a de l'armer par la gâchette, les pièces jouent en sens inverse : ainsi c'est le basculement du chien qui soulève la détente par la barrette de liaison P, ce qui fait basculer la barrette d'arrêt d'abord jusqu'au cran de sûreté, ensuite jusqu'au cran d'armement;

en même temps, comme la barrette de liaison est rattachée au mentonnet par son pivot, elle soulève ce mentonnet qui, agissant sur le rochet, fait tourner le cylindre. On peut donc ainsi armer soit avec la gâchette, soit avec le pouce suivant le besoin du moment; le dernier procédé permet naturellement de viser plus juste ; lorsqu'on arme par la gâchette, il est évident que, la course en arrière étant plus longue et l'échappement ne se déterminant qu'à l'extrémité de cette course, les personnes habituées au fusil et au pistolet ordinaire sont d'abord surprises de la longueur du mouvement à donner à la gâchette : en effet dans les pistolets ordinaires et surtout dans les pistolets de tir, il suffit de déplacer simplement la gâchette de la verticale pour faire partir le coup ; ici il faut lui faire décrire un angle d'environ 30 degrés pour arriver jusqu'à l'échappement ; le ressort est aussi beaucoup plus dur, l'effet est aussi beaucoup plus grand que dans les armes ordinaires, mais cela tient aux mouvements multiples que fait exécuter l'action du doigt.

La cartouche se compose d'un long culot en cuivre à l'extrémité duquel on sertit une balle cylindro-conique évidée à sa partie extérieure, la poudre emplit la cavité entre la balle et quelques pièces placées au fond du culot et dont il nous faut donner l'énumération pour les personnes qui n'ont pas lu la livraison précédente décrivant l'usine de M. Gevelot. Au centre d'un petit cylindre de carton qui a été poussé avec force et comprimé au fond du culot, a été introduite une chambre en cuivre percée d'un trou et dont la calotte intérieure est entièrement couverte par la poudre; dans cette chambre est logée l'amorce, l'ouverture en avant, et dans laquelle on a placé un petit morceau de laiton ; tout à fait en arrière et fixée sur la base du culot par les griffes de la chambre vigoureusement sertie, est une rondelle de laiton dont le rebord en saillie forme obturateur au moment de la détonation.

Lorsque le chien échappe et par l'action du ressort est lancé en avant, il traverse le trou pratiqué dans la culasse, sa pointe vient frapper le derrière de la capsule en cuivre de l'amorce, l'enfonce et comprime le fulminate sur le petit morceau de laiton placé à l'intérieur et qui sert d'enclume. Après le tir, l'enveloppe des cartouches tombe très-facilement d'elle-même, et dans le cas où quelques culots récalcitrants refuseraient de sortir, l'action de la baguette les chasserait au-dehors : telle est la dernière combinaison exécutée par M. Lefaucheux et qui répondra à presque toutes les objections mises en avant contre l'usage des revolvers comme arme d'ordonnance.

On n'en peut guère plus faire qu'une seule, c'est qu'une faible' partie des gaz s'échappe par l'intervalle qui sépare le canon du tonnerre et que l'arme est assez rapidement encrassée; ce défaut nous semble inhérent à l'arme revolver, et comme elle est extrêmement facile à démonter et à nettoyer, ce léger défaut est compensé par tant et de si précieux avantages, qu'il ne doit pas être un costacle sérieux. Le ministère de la marine l'a du reste compris, puisqu'il vient de faire à M. Lefaucheux une commande importante de pistolets de ce modèle.

En ce moment l'usine est occupée d'autres soins, car elle livre tous les jours à l'armée quatre cents fusils qu'elle a transformés en armes se chargeant par la culasse; l'inventeur de cette transformation imitant la carabine Schnider, a, suivant nous, rendu un véritable service en trouvant le moyen d'utiliser les anciens fusils avec une dépense relativement peu importante et une rapidité très-heureuse.

Il s'agit tout simplement de couper le canon au tonnerre et de remplacer la fermeture de culasse vissée à l'intérieur par une pièce vissée à l'extérieur et formant la moitié inférieure d'une chambre remplie par une valve obturant la culasse. Ce canal inférieur est fixé au bois du fusil que l'on évide pour faciliter le placement de la charge. La valve se meut sur une cheminée appuyée par un ressort à boudin en acier; on l'a faite très-solide et très-épaisse, par surcroît de précaution, ce qui alourdit un peu le fusil.

La valve est forée d'un canal oblique dans lequel est logé un lançant conique retenu par un ressort à boudin en acier; on a conservé toute la batterie et l'ancien chien, il faut seulement le tordre vers le milieu de l'arme pour qu'il puisse frapper la tête du lançant. Au moment de la percussion le cône s'enfonce dans le canal, fait saillie à la face intérieure de la valve et vient frapper la calotte d'une capsule enfermée dans une chambre de cuivre médiane, enfermée au milieu de la base du culot de la cartouche.

Cette arme transformée a été peu en faveur dans les premiers temps de son apparition ; elle est un peu lourde, moins élégante que le fameux Chassepot, et malheureusement les premiers spécimens fabriqués à la hâte contenaient des pièces défectueuses ; ainsi le lançant, au lieu d'être en acier de choix, avait été fait en métal inférieur, il cassait sous le choc, et l'arme, ne pouvant plus s'ouvrir, devenait hors de service, les cartouches fabriquées quelques fois très précipitamment n'avaient pas toute la perfection désirable. La grande objection venant des partisans de la théorie nouvelle des projectiles de petits calibres était qu'en conservant le canon à large diamètre, le volume de la balle donnait un tir moins parfait que celui des armes récemment inventées et augmentait le poids de l'approvisionnement. Nous avons vu expérimenter ces fusils dits à tabatière et leurs cartouches, la manœuvre nous en a paru facile, très-rapide, très-sûre, leur solidité très-grande, et nous croyons qu'en tous cas, elle n'offre aucun danger pour ceux qui les manient. Ils ont en outre l'avantage de porter comme autrefois la baïonnette avec une très-grande solidité.

Mais cette transformation militaire cessera un jour, et l'établissement de M. Lefaucheux continuera avec la même activité sa fabrication de revolvers. Déjà, bien qu'à Paris, il a été fabriqué 3,200 carabines à culasse tournante et 130,000 pistolets de toute grandeur du même système. M. Lefaucheux a pris un brevet en Belgique et a défendu ses droits d'inventeur avec autant d'énergie qu'en France ; et bien lui en a pris, car dans ce pays seulement il a déjà poinçonné environ 300,000 exemplaires de son revolver exécuté par les fabricants Liégeois qui lui ont payé une prime de licence.

FIN DE LA FABRIQUE D'ARMES

MARCHÉS AUX BESTIAUX

ET

ABATTOIRS DE PARIS

———❦———

Si l'on entend par *usine* un établissement destiné à
fournir ce qui est utile à la vie des hommes, les abattoirs, surtout les abattoirs de Paris, ont leur place marquée dans la galerie des grandes usines de France.

Avant de songer à se vêtir, à se loger, à se procurer
des instruments de travail, l'homme doit tout d'abord
songer à se nourrir, et comme dans les sociétés civilisées,
chacun ne peut se livrer à la chasse, à la pêche, à la culture des terres, à l'élevage des bestiaux, les administrations et les gouvernements, qui sont chargés des intérêts
généraux du pays, ont dû de tout temps s'occuper des
questions d'alimentation.

Le problème à résoudre est complexe ; il comprend
deux parties bien distinctes, qui formeront les deux cha-
pitres de cette étude. Il s'agit, avant tout, d'amener sur
les lieux de consommation les objets d'alimentation, de
fournir, pour ainsi dire, la matière première, d'approvisionner le marché ; nous examinerons donc en premier
lieu l'état actuel du Marché aux bestiaux à Paris. En second lieu, nous verrons comment fonctionne l'abattoir,
cette immense usine qui a la mission de rassasier ce Gar-
gantua qu'on appelle Paris, et tous les matins lui rend
en côtes, entre-côtes, côtelettes, gigots, etc., ce qu'il a
reçu sous forme de moutons bêlants, bœufs mugissants,
arrachés à leurs gras pâturages du Nivernais ou de
l'Anjou.

MARCHÉS AUX BESTIAUX.

Il y a vingt-cinq ans à peine, Paris en était encore, à très peu près, en matière d'approvisionnement, aux procédés antérieurs à la Révolution, c'est-à-dire, à l'intervention directe de l'autorité, au moyen de règlements protecteurs et de monopoles.

En ce qui concerne la viande notamment, le nombre des bouchers était limité ; — il n'y en avait encore que 501 en 1858 ; — ils étaient astreints à des cautionnements de 3,000 francs, dont le total formait le fonds de roulement d'une caisse dite de Poissy. Cette caisse, dont l'organisation datait de 1707, était chargée de payer aux vendeurs le jour même de la vente, pour le compte des bouchers, le prix du bétail acheté sur les marchés. Elle faisait de plus, aux bouchers, des avances au taux de 5 0/0. On se souvient encore à la Ville d'avoir vu M. Parguez, le dernier caissier, partir en coucou pour Sceaux ou Poissy, les jours de marché, escorté de garçons de caisse portant sur leurs épaules des sacoches remplies de pièces de cent sous bien sonnantes et trébuchantes, monnaie chère aux marchands de bestiaux.

Quant aux marchés, il n'y en avait pas moins de sept.

Le plus ancien était le marché de Poissy, datant du temps de Louis XI, fin du xvᵉ siècle. C'était sans doute sa situation en tête de la route de Normandie, qui avait valu à Poissy cette faveur, dont il tirait dans les derniers temps un revenu de 160,000 francs.

Venait ensuite le marché de Sceaux, créé d'abord à Bourg-la-Reine, en 1610, l'année même de la mort de Henri IV ; puis transféré à Sceaux par Lettres patentes de 1667, enregistrées au Parlement en 1671. Mentionnons en passant que la concession en avait été accordée à Colbert qui, comme on sait, était seigneur de Sceaux. En 1811, le marché de Sceaux était revenu à la ville de Paris qui, après l'avoir d'abord affermé à un entrepreneur, en avait repris l'exploitation directe et y trouvait un produit de 180,000 francs environ, 190,000 francs même, dans les derniers temps.

La Halle aux veaux avait été créée, dans le quartier Saint-Victor, sur l'emplacement du jardin des Bernardins, par Lettres patentes de 1772. C'était le seul marché situé dans l'intérieur de Paris. En l'an XII, on y adjoignit un marché aux vaches grasses.

L'an VI, un arrêté du bureau central avait institué, à La Chapelle, un triple marché à bestiaux, où l'on amenait à des jours divers, des bœufs, des veaux et des porcs.

Il y avait encore à la Maison-Blanche, un marché aux vaches et aux porcs. Mais les porcs se vendaient particulièrement aux marchés spéciaux de Batignolles et de Saint-Germain.

Il était, d'ailleurs, absolument interdit de vendre du bétail dans d'autres lieux et sous d'autres conditions que les lieux et conditions déterminées par l'administration.

Ce régime avait évidemment sa raison d'être, puisqu'il a suffi pendant des siècles à l'alimentation d'une ville où la population, qui n'a jamais passé pour trop facile à conduire, était montée de 540,000 habitants environ sous Louis XIV, à plus d'un million en 1850.

Toutefois, il n'était plus en rapport avec le progrès de la science économique, et la grande enquête législative de 1851, bien qu'interrompue par le coup d'État, avait démontré définitivement que, devant l'opinion, une autre organisation était devenue nécessaire.

En 1858 fut décrétée la liberté de la boucherie. Le nombre des bouchers, qui était de 501, comme on l'a dit, s'accrut, en quelques mois, de plus d'un quart; il est aujourd'hui de 1,700 environ.

Cette nouvelle méthode a-t-elle fait baisser à Paris le prix de la viande ? Non ! puisque la viande y est plus chère que jamais. Toutefois, cette cherté procède de bien d'autres causes encore, et d'une entre autres qui a bien son côté consolant ; c'est que le bétail vient un peu moins au centre, parce qu'on mange plus de viande en province. Le producteur trouve ainsi un débouché plus à sa portée et une vente plus facile, dégrevée qu'elle est de l'aléa du marchandage et des frais de transport. Mais, on peut dire, pour se maintenir dans l'appréciation raisonnée de ces évolutions économiques, qu'il n'était pas plus dans les conséquences de la liberté de la boucherie de faire diminuer la viande, que dans celle de la liberté de la boulangerie de faire diminuer le pain. La raison en est simple. Le nombre des bouchers a plus que triplé ; l'augmentation de la population est bien loin de cette proportion. Trois bouchers vendent à peine ce qu'un seul vendait autrefois. Donc, pour un débit inférieur, il y a des frais généraux de loyer, de personnel, etc., bien plus considérables. Comment, dans ces conditions, pourrait-on vendre moins cher, le prix de revient étant lui-même plus élevé ?...

Quoi qu'il en soit, l'opinion ne se prononçait pas moins énergiquement en faveur de l'unité du marché et de son rapprochement des abattoirs, qu'en faveur de la liberté de la boucherie. Il est certain que les allées et venues du bétail d'un marché à l'autre et des marchés à l'abattoir avaient la plus fâcheuse influence sur la qualité alimentaire de la viande.

Après de longues études et bien des tâtonnements que l'importance de la question explique, d'ailleurs, la Ville se décida à faire l'acquisition d'un immense terrain situé au nord de son enceinte, et compris entre le canal Saint-Denis et la rue Militaire, d'une part, entre les rues de Flandre et d'Allemagne, d'autre part. Cet espace se trou-

vant divisé en deux parties symétriques, par le canal de
l'Ourcq, la partie sise à l'est, en façade sur la rue d'Allemagne, soit 23 hectares, fut destinée au marché; l'autre, 31 hectares, aux abattoirs nouveaux.

L'établissement d'un embranchement reliant le nouveau marché et l'abattoir avec le chemin de fer de ceinture, fut déclaré d'utilité publique.

Il fut décidé que les travaux auraient lieu par entreprise, sur cahier de charges, pour le marché et l'embranchement.

L'adjudication de la construction et de la régie du
marché aux bestiaux eut lieu le 20 janvier 1865. Les
dépenses de la construction ont été payées par la Compagnie adjudicataire, que la Ville rembourse au moyen
d'annuités calculées sur 50 ans. Les travaux complémentaires sont également payés par la Compagnie aux entrepreneurs, au fur et à mesure de leur achèvement, puis
remboursés à celle-ci par la Ville sous la forme d'annuités
réglées annuellement et aux mêmes échéances que l'an-
nuité principale.

Les avances à faire par la Compagnie, tant pour le
marché que pour l'embranchement du chemin de fer, sont
limitées par le traité à vingt-cinq millions.

La Compagnie perçoit les produits du marché pour le
compte de la Ville, l'administre et l'entretient, moyennant
une allocation annuelle à forfait de 140,000 francs.

Le marché a été ouvert le 21 octobre 1867; il se compose
de trois halles, d'étables, de bâtiments d'administration.
L'une des halles, celle du milieu, est affectée à la vente
des bœufs, des vaches et des taureaux. La halle de gauche
est affectée à la vente des moutons; celle de droite à la
vente des veaux et des porcs. La prospérité rapide du
marché aux bestiaux de La Villette a nécessité l'agran-
dissement des halles, qui ont été augmentées de trois

travées à la fin de l'année 1869. Des étables supplémentaires ont été construites. Les parcs de comptage, établis provisoirement lors de l'ouverture, ont été refaits et améliorés.

La halle aux bœufs peut contenir simultanément 5,000 têtes de gros bétail. La halle aux moutons peut contenir 27,000 têtes. Pour loger les excédents, on peut utiliser le préau découvert faisant suite à cette halle, où des parquets ont été disposés pour 3,200 moutons. La halle aux veaux et aux porcs peut contenir, dans l'emplacement affecté aux veaux 3,000 têtes, et 4,500 têtes dans la partie affectée aux porcs.

Des postes de poids publics sont installés dans cette dernière halle; deux nouveaux postes ont été construits en 1876, l'un à l'extrémité de la halle aux veaux et aux porcs, l'autre à l'extrémité de la halle aux bœufs.

Ce dernier, destiné au pesage du gros bétail, a été établi sur la demande du Conseil municipal, mais le commerce l'a jusqu'à présent à peine utilisé pour cet usage. Ces postes ne servent presque exclusivement qu'au pesage des porcs, seuls animaux dont la vente s'effectue au poids.

Les étables du marché, actuellement en service, peuvent abriter 2,950 bœufs, 1,620 veaux, 5,000 moutons et 2,000 porcs.

Le tableau suivant indique par espèce d'animaux, la contenance de chacune de ces étables.

DÉSIGNATION DES ÉTABLES	BŒUFS et VACHES	TAUREAUX	VEAUX	MOUTONS	PORCS
Bouverie du chemin de fer........	300	»	1.220	1.000	»
Bouverie du centre..............	550	150	»	»	»
Bouverie des vaches laitières......	300	»	»	»	»
Bouverie située près le dépôt des fumiers......................	700	»	»	»	»
Bouverie du dépotoir............	950	»	»	»	»
Bergeries......................	»	»	»	4.000	»
Porcherie.................	»	»	400	»	2.000
	2.800	150	1.620	5.000	2.000

Ces bouveries et bergeries sont insuffisantes. Il en résulte que l'Octroi est obligé de prolonger les délais réglementaires de transit des bestiaux et qu'il s'établit des marchés interlopes dans les auberges du quartier. Pour mettre fin à cet état de choses préjudiciable aux intérêts de la Ville et à l'hygiène publique, l'Administration fait construire de nouvelles bouveries et bergeries sur des terrains libres (au coin de la rue d'Allemagne et de l'impasse du Dépotoir), provenant de l'expropriation opérée pour l'établissement du Marché aux bestiaux.

Le tarif des droits de place et de séjour, fixé par le cahier des charges, avait été modifié par l'arrêté du 20 février 1868, réduisant de moitié les droits de place et de séjour afférents aux moutons et prescrivant, en outre, que les droits de place ne fussent perçus qu'une seule fois sur les bestiaux invendus ramenés dans les étables du marché.

Les droits actuellement en vigueur (délibération du Conseil municipal du 5 juin 1872), sont :

	Droit de place.	Droit de séjour.
Par tête de taureau, bœuf, vache .	3 fr. » c.	0 fr. 50 c.
— de veau	1. »	0. 20
— de mouton ou chèvre . .	0. 30	0. 04
— de porc	1. »	1. 10

Il n'y a pas de droit d'Octroi à l'entrée du marché, lequel est considéré comme entrepôt. Le droit est perçu sur la viande abattue, à la sortie de l'Abattoir, quand elle est destinée à la consommation de Paris.

Le marché est réglementé par les arrêtés du 8 mai 1869 et du 25 juin 1873.

Un service d'inspection sanitaire du bétail a été établi dans l'intérieur du marché. Il est confié à des agents qui relèvent de la Préfecture de Police.

Le Marché aux bestiaux est relié à l'Abattoir par deux ponts de jonction. Ces ponts ont été livrés au commerce

dès 1870, à l'exception de la rampe avoisinant le chemin
de fer qui n'a été ouverte qu'à partir du 6 août 1874. Cette
rampe est affectée au passage des porcs dirigés sur l'abattoir spécial et au service des bestiaux arrivant par le chemin de fer.

Les quantités moyennes annuelles des diverses espèces
de bestiaux entrés au grand marché de la Villette, pendant
les dernières années, sont de :

352,000 bœufs, vaches et taureaux; 202,000 veaux ;
2,000,000 de moutons; 300,000 porcs.

Les réexpéditions pour la province ou l'étranger sont
d'environ.

120,000 bœufs, taureaux et vaches; 45,000 veaux;
900,000 moutons; 180,000 porcs.

Mais comme les chiffres d'arrivage, modifiés par ces
exportations, ne correspondent pas au nombre des animaux sacrifiés dans les abattoirs, nombre qui sera donné
plus loin, disons de suite qu'une quantité assez considérable d'animaux (achetés ailleurs que sur le marché de la
Villette) est conduite directement aux abattoirs.

On parcourra sans doute avec quelque intérêt le tableau
suivant qui indique la répartition, récemment relevée, des
provenances de bestiaux entre la France, l'Algérie et les
pays étrangers.

| | NOMBRE PAR ESPÈCES | | | | | |
	BŒUFS	TAUREAUX	VACHES	VEAUX	MOUTONS	PORCS
France.........	293.229	9.766	42.733	196.977	896.271	314.409
Algérie.........	883	»	»	»	37.289	»
Totaux...	294.112	9.766	42.733	196.977	933.560	314.409
Étranger	7.666	»	»	2.439	1.121.120	897
	301.778	9.766	42.733	199.416	2.054.680	315.306

Le marché est quotidien : toutefois, il n'y a en réalité,
— ce sont les usages du commerce, — que deux jours de
vente, le lundi et le jeudi. On a vu parfois sous les halles

du marché jusqu'à 5,000 têtes de gros bétail, 24,000 moutons, 1,800 veaux et 3,800 porcs. Les marchés les plus
faibles sont en moyenne de 1,050 grosses bêtes; 500 veaux;
13,500 moutons; 350 porcs. Les quantités ordinaires
oscillent entre ces extrêmes.

Le marché tient pour les taureaux de 10 heures à 2 h. 1/2;
pour les veaux et porcs, de 10 h. 1/2 à 2 heures; pour
les bœufs et vaches de bande, vaches laitières et cordières,
de 10 h. 1/2 à 2 h. 1/2; pour les moutons, de midi à 3 h. 1/2.

Il n'y a pas de facteurs ni de vente à la criée sur le
marché. Les deux tiers des ventes de gros bétail sont
faites par 40 commissionnaires principaux, le reste par
des courtiers d'occasion ou des propriétaires; de même
des veaux; les moutons sont vendus par 45 commissionnaires; les porcs, pour les 3/5, par 21 courtiers.

Le marché rapporte, en recette, environ 2,350,000 francs,
sur lesquels il reste à la Ville un million de bénéfice net;
ce qui constitue une assez jolie opération.

ABATTOIRS.

Les marchés à bestiaux pouvaient être situés hors de la
ville; il n'en était pas de même des abattoirs. Il fallait de
toute nécessité qu'ils fussent à portée du consommateur;
sans quoi, à une époque où les transports étaient si im-
parfaits, la viande eût été bien souvent avariée avant d'arriver au bourgeois de Paris. Sans remonter aux Romains,
qui ne connaît la *grande boucherie* située près du Châte-
telet, composée d'échaudoirs, d'étaux, de halles, et appartenant à une communauté qui fit bien souvent parler d'elle,
surtout à l'époque de Charles VI. Le nom de Caboche est
resté légendaire et la Tour-Saint-Jacques-la-Boucherie per-
pétue le souvenir de la remuante corporation.

En 1540, sous François Ier, le Parlement ordonna de
construire des boucheries dans plusieurs quartiers. Sous

Louis XIV, il y en avait un peu partout. Sous Louis XV, le Prévôt des Marchands voulut faire transporter les échaudoirs aux confins de la ville ; mais il eût fallu de l'argent. Mercier a tracé un tableau effroyable des tueries parisiennes et des dangers qu'elles faisaient courir aux passants.

Ce ne fut qu'en 1810 que le gouvernement se résolut à faire cesser cet état de chose. Il y avait alors, épars dans la Ville, 151 échaudoirs appartenant à des bouchers principaux, où les petits bouchers venaient abattre moyennant une petite rétribution.

On construisit cinq abattoirs ; trois sur la rive droite de la Seine, savoir : l'abattoir de Montmartre avec 64 échaudoirs ; celui de Ménilmontant avec 64 échaudoirs; celui du Roule avec 32 échaudoirs : deux sur la rive gauche ; celui de Villejuif avec 32 échaudoirs et celui de Grenelle avec 48 échaudoirs : soit en tout 240 échaudoirs au lieu de 150.

Mais les travaux commencés en 1810 ne furent achevés qu'en 1818.

Ces abattoirs avaient coûté 18 millions.

En 1848 furent ouverts deux abattoirs spéciaux pour les porcs, dits des Fourneaux et de Château-Landon. Enfin, l'annexion des communes ou parties de communes comprises dans l'enceinte fortifiée, ajoute aux abattoirs parisiens existants ceux de Batignolles, de la Villette et de Belleville.

L'opinion publique, très formelle sur la question du marché unique, l'avait été un peu moins quant à l'abattoir unique. Toutefois, il avait paru évidemment désirable d'avoir un abattoir principal, correspondant en étendue et contigu au grand marché, pour éviter les déperditions et avaries résultant des marches et contre-marches du bétail destiné à l'abatage. C'est, comme il a été dit, sur la partie Ouest, 31 hectares, des terrains achetés à la Villette, que fut édifié le nouvel abattoir qui a été mis en exploitation le 1er janvier 1867.

Des travaux d'amélioration y ont été exécutés depuis
lors à plusieurs reprises. Il contient à l'heure qu'il est
187 échaudoirs avec bouveries, greniers et cours de travail,
dont quelques-unes sont déjà recouvertes d'un vitrage, et
qui le seront toutes bientôt dans l'intérêt des ouvriers. On
y trouve de plus un abattoir spécial pour les porcs avec
porcheries, brûloirs et pendoirs.

C'est une immense usine où sont juxtaposés les divers
ateliers spéciaux pour le traitement de la viande et de ses
dérivés. Ici, dans les cours de travail le sacrificateur abat
d'un coup de masse sur le front le bœuf qui fléchit d'abord
sur son train de derrière, puis tombe sur le côté, mais,
comme le matadero espagnol, il l'achève d'un coup de couteau. Les veaux et les moutons sont égorgés sur des tables.
On recueille avec soin le sang et les issues; le contenu des
panses est porté dans une partie reculée de l'abattoir. Dans
l'abattoir aux porcs, on commence par étourdir les animaux d'un coup de masse; puis on les saigne, on les
grille, on les nettoie et on les attache aux pendoirs.

Un endroit spécial est affecté à la boucherie israélite,
boucherie *Kascher,* qui comprend deux services, la
sch'hitach, ou service à l'abattoir et la surveillance des
étaux autorisés à débiter la viande *Kascher.* Il y a là des
sacrificateurs (*Schohtims*) et des surveillants spéciaux
(Schomrims); plus tout un ensemble de formalités destinées à garantir que la viande *Kascher* provient bien réellement d'abatages opérés suivant le rite. Le *Schohtim* ou
sacrificateur doit trancher d'un seul coup de damas le
cou de l'animal; puis, aussitôt la saignée opérée, s'assurer
qu'il n'a été fait aucune brèche au damas. S'il y en avait
une, l'animal serait considéré comme *tarret,* c'est-à-dire
impropre à la consommation.

Plus loin, voici l'atelier de triperie, fort important, puisqu'il est loué par la Ville à un entrepreneur moyennant

un prix de 125,000 francs. Puis viennent les ateliers d'échaudage des têtes et pieds de veau ; puis les ateliers pour l'extraction de l'albumine du sáng, dont les résidus servent d'engrais, etc., etc.

L'abattoir est, de plus, le grand marché à la viande de Paris. C'est là que les bouchers viennent s'approvisionner. Le marché de la Halle ne représente qu'un sixième de la consommation générale qui absorbe, bon an mal an, 175,000,000 de kilogrammes de viandes, tant en boucherie qu'en charcuterie.

Depuis l'ouverture de l'abattoir de la Villette, les abattoirs de Montmartre, de Ménilmontant, du Roule, de Belleville, de la Villette, de Batignolles et de Château-Landon ont été successivement fermés. Il ne subsiste plus, en dehors de l'abattoir général, que ceux de Grenelle, de Villejuif et des Fourneaux, situés sur la rive gauche de la Seine.

Les abattoirs sont ouverts au public de midi à 7 heures en toutes saisons.

Le principe qui préside à la concession des échaudoirs est l'ancienneté de classement dans l'abattoir.

Tout propriétaire de bestiaux désireux d'obtenir la concession d'un échaudoir doit en faire la demande par écrit au Préfet de la Seine, et en attendant son classement, le demandeur peut faire ses abatages dans les échaudoirs banaux.

Aucun échaudoir ne peut être concédé sans qu'au préalable la vacance en ait été déclarée et affichée dans l'abattoir pendant un délai de cinq jours ; il en est de même pour une portion d'échaudoir.

L'échaudoir dont la vacance a été affichée peut être accordé au marchand boucher ou au propriétaire de bétail le plus anciennement classé dans l'abattoir s'il le réclame en échange du sien. Ces demandes de mutation prennent rang avec les demandes d'admission. Quant à l'échaudoir devenu vacant par suite de mutation, il est aussitôt affiché et concédé avec les formalités qui viennent d'être indiquées.

Nul ne peut obtenir la concession de plus d'un échaudoir, s'il ne remplit certaines conditions dont il doit justifier auprès de l'Administration.

Les échaudoirs ne peuvent être exploités que par les titulaires seulement.

Ils ne sont pas transmissibles. Toutefois la veuve d'un titulaire peut obtenir la concession de l'échaudoir de son mari, si elle continue le commerce de celui-ci.

Lorsque par suite du développement de leurs opérations, les titulaires classés dans un même échaudoir ne peuvent plus y continuer leurs abatages conjointement, le dernier classé dans cet échaudoir en est exclu et il est provisoirement autorisé à faire ses abatages dans un des échaudoirs banaux.

Lorsque le premier titulaire d'un échaudoir est déclassé pour un motif quelconque (décès, cessation d'abatage pendant un mois, infractions aux règlements de l'abattoir), cet échaudoir est mis en entier en vacance, sauf le cas où le titulaire suivant a dix années d'occupation conjointe, et quand l'importance de ses abatages équivaut, depuis un an, à la moitié de la capacité de l'échaudoir. La capacité des échaudoirs est basée sur le nombre moyen de bestiaux qui peuvent être abattus et préparés pendant un mois, dans un échaudoir. Conformément à un avis de la commission de la boucherie, cette capacité moyenne des échaudoirs a été récemment fixée à 190 bœufs (abatage exclusif des bœufs) ; à 500 veaux (abatage exclusif des veaux) et 2,700 moutons (abatage exclusif des moutons). Dans les échaudoirs où se font les abatages des diverses espèces, on estime que la place nécessitée par l'abatage d'un bœuf est l'équivalente de celle qui est nécessaire pour l'abatage de 3 veaux ou de 15 moutons.

Il n'y a pas de prix de location proprement dit à l'abattoir : mais, à la sortie, l'octroi perçoit un droit d'abatage de 2 francs par 100 kilogrammes, en même temps que le droit d'entrée, qui est de 9 fr. 735 également par 100 kilogrammes; ce qui fait au total près de 12 francs.

Les chiffres de 1883 paraissent légèrement au-dessous de ceux-ci pour la boucherie et supérieurs pour la charcuterie. Ils ne sont pas encore arrêtés définitivement.

On sait qu'une partie de l'abattoir de Villejuif est affectée à l'abatage des chevaux destinés à l'alimentation. Cette viande n'acquitte aucun droit. Pour faciliter les vérifications au sortir de l'abattoir, pendant le transport ou même après l'arrivée à l'étal, une ordonnance de Police, du 9 juin 1866, a statué que les animaux ne seraient divisés que par moitié ou par quartiers, et que les pieds ne seraient détachés qu'au moment du dépeçage, à l'étal.

Voici quel a été le mouvement de cette consommation de 1873 à 1882 :

ANNÉES	CHEVAUX	MULETS	ANES	TOTAL
1873 (d'août à décembre)	1.830	261	8	2.099
1874	4.358	318	6	4.682
1875	4.267	234	»	4.501
1876	5.698	297	»	5.995
1877	6.764	330	1	7.095
1878	7.829	296	27	8.152
1879	7.491	336	22	7.849
1880	6.658	230	25	6.913
1881	6.487	261	25	6.773
1882	7.546	233	22	7.801

Les résultats en 1883, que nous n'avons pu connaître qu'approximativement, paraissent supérieurs à ceux de 1882. Du reste, cette consommation fait, comme on le voit, assez peu de progrès.

Nous terminerons cette série de renseignements sur la production de la viande à Paris, en indiquant dans un

tableau ce que vaut en viande nette et ce que paie de
droits la moyenne des animaux de boucherie et de charcuterie.

| ESPÈCES | POIDS MOYEN | DROITS DE | | TOTAUX | VALEUR MOYENNE | RAPPORTS des droits à la valeur |
		MARCHÉ	OCTROI et ABATAGE			
Bœufs................	355 kil.	3 »	41 65	44 65	541 »	8 25
Vaches...............	235 »	3 »	27 57	30 57	303 »	10 08
Taureaux.............	360 »	3 »	42 24	45 24	410 »	11 03
Veaux................	78 ».	1 »	9 15	10 15	152 »	6 67
Moutons.............	21 »	» 30	2 46	2 76	33 »	8 36
Porcs	83 »	1 »	9 98	10 98	126 »	8 70

Il faut ajouter, pour compléter ces indications, que la
viande vendue à la Halle ou sur le marché de l'Abattoir
général paie en plus 2 fr. 10 par 100 kilog. pour droits
d'abri, sans compter les petites taxes prélevées par les
Forts.

Telle est, dans leurs traits principaux, la physionomie
générale de ces deux parties indissolubles de la plus grande
usine d'approvisionnement de l'estomac de Paris. Cette
étude permet de voir ce qui a été fait, depuis vingt ans
surtout, pour atteindre le but que tant de gouvernements
s'étaient assigné. Ce qui paraît hors de cause maintenant,
c'est que la liberté de circulation et de trafic permet d'assurer la consommation de Paris sans qu'il soit besoin de
recourir aux procédés autoritaires par lesquels on préten-
dait autrefois combattre l'accaparement ou la pénurie.
L'Administration, réduite désormais à son véritable rôle,
peut consacrer tous ses soins à l'organisation matérielle
des marchés et des abattoirs, à une équitable perception
des redevances, au maintien de l'ordre, à la liberté et à la
sécurité des transactions. En ce qui concerne Paris, nous
croyons qu'elle n'a pas manqué à sa mission, et que ses
efforts ont été couronnés de succès.

Imp. Ch. MARÉCHAL & J. MONTORIER, 16, cour des Petites-Écuries. Paris.